Claudia Groß

Multi-Level-Marketing

Identität und Ideologie
im Network-Marketing

Mit einem Geleitwort von Prof. Dr. Dr. h. c. Alfred Kieser

VS RESEARCH

Bibliografische Information der Deutschen Nationalbibliothek
Die Deutsche Nationalbibliothek verzeichnet diese Publikation in der
Deutschen Nationalbibliografie; detaillierte bibliografische Daten sind im Internet über
<http://dnb.d-nb.de> abrufbar.

Dissertation Universität Mannheim, 2007

1. Auflage 2008

Alle Rechte vorbehalten
© VS Verlag für Sozialwissenschaften | GWV Fachverlage GmbH, Wiesbaden 2008

Lektorat: Christina M. Brian / Anita Wilke

VS Verlag für Sozialwissenschaften ist Teil der Fachverlagsgruppe
Springer Science+Business Media.
www.vs-verlag.de

Umschlaggestaltung: KünkelLopka Medienentwicklung, Heidelberg
Gedruckt auf säurefreiem und chlorfrei gebleichtem Papier
Printed in Germany

ISBN 978-3-531-15936-2

Inhalt

Abkürzungsverzeichnis

AW	Amway
BDD	Bundesverband Direktvertrieb Deutschland e. V.
BVNM	Bundesverband Network Marketing e. V.
BZH	Bezirkshandlung
DSO	Direct Selling Organization
DV	Direktvertrieb
FEDSA	Federation of European Direct Selling Associations
FTC	Federal Trade Commission
MKC	Mary Kay Cosmetics
MLM	Multi-Level-Marketing
NDSO	Network Direct Selling Organization
NM	Network-Marketing
OI	Organizational Identity
SLM	Single-Level-Marketing
SV	Strukturvertrieb
TW	Tupperware
UWG	Gesetz gegen den unlauteren Wettbewerb
VDSO	Value Direct Selling Organization

Tabellen- und Abbildungsverzeichnis

Geleitwort

Direktvertriebe und Multi-Level-Marketing Unternehmen sind in Deutschland bisher wissenschaftlich wenig beachtet worden. Dies ist erstaunlich, nicht nur weil sie trotz eines strittigen Rufes zunehmend an Bedeutung gewinnen, sondern auch, weil es sich um ungewöhnliche Organisationen handelt: Ihre Außendienstmitglieder sind rechtlich selbständig, so dass zentrale Merkmale klassischer Organisationen wie ein hierarchischer Aufbau mit der dazugehörenden Weisungsbefugnis von Führungskräften oder ein Arbeitsvertrag, der das Verhältnis von Arbeitnehmern und Arbeitgebern maßgeblich reguliert, entfallen.

Bei der vorliegenden Studie von Claudia Groß handelt es sich somit aufgrund mehrerer Aspekte um eine Pionierarbeit: Sie durchleuchtet erstmals wissenschaftlich die Organisationsform Direktvertrieb in Deutschland. Ihre Arbeit verdeutlicht, welche verschiedenen Formen des Direktvertriebs existieren, welche Daten zu dieser Organisationsform vorliegen, was diese Unternehmen im Unterschied zu bürokratischen Organisationen kennzeichnet und auch, welche Kritik an (manchen) Unternehmen dieser ‚Branche' geübt wird. Neben diesen Grundlagen zum Direktvertrieb in Deutschland bietet die Analyse eine überzeugende und beeindruckende Antwort auf die bisher weitgehend unerforschte Frage, wie Organisationen ohne Hierarchie und Weisungsbefugnis rechtlich selbständige Unternehmensmitglieder motivieren und steuern können. Für diese Analyse greift Claudia Groß auf zentrale Konzepte organisationaler Kontrolle zurück und nutzt diese in äußerst gelungener Art und Weise, um den internen Aufbau von Direktvertrieben zu verdeutlichen.

Mit ihrer Analyse trägt Claudia Groß nicht nur wesentlich zum Forschungsstand bei, sondern geht auch über den bisherigen internationalen Stand in der Direktvertriebsforschung hinaus. Während Direktvertriebe üblicherweise als ein einheitlicher Organisationstypus analysiert werden, wird durch den kontrastierenden Vergleich der Unternehmen deutlich, wie verschiedenartig ein Direktvertrieb organisiert und aufgebaut sein kann. Diese differenzierte Betrachtung ist besonders relevant, da der Direktvertrieb umstritten ist. Anlass dieser Kritik ist jedoch meist nicht die Organisationsform an sich, sondern einzelne Unternehmen, die beispielsweise eine ungewöhnlich starke Organisationskultur sowie einen von außen verwunderlich hohen Begeisterungsgrad loyaler Mitglieder aufweisen. Die vorliegende Analyse erklärt sehr anschaulich, was diejenigen Organisationen kennzeichnet, in deren Mittelpunkt nicht der Verkauf von Produkten, sondern eine starke Organisationskultur mit Wertvorstellungen wie ‚Gemeinschaft' oder ‚Gerechtigkeit' stehen.

Dieser ungewöhnliche und mutige Fokus auf die in Multi-Level-Marketing Unternehmen propagierten Vorstellungen, Werte und Ideale, also auf die Ideologien dieser Wirtschaftsunternehmen, ist Claudia Groß aufgrund ihrer umfangreichen empirischen Erhebung möglich. Für ihre Studie besuchte sie sehr viele Veranstaltungen, sprach mit zahlreichen Mitgliedern außerhalb der von ihr gehaltenen Interviews und arbeitete sich in eine beachtliche Menge populärer Literatur von, über und gegen diese Unternehmen ein. Der große Wert dieser umfangreichen Feldarbeit kommt jedoch vor allem zur Geltung, da Claudia Groß bereit und fähig war, sich auf ungewöhnliche Unternehmen und Menschen mit außergewöhnlichen Wertvorstellungen einzulassen. So gelingt es ihr, auch dem außenstehenden Leser die Faszination – im zustimmenden wie im kritisierenden Sinne – dieser Organisationsform äußerst eindrücklich zu vermitteln. Damit bietet ihre Analyse nicht nur wissenschaftlich wertvolle Einsichten und Erkenntnisse, sondern sie erlaubt auch einen fundierten Einblick in die Überzeugungswelten des Multi-Level-Marketing – eine Organisationsform mit ungewöhnlichen Strukturen, aber vor allem mit einer Vielzahl von Träumen, Hoffnungen und Idealen von einem besseren Leben.

Prof. Dr. Dr. h.c. Alfred Kieser

Vorwort

Die vorliegende Arbeit wurde von der Fakultät für Betriebswirtschaftslehre der Universität Mannheim als Dissertation angenommen.

Das Phänomen Direktvertrieb und Multi-Level-Marketing hat mich während der gesamten Zeit der Dissertation fasziniert. Ursachen hierfür sind zum einen die besondere Organisationsform, zum anderen aber auch die teilweise hohe Begeisterung der von mir interviewten selbständigen Außendienstmitglieder. Diese haben mir stets freundlich und zum Teil sehr offen ihre Erfahrungen, Ideale und Vorstellungen sowie ihre persönlichen Träume und Wünsche vermittelt. Dafür gilt ihnen allen mein ausdrücklicher Dank, da erst sie es mir ermöglicht haben, ihre Unternehmen ,aus der Nähe' zu betrachten und zu analysieren. Auch den befragten ehemaligen Mitgliedern und externen Kritikern möchte ich danken. Sie haben mir nicht nur ihre persönlichen Erfahrungen mitgeteilt, sondern mir auch zahlreiche Anregungen für die Erklärung dieses facettenreichen Phänomens namens Multi-Level-Marketing gegeben.

Vor der Realisierung einer Arbeit muss jedoch zunächst die Idee zu dieser entstehen. Diese stammt von meinem Doktorvater Prof. Dr. Dr. h.c. Alfred Kieser, Universität Mannheim, dem ich hierfür sowie für seine Betreuung besonders danken möchte. Prof. Dr. Dr. Stefan Kühl, Universität Bielefeld, gilt mein Dank für die spontane Übernahme des Zweitgutachtens.

Wissenschaftliches Arbeiten ist nach der Feldphase meist eine einsame Tätigkeit am Schreibtisch. Sie besteht aus dem Analysieren der gesammelten Daten, der Verknüpfung eigener Überlegungen mit bestehenden Studien und einem intensiven inneren Dialog, aus dem Schritt für Schritt die eigene Arbeit erwächst. Während dieser Zeit waren die Gespräche und Diskussionen mit (ehemaligen) Kolleginnen und Kollegen vom Lehrstuhl Organisation in Mannheim besonders hilfreich und wichtig, so dass ich allen daran Beteiligten danken möchte. Besonderer Dank gilt dabei Cornelia für ihr kritisches Hinterfragen der verschiedenen Sichtweisen auf Multi-Level-Marketing und Waltraud für ihre Fähigkeit und Bereitschaft, Rechtschreibfehler aufzuspüren.

Für das Gelingen dieser Studie war fachliche Unterstützung von verschiedenen Seiten wichtig. Die größte Hilfe entspringt jedoch meinem privaten Umfeld. Hier geht mein herzlicher Dank an Helga, Monika und Ullrich sowie an meinen Mann, der während der ganzen Zeit unerschütterlich an mich und das Gelingen meiner Arbeit geglaubt hat.

Claudia Groß

1   Einleitung

„Das ist (...) gnadenlos! Also da ist es mucksmäuschenstill in der Halle. Da hörst du jeden anderen wirklich nur noch atmen und dann geht es los. Und dieses Getöse, dieses Gegröle, das kann
man sich wirklich nicht vorstellen! Jeder Artikel wird so umjubelt, dass dann wieder eine Minute so
eine Powermusik eingefahren wird, die Leute springen auf, die klatschen, die stehen auf den Stühlen, die freuen sich (...) [über] jedes Produkt! Und dieses Mal war es eben so abartig schön, weil
Tupperware uns auf allen Ebenen erhört hat und all das ermöglicht hat, was wir uns gewünscht
haben!" (Gruppenberaterin bei Tupperware).
    „Die Direktorinnen der Mary-Kay-Area haben unterschiedliche Muttersprachen. Wir stammen
aus Deutschland, England, Holland, Kanada, Polen, Surinam, der Ukraine oder den USA und be-
herrschen doch eine gemeinsame Sprache: die Mary-Kay-Sprache der Liebe und Fürsorge" (Direktorin bei Mary Kay Cosmetics, McNally 2004: 8).
    „Wir alle, wir alle brauchen nur eines: das Amway-Geschäft" (Führungskraft, Halbjahressemi-
nar Frühjahr 2005 in Mayrhofen, sinngemäße Wiedergabe).

Wie erreicht Tupperware, dass seine Beraterinnen mit Begeisterung eine neue Pro-
duktserie begrüßen? Wie kann Mary Kay Cosmetics ihre „Schönheits-Consultants"
(Mary Kay Cosmetics GmbH [Ed.] 2004f) auf der Ebene des Verstandes und sogar
im Herzen davon überzeugen, dass die Grundlage der Verständigung im Unternehmen auf Liebe basiert? Und wie bringt Amway seine „Geschäftspartner" (Amway GmbH [Ed.] 2004e) dazu, hoch motiviert die ‚Botschaft' des Unternehmens
weiterzutragen und dabei der Überzeugung zu sein, durch ihr Handeln die ‚völlige
Freiheit' zu erlangen?
    Die vorliegende Arbeit beantwortet diese Fragen, indem sie aufzeigt, wie die
Mitglieder dieser Direktvertriebe (DV) gesteuert und kontrolliert werden. Dazu
steht den Unternehmen keine Weisungsbefugnis und kein Arbeitsvertrag zur Verfügung, denn im DV ist der Außendienst selbständig. Die Mitglieder sind Vertriebsrepräsentanten, die Produkte unabhängig vom stationären Handel direkt an Kunden
verkaufen – meist in der Wohnung oder am Arbeitsplatz der Kunden.[1] Beim Multi-
Level-Marketing (MLM), einer Unterform des DV, können Mitglieder zudem eine
eigene Gruppe aufbauen, indem sie weitere Personen anwerben und an deren Um-

---

[1]   Quelle: www.fedsa.be/main.html, abgerufen am 3.5.2007.

sätzen mitverdienen (Brodie et al. 2002: 67). Wer anwirbt, muss seine Mitglieder motivieren und führen – ohne das übliche Sanktionspotential ‚bürokratischer Unternehmen' mit ihren Verträgen, festen Arbeitszeiten und einer Vielzahl formaler Regeln. Stattdessen werden zwischen Mitgliedern und den ebenfalls selbständigen ‚Führungskräften' persönliche Bande geknüpft, die gute Gemeinschaft betont und die besondere Bedeutung der Tätigkeit herausgestellt. Dies kann zu einer starken Organisationskultur mit außergewöhnlichen Überzeugungen führen, wie die obigen Zitate verdeutlichen. Manchen Unternehmen werden so starke emotionale Bindungen nachgesagt, dass ihnen Ähnlichkeit mit Sekten zugesprochen wird (Butterfield 1985; Lamprecht 2003; Strub 1999). Und während Befürworter des MLM von hervorragenden finanziellen und persönlichen Chancen für jedermann sprechen (Poe 2001; von der Becke 1999), verweisen Kritiker auf die dünne Trennlinie zwischen der legalen Vertriebsform MLM und illegalen Schneeballsystemen (Bonoma 1991; Koehn 2001; Vander Nat/Keep 2002).

Beim DV im Allgemeinen und MLM im Besonderen handelt es sich somit um Unternehmen mit teilweise extremer und vereinnahmender Kultur, die neben begeisterten Anhängern auch scharfe Kritiker haben. In Deutschland wurde diese ungewöhnliche Organisationsform bisher wissenschaftlich nur wenig erforscht, obwohl der weltweite Direktvertriebsverband für 2005 von rund 7,85 Mrd. US-Dollar Umsatz und 700.000 Mitgliedern hierzulande ausgeht.[2] Über Begriffsbestimmungen und Marktbeschreibungen hinaus (Bundesverband Direktvertrieb [Ed.] 2002b; Engelhardt/Witte 1990; Tietz 1993) analysiert nur eine Untersuchung die organisationskulturellen Besonderheiten am Beispiel Tupperware (Blaschka 1998) – wobei sich in der vorliegenden Arbeit zeigen wird, dass dieses Unternehmen nicht als (typische) MLM-Organisation gewertet werden kann. Im Unterschied zu Deutschland gibt es im Rahmen des internationalen Forschungsstandes auch mehrere Studien zur spezifischen Organisationskultur (Pratt 2000b; Weierter 2001). Am bedeutendsten ist die von der Soziologin Biggart in den USA durchgeführte Arbeit „Charismatic Capitalism" aus dem Jahr 1998. In dieser charakterisiert sie den DV als „way of life" (Biggart 1989: 9): Mitglieder identifizieren sich in hohem Maße mit ihrem Unternehmen und sehen ihre Tätigkeit als Verwirklichung höherer Ideale an. So gehen loyale Vertriebsrepräsentanten davon aus, dass sie durch den Produktverkauf anderen Menschen helfen oder durch ihre Selbständigkeit sogar Gott und der (amerikanischen) Nation dienen (für eine Übersicht s. Biggart 1989: 131).

---

[2] Quelle: www.wfdsa.org/statistics/index.cfm?fa=display_stats&number=1, abgerufen am 1.5.2007.

Solche Überzeugungen sind laut Biggart (1989) für die Mitglieder befriedigend und ermöglichen gleichzeitig, die Vertriebsrepräsentanten normativ zu kontrollieren (Etzioni 1965). Damit ist die Kontrolle innerer Überzeugungen gemeint, die angesichts fehlender äußerer Steuerungsmechanismen wie Arbeitsvertrag, Weisungsbefugnis oder Arbeitszeiten im DV als besonders wichtig gilt: „Organizations based on values exist to enact and further a systematized set of norms or an ideology. A central ideal serves both as a source of commitment to members and as a guide to action within the organization" (Biggart 1989: 101).

Das Ziel der vorliegenden Arbeit ist es, die organisationale Identität und Ideologie von MLM-Unternehmen zu untersuchen und aufzuzeigen, wie diese ihre Mitglieder durch Ideale und Überzeugungen steuern und kontrollieren. Dazu wird auf den DV Tupperware (TW) eingegangen sowie die MLM-Unternehmen Mary Kay Cosmetics (MKC) und Amway (AW) umfassend analysiert. Im Unternehmensvergleich wird deutlich, dass vor allem AW-Mitglieder und MKC-Beraterinnen ihre persönlichen Ziele im Unternehmen verwirklicht sehen – ein Kennzeichen starker Organisationskulturen, die Willmott (1993) als „corporate culturism" bezeichnet. In solchen Kulturen steuern sich Mitglieder letztendlich selbst – im Sinne der Organisation –, da ihre individuellen Ziele mit denen des Unternehmens zusammenzufallen scheinen (s. auch Miller/Rose 1995; Rose 2000).

Starke Organisationskulturen, hohe Überzeugungen und ein besonderes Selbstbild kennzeichnen MKC und AW. Hier scheinen organisationale Ziele, individuelle Bedürfnisse und hohe gesellschaftliche Werte Hand in Hand zu gehen. Wie diese verschiedenen Aspekte zusammenwirken, wird in der vorliegenden Arbeit anhand dreier Fragestellungen erklärt:

-   Erstens wird aufgezeigt, was solche – durchaus extreme Organisationen – kennzeichnet: *Was ist die organisationale Identität der Unternehmen (Albert/Whetten 1985)?* Dazu gehört beispielsweise das Selbstbild von AW, es könne als Wirtschaftsunternehmen seinen Mitgliedern ‚Freiheit' bieten, während MKC seinen Beraterinnen u. a. Entfaltung der eigenen Weiblichkeit verspricht. Solche *ideologischen Überzeugungen* (Thompson 1984) werden in ihrer Bedeutung analysiert: So meint ‚Freiheit' bei AW wirtschaftliche Selbständigkeit, keinen Vorgesetzten zu haben und die Aussicht darauf, viel Geld zu verdienen – es heißt dagegen nicht, dass Kritik frei geäußert werden sollte.
-   Zweitens wird analysiert, *wie* die Organisationen erreichen, dass loyale Mitglieder die Wirtschaftsunternehmen als Verkörperung hoher gesellschaftlicher

Werte wie Freiheit, Gemeinschaft und Gerechtigkeit ansehen und sich selbst als Botschafter dieser Werte betrachten. Dazu wird herausgearbeitet, wie Ideologien und organisationale Selbstbilder hergestellt, d. h. *wie das Selbstbild und die ideologischen Überzeugungen produziert werden*. So verkünden beispielsweise erfolgreiche Mitglieder auf großen und kleinen Veranstaltungen ihre Arbeitsweise, aber auch ihre Weltanschauung und vermitteln so die richtige persönliche Einstellung für die jeweilige Tätigkeit (Bendix 1960: 17).

- Drittens wird skizziert, wozu die hohen Ideale den Wirtschaftsunternehmen dienen, also *welche möglichen Vorzüge die propagierten Wertvorstellungen für die Unternehmen haben*. So fördert beispielsweise das bei AW propagierte Ideal der (finanziellen) Freiheit den Arbeitseinsatz der Mitglieder für ihre AW-Tätigkeit, wobei ‚Freiheit' als unternehmensunabhängiges, individuell und gesellschaftlich erstrebenswertes Gut vermittelt wird.

Diese drei Fragestellungen ermöglichen, die Besonderheiten des DV und vor allem des MLM herauszuarbeiten. Dabei zeigt sich, dass – anders als bisher angenommen (Biggart 1989, Pratt 2000a) – die DV trotz ihrer teilweise sehr starken Kulturen keineswegs nur normativ steuern, sondern auch eine Reihe formaler Kontrollmechanismen einsetzen. Während bisherige Studien (Pratt/Rosa 2003 bilden eine Ausnahme) entweder nur einen einzelnen DV oder verschiedene DV gemeinsam betrachtet haben, werden durch den hier erfolgenden Unternehmensvergleich erhebliche Unterschiede in den propagierten Werten – beispielsweise ‚Qualitätsprodukt' bei TW vs. ‚Freiheit' bei AW – sichtbar. Diese Besonderheiten führen einerseits zu einem differenzierteren Verständnis der Organisationsform des DV, da diese bisher vorwiegend als Gegenstück zur ‚Bürokratie' verstanden wurde (Biggart 1989). Andererseits sind die Unterschiede zwischen den Unternehmen von Interesse für Verbraucher(schützer) und Interessenten einer solchen Tätigkeit. Denn angesichts der Kritik am DV, bzw. vor allem am MLM, bietet die vorliegende Studie grundlegende Informationen zum Aufbau dieser Organisationen sowie insbesondere zu deren umstrittener Kultur.

Dazu stellt das *zweite Kapitel* zunächst die Grundlagen zum DV vor: Begriffsdefinitionen sowie Markt- und Mitgliederdaten werden ausgeführt. Außerdem werden das umstrittene Image der ‚Branche' und zentrale Argumente von Befürwortern sowie Kritikern erläutert. Im *dritten Kapitel* wird der Forschungsstand zu den kulturellen Aspekten des Multi-Level-Marketings aufgezeigt. Hier kommen Erläuterungen zur Entstehung dieser Organisationsform und Erklärungen zum besonderen

Verhältnis von Organisation und Individuum zum Zuge. Das darauf folgende *Kapitel vier* verortet die vorliegende Studie im Kontext des geringen Forschungsstandes und der zahlreichen offenen Forschungsfragen. *Kapitel fünf* bietet die konzeptionelle Grundlage für die vorliegende Arbeit. Dazu wird auf formale und normative Formen der Kontrolle eingegangen und das darauf aufbauende Analyseschema der vorliegenden Studie vorgestellt. Im *sechsten Kapitel* werden der empirische Zugang, die Entwicklung der Erhebung und die verwendeten Methoden thematisiert. Die *Kapitel sieben bis neun* sind den Unternehmen Tupperware, Mary Kay Cosmetics und Amway gewidmet. Neben Fakten zum Unternehmen, zur Tätigkeit und zum Provisionssystem werden hier die jeweiligen kulturellen Besonderheiten analysiert und mit den jeweils anderen DV verglichen. Abschließend werden im *zehnten Kapitel* die DV ‚bürokratischen Unternehmen' gegenübergestellt und aufgezeigt, welche Unterschiede, aber auch welche Gemeinsamkeiten bestehen. Dabei wird deutlich, dass die Besonderheit der MLM-Unternehmen MKC und AW nicht in deren Struktur liegt, sondern in ihrer Fähigkeit, Menschen neben dem Gelderwerb eine Gemeinschaft, höhere Werte und die Hoffnung auf ein besseres Leben in Aussicht zu stellen.

2 Grundlagen zum Direktvertrieb

Das vorliegende Kapitel erläutert zunächst verschiedene Begriffe wie ‚Direktvertrieb' und ‚Multi-Level-Marketing' (2.1) und präsentiert Daten zur wirtschaftlichen Seite dieser Vertriebsform (2.2). Anschließend wird das Image des DV nachgezeichnet, das schon in der Einleitung als umstritten charakterisiert wurde (2.3). Kritik und Zweifel beziehen sich teilweise auf rechtliche Fragen, aber auch auf die besondere Organisationskultur und ihre Auswirkungen. Auf den Forschungsstand zur Kultur des MLM wird im Kapitel drei ausführlich eingegangen, während das vorliegende Kapitel die Grundlagen des DV und die dazugehörenden Meinungen vorstellt.

2.1 Formen des Direktvertriebs

‚Direktvertrieb' bedeutet zunächst schlicht, dass Produkte unabhängig vom stationären Handel verkauft werden, denn „[d]irect selling is the marketing of consumer goods and services directly to consumers on a person-to-person basis, generally in their homes or the homes of others, at their workplace".[3] Ein in Deutschland bekanntes Unternehmen ist hier sicherlich TW, das über die ‚Tupperparty'[4] Produkte ‚an die Frau' bringt. Versandhandelsunternehmen wie Amazon oder Verkaufskanäle im Fernsehen werden dagegen gemäß Selbstverständnis nicht zu den Direktvertrieben gezählt,[5] da bei dieser Vertriebsform eine persönliche Beziehung zwischen Verkäufer und Kunde charakteristisch sein soll (eine ausführliche Bestimmung s. bei Engelhardt/Jaeger 1998: 6-25; Tietz 1993: 29-41).

---

3 Quelle: www.fedsa.be/main.html, abgerufen am 1.5.2007.

4 Da das Unternehmen Tupperware Deutschland GmbH auf seiner Internetseite immer die Bezeichnung „Tupperware®" verwendet (s. www.tupperware.de), wird dieser Begriff in der vorliegenden Arbeit mit einfachen Anführungszeichen versehen, um den indirekten Zitatcharakter bei der Begriffsverwendung in der vorliegenden Arbeit zu verdeutlichen.

5 Quelle: www.wfdsa.org/about_dir_sell/index.cfm?fa=direct_sub3, abgerufen am 1.5.2007.

Innerhalb des DV lassen sich zwei Grundvarianten unterscheiden: Das so genannte *Single-Level-Marketing (SLM)* bedeutet, dass Mitglieder ihre Einnahmen allein durch den Verkauf – an Einzelpersonen oder in Partyform – erzielen.[6] Neue Mitglieder und deren Training „is usually carried out by managers appointed by the company, who may or may not be self-employed and may or may not be involved in making personal sales" (Brodie et al. 2004: 4). Im Unterschied dazu beinhaltet das schon in der Einleitung erwähnte *Multi-Level-Marketing (MLM)*, dass die Vertriebsrepräsentanten ebenso neue Mitglieder anwerben und an deren Umsätze mitverdienen können (Brodie et al. 2002: 67; Brodie et al. 2004: 4; Vander Nat/Keep 2002: 140).

Weitere Bezeichnungen für die Vertriebsform MLM sind *Network-Marketing (NM), Netzwerk-Marketing oder Strukturvertrieb (SV*; eine Übersicht zu verschiedenen Definitionen bietet Wehling 1999: 14 f.). Mitglieder, die innerhalb eines solchen Netzwerkes einer Person zugeordnet sind, werden als ‚Downline' bezeichnet. In Abbildung 1 bedeutet dies, dass die Personen 2-7 die Downline von Person 1 bilden. Mitglieder, die einer Person vorgeordnet sind, werden dagegen als ‚Upline' benannt. In Abbildung 1 ist somit Person 1 die Upline der Personen 2-7. Wichtig ist in diesem Zusammenhang die schon angedeutete Selbständigkeit der Vertriebsrepräsentanten, die meist als ‚Eigenhändler' oder ‚Kommissionshändler' auftreten (ausführliche Informationen hierzu s. Wehling 1999: 18-26). Aufgrund der rechtlichen Selbständigkeit sind die entsprechenden Anwerber ebenso wenig wie andere Mitglieder der Upline weisungsbefugt (Wehling 1999: 26). Dennoch werden Erfolgreiche in der Upline in den Unternehmen – zumindest den hier untersuchten – als ‚Führungskräfte' bezeichnet und auch als solche in der vorliegenden Arbeit benannt.

Die genannte Abgrenzung zwischen SLM und MLM scheint eindeutig: Sobald Mitglieder weitere Personen anwerben dürfen und auf deren Umsätze Provision erhalten, handelt es sich um ein MLM-System (Brodie et al. 2002: 68). Allerdings wird die Grenze zwischen den beiden Formen durchaus unterschiedlich gezogen: Für Herbig/Yelkur gehört zum MLM ein *Übergewicht* des Anwerbens im Vergleich zum Produktverkauf. Ein DV wird erst dann zu einem „MLM when the emphasis switches from selling product[s] to recruiting other salespeople" (Herbig/Yelkur 1997: 17). Nach dieser Definition könnte beispielsweise TW mit seiner Produktori-

---

[6]   Der Bundesverband Direktvertrieb verwendet noch weitere Begriffe wie „Klassischer Vertreterverkauf", dazu lässt sich das Unternehmen Vorwerk zählen, „Heimdienste", z. B. Eismann und „Heimvorführungen/Partys" wie die „Tupperparty" von TW; www.bundesverband-direktvertrieb.de/direktvertrieb/index.php, abgerufen am 1.5.2007.

entierung als SLM eingeordnet werden, denn obwohl jedes Mitglied weitere Personen rekrutieren darf und Gruppenberaterinnen auch Provisionen auf den Umsatz ihrer Frauen erhalten, steht der Verkauf im Mittelpunkt. Bei Biggart (1989) wird TW dennoch als Network-Marketing bezeichnet – schließlich ist das Anwerben weiterer Personen jedem Mitglied möglich.

Abbildung 1:   Aufbau des Außendienstes im MLM (eigene Darstellung)

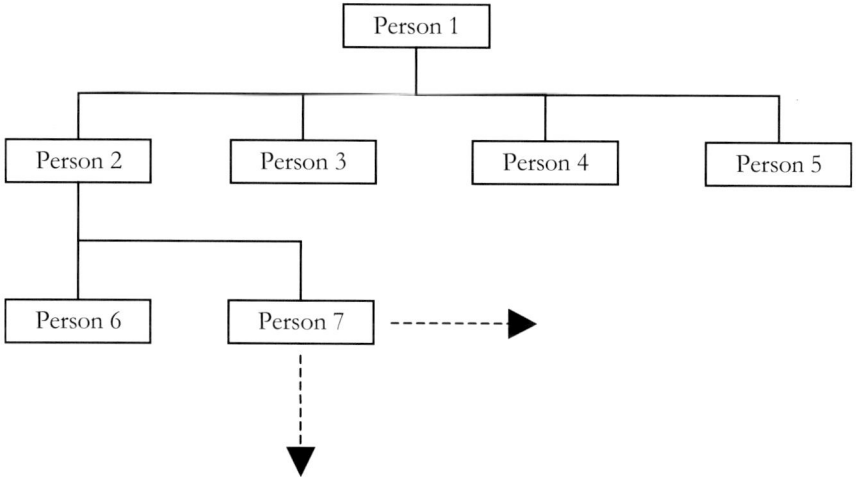

Trotz begrifflicher Unschärfe ist die Unterscheidung zwischen den beiden Formen SLM und MLM für die vorliegende Arbeit aus zwei Gründen wichtig: Erstens bewirkt die MLM-Struktur, dass die Führung der Mitglieder zu großen Teilen in den Händen des Außendienstes, der Upline, liegt. Ohne Weisungsbefugnis und formale Sanktionsmöglichkeiten gegenüber der Downline scheint diese Struktur enge persönliche Bindungen und das besondere Selbstverständnis des MLM als ‚way of life' (Biggart 1989) zu fördern. Diese Eigenwahrnehmung wird im Zusammenhang mit der Organisationskultur des MLM in der vorliegenden Arbeit näher untersucht. Zweitens ist die Unterscheidung der Vertriebsformen wichtig, da MLM-Unternehmen durch ihre (eventuell starke) Betonung des Anwerbens in einem wichtigen Punkt illegalen Pyramiden- und Schneeballsystemen gleichen können. Dabei gilt: Alle Pyramidensysteme sind MLM (nie SLM), aber längst nicht alle MLM-Unternehmen sind illegal (s. hierzu www.detta.de). Die mögliche Nähe des MLM zu illegalen Formen trägt erheblich zum umstrittenen Image des DV (s. Kapi-

tel 2.3) bei und hat dementsprechend auch wieder Einfluss auf das Selbstbild der
Organisationen sowie deren Kultur.

Illegal im Sinne des Gesetzes gegen den unlauteren Wettbewerb (UWG) § 16
Abs. 2 ist es, „Verbraucher zur Abnahme von Waren, Dienstleistungen oder Rechten durch das Versprechen zu veranlassen, sie würden entweder vom Veranstalter
selbst oder von einem Dritten besondere Vorteile erlangen, wenn sie andere zum
Abschluss gleichartiger Geschäfte veranlassen, die ihrerseits nach der Art dieser
Werbung derartige Vorteile für eine entsprechende Werbung weiterer Abnehmer
erlangen sollen".[7] Dieser strafbare Tatbestand, der bis 30.6.2004 in UWG § 6c geregelt war, wird als „progressive Kundenwerbung" bezeichnet. Er bezieht sich auf die
eben genannten Schneeball- und Pyramidensysteme sowie Kettenbriefsysteme.[8] Da
auch MLM-Unternehmen ihren Mitgliedern ermöglichen, weitere Personen anzuwerben und für deren Umsatz Superprovision zu erhalten, verschwimmen die
Grenzen zwischen legal und illegal (Vander Nat/Keep 2002). Eine Prüfung im
Einzelfall ist notwendig (Wehling 1999: 33; s. auch Wehling 1994a, 1994b), wobei es
auch eine Reihe Kriterien gibt, die helfen können, illegale Anbieter zu erkennen:

-   Die Betonung des Rekrutierens oder sogar die Pflicht dazu; Mitglieder können
    bzw. dürfen nicht nur Verkäufer sein
-   Die Möglichkeit, endlose ‚Ketten' an Downlines zu bilden
-   So genannte ‚Kopfprämien' für neu rekrutierte Personen (statt einer Superpro-
    vision auf deren Umsatzleistung)
-   Kein oder ein minimales Endkundengeschäft; stattdessen wird nur innerhalb
    des Systems verkauft oder es werden nur Eigenbedarfler angeworben[9]
-   Das Fehlen eines Produktes, das Mehrwert verspricht; stattdessen gibt es bei-
    spielsweise ‚Weiterbildungsseminare' zu überhöhten Preisen
-   Fehlendes Rückgaberecht für Produkte

---

[7]   Quelle: Bundesministerium für Justiz, www.gesetze-im-internet.de/uwg_2004/index.html, abgeru-
      fen am 1.5.2007.
[8]   Im Pyramidensystem hat nur der Erstkunde einen Vertrag mit dem Unternehmen. Weitere Kunden
      schließen mit ihm Verträge ab. Im Schneeballsystem schließt das Unternehmen Verträge mit allen
      Kunden ab (Wehling 1999: 31f) und www.mlm-akademie.de/artikel_5.htm, abgerufen am 1.5.2007.
[9]   Dies erfolgt auch in den illegalen Kettenbriefen (mit Geld) oder so genannten ‚Herz- und Schenk-
      kreisen'. Letztere funktionieren wie Kettenbriefe: Es wird Geld an Personen, die länger im System
      sind, verschenkt mit der Erwartung, von später eintretenden Personen ebenso Geld zu erhalten; In-
      formationen hierzu unter www.detta.de.

- Abnahmepflicht von Produkten, um einsteigen zu dürfen, und u. U. Produktabnahme in großen Mengen
- Hohe Einstiegsgebühren

Dies ist nur eine kurze Zusammenstellung häufig genannter Aspekte, für deren
nähere Ausführungen auf die genutzten Quellen[10] verwiesen werden muss. Wichtig
ist, dass diese Kriterien Interpretationen des § 16 Abs. 2 UWG darstellen und selbst
wiederum interpretationsbedürftig sind. Dies gilt beispielsweise für die Frage, ob ein
System illegal ist, wenn es das Rekrutieren betont oder nur, wenn das Rekrutieren
Pflicht ist. So beinhalten die Geschäftsgrundlagen des Konzerns AW in Deutschland (Amway GmbH [Ed.] 2004b) keinerlei Rekrutierungspflicht, wobei die in Kapitel neun untersuchte Downline das Anwerben weiterer Personen als zentrale Tätigkeit (wichtiger als der Produktverkauf) bewirbt (Rampelotto 1999a: 131; s. auch
Schwarz/Schwarz 1993a; 1993b; 2001; 2002). Diese Betonung des Anwerbens gilt
auch für die USA (Scheibeler 2004), so dass manche Kritiker AW als illegales
Schneeballsystem charakterisieren,[11] obwohl das Unternehmen durch die US-
amerikanische Federal Trade Commission (FTC) im Jahre 1979 als legales MLM-
System eingestuft wurde (Juth-Gavasso 1985: 170).

Zusammenfassend lässt sich festhalten, dass die Unterscheidung zwischen
SLM und MLM nicht eindeutig ist (s. Beispiel TW). Unklar ist, ob schon die Möglichkeit des Rekrutierens ein System zum MLM macht, auch wenn im Mittelpunkt
der Geschäftstätigkeit der Produktverkauf steht und nicht jedes Mitglied anwerben
muss. Da auch die Abgrenzung von MLM- zu Schneeballsystemen interpretationsbedürftig ist, handelt es sich um eine äußerst vielfältige Organisationsform, zu der
im nächsten Abschnitt weitere Grundlagen vorgestellt werden.

---

[10] Als nationale und international wissenschaftliche Quellen s. bspw. (Grayson 1996: 329-332; Vander
Nat & Keep 2002; Wehling 1994: 205-207; Wehling 1999: 30-33), von Seiten der Verbände aus s.
bspw. www.wfdsa.org/about_dir_sell/index.cfm?fa=schemes1 sowie www.bvnm.de/index.php?id
=rechtliches; weitere Informationen aus dem Internet s. www.mlm-akademie.de/artikel_5.htm,
www.detta.de, www.mlm-thetruth.com/5RedFlags2column40pages2Color3-6.pdf, jeweils abgerufen
am 1.5.2007.

[11] Als Quellen s. bspw. www.angelfire.com/nm2/hnheeg/, www.mlm-thetruth.com/tax_study.htm,
www.mlm-thetruth.com/, www.falseprofits.com/Bookletintro.html, jeweils abgerufen am 1.5.2007.

2.2 Daten zum Direktvertrieb

Im vorliegenden Kapitel werden Daten zum DV vorgestellt. Dabei muss berücksichtigt werden, dass dieser keine Branche darstellt, sondern sowohl einen Vertriebsweg als auch eine Organisationsform mit vielen Ausprägungen. So agiert beispielsweise TW nur als DV, während der Konzern The Body Shop eine zweifache Strategie verfolgt: Bisher ist er zwar vor allem über seine zahlreichen Ladengeschäfte bekannt, vertreibt aber auch als DV Produkte und ist Mitglied im Bundesverband Direktvertrieb Deutschland e. V. (BDD).[12]

Aufgrund der oben erläuterten unscharfen Begrifflichkeiten und der Vielfalt an Direktvertriebsvarianten können Interessensverbände somit zur Datenerhebung zwar auf ihre eigenen Mitgliedsunternehmen zurückgreifen, müssen sich darüber hinaus aber auch auf Schätzungen stützen. Ein zweiter Grund für die Schwierigkeit, exakte Daten zum DV zu erhalten, ist dessen Schnelllebigkeit. So findet sich auf der Internetseite www.mlm-beobachter.de ein „MLM-Friedhof" mit 495 Einträgen von inzwischen geschlossenen Unternehmen und weiteren 18 Organisationen, deren Verbleib ungeklärt ist.[13] Die folgenden Abschnitte geben vor diesem Hintergrund vor allem Einschätzungen wieder: erstens zum Markt, wie beispielsweise zu Umsatz und Anzahl der Unternehmen sowie der Mitglieder (2.2.1), und zweitens zur Mitgliederstruktur (2.2.2).

2.2.1 *Markt und Unternehmen*

Einschätzungen zu internationalen Marktdaten stammen vom weltweiten Dachverband WFDSA (World Federation of Direct Selling Associations). Für 2005 sieht dieser weltweite Umsätze von 102,6 Mrd. US-Dollar durch ca. 58,6 Mio. Direktvertriebsmitglieder. Für Deutschland geht er von rund 7,85 Mrd. US-Dollar Umsatz und 700.000 Mitgliedern aus.[14] Weltweit sowie in Deutschland ist die Spannbreite der angebotenen Produkte groß. Sie reicht von Lebensmitteln über Kosmetik,

---

12 Quelle: www.bundesverband-direktvertrieb.de/mitglieder/unternehmen.php#b, abgerufen am 2.5.2007.

13 Quelle „Friedhof": www.mlm-beobachter.de/memoriam.htm, Quelle vermisste Unternehmen: www.mlm-beobachter.de/mlm_mia.htm, abgerufen am 2.5.2007.

14 Quelle: www.wfdsa.org/statistics/index.cfm?fa=display_stats&number=1, abgerufen am 1.5.2007. Dort finden sich auch Daten zur Entwicklung in den letzten Jahren. Angaben zur Entwicklung in den 90er Jahren finden sich bspw. unter dem Jahresbericht des Bundesverbandes Direktvertrieb (2002).

Schmuck, Reinigungsmittel, Haushaltswaren bis hin zu Energie, Versicherungen, Bausparen und Investmentfonds (Prognos AG 2005). Innerhalb der Branchen ist die Bedeutung dieser Vertriebsform jedoch reichlich unterschiedlich. Einen hohen Stellenwert hat der DV in Deutschland z. B. bei Versicherungen (60%) und Bausparen (39,5%), während er beispielsweise im Bereich Kosmetik (4,1%) oder Bücher (2,2%) eine marginale Rolle spielt (Prognos AG 2005: 9).

Zur Anzahl der Unternehmen lassen sich nur Schätzungen abgeben. Der Bundesverband Direktvertrieb Deutschland e. V. hat 38 Mitglieder (Stand Mai 2007), auf die laut Verbandangaben rund 30% der deutschen Umsätze entfallen.[15] Darüber hinaus lässt sich auf der kritischen Internetseite mit dem Namen MLM-Beobachter eine Liste mit 141 Unternehmen finden.[16] Die beiden Listen überschneiden sich bei einem Eintrag, so dass dies eine Mindestanzahl von 178 DV-Unternehmen in Deutschland ergibt. Die eigentliche Anzahl müsste höher sein, denn zum einen sind die beiden genannten Quellen nicht vollständig und zum anderen hat schon allein AW (nach eigenen Angaben) rund 85.000 Mitglieder[17] und TW rund 60.000-70.000 Beraterinnen[18] in Deutschland. Da einige Unternehmen keine Angaben auf ihren Internetseiten machen, sind Erhebungen hierzu durchaus schwierig.[19]

Ebenfalls problematisch sind exakte Informationen zur Verbreitung der verschiedenen Direktvertriebstypen, da die jeweilige Definition des Autors und seine Erhebungsweise berücksichtigt werden müsste. So liegt für Großbritannien eine Studie der University of Westminster vor, nach der ein Drittel der DV die MLM-Form aufweisen (Brodie/Stanworth 1998: 98). Eine Erhebung unter den Mitgliederunternehmen der UK Direct Selling Association zum MLM geht dagegen für das Jahr 2000 von 67,2% MLM-Unternehmen aus (Wotruba et al. 2005: 93). Für die USA hat der dortige Bundesverband (Direct Selling Association) einen Anteil von

---

[15]   Quelle: www.bundesverband-direktvertrieb.de/direktvertrieb/DatenFakten/EntwicklungVolumen.
       php, abgerufen am 1.5.2007.

[16]   Zuverlässigere Zahlen fehlen. Stand der Seite www.mlm-beobachter.de ist der 21.2.2005. Die Unternehmensnamen auf dem MLM-Beobachter wurden vom Netz genommen und sind nur noch über das Internetarchiv web.archive abrufbar: http://web.archive.org/web/20050223024642/www.mlm-beobachter.de/mlm_firmen.htm, abgerufen am 23.3.2006.

[17]   Quelle: www.amivo.de/press_room01.html, abgerufen am 27.11.2006.

[18]   Die Angabe „fast 70.000 Beraterinnen" stammt von einem Vortrag des Pressesprechers TW an der Universität Mannheim im Jahr 2004. Die Zahl 60.000 stammt aus einer Pressemeldung TW (Tupperware Deutschland GmbH [Ed.] 2006).

[19]   Für Deutschland lassen sich als seriöse Quellen auch die Studien von Engelhardt (et. al.) aus den 80er und 90er Jahren nennen. Diese Erhebungen/Schätzungen sind jeweils in Kooperation mit dem Bundesverband Direktvertrieb Deutschland e. V. entstanden (Engelhardt et al. 1984; Engelhardt & Jaeger 1998; Engelhardt & Witte 1990).

92,6% an MLM-Unternehmen im Jahre 2005 erhoben.[20] Zu Deutschland gibt es nur eine nicht-repräsentative Befragung von Einzelpersonen im DV, die einen Anteil von 15,2% im Network-Marketing ergab (Zacharias 2005: 51).

2.2.2 Mitgliederstruktur

Bei den Angaben zur Mitgliederstruktur liegen die gleichen Probleme der Ungenauigkeit wie bei den Unternehmensdaten vor. Was angesichts der hohen Mitgliederzahlen in Deutschland – 700.000 Personen[21] – berücksichtigt werden muss, ist die Bedeutungsvielfalt der Mitgliedschaft (eine Erhebung zu Gründen für den Einstieg s. bei Wotruba/Tyagi 1992). Hier lassen sich grob drei Ausrichtungen unterscheiden: ‚Eigenbedarf', Nebenerwerb und Haupterwerb. Während die letzten beiden Kategorien selbsterklärend sind, muss der so genannte Eigenbedarf erläutert werden: Die Mitgliedschaft in einem DV ist oft mit einer relativ geringen Einstiegsgebühr und u. U. mit keinerlei Jahresgebühr verbunden. Dementsprechend gibt es Mitglieder, die ihre Zugehörigkeit wie in einem Kundenclub nutzen. Sie bestellen für sich – sowie die eigene Familie, Freunde etc. –, verkaufen aber nicht und nehmen nicht an Veranstaltungen teil. Der Anteil dieser ‚passiven' Mitglieder (Eigenbedarfler) ist unbekannt, bzw. die unternehmensinternen Statistiken sind i. d. R. nicht öffentlich zugänglich. Zu AW gibt es Daten für die USA aus den 80er Jahren, die von einer Aktivitätsrate von rund 40% ausgehen. Bei dieser Erhebung wurde „aktiv" sehr weit gefasst, da dazu im entsprechenden Erhebungsmonat der Versuch (!) des Produktverkaufs zählte oder auch die Anwesenheit auf einem Meeting (Juth-Gavasso 1985: 115). Der Wert entspricht jedoch durchaus der Faustregel, die der Autorin während ihrer Erhebung bei AW vermittelt wurde: Ein Drittel der Interessenten, die zu einem Gespräch kommen, steigen ein. Von diesen wird ein Drittel aktiv, während ein Drittel schnell wieder aussteigt und ein Drittel länger, aber passiv dabeibleibt.

Für das Verhältnis von Teilzeit zu Vollzeit gibt es für Deutschland Daten aus den 90er Jahren, die von einer Teilzeitquote von 95% vs. 5% Vollzeitbeschäftigung ausgehen.[22] Unabhängig von der schlechten Datenlage zeigt der durchschnittliche

---

[20] Quelle: www.dsa.org/pubs/numbers/#CSPEOPLE, abgerufen am 2.5.2007.

[21] Quelle: www.wfdsa.org/statistics/index.cfm?fa=display_stats&number=1, abgerufen am 1.5.2007.

[22] Quelle: www.bundesverband-direktvertrieb.de/direktvertrieb/DatenFakten/Archiv/VollzeitTeilzeit. php, abgerufen am 2.5.2007. Nicht-repräsentative Studien bieten Zacharias (2004, 2005) und Wiendieck (2006).

Umsatz pro Person, dass eine Mitgliedschaft im DV nicht für jeden mit einer Erwerbstätigkeit gleichgesetzt werden kann: Wenn 700.000 Mitglieder in Deutschland
einen Umsatz von 7,85 Mrd. US-Dollar erwirtschaften,[23] bedeutet dies durchschnittlich magere 1.100 US-Dollar Umsatz (!) pro Mitglied/Jahr. Insofern ist die
folgende Aussage einer Erhebung zu Großbritannien interessant. Dort wurde festgestellt, dass „[w]hilst a core minority (around 10 per cent) build a full-time career in
direct-selling, which may engage them for a period spanning many years, for the
remaining 90 per cent, the experience is likely to be part-time and to span a period
of weeks or months, rather than years" (Brodie/Stanworth 1998: 97). Dies weist auf
ein weiteres Charakteristikum der ‚Außendienst Belegschaft' des DV hin: Da Einund Ausstieg formal leicht möglich sind – nähere Informationen werden in Kapitel
7-9 zu den hier untersuchten Unternehmen gegeben –, findet ein reger Wechsel der
Mitglieder statt. Manche Angaben reichen hier (für die USA) von bis zu 100% pro
Jahr (Juth-Gavasso 1985: 66; Roha/Blum 1991), andere sind geringer, so z. B. bei
AW in Japan knapp 60% im Jahr 1989 sowie ungefähr 70% im Jahr 1993
(Croft/Woodruffe 1996: 210).

Als abschließendes Merkmal der Mitgliederstruktur soll die Aufteilung von
Frauen und Männern im DV genannt werden. In den 90er Jahren des letzten Jahrhunderts waren in Deutschland 84% der Vertriebsrepräsentanten Frauen und nur
16% Männer.[24] Laut einer Studie der Direct Selling Association von 1997 zu Großbritannien sind dort rund 80% Frauen und 20% Männer vertreten (Brodie/Stanworth 1998: 98). Ein noch höherer Männeranteil ergibt sich im weltweiten
Durchschnitt bei einer Erhebung in acht Ländern (ohne Deutschland). Danach
stellen die Männer durchschnittlich 51% der Direktvertriebsmitglieder dar, wobei
zwischen den untersuchten Nationen große Schwankungen bestehen (Brodie et al.
2004: 6).

2.3 Image des Direktvertriebs

Zum bestehenden Forschungsstand zum DV gehören beispielsweise Abwägungen,
wie gut der DV als Vertriebskanal geeignet ist und welche Vor- und Nachteile mit
ihm zusammenhängen (s. bspw. Coughlan/Grayson 1998; Croft/Woodruffe 1996;
Frenzen/Davis 1990; Gibb Dyer 2001; Grayson 1996). Wichtiger für die vorliegen-

---

[23]   Quelle: www.wfdsa.org/statistics/index.cfm?fa=display_stats&number=1, abgerufen am 1.5.2007.
[24]   Quelle: www.bundesverband-direktvertrieb.de/direktvertrieb/DatenFakten/Archiv/FrauenMaen-
ner.php, abgerufen am 5.5.2007.

de Arbeit sind Einschätzungen dieser Organisationsform im Sinne von ‚seriös' oder ‚unseriös', da Zweifel an seiner Ehrenhaftigkeit sich auch auf die Kultur der Unternehmen beziehen, die in dieser Studie eine zentrale Stellung einnimmt.

Im Namen des Bundesverbandes Direktvertrieb Deutschland e. V. wurde 2005 von der Prognos AG (2005) eine repräsentative Marktanalyse zum DV in Deutschland in Auftrag gegeben. In dieser lässt sich das uneindeutige Image dieser Vertriebsform ablesen: Insgesamt 59% der Befragten bestätigen, dass der Vertriebsweg „bequem" ist und 39% sehen eine Zeitersparnis.[25] Die kritische Haltung gegenüber dem DV zeigt sich in der Frage nach der Seriosität: Nur 5% der Befragten geben hier an „trifft voll und ganz zu" bzw. „trifft zu", wobei persönliche Erfahrungen mit dem DV nicht zu anderen Bewertungen führen (Prognos AG 2005: 17; zu den USA s. Barnowe/McNabb 1992; zu Australien s. Kustin/Jones 1995; zu Österreich s. Schnedlitz 1997; zu Tschechien und Slowenien s. Wotruba/Pribova 1996).

Diese Bedenken am DV lassen sich bis zu den 20er Jahren des 20. Jahrhunderts zurückverfolgen (Biggart 1989: 31; s. auch Mason 1965: 10; Meier-Tesch 1974), wobei die umfangreichste Studie hierzu aus dem Jahre 2006 stammt. Oksanen-Ylikoski zeigt anhand dreier Diskurse – wissenschaftlicher Studien (vorwiegend zum Verkauf allgemein), Ratgeberbüchern für Praktiker und der finnischen Presse – auf, wie unterschiedlich die Selbst- und Fremdwahrnehmung des Network-Marketings sind. Die Wissenschaft „tends to treat NM as a slightly dubious and exceptional case – an anomaly among selling organizations" (Oksanen-Ylikoski 2006: 2). Ratgeberliteratur und Befürworter der Organisationsform tragen dagegen ein äußerst positives und weitreichendes Selbstbild nach außen. „[A]dvocates' suggested benefits of NM to salespeople relate to a freer lifestyle in terms of work and income" (Oksanen-Ylikoski 2006: 11). In der finnischen Presse spiegeln sich schließlich beide Extreme wieder: sehr positive bis hin zu sehr kritischen Äußerungen (Oksanen-Ylikoski 2006: 111-130).

Ohne auf Oksanen-Ylikoskis Detailreichtum einzugehen, soll ihre Typologie vorgestellt werden. Anhand zweier Aspekte, der Frage ob die DV professionell oder nicht-professionell agieren und ob sie ethisch oder unethisch sind, charakterisiert sie vier Formen der Selbst- und Fremdwahrnehmung des Network-Marketings:

1.   „Social activity for dabblers": „The *ethical/ non-professional* frame represents NM as a social activity for housewives, better-off folks and other people with lots

---

[25] Die Frage lautet: „Welche Aussagen treffen Ihrer Meinung nach auf den Direktvertrieb zu?". Die positiven Antwortkategorien, die hier zusammmengefasst genannt werden, sind „trifft voll und ganz zu" und „trifft zu" (Prognos AG 2005).

of leisure time" (Oksanen-Ylikoski 2006: 135). Die Tätigkeit ist ‚weiblich' geprägt (selbst wenn sie von Männern ausgeführt wird), da es darum geht, Produkte mit persönlicher Überzeugung im Privatbereich zu ‚empfehlen' (statt zu ‚verkaufen'). Hier wird NM als eine Art ‚harmloser (Hausfrauen)Verkaufsclub' gewertet.

2. „Serious enterprise for businesswomen and entrepreneurs": Unter der Annahme, dass es sich um eine *professionelle und ethische* Tätigkeit handelt, wird NM als Geschäftsmodell der Zukunft gesehen. Es wird ihm also ein höherer gesellschaftlicher Stellenwert eingeräumt als in Kategorie eins. Betont werden nicht nur der Spaß, sondern auch die beruflichen Chancen für Arbeitslose, Frauen und Minderheiten. Grundlage der Tätigkeit ist „the combination of rational commercial activity, hard work, and financial rewards with spontaneous consumer advocacy" (Oksanen-Ylikoski 2006: 136).

3. „Suspicious cult for revivalists and converts": „Thirdly, within the *unethical/ non-professional* frame, NM is viewed either as an illegal money collection scheme or as a suspicious and secretive cult" (Oksanen-Ylikoski 2006: 138). Hier gelten Verkäufer entweder als aggressive Missionare oder naive Mitläufer und den Unternehmen wird ein Kultcharakter zugesprochen, da sie Emotionen sowie spirituelle Bedürfnisse missbrauchen.

4. „Money machine for conmen": Gemäß dieser Sichtweise handelt es sich um eine *legale, aber unmoralische* Tätigkeit, die *professionell* und meist von Männern ausgeführt wird. Dieses Bild entspricht der traditionellen (negativen) Sicht des Verkäufers. „In this frame, NM salespeople are professional conmen and greedy roughnecks who opportunistically attack and exploit other people through turning social relationships into business relationships" (Oksanen-Ylikoski 2006: 140).

Diese vier Grundtypen charakterisieren die große Spannbreite in der Wahrnehmung des DV bzw. im Falle von Oksanen-Ylikoski (2006) des Network-Marketings. Überspitzt formuliert bewerten Befürworter den DV und vor allem MLM als Chance „des kommenden Jahrhunderts für selbstbewusste, dynamische und aktive Unternehmer".[26] Im Gegensatz zu ‚bürokratischen Unternehmen', die voller Gängelung stecken, darf hier jeder einsteigen und sein Leben verbessern. Eine Gelegenheit, „um endlich den Zwängen des Alltags zu entfliehen und ein selbstbestimmtes

---

[26] Quelle: www.bogner-direct.de/zacharias00.htm, abgerufen am 3.5.2007.

Leben zu führen" (Zacharias 2005: 106). Kritiker sehen dagegen die gesamte ‚Branche' als dubios und zweifelhaft an. Die meiste Kritik bezieht sich auf MLM-Unternehmen mit ihrer Möglichkeit, weitere Personen zu rekrutieren. Daraus kann die Problematik folgen, dass soziale Beziehungen ausgebeutet werden und die Trennlinie zwischen legal und illegal verschwimmt (Bonoma 1991; Lamprecht 2003; Lan 2002; Vander Nat/Keep 2002; Walsh 1999).

Die Typisierung Oksanen-Ylikoskis (2006) ist somit nach Meinung der Autorin der vorliegenden Studie auch auf Deutschland übertragbar, obwohl die empirische Grundlage bei Oksanen-Ylikoski internationale und finnische Veröffentlichungen darstellen. Die Vielfalt an Einschätzungen hierzulande lässt sich beispielsweise – unabhängig von der jeweiligen inhaltlichen Qualität der Beiträge – in Diskussionsforen zu MLM ablesen.[27] Darüber hinaus ist der öffentliche Diskurs von einer Reihe an Akteuren geprägt, von denen im Folgenden einige skizziert werden.

Zu den *Befürwortern* – neben den *Unternehmen* selbst, die in ihrer Vielfalt hier nicht vorgestellt werden können – zählen als erstes die beiden *Bundesverbände*. Der im Jahre 2004 gegründete Bundesverband Network Marketing e. V. (BVNM) nimmt natürliche Personen als Mitglieder auf. Offizielles Ziel ist eine „neutrale Interessenvertretung des Network Marketing in der deutschsprachigen Öffentlichkeit".[28] „Neutral" bezieht sich darauf, dass zunächst Vertriebsrepräsentanten sämtlicher Unternehmen, die sich an die Verbandsstandards halten, Mitglied sein können. Auch der schon oben genannte Bundesverband Direktvertrieb Deutschland e. V. (BDD) versteht sich als Qualitätssiegel. Dies gilt gemäß Selbstbild umso mehr, da der Verband schon im Jahre 1967 als Arbeitskreis „Gut beraten, zu Hause gekauft" gegründet wurde.[29] Der BDD bietet auf seiner Internetseite beispielsweise Informationen zur ‚Branche' als Ganzes (z. B. Prognos 2005) und Hinweise für Interessenten einer Vertriebstätigkeit.[30] Für Verbraucher werden die Verhaltensstandards erklärt und auf die Internetseiten der Mitgliedsunternehmen verwiesen.[31] Der BVNM bietet ähnliche Informationen und weist darüber hinaus beispielsweise auf

---

27 Siehe bspw. www.mlm-infos.com/recent.php, www.krambox.de/item/674 oder www.gomopa.net/ Finanzforum/MLM-Firmen-A-Z/MLM-Firmen-A-Z.html (unter „Insider-Forum"), jeweils abgerufen am 1.5.2007.

28 Quelle: www.bvnm.de/index.php?id=ueber_uns, abgerufen am 1.5.2007.

29 Information aus einem Gespräch mit dem Geschäftsführer im Jahr 2005.

30 Quelle zur Tätigkeit: www.bundesverband-direktvertrieb.de/direktvertrieb/Karriere/checkliste_ direktvertrieb.php, abgerufen am 2.5.2007.

31 Quelle: bundesverband-direktvertrieb.de/verbraucher/index.php, abgerufen am 3.5.2007.

Mental- und Motivationstrainings oder die neueste Schrift des ‚MLM-Experten'
Karl Pilsl zur „Wirtschaftsrevolution" hin.[32]

Im Rahmen der vorliegenden Erhebung ebenfalls von MLM-Mitgliedern als
Experte eingeschätzt wurde *Professor Dr. Michael Zacharias von der FH Worms*.[33] Dieser
betreibt laut einem Interviewpartner eine Beratung für MLM-Unternehmen und
wird in seinem eigenen Buch einleitend als „Papst des Network-Marketing" bezeichnet (Zacharias 2005: 19). Er wirbt in seinen (bezahlten) Reden für diese Orga-
nisations- und Vertriebsform, beispielsweise vor AW-Mitgliedern: „Network-
Marketing ist für mich das Vertriebssystem mit Zukunft (...) Und es ist ähnlich mit
dem Franchising, aber besser, einfacher, duplizierbarer" (Sinngemäße Wiedergabe).[34] Seine Arbeiten präsentiert er als wissenschaftlichen Beleg für die Seriosität
dieses Vertriebssystems (Zacharias 2005: 17-20). Aufbauend auf seiner nicht-
repräsentativen Onlinebefragung[35] vermarktet er sein Buch „Network-Marketing:
Beruf und Berufung" (schon) in der Erstauflage als „Standardwerk"[36] mit folgender
Erwartung: „Es wird das Image der gesamten Branche verändern" (Zacharias 2005:
17).

Unter MLM-Mitgliedern bekannt ist auch die Zeitschrift „*Network Karriere*", die
für alle „Networker" gedacht ist, und diese Vertriebsform z. B. über ihre Initiative
„Mach Dich doch selbständig" bewirbt.[37] Hinzu kommen *zahlreiche Ratgeber* (Bartlett
1994; Paul 1993; von der Becke 1999), die aufzeigen möchten, wie Erfolg im MLM
erlangt werden kann. So wird beispielsweise verdeutlicht, dass MLM „ganz gewöhn-
lichen Menschen ermöglicht, außergewöhnliche Dinge zu tun" (Elsberg 2002: XI).
Auch *Trainer* für mehr Erfolg im MLM sind auf dem Markt, so z. B. Robert Pauly

---

[32]   Quelle Mentaltraining: www.bvnm.de/index.php?id=688, Quelle Karl Pilsl: www.bvnm.de/
index.php?id=wirtschaftsrevolutio, jeweils abgerufen am 2.5.2007.

[33]   Internetseite an der FH: www.fh-worms.de/ebm-hm/professoren/zach/zacharias.htm, abgerufen
am 2.5.2007. Zacharias ist Professor für „European Business Management/Handelsmanagement".

[34]   Rede Prof. Michael Zacharias von der FH Worms auf dem Kick-off Amways im Januar 2005. Da
die Original-CD nicht vorliegt, handelt es sich um eine sinngemäße Wiedergabe.

[35]   An der Online-Befragung konnte jeder teilnehmen, der wollte www.fh-worms.de/ebm-
hm/professoren/zach/Fragebogen.htm#, abgerufen am 1.5.2007. Damit sind die im Buch enthalte-
nen Angaben zur Mitgliederstruktur (Umfang der Tätigkeit, Geschlechteraufteilung, Einkünfte etc.)
nicht repräsentativ. Als wissenschaftliches Qualitätskriterium attestiert Zacharias seiner Studie
„Neutralität" bei der Auswertung (Zacharias 2005: 74).

[36]   So steht auf der hinteren Umschlagseite der Erstauflage: „Prof. Dr. Michael Zacharias ist es gelungen, ein Buch zu schreiben, das in kürzester Zeit zum Standardwerk des Network-Marketing geworden ist" (Zacharias 2005).

[37]   Informationen zu dieser Initiative s. www.network-karriere.de/modules.php?op=modload&name
=News&file=article&sid=3151, abgerufen am 3.5.2007.

(www.robertpauly.com/) oder Karl Pilsl (www.wirtschaftsrevolution.de/). Hinzu
kommen Überblicksseiten im Internet (s. bspw. www.mlm.de oder www.mlm-
news.de). Diese bieten nicht nur Informationen, sondern vermitteln auch die passenden Überzeugungen zu dieser Vertriebsform. So wird auf die rhetorische Frage
auf der Internetseite www.mlm.de, für wen diese Vertriebsform geeignet ist, geant-
wortet: „Jeder kann es".[38]

   Kritik wird vor allem gegenüber MLM-Systemen geäußert. Zwar ist die Anwerbung weiterer Mitglieder durch bestehende Außendienstmitarbeiter wie oben
beschrieben legal, aber dennoch sind legal und illegal nur im Einzelfall zu unterscheiden (Bonoma 1991; Koehn 2001; Vander Nat/Keep 2002). Kritiker werfen
beispielsweise AW vor, *de facto als illegales System zu operieren*.[39] In einer fiktiven Gegenüberstellung von Informationen auf der AW-Internetseite vs. einer Antwort von
Kritikern, findet sich u. a. folgende Passage: „[Amway:] In 1979, the Federal Trade
Commission ruled that Amway is a legitimate business opportunity, not a pyramid.
[Antwort:] The Federal Trade Commission's 1979 report said that Amway was not a
pyramid scheme because Amway had retail customers. This argument is wearing
thin as Amway do not have retail customers anymore. Most of their products are
sold only to their distributors."[40] Unabhängig von der rechtlichen Frage und dem
Fall AW verweist Koehn darauf, dass die Konzentration auf das Anwerben unethisch sein kann und fordert dementsprechend: „For-profit companies that are not
product-centered deserve close ethical scrutiny" (Koehn 2001: 155).

   Weitere *Zweifel bestehen an den Provisionsversprechen mancher Organisationen*. Vor allem wenn Unternehmen – wie sich bei AW zeigen wird – damit werben, dass hier
‚finanzielle Freiheit' erlangt werden kann, stellt sich die Frage, ob diese Hoffnungen
überhaupt realisierbar sind und vor allem, für welchen Anteil an Mitgliedern dies
möglich sein kann (s. Erfahrungsberichte von Andrews 2001; Dean 1996; Scheibeler 2004; zur wissenschaftlichen Auseinandersetzung s. Koehn 2001: 159 f.; Walsh
1999). In diesem Zusammenhang wird innerhalb Deutschlands auch kritisiert, dass
Arbeitsämter Arbeitslose verstärkt an MLM-Unternehmen vermitteln,[41] obwohl die

---

[38]   Quelle: www.mlm.de/h98-ist-mlm-etwas-fuer-mich.html, abgerufen am 2.5.2007.
[39]   Quellen: www.mlm-thetruth.com/tax_study.htm, www.mlm-thetruth.com/, www.falseprofits.com/
       Bookletintro.html, www.pyramidschemealert.org/, jeweils abgerufen am 4.5.2007.
[40]   Quelle: www.angelfire.com/nm2/hnheeg/, abgerufen am 4.5.2007.
[41]   Siehe bspw. Informationen, Erfahrungsbericht und links unter www.mlm-beobachter.de
       /mlm/mlm_arbeitsamt.htm, abgerufen am 2.5.2007.

Durchschnittsumsätze pro Mitglied/Jahr darauf hinweisen, dass der DV für die meisten Mitglieder nichts oder wenig mit einem (Neben)Erwerb zu tun hat.[42]

Weitere Kritik wird auch jenseits rechtlicher und finanzieller Fragen geübt und bezieht sich etwa auf *das aufdringliche Anwerben weiterer Personen und das Ausbeuten persönlicher Beziehungen zu Wirtschaftszwecken* (für die rechtliche Seite des Ausnutzens von privaten Beziehungen im Rahmen der Laienwerbung s. § 4 Nr. 1 UWG;. IHK Region Stuttgart 2007). Hintergrund ist die gängige Empfehlung, im Bekannten- und Verwandtenkreis anzuwerben bzw. jegliche soziale Zusammenkunft für Verkaufszwecke zu nutzen (Koehn 2001: 158 f.; Walsh 1999).[43] So schreibt ein ehemaliges AW-Mitglied aus den USA zu seinem veränderten Leben seit seinem Austritt: „Wir gehen zu Partys und treffen neue, interessante Menschen, nur weil wir sie treffen möchten (...) nicht weil wir sie interessieren wollen. Wie wohltuend!"[44]

Als letzter und vielschichtiger Aspekt soll die *starke Vereinnahmung der Mitglieder* durch manche Konzerne genannt werden. Die Vorwürfe reichen hier bis hin zur Sektenähnlichkeit, wobei AW für Kritiker durchaus als Paradebeispiel gesehen wird (Butterfield 1985; Lamprecht 2003; Strub 1999). Der hohe Überzeugungsgrad von Mitgliedern bewirkt laut Kritikern z. B. den Eindruck, dass manche Unternehmen ihre Berater einer ‚Gehirnwäsche' unterziehen: So werden alte Bekanntschaften und Freundschaften ‚gekündigt', wenn Freunde die eigene Begeisterung nicht nachvollziehen können und beispielsweise nicht in das Unternehmen einsteigen. Stattdessen werden neue Bande innerhalb der Gemeinschaft der Gleichgesonnenen geknüpft.[45]

Die Liste der Kritik und Kritiker ließe sich fortsetzen und auch von Seiten der Befürworter konnten nur einzelne Akteure genannt werden. Für die vorliegende Arbeit ist erstens wichtig, dass MLM in der öffentlichen Meinung umstritten ist. Zweitens, und dies soll hier ergänzt werden, sehen Befürworter die Ursache für Kritik gerne in einzelnen ‚schwarzen Schafen'. Allerdings ist der umstrittene Ruf der ‚Branche' schon alt – wie oben erwähnt gibt es die Kritik schon seit den 20er Jahren des 20. Jahrhunderts (Biggart 1989: 31). Als weiterer Beleg für die Existenz struktureller (statt vereinzelter) Probleme lassen sich auch die bereits erwähnten Kriterien-

---

[42] Siehe auch als Internetquellen zur Kritik an Umsätzen und Einnahmen: www.mlm-beobachter.de/mlm/mlmwachstum.htm, www.mlm-thetruth.com/Top10thingsIlearned.htm, abgerufen am 3.5.2007.

[43] Siehe auch www.mlm-beobachter.de/mlm/mlm_angehoerige.htm, abgerufen am 1.5.2007.

[44] Quelle: www.transgallaxys.com/~beo/amway/pennystory.htm#Bewusstseinskontrolle, abgerufen am 1.5.2007.

[45] Weitere Informationen unter www.mlm-akademie.de/artikel_6.htm, www.mlm-beobachter.de, abgerufen am 1.5.2007. Erfahrungsbericht s. bspw. auf http://amway.robinlionheart.com/cultism.htm, abgerufen am 1.5.2007 sowie bei Scheibeler (2004) und Sonnabend (1998).

kataloge zum seriösen DV verstehen: Da (manche) Direktvertriebsunternehmen unseriös arbeiten, wird die Aufklärung von Interessenten, also von potentiellen Kunden oder zukünftigen Mitgliedern als notwendig erachtet. Derartige Hilfestellungen werden von den beiden Bundesverbänden[46] und sogar vom Bundesministerium für Wirtschaft und Technologie angeboten. Für Existenzgründer heißt es dort beispielsweise: „Angebote gründlich prüfen. In den USA ist diese Vertriebsform entstanden und äußerst populär. Auch in Deutschland kann man verstärkt solche Aktivitäten feststellen. Allerdings werben die Betreiber oder Organisatoren oft unseriös."[47] Die dazugehörende Checkliste bezieht sich zum einen auf rechtliche Aspekte (progressive Kundenwerbung, UWG § 16 Abs. 2), so z. B., ob es eine (illegale) „Kopfprämie" für die Anwerbung neuer Vertriebspartner gibt. Zum anderen werden auch Faktoren angesprochen, die nicht über die Gesetzgebung abgedeckt sind und oft nicht sonderlich leicht zu entscheiden sind. Dazu gehört beispielsweise die Frage: „Versucht das Unternehmen Einfluss auf das Privatleben der Mitarbeiter zu nehmen?"[48] Für die Unternehmen MKC und AW lautet hier die Antwort eindeutig ‚ja', wobei die Einflussnahme der beiden Organisationen unterschiedlich weit reicht und von loyalen Mitgliedern als besonders wertvoll beschrieben wird (s. Kapitel 8 und 9). Einen tieferen Einblick in das Verhältnis von Mitgliedern zu ihren Unternehmen bietet das nächste Kapitel zum Forschungsstand zur Kultur des MLM.

---

[46] Quellen: Bundesverband Direktvertrieb e. V.: www.bundesverband-direktvertrieb.de/verbraucher/checklisten/index.php, Bundesverband Network Marketing: www.bvnm.de/index.php?id=rechtliches; s. auch Hinweise unter www.detta.de, abgerufen am 1.5.2007.

[47] Quelle: www.existenzgruender.de/selbstaendigkeit/erste_schritte/gruendungswege/00639/index.php, abgerufen am 1.5.2007.

[48] Quelle: www.existenzgruender.de/selbstaendigkeit/erste_schritte/gruendungswege/00639/index.php, abgerufen am 1.5.2007.

3 Die Kultur des Multi-Level-Marketings

Das vorliegende Kapitel widmet sich dem Forschungsstand zur Kultur von MLM-Unternehmen. Im vorherigen Abschnitt wurden verschiedene Direktvertriebsformen, die Größe des Marktes, die Zusammensetzung der Mitgliederstruktur etc. beschrieben. Dies sind wichtige Hintergrundinformationen für das Phänomen des DV. Die folgenden Seiten setzen sich mit der Organisationskultur, dem Selbstverständnis und den propagierten Überzeugungen in diesen Unternehmen auseinander. Diese ,weichen' Faktoren bilden den Kern der Analyse in der vorliegenden Studie. Auf dieser Basis kann anschließend in Kapitel vier die Verortung der vorliegenden Untersuchung im bestehenden Forschungsstand erfolgen.

Wie in der Einleitung illustriert wurde, lassen sich MLM-Unternehmen als ein ,way of life' (Biggart 1989) bezeichnen. Vertreter sowie Kritiker referieren auf die (ungewöhnlich) enge Bindung der (loyalen) Individuen zu ihren Unternehmen. Wissenschaftliche Arbeiten, die hierzu Erklärungsansätze bieten, analysieren dementsprechend die besondere Identität der Organisationen, deren Kultur, aber auch die Bedeutung der Unternehmen für den Einzelnen. Im Folgenden werden die wichtigsten dieser Arbeiten vorgestellt. Eine thematische Gliederung bisheriger Studien ist jedoch schwierig, da der Forschungsstand zu gering ist. Dementsprechend kann hier nur eine relativ grobe Einteilung vorgenommen werden: Untersuchungen, die MLM analysieren, aber nicht expliziert kritisieren (Bhattacharya/Mehta 2000; Biggart 1989; Weierter 2001), und Arbeiten, die auf der Basis ihrer Erkenntnisse explizit Kritik üben (Bloch 1996; Bone 2006a, 2006b; Bromley 1995, 1998; Grayson 1996; Juth-Gavasso 1985; Lan 2002; Pratt 2000a; Pratt 2000b; Pratt/Rosa 2003; Walsh 1999). Den Anfang bilden die nicht-bewertenden Analysen im nächsten Abschnitt.

3.1 Nicht-bewertende Analysen zum MLM

Im Folgenden wird zunächst Biggarts (1989) umfangreiches Werk vorgestellt (3.1.1). Dieses nimmt hier, sowie insgesamt in der Forschung, den größten Raum ein, da es eine Fülle an Aspekten und Analysen liefert und die Grundlage für die meisten Erhebungen bildet (Ausnahmen sind die zeitlich früheren Studien Green/D'Aiuto 1977; Juth-Gavasso 1985). So greift Weierter (2001) auf Biggart (1989) zurück und stellt die „charismatischen Beziehungen" des Unternehmens AW in den Mittelpunkt seiner Analyse (3.1.2). Bhattacharya/Mehta (2000) verdeutlichen, warum MLM-Mitglieder als Individuen völlig rational handeln, auch wenn sie sich an Unternehmen beteiligen, denen ein weitgehender Kultcharakter zugeschrieben wird (3.1.3).

3.1.1   Der Klassiker von Biggart: Charismatic Capitalism

Den Platz des (einzigen) Klassikers im Bereich Direktvertriebsforschung nimmt die Arbeit von Biggart (1989) ein, die mit einer beeindruckenden Fülle an Schilderungen und analysierten Aspekten besticht und Ausgangspunkt für alle nachfolgenden Studien zur Kultur dieser Organisationsform bildet. Basis ihrer Untersuchung sind zahlreiche qualitative Interviews, umfangreiche teilnehmende Beobachtungen und eine umfassende Literaturanalyse zu fünf US-amerikanischen Konzernen: Amway Corporation, Mary Kay Cosmetics, Shaklee, Tupperware und A. L. Williams Company.

Ein Ausgangspunkt der Analyse ist die Beobachtung, dass im MLM eine Reihe zentraler Elemente ‚normaler' Unternehmen nicht vorhanden sind: Personalauswahl, Arbeitsverträge, gemeinsamer Arbeitsort, Hierarchien usw. fehlen – die übliche ‚Funktionslogik' der von Weber beschriebenen Bürokratie ist laut Biggart (1989) hinfällig: „It is as though the activity of a traditional firm were viewed in a funhouse mirror; nearly every familiar feature of corporate life is either distorted or missing" (Biggart 1989: 2). An ihre Stelle treten andere Mechanismen, wie beispielsweise charismatische Führung (Kapitel sechs), die Nutzung sozialer Beziehungen als (Selbst)Kontrollform oder eine religiös durchdrungene Produktideologie, die die Tätigkeit zu einer Mission werden lässt. Hier geht Biggarts (1989) Analyse über die internen Funktionsmechanismen der Organisationen hinaus und beschreibt ebenso den gesellschaftlichen Kontext: Dazu gehören die Entstehungsgeschichte des DV (Kapitel zwei), die veränderten Arbeitsmarktbedingungen (Kapitel drei) oder die sich wandelnde Rolle von Frauen und Müttern (Kapitel vier). Da diese Entwicklungen jeweils zum Wachstum der ‚Branche' beitragen, lassen sich DSO nicht nur von ‚Bürokratien' abgrenzen, sondern auch als gesellschaftliche Bewegung verstehen, denn „DSOs are businesses run very much like social movements" (Biggart 1989: 9). Biggarts Arbeit bietet eine Vielzahl an Beobachtungen, Beschreibungen und Analysen, die das Phänomen ‚DSO' von verschiedensten Seiten und auf der individuellen, organisationalen sowie gesellschaftlichen Ebene beleuchten. Dabei wird keine in sich geschlossene ‚Theorie des DV' geboten, sondern vielmehr eine Fundgrube an Analysen und theoretischen Erklärungsansätzen zu den verschiedenen Themenbereichen. Da Biggarts Ziel die Exploration eines unbekannten Terrains ist, gibt es keine einzelne übergeordnete Hauptaussage, entlang deren sich ihre gesamte Arbeit gliedern lässt. Dementsprechend wird ihr Werk entlang seiner eigenen Kapitelstruktur vorgestellt. Dabei werden diejenigen Aspekte herausgegriffen, die für die vorliegende Arbeit von besonderem Interesse sind.

Biggart beginnt in Kapitel zwei mit der *Entstehungsgeschichte des DV* in den USA (für einen Kurzüberblick zu Deutschland s. Engelhardt et al. 1984: 32-37). Als unorganisierte Vorreiter benennt sie „colonial peddlers", die von Tür zu Tür ziehend bis 1840 als wichtige Waren- und Informationslieferanten dienten (Biggart 1989: 21). Durch die Entstehung der Telegraphie und der Eisenbahn verloren diese an Bedeutung, während die ersten organisierten „Direktverkäufer" Ende des 19. Jahrhunderts aufkamen. Sie boten bis zum Ersten Weltkrieg ähnliche Produkte an wie der Einzelhandel, wobei die von den Herstellern damals propagierten Vorteile den heutigen gleichen: „product advantages, convenience for the customer, and the specialized knowledge of its distributor", der die Waren vorführen und erklären kann (Biggart 1989: 22). Und auch die Versprechen für die Verkäufer beinhalteten schon damals Mobilität, die Chance des persönlichen Wachstums und unbeschränkte finanzielle Belohnungen des eigenen Einsatzes (Biggart 1989: 24).

Die heutige Struktur, die neben der Produktionsstätte ein weitgespanntes Netz an „branch offices" aufweist, wurde 1915 von Alfred C. Fuller „erfunden" (Biggart 1989: 24; s. auch Bromley 1995: 136 f.). Der Gründer der „Fuller Brush Company" hatte landesweit eine so große Vertriebsorganisation aufgebaut, dass die Organisation und Kontrolle von der Zentrale aus nicht mehr möglich erschien. Infolgedessen wurden lokale Büros eingerichtet und erfolgreiche Verkäufer, bzw. zum Teil auch angestellte Manager, mit dem Training der Mitglieder und der Organisation (Produktweitergabe etc.) vor Ort betraut. Diese erhielten im Gegenzug einen Provisionsanteil der jeweiligen Umsätze (Biggart 1989: 24-26) – eine Struktur, die durchaus an die heutigen lokalen ‚Bezirkshandlungen' bei TW, die ‚Montagsmeetings' bei MKC oder die ‚Wochenschulungen' bei AW erinnert.

Was heute unter ‚Network DSO' verstanden wird, wurde laut Biggart (1989) erst 1941 entwickelt. Denn während in den ‚branch offices' nur einzelne Personen für Training und Rekrutierung zuständig waren, bedeutet MLM, dass jedes Mitglied an seiner Downline mitverdienen kann (s. dafür Kapitel 2.1). Die Ursprünge des MLM werden einem Verkäufer der California Vitamin Company zugesprochen, bei der auch die AW-Gründer Rich DeVos und Jay van Andel erfolgreich arbeiteten. Jahre nachdem diese ihr eigenes Unternehmen gegründet hatten, kauften sie California Vitamins auf und gliederten es in AW ein (Biggart 1989: 24-26; s. auch Juth-Gavasso 1985: 89). Basierend auf dieser Tatsache leiten manche Mitglieder im internen Sprachgebrauch bei AW gerne ab, dass ihr Konzern den Ursprung aller Network-Marketing-Organisationen darstellt (Quelle: eigene teilnehmende Beobachtung).

Biggart führt in ihrer Arbeit auch die Entwicklung der Organisationsform bis zum Zweiten Weltkrieg aus. Als die DV in den 20er Jahren expandierten, organisierten sich die Einzelhändler und versuchten mit diversen Kampagnen, das Image der Konkurrenz zu beschädigen. Biggart berichtet beispielsweise von Vorträgen des Einzelhandelsverbandes vor Eltern-Lehrer-Vereinigungen in Dayton, Ohio im Jahre 1925. Dort wurde vermittelt, „that 87% of sales agents were dishonest and the rest of them suspect" (Biggart 1989: 31) – eine Einschätzung, die in (sehr) abgeschwächter Form noch heute existiert (s. Kapitel 2.3). Aufgrund der wirtschaftlichen Depression ab 1929 entstanden laut Biggart (1989) im Laufe der 30er Jahre die ersten Verhaltensregulierungen (‚code of ethical practices'). Im Zuge hoher Arbeitslosigkeit boomte der DV, da viele Menschen ihr Glück als Vertreter versuchten. Darüber hinaus prägten betrügerische Unternehmen, die beispielsweise Geld einsammelten, aber nie Ware lieferten, das Bild dieser Vertriebsform: „One dishonest distributor in a neighborhood ruined the business environment for all DSOs for years to come" (Biggart 1989: 35).

Für die vorliegende Arbeit ist in diesem Zusammenhang auch die Entstehung der Partyform in den 40er Jahren relevant, die neben den Haustürgeschäften (z. B. Vorwerk) die bekannteste Vertriebsform darstellt. Die ersten Verkaufsveranstaltungen mit einer Gruppe von Interessierten werden einem besonders erfolgreichen Verkäufer von Stanley Home Products zugeordnet (Biggart 1989: 42-44). Der Unternehmensgründer Frank S. Beveridge wollte dessen hohe Verkaufsumsätze ergründen und stieß so auf die ‚Urform' des „party plans", die er weiterentwickelte. Diese Verkaufsform verbreitete sich schnell auch in anderen DV-Unternehmen der Zeit – und erlangte besondere Bekanntheit in Form der ‚Tupperparty' (Biggart 1989: 42-44; Clarke 1999). Darauf basiert für manche heutige TW-Mitglieder in

Deutschland die Überzeugung, dass das eigene Unternehmen die Partyform entwickelt hat (Quelle: eigene teilnehmende Beobachtung).

Im dritten Kapitel geht Biggart der Frage nach, *welche gesellschaftlichen Veränderungen des Arbeitsmarktes das Wachstum der DSO erklären können* (s. auch Bromley 1995: 139 f.). Aus ihrer Erhebung heraus bestimmt sie drei Aspekte, die sie auf Basis ihrer Interviews wie auch gesellschaftlicher Entwicklungsdaten näher ausführt. Erstens trägt der (nach dem Zweiten Weltkrieg) gewachsene Wunsch bzw. die Notwendigkeit von Frauen, berufstätig zu sein, zum Wachstum bei. Da die Berufstätigkeit von Frauen von Ungleichheit auf dem Arbeitsmarkt, schlechterer Bezahlung und fehlenden Möglichkeiten zum Aufstieg geprägt ist, verkörpert der DV eine attraktive Alternative, die sich zudem besser mit anderen Pflichten (z. B. Hausarbeit) vereinbaren lässt (Biggart 1989: 53-60). Zweitens gewinnt auch für Männer der DV an Attraktivität, da das in den 50er Jahren angenehme und sichere ‚Leben' in den Großunternehmen aufgrund des gewachsenen Wettbewerbsdruckes und des größeren Konkurrenzdenkens nicht mehr garantiert ist. Hinzu kommt laut Biggart (1989) eine Deprofessionalisierung einer Vielzahl akademischer Berufe: Wenn diese innerhalb von Konzernen ausgeübt werden, bieten sie keinen bzw. nur einen geringen Handlungsspielraum und widersprechen so dem professionellen Selbstverständnis von Ärzten, Juristen etc. Die Tätigkeiten gleichen somit einem Abarbeiten von Vorgaben – während DSO Selbständigkeit und Autonomie versprechen (Biggart 1989: 60-63; zur Selbständigkeit im Franchise s. Felstead 1991). Drittens: Die gewachsenen Kosten für Arbeitgeber lassen es attraktiv erscheinen, eine zwar schlechter kontrollierbare, aber dafür billigere Verkaufsmannschaft anzuwerben (Biggart 1989: 63-66). Aufbauend auf diesen drei Gründen schlussfolgert Biggart, dass „[d]irect selling in the 1980s, though it has roots in the colonial past, is thus a wholly modern phenomenon created and sustained by the social and economic conditions of the day" (Biggart 1989: 69).

In Kapitel vier führt Biggart (1989) den *„weiblichen"*[49] *Charakter des MLM* aus, der einen besonderen Anreiz für Frauen darstellt. Während die meisten ‚bürokratischen Unternehmen' die Familie als Hindernis für die völlige Nutzung der Arbeitskraft ihrer Arbeitnehmer ansehen, wird in DSO die Familie als nützlich erachtet, um eine besonders enge Verbindung zwischen Mitgliedern und Unternehmen zu erzeugen (s. auch Pratt/Rosa 2003). „[T]hey manage the family, making its powerful emotions and social unity serve organizational ends or actively manipulating the pull

---

[49] Biggart (1989) verwendet Charakterisierungen wie „weiblicher Charakter" oder auch „typisch weiblich" ohne Anführungszeichen.

of family ties. The affective bonds and authority relations of the family are directed toward profit-making ends" (Biggart 1989: 71). Dies geschieht, indem beispielsweise Familienmitglieder angeworben werden (Biggart 1989: 76-78) oder indem kontinuierlich betont wird, wie wichtig Familien sind (Biggart 1989: 76-85). Durch die Bezeichnung von Downlines als „Töchter" und Uplines als „Mütter" etc. entstehen in MLM-Unternehmen „metaphorische Familien" (Biggart 1989: 85), die emotionale Nähe und ein (zweites) Zuhause offerieren. Hinzu kommt, dass DSO typisch weibliche Aufgaben, wie sich um andere kümmern, pflegen, kommunizieren etc. in besonderem Maße honorieren und somit laut Biggart besonders attraktiv für Frauen sind, denn „[t]he corporate world gives women a tough choice: use their womanly skills in less-values, subordinate ‚women's jobs', or act like men" (Biggart 1989: 89). Im DV werden Frauen durch ihre Tätigkeit auf der individuellen Ebene ‚empowered': Sie verdienen eigenes Geld und können ihr Selbstbewusstsein durch eine Tätigkeit außer Haus stärken. Allerdings werden patriarchalische Grundstrukturen nicht angegriffen oder hinterfragt, sondern sogar gefestigt, da zum propagierten Familienbild eine gehorsame Ehefrau gehört, die ihre Wünsche dem Mann und der Familie unterordnet (Biggart 1989: 91-97).

Kapitel fünf ist mit „*The Business of Belief*" (Biggart 1989: 98) überschrieben und analysiert, welche Rolle Überzeugungen in den Unternehmen spielen. Diese sind zum einen christlicher Natur, was sich z. B. in den gemeinsamen Gebeten zu Beginn von Unternehmensveranstaltungen widerspiegelt. Zum anderen handelt es sich um Werte wie (finanzielle) Freiheit, Kapitalismus oder Nationalstolz, die in den Unternehmen fest verankert sind. „Network DSO are unusual, maybe unique, in today's economy because they are large capitalist enterprises founded on value rationality" (Biggart 1989: 102). Diese Wertorientierung ist vielschichtig, wobei Biggart zwei Hauptwerte herausarbeitet: Erstens den Wert des freien Unternehmertums, der eng mit der protestantischen Ethik und dem amerikanischen Glauben an das eigene kapitalistische System verwoben ist (Biggart 1989: 103-108), denn „God and the nation are served by the pursuit of direct sales" (Biggart 1989: 9; s. auch Green/D'Aiuto 1977); zweitens die „Produktideologien", die besagen, dass der Gebrauch bestimmter Produkte ihre Nutzer bzw. Anwender „transformiert", z. B. gesünder, schöner, selbstbewusster macht (Biggart 1989: 110-116; s. auch die Analyse eines mexikanischen MLM namens Omnilife bei Cahn 2006). Der Verkauf solcher Waren wird dementsprechend zur (heilbringenden) Mission. Damit geht Hand in Hand, dass innerhalb der MLM-Organisationen nicht von „Verkauf" gesprochen wird, sondern von „teaching skin care" (bei MKC) oder „share products" (bei

Shaklee; Biggart 1989: 116). Die zahlreichen propagierten Werte stützen so die Grundüberzeugung, dass es um wesentlich ‚mehr' als nur um Geld(erwerb) geht.

Solche Vorstellungen dienen den Unternehmen als Mittel der Kontrolle, was in der gesamten Arbeit immer wieder angedeutet wird. *Einen Überblick über Kontrolle in DSO* im Gegensatz zur Kontrolle im Idealtypus der Bürokratie bietet Biggart in Kapitel sechs. Dazu greift sie auf Webers idealtypische Bestimmung von Charisma zurück, die sie in abgeschwächter Form als Grundlage von DSO sieht. „While DSOs' missions are clearly limited when compared with those of some charismatic cults, they constitute an intense and an encompassing experience when compared with other economic organizations" (Biggart 1989: 134). Biggart stellt hier drei Mechanismen fest, die den Unternehmen bei der charismatischen Steuerung ihrer Mitglieder helfen. Den ersten stellt die „creation of a new self" dar, z. B. in Form von persönlichem Wachstum („transformation"), öffentlichen Konfessionen oder einer Form von „institutionalized ideology", die durch die jeweiligen (spirituellen) Führer verkörpert wird und der die Mitglieder nachfolgen (Biggart 1989: 135-149; s. auch Cahn 2006: 133). Zweitens ist die „celebration of group membership" als Mechanismus zu nennen. Diese führt im Extremfall dazu, dass Mitglieder sich völlig von der Außenwelt abkapseln, da sie unternehmensintern alles erhalten, was ihnen an sozialen Kontakten und emotionaler Zugehörigkeit notwendig erscheint (Biggart 1989: 149-154; s. auch Pratt 2000a). Als dritten Mechanismus dienen den Unternehmen die „stakeholder claims" zur Steuerung ihrer Mitglieder. Diese motivieren z. B. Mitglieder dazu, sich selbst in die Gruppe und die Aufgaben einbringen – nicht nur finanziell, sondern vor allem auch in Form von Zeit und Gefühlen. Damit geht einher, dass ab einer gewissen Erfolgsstufe Superprovisionen bei Austritt verloren gehen, so dass sich die Austrittshürde erhöht (Biggart 1989: 154-156). Der Vorteil dieser drei Kontrollstrategien ist ein doppelter: „First, to distributors they hardly seem like controls. What a sociologist sees as ‚controlling' is to a distributor an expression of belief and enthusiasm (...) The second advantage of these controls is their low cost to management. For the most part, distributors control themselves and each other" (Biggart 1989: 156).

Ein besonderes Element dieser organisationalen Kontrolle führt Biggart im abschließenden Kapitel sieben aus: MLM-Unternehmen steuern nicht nur, indem sie Mitglieder anwerben und im Sinne der Organisation ‚erziehen', sondern auch, indem sie deren soziale Beziehungen für sich nutzen. Grundlage der Kontrolle ist das Selbstbild der Mitglieder als ‚freie Unternehmer'. Biggart zweifelt an, dass Direktvertriebsmitglieder Unternehmern entsprechen, da erstere weder innovativ handeln, noch irgendetwas selbst entwickeln (Biggart 1989: 163). Dennoch wird

Mitgliedern mit diesem (vorgeschobenen) Selbstbild etwas geboten, was Angestellte laut Biggart (1989) nicht von ihren Unternehmen erhalten können: den in den USA hoch bewerteten Status des Entrepreneurs. Dieser ist im Idealfall mit einer Reihe von persönlichen Charaktereigenschaften und Überzeugungen verbunden: Unternehmer halten auch in schwierigen Situationen durch, sie sind sich bewusst, dass sie viel arbeiten müssen, und sie sind der Ansicht, dass sie sich für sich selbst einsetzen. Eine solche Arbeitshaltung ist jedoch auch für die DV äußerst vorteilhaft, da Mitglieder sich somit selbst zu Leistung anspornen und dabei auch Umsatz für das Unternehmen produzieren (Biggart 1989: 164). Gleichzeitig – und im Gegensatz zum Angestellten im ‚Getriebe' eines Konzerns – bieten die DV im Unterschied zur Selbständigkeit jedoch auch die schon angeführten persönlichen Bindungen an, die auch zur gegenseitigen Kontrolle der Mitglieder beitragen (Biggart 1989: 167).

Eine einzelne Aussage Biggarts als Hauptaussage herauszuheben, ist angesichts der beschriebenen Fülle nicht möglich bzw. wäre schlicht beliebig. Ihre Analyse erläutert die ‚Organisationslogik' des DV, verdeutlicht, welche Bedeutung Individuen der Tätigkeit und ‚ihrer' Organisation beimessen und wie das Wachstum dieser Organisationsform mit gesellschaftlichen Entwicklungen Hand in Hand geht. Einerseits werden die verschiedenen Ebenen und Aspekte getrennt betrachtet und jedes Kapitel wartet mit neuen Erklärungsansätzen auf, andererseits bleibt alles durch den Bezug auf das vielschichtige Phänomen des DSO miteinander verbunden und bietet so einen tiefen Einblick in die Welt dieser Vertriebs- und Organisationsform.

Obwohl sich die vorliegende Studie in ihrer Auswahl der untersuchten Organisationen an Biggart (1989) anlehnt, sind die Erkenntnisse Biggarts in ihrer Gesamtheit nicht direkt auf Deutschland übertragbar: Erstens wird sich in der vorliegenden Studie zeigen, dass die für die USA wichtigen Inhalte wie Nationalstolz und christlicher Glaube für Deutschland keine typischen Handlungsmaxime sind, obwohl sich auch hierzulande bei MKC (universal)religiöse Werte wie die ‚Goldene Regel' wiederfinden. Zweitens unterscheiden sich die drei in der vorliegenden Studie untersuchten Unternehmen Tupperware, Mary Kay Cosmetics und Amway in Deutschland strukturell und kulturell so sehr voneinander, dass es nicht möglich ist, diese als einen Organisationstypus zu analysieren. Trotz eines gemeinsamen Ausgangspunktes hebt sich die vorliegende Arbeit somit deutlich von Biggarts (1989) Vorgehensweise sowie Ergebnissen ab (s. auch Kapitel vier).

Dieser Unterschied bezieht sich auch auf das Hinterfragen der von den Unternehmen propagierten Werte und Idealvorstellungen, die im Mittelpunkt der vorliegenden Analyse stehen. Denn obwohl auch Biggart (1989) durchaus deutlich macht, dass beispielsweise Ideale wie eine ‚starke Gemeinschaft' nicht nur Mitgliedern dienen mögen, sondern auch von den Unternehmen als Kontrollmittel eingesetzt werden, werden andere Überzeugungen nicht hinterfragt. So stellt Biggart z. B. die Tätigkeit in DSO als realisierbare Chance zum Nebenerwerb dar. „It is the industry segment most likely to appeal to part-time workers and to women. I also believe that, rooted in this country's recent past, it is the segment with the most to say about the social and organizational possibilities available to people today" (Biggart 1989: 19). Angesichts der durchschnittlichen Umsätze (s. Kapitel 2.2.2) und der Einnahmenverteilung bei AW (s. Kapitel 9.4) lassen sich die Verdienstmöglichkeiten jedoch durchaus in Frage stellen. Darüber hinaus fällt auf, dass in Biggarts Werk nur im geschichtlichen Abriss Regulierungsprobleme angesprochen werden. Denn obwohl Biggart (1989) zahlreiche gesellschaftliche Entwicklungen in ihre Analyse einfließen lässt, erwähnt sie die Rechtsstreitigkeiten und Initiativen der Federal Trade Commission zur Zeit ihrer empirischen Erhebung in den 80er Jahren mit keiner Silbe (s. hierfür Juth-Gavasso 1985). Im Vergleich zu den in 3.2 vorgestellten Autoren ist Biggart somit durchaus zurückhaltend, was eine explizit kritische und vor allem kritisierende Auseinandersetzung mit den von ihr umfassend untersuchten Organisationen angeht. So spricht Biggart (1989: 101) zwar von der „Unternehmensideologie" in DSO, verwendet diesen Begriff aber wertneutral und nicht im kritischen Sinne (zur Unterscheidung s. Kapitel 5.2.2). Damit überlässt sie es dem Leser, Schlüsse aus ihrer Analyse zu ziehen – mit dem Effekt, dass ihre Studie teilweise als „Praktikerliteratur" (Oksanen-Ylikoski 2006: 90) und als positive „Werbung" für MLM (Kuntze 2001: 104) bezeichnet wird. Angesichts der zahlreichen analysierenden Elemente in Biggarts (1989) Studie ist dies nach Meinung der Autorin der vorliegenden Arbeit jedoch eine Fehleinschätzung sowie eine Unterschätzung des implizit kritischen Potentials der Analyse von Biggart.

3.1.2 *Charismatische Beziehungen näher analysiert von Weierter*

Weierters Aufsatz „The Organization of Charisma" (2001) schließt an Biggarts (1989) Kapitel sechs an und untersucht, welche Formen charismatischer Beziehungen zwischen Individuen und Organisation bestehen können. „Charismatische Kontrolle" in Unternehmen hat zwei Voraussetzungen: „The first condition is that potential members perceive in the organization something of profound significance for their lives. The second is that the organization offers the means through which this profound significance may be attained" (Weierter 2001: 91). Beides sieht er bei

AW erfüllt. Seine qualitative Studie basiert auf 17 Interviews mit Einzelpersonen und Beraterpaaren sowie seiner unveröffentlichten Dissertation an der University of Queensland. Bei neun befragten Einzelpersonen bzw. Paaren stellt Weierter eine charismatische Beziehung zwischen Mitgliedern und AW fest, deren Nutzen er für die Individuen beschreibt. Diese Form der Beziehung kann drei Ausprägungen annehmen (Weierter 2001: 91-94): Erstens „self-promoting", d. h., die schon vor der Tätigkeit bestehenden Wertvorstellungen werden durch AW gestärkt, zweitens „self-creating", d. h., Mitglieder haben ursprünglich keine festen Wertvorstellungen und nehmen die von AW als ihre eigenen auf, und drittens „self-idealizing", d. h., Mitglieder haben bereits feste Wertvorstellungen und nutzen das Unternehmen vorwiegend, um sich selbst zu verbessern, ihr eigenes Selbst zu „transformieren".

Im Gegensatz zu Biggart (1989) klassifiziert Weierter (2001) die Art der charismatischen Beziehungen zwischen Individuen und Organisation und hebt – ebenfalls anders als Biggart – den jeweiligen Nutzen für die Mitglieder hervor. Für die vorliegende Arbeit ist interessant, dass AW-Berater durch ihre Tätigkeit teilweise auch ihre *eigenen* Vorstellungen von sich selbst entwickeln können. Damit meint Weierter weder die übliche „leader-follower dyad", in der es darum geht, dass sich Mitarbeiter der Führungskraft anpassen, noch die „total institutions" (s. Goffman 1971 in Weierter 2001: 112), die ihren Mitgliedern keinen Freiraum ermöglichen. Stattdessen ist das Verhältnis zwischen AW-Beratern und Organisation vielschichtiger, und Weierter sieht die von ihm dargestellten drei Varianten der charismatischen Beziehung als ersten Schritt zur Erfassung dieses Zusammenhangs an.

3.1.3   Bhattacharya und Mehta: Der „social output" für den rationalen Akteur

Bhattacharya/Mehta (2000) möchten den Interpretationen von MLM-Unternehmen als „cults" oder als Organisationen, die „mind control" einsetzen (2000: 362), einen rationalen Grund für die engen Verbindungen der Mitglieder untereinander und mit dem Unternehmen entgegensetzen. In ihrer quantitativen Studie zeigen sie auf, dass Network-Marketing neben dem (sehr geringen) durchschnittlichen Verdienst („economical output") den Mitgliedern einen sozialen Nutzen („social output") bietet (Bhattacharya/Mehta 2000: 369 f.). „Our objective is to explain some of the behavioural characteristics of NMO [Network-Marketing-Organization] distributors as the rational outcome of utility maximization" (Bhattacharya/Mehta 2000: 365). Dazu gehören die zahlreichen gemeinsamen Aktivitäten und die neuen Bekanntschaften, die sich leicht schließen lassen (Bhattacharya/Mehta 2000: 361).

Durch ihre Erhebung kommen Bhattacharya/Mehta (2000) zu dem Schluss, dass in der Tat der soziale Nutzen für die untersuchten Mitglieder im Durchschnitt besonders hoch ist. Dementsprechend beruht die Mitgliedschaft nicht auf einer Art ‚Gehirnwäsche' (Bhattacharya/Mehta 2000: 362), sondern bietet den Mitgliedern einen konkreten Nutzen. Während Biggart (1989) nicht nur die Begeisterung der Individuen schildert, sondern auch verdeutlicht, welchen Vorteil die Unternehmen aus den sozialen Beziehungen der Mitglieder ziehen, betrachten Bhattacharya/Mehta nur die individuelle Ebene. So wird auch das Wachstum der ‚Branche' - im Gegensatz zu Biggarts (1989) Analyse – als Folge einer rationalen Suche nach Zugehörigkeit, nach „social output", verstanden: "As the society becomes more fragmented, (...) it becomes more difficult to generate social output (...) This might lead to NMOs [Network-Marketing-Organizations] evolving into very close knit social groups" (Bhattacharya/Mehta 2000: 369 f.).

3.2 Explizit kritische Studien zum MLM

Wie in der Einleitung und in Kapitel 2.3 deutlich wurde, haben der DV und insbesondere das MLM einen durchaus umstrittenen Ruf, so dass es eine Reihe explizit kritischer Analysen dieser Vertriebsform gibt. Pratt (2000a, 2000b; Pratt/Rosa 2003) zeigt in seinen Arbeiten auf, wie MLM-Konzerne unternehmenskonforme Wertvorstellungen bei ihren Mitgliedern fördern und somit die Überzeugungen der selbständigen Vertriebler in ihrem Sinne formen (3.2.1). Deutlicher in ihrer Kritik werden Walsh (1999), der daran zweifelt, dass MLM überhaupt funktionieren kann, und Bloch (1996), der MLM als Missbrauch sozialer Beziehungen brandmarkt. Grayson (1996) und Lan (2002) setzen sich ebenfalls mit dieser Thematik auseinander und legen hierzu empirische Ergebnisse vor (3.2.3). Bromley (1995, 1998) erklärt, dass MLM-Unternehmen wie AW ihren Mitgliedern eine Art Heilsversprechen bieten, so dass es sich um „quasi-religious corporations" handelt (3.2.4). Bones bewertet in seiner Analyse (2006) zu einer Randform von DSO die von ihm untersuchten Unternehmen als halb illegal und betrügerisch (3.2.5). In ihrer Studie zu AW aus dem Jahre 1985 zeigt Juth-Gavasso anhand von AW auf, warum Fehlverhalten in MLM-Unternehmen organisational verankert ist und nicht allein Mitgliedern, also einzelnen ‚schwarzen Schafen', zugeschrieben werden kann (3.2.6).

3.2.1 Pratt: die totale Ideologie

Pratt beschäftigt sich in seiner unveröffentlichten Dissertation wie Weierter (2001) mit der Identität von AW-Mitgliedern. Darauf aufbauend stellt er in seinem Aufsatz mit dem Titel „The Good, the Bad, and the Ambivalent" (Pratt 2000b) die Frage, wie Berater in ihrer Identität durch das Unternehmen beeinflusst werden. Anders als Weierter (2001), dessen Aufsatz ein Jahr später erschien, beobachtet Pratt durchaus ein sehr spezifisches AW-Selbstbild und ebenso eine gewisse Einheitlichkeit der persönlichen Identitäten überzeugter Mitglieder.

Auf der Basis von Interviews, teilnehmender Beobachtung und der Analyse von Unternehmensmaterialien (internen Zeitschriften, Schulungsmaterialien etc.) in den USA zeichnet Pratt (2000b) nach, wie Mitglieder sich im Sinne der Organisation entwickeln – oder diese verlassen. Die ursprüngliche Motivation mitzumachen ist in der Regel eine Nebenerwerbstätigkeit. Beobachten lässt sich jedoch, dass, wer dabei bleibt, im Sinne des Unternehmens sozialisiert wird. Pratt unterscheidet zwei Stufen dieses Identitätsformungsprozesses: Zunächst wird durch „sensebreaking practices" das bisherige, ‚alte' Leben als defizitär dargestellt. Über „dream building" wird suggeriert, dass durch das AW-Geschäft ein besseres und erfüllteres Leben möglich ist: „By reminding an individual of what one can have (e. g., a new car, a better family) and/or what one can become (e. g., wealthy), ideal selves also remind one of what one currently does not have and therefore what one is not" (Pratt 2000b: 467; s. auch Cahn 2006). Von Pratt als „sensegiving practices" bezeichnete Mechanismen wie beispielsweise eine Art ‚positive Programmierung' oder die emotionale Anbindung an einen Mentor füllen die so durch das Unternehmen geschaffene Lücke. Allerdings geht diese Entwicklung mit einer starken Abgrenzung nach außen einher und ehemalige (überzeugte) Mitglieder berichten von den Problemen, die sie mit früheren Freunden und Kollegen durch ihre Tätigkeit bekamen (Pratt 2000b: 475 f.).

Der spezifische ‚way of life' (Biggart 1989) von AW ist zwar weitreichend, muss aber keineswegs widerspruchsfrei sein. So erklären Pratt und Rosa (Pratt/Rosa 2003), dass das hohe Maß an Commitment bei Mitgliedern des NW vor allem auf der Basis eines kontinuierlich bestehenden Konfliktes zwischen dem eigenen Arbeitseinsatz für die Network-Tätigkeit und der Möglichkeit, Zeit mit der eigenen Familie zu verbringen, beruht. Auf der Grundlage einer qualitativen Studie in den drei MLM-Unternehmen Amway, Mary Kay Cosmetics und der Longaberger Company zeigen die Autoren auf, wie die Schwierigkeiten der Vereinbarkeit von Beruf und Familie von den Organisationen in ihrem Sinne genutzt werden. So wird beispielsweise propagiert, dass durch die Rekrutierung weiterer Familienmitglieder in das eigene Unternehmen, sich der Konflikt zwischen beiden Bereichen aufheben lässt – Pratt/Rosa bezeichnen dies angelehnt an Biggart (1989, vor allem Kapitel vier) als „making workers into family practice" (Pratt/Rosa 2003: 404). Eine umgekehrte Strategie, „bringing family into work practices" (Pratt/Rosa 2003: 404), beinhaltet, dass die Familie in die eigene Tätigkeit eingebunden wird, z. B. indem AW-Ehefrauen zu Hause Termine vereinbaren sowie Produkte entgegennehmen. Dadurch reduziert sich laut Pratt/Rosa (2003) nur scheinbar der Konflikt zwischen Arbeitstätigkeit und Familie, während in Wirklichkeit zusätzliche Arbeitskräfte zum Erfolg der jeweiligen Tätigkeit beitragen.

Wie Biggart (1989) betonen die Autoren Pratt/Rosa (2003), dass sich MLM-Unternehmen vor dem Hintergrund ‚normaler' Organisationen verstehen lassen: Während dort die Familie oft als ein ‚notwendiges Übel' angesehen wird, nutzen MLM-Vertriebe die Familienfreundlichkeit als Mittel, höheres Commitment zu erzeugen: „What sets network marketing organizations apart, however, is that these attempts to break down barriers between work and family are not 'side bets'. But are instead the core of how these companies do business" (Pratt/Rosa 2003: 415; für einen quantitativen Beleg s. Brodie et al. 2002).

Indem Familie und Arbeit integriert werden können, versprechen MLM-Unternehmen eine Art ‚Ganzheitlichkeit' des Lebensentwurfes. Für diesen spielen, vor allem in den USA, Religion und Spiritualität eine große Rolle – und nach Meinung der Autorin der vorliegenden Arbeit vor allem eine wesentlich größere Rolle als in Deutschland. Pratt analysiert in einem weiteren Aufsatz, welche Funktion diese bei der persönlichen Entwicklung von AW-Mitgliedern haben und schließt so an Biggarts (1989) Überlegungen zum Glauben (Kapitel fünf) und der charismatischen Kontrolle in DSO (Kapitel sechs) an. Die Begriffe „Religion" und „Spiritualität" verwendet er dabei als Synonyme. Es geht um „individuals' attempts to find meaning and purpose in their work trough the adoption and practice of deeply held values and beliefs" (Pratt 2000a: 36; zur wachsenden Bedeutung des Themas Spiritualität im Management s. Ackers/Preston 1997).

Die christlichen Überzeugungen, die Pratt bei den meisten der 17 von ihm im Rahmen seiner unveröffentlichten Dissertation befragten AW-Berater(paare)n beobachtet, durchziehen alle Lebensbereiche – also auch die Vorstellungen von der idealen Familie, der Geschäftstätigkeit („business") und von Freundschaften (Pratt 2000a: 44). Daraus entsteht eine allumfassende (christlich geprägte) Weltsicht, die die einzelnen Lebensbereiche in eine „ideological fortress" (Pratt 2000a) ‚einmauert' und – dies ist der Nutzen für die Organisation – untrennbar mit dem Unternehmen

AW verbindet. Ein Vorteil für den Konzern ist beispielsweise, dass auch Mitglieder, die (finanziell) erfolglos sind, ihre Tätigkeit, genau genommen ihre ‚Amway-Mission', weiter fortsetzen, da sie diese als Ausdruck ihres Glaubens ansehen (Pratt 2000a: 56). Hinzu kommt der positive Effekt für das Unternehmen, dass sich Mitglieder von der Außenwelt abgrenzen und sich somit auch von potentieller Kritik am Konzern fernhalten (Pratt 2000a: 38). Dadurch wird die Wahrnehmung der Kritik an AW reduziert und die interne Überzeugung vom Wert des Unternehmens gestärkt. „Religion may assure distributors that their work is not immoral, and may reinforce notions that their work is simply misperceived by non-members" (Pratt 2000a: 64).

Biggart (1989) selbst schildert in ihrem fünften Kapitel ebenso eine Reihe potentieller Vorteile, die Unternehmen durch Glaubensinhalte haben können. Dass sich deren unternehmerischer Nutzen auch quantitativ belegen lässt, zeigen Sparks/Schenk in ihrer Studie zu weiblichen Mitgliedern eines MLM-Unternehmens auf (Sparks/Schenk 2001). „Higher order motives" fördern beispielsweise die Kohäsion der Gruppe und führen zu höherer Zufriedenheit der Mitglieder (Sparks/Schenk 2001: 865). Pratt (2000a) zieht jedenfalls in dem zuvor vorgestellten Aufsatz das Fazit, dass besonders das Zusammenspiel der Wertvorstellungen zu den verschiedenen Lebensbereichen die Ideologie des Unternehmens AW zu einer allumfassenden, total(itär)en werden lässt – damit hebt sich Pratt hier von Weierters (2001) Position und Biggarts (1989) nicht-wertender Verwendung des Ideologiebegriffs ab: „By enclosing members within the walls of business, family, friends, and religion (...), the Amway ideology acts as a total ideology (cf. total institution)" (Pratt 2000a: 59).

3.2.2   Walsh: die mathematische Unmöglichkeit des MLM

Noch direkter in ihrer Kritik sind die in den folgenden Abschnitten vorgestellten Autoren. Walsh weist in seinem kurzen Artikel darauf hin, dass das exponentielle Wachstum der Unternehmen durch die Rekrutierung immer weiterer Mitglieder sehr schnell scheitern muss: „But the fat-check math that drives most MLM schemes is often calculated selectively to make the strongest impression (...) [I]f one person recruits six distributors, each of whom recruits six others, the total number of people in the program is 43 by the third level. It's 9,331 by the fifth. And more than 10 million by the ninth" (Walsh 1999: 13; s. auch Koehn 2001: 153 f.). Der Ausweg für Unternehmen aus diesen Fakten ist laut Walsch (1999), dass diese unternehmensintern schlicht ignoriert werden. Stattdessen zielen MLM-Unternehmen auf die Gefühlsebene ab und gleichen hier religiösen Bewegungen: „To overcome the hard numbers, most MLM programs appeal to recruits' hearts rather than their brains (...) The meetings use many of the same motivation devices that religious revival meetings use" (Walsh 1999: 13).

3.2.3 Bloch, Grayson und Lan: Missbrauch von Freundschaften und sozialen Beziehungen?

Während es Walsh darum geht zu zeigen, dass MLM-Systeme nicht funktionieren können, hebt Bloch in seinem ebenfalls kurzen Artikel einen anderen Aspekt hervor: den Missbrauch sozialer Beziehungen: „the problem, in general, is that the activity of recruiting people into MLM schemes is socially and psychologically unacceptable to most people in our society. In other words, the process of network marketing brings with it some situations, attitudes and types of behavior that are highly problematic" (Bloch 1996: 18; s. auch Koehn 2001: 158 f.). Aufgrund eigener Beobachtungen zum MLM-Phänomen sieht Bloch folgendes Hauptproblem: Freunde, Bekannte und Verwandte werden rekrutiert, um an ihnen mitzuverdienen. Dieses Grundprinzip bewertet Bloch als verwerflich, selbst wenn die Angeworbenen erfolgreich werden sollten: „The issue is not whether your friends will make money or not, but the entire psychological set up and in particular the fact that you would make money out of your friends, and more often than not, under the pretext of ‚helping them'" (Bloch 1996: 20; s. auch Gabbay/Leenders 2003: 524-529).

Bloch (1996) betont, dass dies den Sinn und Wert von Freundschaften zerstört. Diese „harsh reality" ist von niemandem bisher auf den Punkt gebracht – und vielleicht noch nicht einmal erkannt – worden (Bloch 1996: 18). Die Wirtschaftsunternehmen vertuschen seiner Meinung nach diese Problematik, beispielsweise durch sprachliche Tricks, indem das Anwerben (um mitzuverdienen) mit „offering them the opportunity" oder Bezeichnungen wie „duplication" versehen wird (Bloch 1996: 21). Dies wertet er als „a set of euphemisms. These make the selling process somewhat easier, but at the same time less honest" (Bloch 1996: 21).

Bloch (1996) bewertet NW somit als eine in sich unehrliche, unmoralische Tätigkeit (s. Erhebung von Oksanen-Ylikoski 2006: 140 f.). Einzelne Gespräche mit offiziellen Unternehmensvertretern bestätigen ihn in seinem Urteil. Denn Maßnahmen von Unternehmensseite aus, wie die Betonung weniger aggressiver Verkaufsstrategien oder die Einführung von ‚codes of conducts', ändern nichts an der heiklen Grundstruktur der Geschäftstätigkeit selbst. Sie sind letztendlich Feigenblätter und Bloch bezeichnet solche Bemühungen als ‚PR-Maßnahmen': „I would argue that no amount of public relations work will eradicate the negative image of MLM, because it is a fundamentally problematic way of doing business" (Bloch 1996: 24; s. auch Koehn 2001).

Auch Grayson (1996) sieht NW-Organisationen kritisch und weist auf heikle Aspekte der ‚Branche' hin, zu denen er vor allem die Grauzone bei der Abgrenzung von legalen und illegalen Systemen (1996: 329-332) und die starke Betonung des Eigenbedarfs im MLM zählt (1996: 328; s. auch Koehn 2001: 156). Darüber hinaus ist sein Aufsatz als explorative Studie gedacht, um den Forschungsbedarf zur Nutzung sozialer Beziehungen im MLM zu erkunden (Grayson 1996: 328). Anhand 17 qualitativer Interviews mit Verkäufern von MLM-Unternehmen in Großbritannien kommt er zu dem Schluss, dass die Direktvertriebsmitglieder das (Aus)Nutzen ihrer näheren Kontakte eher zu scheuen scheinen, da die ‚sozialen Kosten' – also der Verlust von Freundschaften – zu hoch sind. „The foregoing comments suggest that the effort and potential social cost associated with selling to friends are too high for distributors, and that successful networks are more likely to grow via weak ties" (Grayson 1996: 337). Dies muss der Einschätzung Blochs, dass soziale Beziehungen missbraucht werden, nicht widersprechen (s. internationale Erhebung von Brodie et al. 2004: 14), ergänzt aber die obige Kritik um eine weitere Problematik beim Verkauf im Rahmen des DV: Freunde „may be less willing to accept the person in his or her new role [als neuer Berater]: ‘One week they are an ordinary person and the next week they are a (...) nutritional expert', explained one distributor" (Grayson 1996: 337).

Zu einem ähnlichen Ergebnis kommt Lan (2002). In ihrer umfangreichen qualitativen Studie über vier amerikanische NW-Unternehmen in Taiwan hinterfragt sie u. a., wie „distributors maintain trust and consolidate networks as they channel personal relations toward lucrative purposes?" (Lan 2002: 164). Eine Antwort hierauf ist zunächst, dass Vertriebsrepräsentanten vor allem „weak ties" nutzen, da ihnen das Anwerben von entfernt Bekannten oder sogar fremden Menschen leichter fällt als das Überzeugen von Familienmitgliedern und Freunden (Lan 2002: 170 f.). Die Nutzung schon bestehender sozialer Beziehungen ist somit auch für Mitglieder mit einer Art „personality risk" (Lan 2002: 171) verknüpft, also mit der Gefahr, ihren guten Ruf unter Freunden oder die Freundschaften selbst zu verlieren.

Die besondere Leistungsfähigkeit der NW-Unternehmen entsteht laut Lan (2002), indem bisher Fremde in ein enges Netz aus persönlichen und sozialen Kontakten sowie Abhängigkeiten eingebunden werden. Lan (2002) arbeitet zwei Strategien heraus, mit denen NW-Mitglieder vorgehen: Erstens wird der Verkauf von

Produkten personalisiert und zweitens wird die Zugehörigkeit zu einer Upline oder Downline als familienähnliche Beziehung propagiert (s. auch Pratt/Rosa 2003). Die Verbindung von Produkten mit persönlichen Werten und Wertvorstellungen erfolgt beispielsweise durch das Verwischen der Grenzen zwischen privatem und beruflichem Leben. So wird Beraterinnen und Beratern empfohlen, immer Visitenkarten dabei zu haben und bei jeder alltäglichen Aktivität außer Haus (z. B. beim Einkaufen, im Kindergarten etc.) andere Menschen auf die Produkte oder die Tätigkeit anzusprechen (Lan 2002: 172). Hinzu kommt, dass der Wert der Produkte überhöht sowie das finanzielle Interesse an der Tätigkeit verschleiert wird. In diesem Zusammenhang weist Lan (2002: 174) beispielsweise darauf hin, dass bei MKC-Verkaufsschulungen als „beautification class" und die Vertriebsrepräsentantinnen als „beauty counselors" bezeichnet werden (s. auch Biggart 1989: 116). Die zweite Strategie des „familiarizing sponsorship" bedeutet, dass innerhalb der NW-Unternehmen enge soziale Bande zwischen den Mitgliedern aufgebaut werden (Lan 2002: 176-178). Lan spricht von einer ‚brave new family', die u. a. dazu dient, sich gegenseitig des eigenen, besonderen Weltbilds zu bestätigen: „Distributors need each other to constantly confirm their belief in the moral values of direct selling and its promise of future success" (Lan 2002: 177).

Die intensiven persönlichen Beziehungen der Mitglieder untereinander, aber teilweise auch zu den Kunden, führen zu einer gegenseitigen Verhaltenskontrolle. Lan nennt diese „network control" (Lan 2002: 167), da kein eindeutiger Akteur der Kontrolle bestimmbar ist. Stattdessen handelt es sich vielmehr um gegenseitige Beaufsichtigung, so dass Kontrolle in den Beziehungen zwischen den Mitgliedern verortet werden muss. „Drawing on Michel Foucault (1980, p. 98), I view power in the mode of network control not as domination of one individual or group over another but as effects deployed and exercised through a 'net-like organization' in which 'individuals are the vehicles of power, not its points of application'" (Lan 2002: 167). Passend zu dieser Vorstellung hebt Lan hervor, dass die Mitglieder von DSO nicht nur ‚Opfer' der jeweiligen Unternehmensideologie sind, sondern sich selbst aktiv die offiziell propagierten Wertvorstellungen aneignen. „I argue that distributors, in order to reconcile their emotional anxiety and identity conflict in the networking process, devote themselves to a belief in the moral values of direct selling" (Lan 2002: 174).

3.2.4   Bromley: das ganzheitliche Leben in quasireligiösen Unternehmen

Bromley (1995, 1998) bezeichnet bestimmte MLM-Unternehmen gar als „quasi-religious corporations", da diese ihren Mitgliedern ein umfangreiches Heilsverspre-chen bieten: materiellen Wohlstand, Sinn im Leben und die harmonische Verknüp-fung sämtlicher Lebensbereiche. Konzerne wie Amway, Mary Kay Cosmetics, Herbalife, A. L. Williams Insurance, Tupperware, Shaklee und Nu Skin (Bromley 1995: 135) offerieren ihren Mitgliedern, „to reintegrate work, politics, family, com-munity and religion through the formation of family-businesses that are linked together into a tightly-knit social network and legitimated symbolically by appeals to nationalism and transcendent purpose" (Bromley 1995: 135).

Bromley (1995, 1998) geht dabei von zwei gesellschaftlichen Sphären aus, die für moderne Individuen in einem prinzipiell unlösbaren Spannungsverhältnis zuein-ander stehen: die öffentliche Sphäre, zu der Politik, Ökonomie und Berufstätigkeit gehören, sowie die private Sphäre mit Familie, Religiosität und dem Bedürfnis nach Selbstentfaltung (Bromley 1995: 140). Die Unvereinbarkeit dieser beiden Bereiche ergibt sich zum einen aus den unterschiedlichen und teilweise widersprüchlichen ‚Leistungsanforderungen', die der Einzelne gleichzeitig erfüllen soll. Das öffentliche (Berufs)Leben erfordert persönliche Eigenschaften wie Unabhängigkeit, rationales Kalkül und Sachlichkeit, während das Privatleben gemäß dem amerikanischen Ideal von gegenseitiger liebevoller Unterstützung, Pflichten gegenüber der Gemeinschaft sowie gemeinsamen Glaubensvorstellungen geprägt ist (Bromley 1995: 140). Zum anderen begründet sich die gewachsene Spannung der beiden Sphären in aktuellen gesellschaftlichen Entwicklungen. So ist der amerikanische Traum vom Wohlstand mit einem eigenen Haus und einer College-Ausbildung für die Kinder aufgrund extrem gestiegener Kosten immer schlechter finanzierbar – und dies trotz der durchschnittlich längeren Wochenarbeitszeiten und der stark gewachsenen Berufs-tätigkeit von Müttern (Bromley 1995: 139 f.). Obwohl also mehr gearbeitet wird und somit weniger Zeit für das Privatleben sowie die außerberufliche persönliche Erfül-lung bleibt, lassen sich die gleichzeitig bestehenden materiellen Bedürfnisse als Grundlage des amerikanischen Traumes schlechter befriedigen.

Vor diesem Hintergrund präsentieren sich die quasireligiösen Unternehmen als Schlüssel zu einem ganzheitlichen, harmonischen Leben. Bromley (1995, 1998) illustriert diese Verheißung anhand bestehender Veröffentlichungen von und über AW. In seinen Schriften vermittelt AW beispielsweise, dass „Americans have lost touch with their roots, with the qualities that made America great – individual free-dom to achieve, strong families and unswerving devotion to God and country"

(Bromley 1995: 142; für Mexiko s. Cahn 2006). Das Unternehmen zeigt hier einen Weg auf, wie diese ursprüngliche, ‚paradiesische' Einheit wieder hergestellt werden kann: durch die AW-Tätigkeit (Bromley 1995: 143).

Quasireligiöse Organisationen wie AW unterscheiden sich von anderen MLM-Unternehmen, da „their ideologies and organizations possess the attributes of transformative social movements" (Bromley 1998). Die individuelle Transformation zeigt sich bei AW z. B. durch Konversationserlebnisse auf großen Seminaren, durch Berichte erfolgreicher Mitglieder über ihre „Erweckungserlebnisse" (Bromley 1995: 146, Bromley 1998: 355 f.) sowie durch das Anwerben weiterer Mitglieder, das Bromley als Evangelisierung charakterisiert (Bromley 1995: 147). Bromley weist ebenso darauf hin, dass quasireligiöse Unternehmen wie AW nur eine eingeschränkte ‚Lösung' für das oben beschriebene Spannungsverhältnis zwischen öffentlicher und privater Sphäre bieten können. So stellt bei AW beispielsweise der finanzielle Erfolg das oberste Ziel dar (Bromley 1995: 150). Dieses wird jedoch nur von den wenigsten Mitgliedern erreicht, wie Bromley (1995: 151; 1998: 359) Bezug nehmend auf andere Arbeiten, vor allem Juth-Gavasso (1985), konstatiert. Einen weiteren Widerspruch sieht er z. B. darin, dass der AW-Traum vom eigenen Geschäft auf dem Rücken *angestellter* AW-Mitarbeiter basiert: „The workers upon whom Amway depends for product development, manufacturing, storing and transporting the products Amway distributes are wage-earning employees, not liberated members of the Amway community" (Bromley 1995: 156). Daneben bewirkt die AW-Gemeinschaft mit ihrem spezifischen ‚way of life' und der engen Verknüpfung von Privatleben und beruflicher Tätigkeit „an often totalistic organizational style" (Bromley 1998: 359) – der für Außenstehende sonderbar erscheint, aber unternehmensintern mit einem hohen Grad an Überzeugung einhergeht (s. auch Cahn 2006).

3.2.5 „The Hard Sell" von Bone: eine Randform des Direktvertriebs und ihr unseriöses Verhalten

Bone (2006b) beschäftigt sich in seiner umfangreichen Studie mit dem Titel „The Hard Sell. An Ethnographic Study of the Direct Selling Industry" mit organisational produziertem Fehlverhalten. Dabei betrachtet er zwar eine Form des DV, die sich in vielerlei Hinsicht vom hier untersuchten Network-Marketing unterscheidet (Bone 2006b: 5), zeigt aber auf, wie die Mitglieder in den untersuchten Organisationen beeinflusst und in ihrer Identität geformt werden – wie die vorliegende Arbeit. Bone spricht dabei jedoch nicht von organisationaler Identität und nutzt auch sonst keinen expliziten Theorierahmen, sondern legt eine ethnographische Studie vor.

Die bei Biggart (1989) und in der vorliegenden Arbeit betrachteten Organisationen nennt Bone (2006b) „network direct selling organisations" (NDSO) und unterscheidet sie von den von ihm untersuchten „value direct selling organisations" (VDSO). Letztere zielen nicht auf Netzwerkbildung von Kunden und Mitgliedern ab, sondern allein auf den einmaligen Verkauf teurer und langlebiger Güter (Bone 2006b: 6). So bieten die von ihm in Großbritannien untersuchten Unternehmen „Mega Home Improvements" und „Big Time Products" beispielsweise Hausdächer, Doppelverglasungen oder Einbauküchen an. Im Gegensatz zu den vorwiegend weiblichen Mitgliedern der NDSO handelt es sich hierbei um ein fast ausschließliches ‚Männergeschäft', das darüber hinaus auch organisatorische Besonderheiten im Außendienst aufweist (für eine Übersicht der Unterschiede s. Bone 2006b: 10).

Die unethische, unmoralische Natur der Tätigkeit kommt u. a. im Umgang mit den Kunden zum Vorschein, die mit allerlei Techniken gezielt manipuliert werden: „As a means of attaining appointments, misleading customers as to the nature of the offer was not only condoned but was actively encouraged" (Bone 2006b: 20). Diese Techniken werden laut Bone (2006b) von Führungskräften gefördert, indem allein der Verkauf (nicht der Weg dorthin) gewürdigt wird und Mitgliedern gezeigt wird, wie sie in diesem Sinne ‚erfolgreich' sein können. Hinzu kommt als weiterer struktureller Aspekt, dass im Gegensatz zu NDSO das alleinige Ziel der einmalige Verkaufsabschluss ist. Kundenbindung oder -zufriedenheit spielen keinerlei (verhaltensregulierende) Rolle. Bone beschreibt vielmehr, dass sobald ein Markt ‚abgegrast' ist, der gesamte Unternehmenssitz in eine ‚unbearbeitete' Gegend zieht, um dort neue Kunden zu akquirieren. Obwohl sich die Organisationen nach außen hin (betont) seriös geben, ist das unseriöse und betrügerische Geschäftsgebaren so fest in den Unternehmen verankert. Angelehnt an Weber bezeichnet Bone dieses Phänomen als „booty capitalism", als rohe Vorform des heutigen Kapitalismus (Bone 2006b: 147).

In einem (weiteren) Aufsatz konzentriert sich Bone auf die prekären Arbeitsbedingungen der Unternehmensmitglieder: lange Arbeitszeiten, keine Absicherung und die völlige Abhängigkeit von den Verkaufsprovisionen (Bone 2006a). Diesen Zustand der „Scheinselbständigkeit" kritisiert Bone (2006a: 110) umfassend – ein Aspekt, der von Biggart zwar genannt (Biggart 1989: 163), aber nicht näher ausgeführt wird. Bone bezeichnet dagegen, in Anlehnung an Schienstock, diese problematischen Arbeitsbedingungen als „‚fictious self-employment', where workers who are effectively under direct company control are denied the rights, benefits and

protections of formal employment by virtue of being deemed nominally independent contractors (Schienstock 2001)" (Bone 2006a: 110). Obwohl die Unternehmen
nur geringe Kosten durch die Beschäftigten haben, können sie ein hohes Maß an
Kontrolle über ihre ,Mitarbeiter' ausüben. So gelingt es beispielsweise Führungskräften, ihre Verkäufer trotz relativ geringer Verdienste (Bone 2006a: 116) zum
Weitermachen zu motivieren. Ein Mittel hierzu ist das Schüren von Hoffnungen auf
bessere Zeiten: Eine „,positive attitude' and a permanent state of optimism is vigo-
rously encouraged by companies, and is also embraced by many sellers as a coping
mechanism in the face of the unpredictability and insecurity of their position"
(Bone 2006a: 116). Das Ideal des ,Nach-vorne-Schauens' hilft laut Bone (2006a:
116) zu verdrängen, dass die aktuellen Einkünfte gering und die gesamten Arbeitsbedingungen prekär sind.

Wie bei Biggart (1989) wird bei Bone (2006a, 2006b) deutlich, dass Mitglieder
durch bestimmte Vorstellungen und Ideologien beeinflusst und gesteuert werden.
Doch während Biggarts Analyse keine direkte Kritik an den Geschäftspraktiken
äußert, zielt Bone dagegen – sicherlich auch bedingt durch die von ihm untersuchten Extremfälle – direkt auf die Darstellung des Fehlverhaltens ab. Mitgliedern und
Unternehmen, die er im Übrigen verdeckt untersucht hat, attestiert er in vielerlei
Hinsicht unethisches und sogar betrügerisches Verhalten. Hinzu kommt die Ma-
nipulation der Verkäufer, die dazu führt, „that they fail to recognize, and are in
many ways complicit in, their own exploitation. This is Marxist false consciousness
par excellence (Marx, 1977[1859])" (Bone 2006a: 117).

3.2.6   *Juth-Gavasso: Organisationsstrukturen als Anstifter zum Fehlverhalten am Beispiel des Amway-Konzerns*

Abschließend wird auf die Doktorarbeit von Juth-Gavasso (1985) eingegangen:
„The Organizational Deviance in the Direct Selling Industry: A Case Study of the
Amway Corporation". Diese kriminologische Studie analysiert das Fehlverhalten
des AW-Konzerns bis zu den Anfängen der 80er Jahre. Die Autorin gibt dazu nicht
nur eine beeindruckende Fülle an Materialien wieder (Gerichtsurteile und
-unterlagen, Publikationen der Tagespresse etc.), sondern zeigt auch auf, wie dieses
rechtlich und moralisch fragliche Handeln in der Struktur und der Kultur des Unternehmens sowie den erweiterten gesellschaftlichen Rahmenbedingungen verankert
ist. Auch wenn diese Doktorarbeit ,nur' als Mikrofilm bei „University Microfilms

International" (Juth-Gavasso 1985) veröffentlicht wurde, so ist dennoch verwunderlich, dass diese Studie in keiner der oben ausgeführten Arbeiten zitiert wird.[50] Ziel der Studie (Juth-Gavasso 1985) ist, das zweifelhafte Verhalten in DSO zu untersuchen, das sich schon Ende der 70er und Anfang der 80er Jahre in einer Reihe von Rechtsstreitigkeiten niedergeschlagen hatte, die quer durch die gesamte ‚Branche' reichen. Juth-Gavasso führt einleitend als Beispiele Gerichtsverfahren mit Avon, Bestline, Metro, Glenn Turner, Shaklee, Amway und Herbalife an (Juth-Gavasso 1985: 9) und verweist im Laufe ihrer Arbeit auf zahlreiche AW-Fälle (eine Übersicht befindet sich in Juth-Gavasso 1985: 89-94).

Während Verkäufer als Individuen schon von jeher als ‚dubios' angesehen wurden (s. auch Oksanen-Ylikoski 2006), geht es Juth-Gavasso explizit darum, die strukturellen Gründe für Fehlverhalten zu analysieren. Nicht die einzelnen Menschen sind die Ursache, sondern „much of the deviant and illegal behavior found in direct selling (...)[is] the result of structural pressures on a direct selling organization" (Juth-Gavasso 1985: 5).

Der Schwerpunkt ihrer empirischen Analyse liegt auf AW, wobei Juth-Gavasso (1985) beansprucht, dass sich die aufgezeigten Zusammenhänge ebenso bzw. in abgewandelter Form in anderen MLM-Unternehmen finden lassen. Um die Verallgemeinerbarkeit ihrer Aussagen zu untermauern, unterscheidet Juth-Gavasso insgesamt elf Einflussfaktoren, die sie in drei zentralen Perspektiven zusammenfasst: „1. What structural factors of the society engender illegal behavior on the part of entrepreneurial organizations particularly direct selling firms? 2. How do the unique organizational features of the direct selling firm create and maintain illegal activity? 3. What interaction patterns occur between the direct selling firm and the other institutions in its environment which systematically aims to enhance the profit and growth status of direct selling firms?" (Juth-Gavasso 1985: 16 f.).

Zu den *in der Gesellschaft strukturell verankerten Aspekten* zählt Juth-Gavasso (1985) das Streben nach Gewinn und das hohe Ideal des amerikanischen Unternehmertums. Zu den gesellschaftlichen Institutionen, die die beliebige Umsetzung dieser Wertvorstellungen in die Schranken weisen, gehört beispielsweise die Federal Trade Commission (FTC). Diese legte für AW im Jahre 1979 fest, dass beim Rekrutieren die durchschnittlichen Gewinne und Umsätze den Interessenten vorgelegt werden müssen. Juth-Gavasso (1985) erläutert, dass dies nicht geschieht, weil dies

---

[50] Die Autorin hat einen Verweis auf die Studie auf der folgenden Kritikerseite gefunden: „Amway – The Untold Story". Diese ist unter der Adresse www.cs.cmu.edu/~dst/Amway/AUS/index.htm abrufbar (Stand 1.3.2007) und beinhaltet eine Literaturliste zu Amway (www.cs.cmu.edu/~dst/Amway/AUS/refs.htm, abgerufen am 1.3.2007).

die Rate der Angeworbenen sowie die Umsätze des Konzerns reduzieren würde. Sie folgert, dass die Vorteile des Nicht-Einhaltens dieser Regeln „outweighs the potential costs of detection and prosecution" (Juth-Gavasso 1985: 245). In vergleichbarer Art und Weise wurden ihrer Meinung nach auch die Zollvorschriften Kanadas von 1965 bis 1980 unterlaufen oder Festpreise für den Produktverkauf festgesetzt, was beim Vertrieb durch unabhängige Berater in den USA verboten ist (Juth-Gavasso 1985: 245 f.).

Auf der *organisationalen Ebene* führt Juth-Gavasso beispielsweise die Selbständigkeit der Mitglieder als förderlich für deviantes und illegales Verhalten an. Die Kontrolle dieser zumeist nebenberuflich tätigen Berater ist ihres Erachtens schwierig. „[T]he fact that it is independent of the company, means that company control is legally limited to suggestion and illustrations of successful selling techniques" (Juth-Gavasso 1985: 72).[51] Als weiteren organisationsstrukturellen Aspekt, der Fehlverhalten fördern kann, nennt sie für AW den rechtlichen Unterschied zwischen der Amway Corporation und der von AW-Beratern gebildeten Downlines. Letztere sind für die Motivation und ‚Ausbildung' ihrer Mitglieder zuständig, während der Konzern die Produkte produziert und liefert, das Provisionssystem aufstellt, die Auszahlung der Provision verwaltet und Richtlinien erlässt (s. auch Kapitel 9). Obwohl eine durchaus symbiotische Beziehung zwischen diesen „Parallelorganisationen" besteht (Juth-Gavasso 1985: 112-121), sind diese formal gesehen getrennte Akteure. Daraus folgt, dass sie für das Fehlverhalten des jeweils anderen nicht zur Rechenschaft gezogen werden können. Dementsprechend werden laut Juth-Gavasso (1985) Verstöße gegen Regeln, wie z. B. das Nennen zu hoher Provisionsaussichten, das Ausüben von emotionalem Druck auf Mitglieder oder der Kauf von Produkten zur Lagerhaltung, den Downlines zugeschrieben bzw. sogar einzelnen ‚schwarzen Schafen' innerhalb der Downlines angelastet. Der AW-Konzern sieht sich dagegen durch seine offiziellen Richtlinien abgesichert und präsentiert sich als ‚unschuldig' (Juth-Gavasso 1985: 170). Dass diese Argumentation durchaus funktioniert, lässt sich nach Meinung Juth-Gavassos anhand einer Regulierung der FTC von 1979 aufzeigen: Damals wurde AW aufgrund seiner auf dem Papier bestehenden Regelungen nicht als illegales Pyramidensystem eingestuft. „It was because of these Amway rules (the company's 70% requirement, its 10 customer rule, and a buy back rule) that the FTC held that Amway was not a pyramid operation. However, in interviews with distributors and ex-distributors no one from the Amway Corpora-

---

[51] Juth-Gavasso (1985) geht bei dieser Argumentation nicht auf die Möglichkeiten des Unternehmens ein, die Mitglieder abzumahnen oder die Mitgliedschaft zu beenden.

tion or the distributor organizations ever checked on or enforced the rules" (Juth-Gavasso 1985: 170).

Die dritte Gruppe der von Juth-Gavasso untersuchten Aspekte besteht aus den *Wechselwirkungen zwischen MLM-Unternehmen und Institutionen in deren Umwelt*. Damit ist die Einflussnahme der Unternehmen auf die Politik, insbesondere auf die Gesetzgebung gemeint. Dies geschieht u. a. durch die Direct Selling Association (Juth-Gavasso 1985: 206-209) und durch die von diesem Verband gegründete, aber rechtlich unabhängige Direct Selling Education Foundation (Juth-Gavasso 1985: 209-211). Die ‚Zusammenarbeit' mit dem Kongress und der Federal Trade Commission ermöglichte es den MLM-Organisationen beispielsweise, sich von illegalem Verhalten zu distanzieren (Juth-Gavasso 1985: 214 f.). Neben der beeinflussenden ‚Kooperation' mit verschiedenen amerikanischen Regulierungsbehörden zeigt Juth-Gavasso auf, wie der Mitbegründer Jay van Andel die unternehmensinterne Monatszeitschrift namens ‚Amagram' im August 1977, Dezember 1981 und Dezember 1984 dazu nutzte, um unter den Organisationsmitgliedern für den Beitritt bzw. die Unterstützung der von ihm ins Leben gerufene republikanischen Lobbygruppe namens „Citizen's Choice" zu werben (Juth-Gavasso 1985: 233-236). Da AW im Jahre 1983 die Zahl von 1 Mio. Berater überschritt (Juth-Gavasso 1985: 93), handelt es sich laut Juth-Gavasso um eine starke Einflussnahme auf die Politik und die Möglichkeit, Unternehmensinteressen (z. B. gegen Verbraucherinteressen) durchzusetzen (s. auch Bromley 1995: 141 f.).

Juth-Gavasso (1985) kommt zum Fazit, dass DSO durchaus strukturell zu abweichendem Handeln neigen und dieses keineswegs allein den Organisationsmitgliedern bzw. einzelnen ‚schwarzen Schafen' unter den Mitgliedern zuzuschreiben ist. Sie schränkt ein, dass ihre exemplarische Studie zu AW über die Reichweite und den Verbreitungsgrad des Fehlverhaltens wenig aussagen kann (Juth-Gavasso 1985: 274). Diese Einschränkung ist insofern interessant, als von (zeitlich späteren) Kritikern an AW berichtet wird, dass das Unternehmen sich in den USA gegen Kritik wehrt. Eric Scheibelers (ein Pseudonym) Erfahrungsbericht (2004)[52] über seinen Aufstieg zu einer hohen Führungsebene im Konzern und seinen finanziellen sowie persönlichen Niedergang durch das Hinterfragen des Systems bietet hierzu umfangreiches Anschauungsmaterial (weitere Kritikerseiten zu AW s. Kapitel 9.7). Wie anfangs angemerkt, bleibt es erstaunlich, dass die Arbeit Juth-Gavassos (1985) bis-

---

[52] Siehe auch seine dazugehörende Internetseite www.merchantsofdeception.com/international.html.

her keinen Eingang in den Forschungsstand gefunden hat. Da die Autorin 1994 verstorben ist,[53] lassen sich die Ursachen hierfür vermutlich nicht mehr klären.

---

[53] Quelle: www.hope.edu/jointarchives/collections/registers/hope/JUTH.HTM, abgerufen am 1.3. 2007.

4 Die Verortung der vorliegenden Studie im Forschungsstand

Die zwei vorhergehenden Kapitel haben den bisherigen Forschungsstand zu Struktur, Markt und Image des DV (Kapitel zwei) aufgezeigt sowie Erklärungen zur besonderen Kultur von MLM-Unternehmen (Kapitel drei) präsentiert. Im Folgenden wird der bisherige Forschungsstand zusammengefasst (4.1) und die Ausrichtung der eigene Studie im Vergleich dazu vorgestellt (4.2).

4.1 Zusammenfassung des bisherigen Forschungsstandes

Auf der individuellen Ebene wurde in den bisherigen Schilderungen und Analysen ersichtlich, dass die DV- – und insbesondere MLM-Unternehmen – eine hohe Bedeutung im Leben loyaler Mitglieder einnehmen können (Bhattacharya/Mehta 2000; Biggart 1989; Bromley 1995, 1998; Lan 2002; Pratt 2000a; Pratt 2000b; Pratt/Rosa 2003; Weierter 2001). Wer diese spezifische Kultur nicht teilen kann, verlässt das Unternehmen verhältnismäßig schnell wieder, wie die (meist auf Schätzungen basierenden) hohen Fluktuationsraten zeigen (s. Kapitel 2.2.2). Diejenigen, die dabeibleiben, scheinen dafür umso reichhaltigere Gründe für ihren Einsatz zu haben. Diese reichen von der Hoffnung auf das große Geld bis hin zur Vorstellung, durch den Produktverkauf der eigenen Nation oder Gott direkt zu dienen (Biggart 1989; Bromley 1995, 1998; Pratt 2000a). Überzeugte Mitglieder treibt gemäß ihrem Selbstbild das Streben nach Idealen voran. Sie fühlen sich frei und selbstbestimmt statt in einer abhängigen Beschäftigung ‚geknechtet' (Biggart 1989; Bromley 1995, 1998; Bone 2006b; Pratt 2000a; Pratt 2000b; Pratt/Rosa 2003). Hinzu kommt die Überzeugung, hier die eigenen, individuellen Wertvorstellungen entfalten (Weierter 2001) sowie soziale Kontakte und Freundschaften finden zu können (Bhattacharya/Mehta 2000).

Diese Vorstellungen lassen sich als *Folgen normativer Kontrolle* werten. Da aufgrund der rechtlichen Selbständigkeit der Direktvertriebler weder Arbeitsverträge noch Weisungsbefugnis greifen, dienen Werte und Ideale als Kontrollmittel (Biggart 1989: 122; Bone 2006b; Pratt 2000b; Walsh 1999). Manche Studien analysieren in diesem Sinne einzelne Überzeugungen mit dem jeweiligen Nutzen für die Organisation (Bloch 1996; Bone 2006a; Pratt 2000a; Pratt/Rosa 2003) und Pratt (2000a: 59) hält das hohe Ausmaß und die Reichweite der Ideologie AW fest, die das Unternehmen bei gläubigen Mitgliedern zu einer „total institution" oder einer „ideological fortress" werden lassen können (s. auch Bromley 1995, 1998). Lan (2002: 174) weist dagegen darauf hin, dass Vertriebsrepräsentanten die propagierten Wertvorstellungen selbst aktiv verinnerlichen, um ihr Tun als moralisch wertvoll empfinden und an andere weitergeben zu können.

Einen wichtigen Themenkreis stellen die *moralischen und legalen Bedenken am MLM* dar. Vor allem die Autoren Bloch (1996), Bone (2006a, 2006b), Juth-Gavasso (1985) und Koehn (2001) gehen davon aus, dass das Fehlverhalten in der spezifischen Organisationsform des Network-Marketing, bzw. bei Bone der VDSO, strukturell und organisationskulturell verankert ist. Der – organisationsübergreifende – zweifelhafte Ruf der ‚Branche', der von Oksanen-Ylikoski (2006) in Kontrast zu dem wesentlich positiveren Selbstbild untersucht wird (s. Kapitel 2.3), bildet diese prinzipiellen Zweifel ab.

Als *organisationsübergreifende Aspekte* werden von Biggart (1989) *gesellschaftliche Ursachen für das Wachstum des DV* erläutert: Arbeitsmarktprobleme für Mütter und Randgruppen, die gestiegene Frauenerwerbstätigkeit, die Deprofessionalisierung akademischer Berufe, aber auch der spezifische Reiz der Tätigkeit, die eine familiäre und spirituelle Zugehörigkeit angesichts einer ‚rationalisierten' Gesellschaft bietet. Bromley (1995, 1998) erweitert diese Interpretation und charakterisiert MLM-Konzerne wie AW als quasireligiöse Unternehmen. Diese versprechen ihren Mitgliedern ein ‚ganzheitliches' Leben in einer fragmentierten, modernen Welt – wobei dieser Traum finanziell gesehen nur für die wenigsten Mitglieder erfüllt wird.

4.2 Ausrichtung der vorliegenden Studie

Die vorliegende Studie fragt, wie Mitglieder in den MLM-Unternehmen MKC und AW kontrolliert werden, das soll heißen, wie die Konzerne ihre selbständigen Vertriebsrepräsentanten im Sinne des Unternehmens lenken und beeinflussen. Dabei schließt die Arbeit inhaltlich durchaus an mehrere der oben geschilderten Erklärungen an. Dort wird Mitgliederkontrolle entweder als ein der eigentlichen Fragestellung untergeordnetes Thema behandelt (Biggart 1989; Pratt 2000b; Weierter 2001) oder lediglich ein spezifischer Aspekt verfolgt, z. B. der Konflikt zwischen Berufstätigkeit und Familie (Pratt/Rosa 2003) oder die Funktion religiöser Überzeugungen (Pratt 2000a). Die vorliegende Arbeit geht darüber hinaus und stellt die Kontrolle der selbständigen Mitglieder in ihren Mittelpunkt. Analysiert werden alle zentralen bei MKC und AW propagierten Ideale wie ‚Gemeinschaft' oder ‚Freiheit' in ihrer Steuerungswirkung. Dadurch wird nicht nur deutlich, wie Werte Mitglieder lenken, sondern auch, was das organisationale Selbstverständnis der Unternehmen kennzeichnet, wie dieses gezielt von den Organisationen produziert wird und worin die Vermittlung von Werten nicht nur den überzeugten Mitgliedern, sondern auch den Konzernen dient. Für TW erfolgt eine verkürzte Analyse, so dass ein Organisationsvergleich aller drei Unternehmen möglich ist und sowohl die Steuerungswirkung der verschiedenen propagierten Inhalte als auch der unterschiedlichen Strukturen herausgearbeitet werden kann.

Neben dem Fokus auf die Mitgliederkontrolle hebt sich die vorliegende Arbeit in weiteren Punkten von bisherigen Studien ab. Erstens *bezieht sie sich auf Deutschland.* Da MLM in vielerlei Hinsicht als ‚typisch amerikanisches' Phänomen erscheint, wird hier erstmals deutlich, welche Bedeutung die Tätigkeit im Leben loyaler Mitglieder hierzulande einnimmt und wie die Organisationskultur dieser amerikanischen Konzerne in Deutschland aussieht. Ein zweiter Aspekt, der die vorliegende Studie von den meisten bisherigen Untersuchungen unterscheidet (als Ausnahme s. Pratt 2000b), ist, dass *hier auch auf Kritik von bestehenden und ehemaligen Mitgliedern sowie Kritikern außerhalb der jeweiligen Organisationen eingegangen wird.* Es wird also nicht nur die von loyalen Interviewpartnern genannte Zustimmung wiedergegeben, die dann teilweise vom entsprechenden Autor kritisch hinterfragt wird. Eine dritte Besonderheit ist, dass bisher weitgehend vernachlässigte *Unterschiede zwischen den DV* aufgezeigt werden (als Ausnahme s. Pratt/Rosa 2003). Die in der vorliegenden Arbeit untersuchten Organisationen heben sich, wie noch deutlich werden wird, in den von ihnen verfolgten Werten, Strategien und Arbeitsweisen voneinander ab. Dadurch wird viertens bei der *direkten Gegenüberstellung der Unternehmen* im Fazit deutlich, welche kulturellen und strukturellen Aspekte zur Bewertung mancher Organisationen als stark vereinnahmend führen. Hilfreich für eine differenziertere Einschätzung der in Kapitel zwei vorgestellten Direktvertriebstypen ist auch, dass die vorliegende Arbeit nicht nur die (hohen) Versprechen der Organisationen analysiert, sondern auch Aussagen zur Tätigkeit sowie Einschätzungen zum Vergütungsplan und zu durchschnittlichen Einnahmen trifft.

Die für die vorliegende Arbeit notwendigen konzeptionellen Grundlagen zur Erforschung formaler und normativer Kontrolle werden im nächsten Kapitel vorgestellt.

5 Konzeptionelle Grundlagen: formale und normative Kontrolle in Organisationen

Ziel der vorliegenden Arbeit ist es aufzuzeigen, wie die MLM-Unternehmen MKC und AW ihre selbständigen Mitglieder im Sinne des Unternehmens lenken und beeinflussen, also steuern und kontrollieren. Angesichts der besonderen Kultur von DSO liegt es nahe, dazu Konzepte der so genannten ‚normativen Kontrolle' (s. Etzioni 1965) heranzuziehen. Diese Form der Kontrolle beeinflusst nicht nur das Handeln, sondern auch das Denken und Fühlen von Organisationsmitgliedern und wird in Kapitel 5.2 vorgestellt. Allerdings wird noch deutlich werden, dass die DV, auch wenn es aufgrund der fehlenden formalen Weisungsbefugnis zunächst nicht den Anschein hat, ihre Mitglieder durchaus über Strukturen steuern. Daher wird im Folgenden auch das Konzept der ‚bürokratischen Kontrolle' skizziert (5.1). Aufbauend auf diesen Konzepten wird in Kapitel 5.3 das Analyseschema der vorliegenden Arbeit vorgestellt.

5.1 ‚Bürokratische Kontrolle'

Im Rahmen seiner Herrschaftssoziologie weist Weber darauf hin, dass Herrschaft auf der Basis „innerer Rechtfertigungsgründe" und „äußerer Mittel" funktioniert (Weber 1919: 398). Analog dazu lassen sich grob zwei Richtungen von Kontroll-konzepten unterscheiden: formale Kontrolle, die von außen auf Organisationsmit-glieder einwirkt, und normative Kontrolle, die auf die Formung der inneren Über-zeugungen der Individuen abzielt. Zunächst soll auf die erste Form eingegangen werden, die Weber anhand des bürokratischen Verwaltungsstabes typisiert hat.

Für ihn ist das wichtigste „äußere Mittel" die rationale, d. h. auf Regeln basie-rende Herrschaft, wobei Herrschaft „die Chance heißen [soll], für spezifische (oder: für alle) Befehle bei einer angebbaren Gruppe von Menschen Gehorsam zu finden" (Weber 1980: 122). Dieser Gehorsam kann rational bzw. legal, aber auch traditional oder charismatisch legitimiert sein (Weber 1919: 398; Weber 1980: 122-142). Obgleich Organisationen gleichzeitig Elemente dieser drei verschiedenen Herrschafts-formen aufweisen, charakterisiert Weber jede Form in möglichst „reiner" Ausprä-gung. Für die vorliegende Arbeit ist der Idealtypus der legalen Herrschaft von Be-deutung, den Weber am besten im „bürokratischen Verwaltungsstab" verwirklicht sieht und der folgende Merkmale aufweist (Weber 1980: 126-127; s. auch Kie-ser/Walgenbach 2003: 38-40):

- Die Beamten sollen nur den sachlichen Amtspflichten gehorchen
- Es existiert eine personenunabhängige Amtshierarchie mit formaler Weisungs-befugnis
- Es besteht Arbeitsteilung mit festgelegten Kompetenzen und Aufgabenfeldern
- Regeln und Verfahrensweisen sind in Akten dokumentiert
- Beamte werden nach ihrer Fachqualifikation ausgewählt
- Die Beamten sind Angestellte (keine gewählten Vertreter)
- Es gibt Laufbahnen
- Es gibt eine Amtsdisziplin und eine Kontrolle der Tätigkeiten

Die genannten Merkmale lassen sich nicht nur in staatlichen Einrichtungen, son-dern in einer Vielzahl von Organisationen finden, zumal für Weber Bürokratien und Arbeitsorganisationen in der Privatwirtschaft große Ähnlichkeiten aufweisen (Kieser 1998: 49). Der Wert der Weber'schen Idealtypen wird durch Abweichungen von real existierenden Formen ohnehin nicht geschmälert, da diese nicht auf die exakte Wiedergabe der sozialen Wirklichkeit abzielen. Sie stellen vielmehr eine „einseitige Steigerung eines oder einiger Gesichtspunkte" zu einem „einheitlichen Gedanken-gebilde" dar (Weber 1922: 191). Dementsprechend können mit Hilfe von Webers Charakterisierung auch ‚bürokratische Regeln' in den DV herausgearbeitet werden, obwohl diesen Organisationen zentrale Elemente rationaler Herrschaft fehlen.

Für das Verhältnis ‚bürokratischer Kontrolle' zu normativen Kontrollformen ist wichtig, dass Erstere – obwohl sie durch ihre Regeln und ihre Aktenmäßigkeit von außen auf Organisationsmitglieder einwirkt – als Ursache für die Entwicklung normativer Steuerungsmechanismen gilt. Dies klingt paradox, doch die dem Ideal-typus der Bürokratie entsprechenden Strukturen enthalten selbst die Notwendigkeit wie auch die Möglichkeit für indirekte, normative Kontrolle. „Die in der modernen Industriegesellschaft notwendige Zusammenarbeit verlangt von den Untergeordne-ten die Bereitwilligkeit, von ihrer Urteilskraft Gebrauch zu machen. Neben allem, was man durch Anordnung erreichen, durch Beaufsichtigung kontrollieren, durch Belohnung veranlassen und durch Strafen verhindern kann, gibt es einen Raum, innerhalb dessen, selbst in verhältnismäßig untergeordneten Stellungen, nach eigenem Ermessen gehandelt wird" (Bendix 1960: 328). Dieser Ermessensspielraum kann nicht durch (noch) dichtere Regelsysteme ausgemerzt werden, sondern wird stattdessen von Seiten des Managements – auch in bürokratisch aufgebauten Organisationen – mit ideologischen Vorstellungen ausgefüllt (Bendix 1960: 324 f.). Dies geschieht mit dem Ziel, „to change the 'states of mind' that govern the willingness to contribute" (Kunda 1992: 13; s. auch Edwards 1979: 151).

Zunächst erfordert ‚bürokratische Kontrolle' eine Anpassung des Einzelnen an unpersönliche Regeln. Da diese nie zu maximalem Arbeitseinsatz führen und in ihrer Reichweite nicht jede potentielle Situation regulieren können, lädt besonders deren Unzulänglichkeit als Steuerungsmittel zu einer ideologischen Überhöhung von Regeln ein: Vorgaben sollen nicht mehr nur befolgt, sondern verinnerlicht werden. Der ‚gute Arbeiter' identifiziert sich mit den Zielen der Organisation und übt – so das Wunschbild – die organisationalen Regeln ‚von selbst', also ohne äußeres Zutun, im Sinne der Organisation aus (Deutschmann 1985: 37; s. auch Kunda 1992; Willmott 1993).

Dieser enge Zusammenhang zwischen äußeren Strukturen und der normativen Kontrolle durch Verinnerlichung von Regeln und Organisationszielen wird im aktuellen Kontrolldiskurs wenig berücksichtigt (wie folgende Autoren kritisieren: Alvesson/Kärreman 2004; Ferner 2000; Kärreman/Alvesson 2004). Stattdessen wird vielmehr die Gegensätzlichkeit von bürokratischen Strukturen und normativen Formen von Kontrolle betont (s. bspw. du Gay 1994; du Gay et al. 1996). Besonders prominent ist diese Sichtweise im Rahmen der Organisationskulturdebatte. Angestoßen durch die „gurus of Excellence" (Willmott 1992: 58) wie Peters/Waterman (1982) oder Ouchi (1981) wurde das Konzept der Organisationskultur Ende der 70er und Anfang der 80er Jahre des letzten Jahrhunderts als *Alternative* zu bürokratischen Strukturen propagiert. Für die genannten Autoren sind Unternehmen nicht erfolgreich, wenn sie bessere oder umfangreichere Regelsysteme entwickeln, sondern wenn sie die Mitarbeiter durch innere Überzeugung mobilisieren können. All dies – so die Erwartung – verhilft dazu, die Kehrseiten des starren und ‚stahlharten Gehäuses' namens ‚Bürokratie' für Organisation und Mitarbeiter überwinden zu können (Purser/Cabana 1998: 329, s. Kapitel 5.2).

In diesem Sinne präsentieren sich auch DSO als Alternative zu unnachgiebigen bürokratisch organisierten Unternehmen und als Chance für jedermann (s. Kapitel 2.3). Die vorliegende Arbeit zeigt jedoch mit Hilfe der genannten Merkmale formaler Kontrolle auf, dass auch in den DV-Unternehmen MKC und AW ‚bürokratische Kontrolle' besteht. Dazu zählen zunächst die formalen Festlegungen der jeweiligen

Provisionssysteme. Aber auch ungeschriebene Regeln oder Aussagen, die als ‚Empfehlungen' charakterisiert werden, können eine vergleichbare steuernde Wirkung haben. Durch die formalen sowie informellen Regelungen wird sowohl bestimmtes Verhalten belohnt als auch unternehmenskonforme inhaltliche Überzeugungen und Wertvorstellungen gefördert. Dementsprechend wird in der Analyse anhand von MKC und AW deutlich, wie eng formale Kontrolle durch Strukturen und normative Kontrolle von Inhalten miteinander verzahnt sind: Denn letzten Endes handelt es sich bei der Trennung von Struktur und Inhalt um eine rein analytische Unterscheidung, da formale Strukturen und Regeln niemals inhaltsleer sind (Schienstock 1993: 230). Umgekehrt funktioniert normative Kontrolle nicht losgelöst von Strukturen, auch wenn sie versucht, das ‚Innere', also das Denken und Fühlen der Mitarbeiter zu prägen – wie im nächsten Kapitel verdeutlicht wird.

5.2 Normative Kontrolle in Organisationen

Wenn Kontrolle nicht nur von außen, z. B. durch formale Regeln, erfolgt, sondern darauf abzielt, die Wertvorstellungen und Ideale von Mitarbeitern in Einklang mit organisationalen Zielen zu bringen, handelt es sich um normative Kontrolle. Diese ist ein „attempt to capture the norms of the workplace and embed control 'inside' members" (Kunda 1992: 12). ‚Normative Kontrolle' ist hierbei eine Sammelbezeichnung, unter der sich verschiedene Konzepte fassen lassen. Die Organisationskultur als prominentestes wurde schon angesprochen und wird in Kapitel 5.2.1 näher erläutert. Wenn Unternehmen hohe Werte vermitteln, greift das Konzept der Ideologie (5.2.2), da diese über die organisationale Ebene hinausweisen und in Unternehmen als umfassende Rechtfertigungen für bestehende Machtverhältnisse genutzt werden (Eagleton 1993). Als Erklärung dafür, wie solche Werte nicht nur in der Organisation, sondern auch in den Überzeugungen der Mitglieder verankert werden, wird als dritte Form normativer Kontrolle das Konzept der organisationalen Identität (Albert/Whetten 1985; Whetten 2006) hinzugezogen (5.2.3). Denn im Gegensatz zu Kultur und Ideologie erfasst die organisationale Identität die Wechselwirkung zwischen Organisation und Individuum und berücksichtigt somit, dass Individuen nicht nur Kultur- und Ideologieempfänger sind, sondern auch Akteure mit eigenen Bedürfnissen. Diese konzeptionellen Unterschiede werden in Kapitel 5.2.4 im Überblick zusammengefasst.

5.2.1 Kontrolle durch Organisationskultur

Seit den populären Managementbestsellern der 80er Jahre (Deal/Kennedy 1982; Ouchi 1981; Peters/Waterman 1982) ist Organisationskultur ein Ausdruck, der auch in der Alltagssprache verwendet wird. Mit ihm werden so genannte ‚weiche' Faktoren und teilweise diffus empfundene Aspekte verbunden: „Establishments look and feel different from one another, and the service people in different stores or restaurants behave differently toward us" (Schein 1985: 25).

Als Gegengewicht zu solch vagen Bestimmungen von Organisationskultur als „philosophy", „feeling" oder „climate" bietet Schein (1985: 6) folgende Definition des Konzeptes: „Organizational culture is the pattern of basic assumptions that a given group has invented, discovered, or developed in learning to cope with its problems of external adaptation and internal integration, and that have worked well enough to be considered valid, and, therefore, to be taught to new members as the correct way to perceive, think, and feel in relation to those problems" (Schein 1984: 3).

Die Definition Scheins umfasst verschiedene Elemente (einen Überblick über wissenschaftliche Ansätze zur Organisationskultur bietet Martin 2002), wobei die drei Ebenen, die Schein des Weiteren unterscheidet im vorliegenden Zusammenhang besonders wichtig sind: Artefakte, Werte und „basic assumptions" (Schein 1985: 14-21). Diese lassen sich wissenschaftlich unterschiedlich gut bzw. schlecht erfassen: Zum sichtbaren Ausdruck von Kultur gehören „artifacts and creations", z. B. in Form bestimmter organisationaler Symbole oder auch Räumlichkeiten. Auf der zweiten Ebene liegen „values", die hinter dem sichtbaren Ausdruck bestehen. Diese sind zwar nicht offensichtlich, aber der Reflexion zugänglich, z. B. die Überzeugung in Unternehmen, dass Werbung den Umsatz erhöht. Auf der dritten Ebene befinden sich „basic assumptions", die grundlegende Annahmen zur Natur des Menschen und das Gefühl von Zeit, Raum und Wirklichkeit einschließen und nur schwer erkennbar sind (Schein 1985: 112).

Für die Kontrolle durch Organisationskultur bedeutet dies, dass die sichtbaren Elemente auf der ersten Ebene (s. bspw. Untersuchungen von Fleming/Spicer 2004; Gagliardi 1990; Pratt/Rafaeli 1997) und auch die Werte auf der zweiten Ebene (s. bspw. Untersuchungen von Ainsworth/Cox 2003; van den Broek 2004) zur Kontrolle von Mitarbeitern genutzt werden können. Die „basic assumptions" sind dagegen schlecht erfassbar (Schein 1985: 112) – und somit auch nicht einfach vom Management form- und gestaltbar.

Die gegenteilige Botschaft halten die genannten ‚Exzellenzautoren' wie Peters/Waterman (1982) oder Ouchi (1981) bereit: Unternehmenserfolg basiert auf einer starken Organisationskultur und diese kann vom Management in Form von zentralen Werten, einer eindeutigen Unternehmensphilosophie, einer besonderen Atmosphäre etc. produziert werden. Damit wird die Gestaltung der Organisationskultur, die als Sammelbegriff für die genannten vagen Faktoren verstanden werden kann, zum Ziel des Managementhandelns und zum Mittel der Mitarbeitersteuerung, denn „men willingly shackle themselves to the nine-to-five if only the cause is perceived to be in some sense great" (Peters/Waterman 1982: xxiii).

Hintergrund der Beliebtheit des Konzeptes der Organisationskultur war u. a. der Erfolg japanischer Unternehmen seit den 70er Jahren des letzten Jahrhunderts, als die amerikanische Wirtschaft relativ schwach war (Neuburger-Brosch 1996: 69). Als Ursache für die Stärke Japans propagierten Unternehmensberater sowie beratende Wissenschaftler die japanische Kultur. Aus dieser lassen sich – unabhängig von Fragen der Erfassbarkeit und Formbarkeit kultureller Elemente (Kritik hierzu s. bei Berger 1993) – verschiedene Elemente übernehmen und kombinieren. In diesem Sinne vereint Ouchis „Theory Z" (1981) Faktoren japanischer Unternehmen (Type J) mit Aspekten amerikanischer Organisationen (Type A) zu einem neuen, erfolgversprechenden „Modell Z". Entgegen der stark individualisierten amerikanischen Kultur können Unternehmen entlang des japanischen Vorbildes zum „Betriebsclan" mit starker Einbettung der Mitarbeiter in die Organisationen umgestaltet werden (Deutschmann 1987; s. auch Kerr/Slocum 2005; Ouchi 1980). Interessant für die vorliegende Arbeit sind nicht die Details, sondern die Begründung – also letztendlich die ideologische Untermauerung (s. Kapitel 5.2.2) –, warum eine solche Kultur nicht nur mehr Umsatz beschert, sondern gleichzeitig auch Mitarbeiter glücklicher macht: Angesichts der nachlassenden sozialen Kontakte durch den Verlust von Nachbarschaft(lichkeit) und Familienbindungen, bietet der „Typus Z" eine neue Heimat, eine Art ‚Ersatzfamilie' innerhalb der Unternehmen, so dass „people who are employed in a Type Z organization should be better able to deal with stress and should be *happier* than the population at large" (Ouchi/Jaeger 1978: 311, Hervorh. C. G.).

Im Gegensatz zu Kontrolle durch Strukturen zielt diese Form der normativen Kontrolle darauf ab, dass soziale Bedürfnisse in den Wirtschaftsunternehmen befriedigt werden. Mitarbeiter werden so gezielt auch emotional an ‚ihre' Organisation gebunden, wobei die Tätigkeit letztlich den ‚ganzen' Menschen umfasst und fordert. Für Peters/Waterman (1982: xxv) waren dies Anfang der 80er Jahre „good news".

Kritik am Ideal der starken Organisationskultur übt Kunda (1992) in seiner Analyse eines Softwarekonzerns mit dem fiktiven Namen „Tech". Dort weist er auf die Begeisterung der Mitarbeiter, aber auch auf Kehrseiten der dort bestehenden umfassenden Kultur hin: die Schwierigkeit, Privates von Beruflichem zu trennen, eine hohe Arbeitsbelastung und ein dadurch reduziertes Privatleben außerhalb des Unternehmens sowie konstanter Stress und burn-out Symptome (Kunda 1992, s. vor allem: 163-170; s. ebenfalls Studie von Casey 1999).

Charakteristisch für die Mitglieder von „Tech" ist eine dauerhaft ambivalente Situation: einerseits die Loyalität zu einem besonderen und attraktiven Unternehmen, andererseits die kontinuierliche Gefahr, die eigene Autonomie zu verlieren (Kunda 1992: 221; s. auch Willmott 1992: 62). Attraktiv an starken Kulturen ist – auch im Softwarekonzern „Tech" – das Gefühl, zu einem exklusiven und starken Unternehmen zu gehören. Dies befriedigt Individuen angesichts gesellschaftlicher Unsicherheit (Beck/Beck-Gernsheim 1994; Berger/Luckmann 1995). Vor diesem Hintergrund offerieren Wirtschaftsunternehmen nicht nur eine Erwerbstätigkeit, sondern durchaus die von Ouchi/Jaeger (1978) verkündete ‚Heimat'. Problematisch daran ist, dass das von den Unternehmen gebotene Selbst untrennbar an die jeweilige Organisation und deren Interessen gebunden ist – „one might speak of an ‘organizational self'" (Kunda 1992: 162; s. auch Miller/Rose 1995; Rose 1990; Willmott 1992).

Zusammenfassend lässt sich festhalten, dass die aus starken Kulturen folgende *Verlockung für die Organisation* eine besonders umfassende Kontrolle ihrer Mitglieder darstellt, indem diese die Ziele der Unternehmen als ihre eigenen betrachten und sich folglich (idealerweise) in hohem Maße einsetzen. *Für die Individuen* handelt es sich dabei um die *Verheißung*, ein neues Zuhause im Rahmen einer Sicherheit bietenden Organisation zu erhalten. Hinzu kommt, dass die Übernahme organisationaler Werte die (mühsame) Notwendigkeit ersetzt, eigene Wertvorstellungen zu entwickeln. Daraus folgt laut Willmott (1993) die *Gefahr des „corporate culturism"* – einer so weitreichenden Unternehmenskultur, dass der Raum für persönliche Entfaltung grundlegend zerstört wird: „Basically, it is argued that corporate culturism aspires to extend the terrain of instrumentally rational action by developing monocultures in which conditions for the development of value-rational action, where individuals struggle to assess the meaning and worth of a range of competing value-standpoints, is systematically eroded" (Willmott 1993: 518).

Wichtig ist, dass sich Mitarbeiter weder kontrolliert noch manipuliert fühlen müssen – normative Kontrolle funktioniert besonders gut, wenn die Ziele der Organisation mit denen der Individuen Hand in Hand zu gehen scheinen (Tompkins/Cheney 1985: 205). Auch ein gewisses Maß an Ablehnung von Mitarbeitern zerstört keineswegs den generellen Erfolg normativer Kontrolle. In Kundas Fallstudie scheint das gelegentliche Zeigen innerlicher Distanz für die loyalen Mitglieder, die „Techies", durchaus wichtig: „Controlled self-consciousness, appropriate and timely use of an ironic stance, and the ability to shift frames and stances are considered signs of elegance. Members evaluate each other on their ability to express both embracement and distancing and to know when to stop" (Kunda 1992: 158). Abstand zu vorgegebenen Werten zeigt zwar ein gewisses Maß an Autonomie der Organisationsmitglieder, löst aber nicht das prinzipielle Spannungsverhältnis zwischen Individualität in einer organisierten Welt. Insofern gibt es keine letztgültigen Antworten auf die Fragen „to what extent is the enactment of the member role and its cognitive and emotional components the expression of a 'real self'? (...) And, ultimately, what is a real – or a false – self?" (Kunda 1992: 159; s. auch Willmott 1993: 537).

Kunda gibt für die Forschung zwei Handlungs- und Denkempfehlungen: Erstens sieht er die Notwendigkeit, „to remember that organizations are instruments of social action and not ends in themselves" (Kunda 1992: 227; s. auch Willmott 1993). Dies erfordert (gedankliche) Distanz zu der Vereinnahmung durch Unternehmensideologien. Zweitens fordert er – und dabei bezieht er sich auf Goffmans Charakterisierung von Soziologie – die unabhängige, „unsponsored", Analyse institutionalisierter Autoritäten, also aller Personen, „who are in a position to give official imprint to versions of reality" (Kunda 1992: 227).

Die bisherigen Ausführungen zur Mitarbeitersteuerung bezogen sich auf zwei klassische Formen: ‚bürokratische Kontrolle' als Grundlage legaler Herrschaft und Organisationskultur als bekannteste Form normativer Kontrolle. Wenn die vermittelten Werte hohe Ideale verkörpern, stellt das Konzept der Ideologie, das über die Organisation und ihre Kultur hinausweist, eine geeignete Basis für deren Analyse dar. Wie bereits deutlich wurde, haben die MLM-Unternehmen MKC und AW nicht nur eine starke Kultur, sondern propagieren auch hohe Ziele: ‚Gemeinschaft', ‚Freiheit' sowie ‚Gerechtigkeit' werden offiziell mit den Wirtschaftsunternehmen verbunden und beeinflussen Mitglieder in deren Handeln. Dementsprechend wird im nächsten Kapitel auf Kontrolle durch Ideologie eingegangen.

5.2.2   Kontrolle durch Ideologie

Während im vorherigen Kapitel die Kontrolle durch Organisationskultur vorgestellt wurde, wird mit der Kontrolle durch Ideologie ein organisationsübergreifendes Konzept eingeführt. Beim Stichwort ‚Ideologie' kommen große, weltanschauliche Entwürfe wie Kapitalismus oder Liberalismus in den Sinn (Seliger 1976). Doch auch innerhalb von Organisationen lassen sich z. B. Ideologien des Managements finden: „Überall wo ein Unternehmen gegründet wird, befehlen wenige und gehorchen viele. Diese wenigen jedoch haben sich sehr selten damit begnügt, ohne höhere Rechtfertigung zu herrschen (...) und die vielen waren selten fügsam genug, um nicht solche Rechtfertigungen notwendig zu machen" (Bendix 1960: 14).

Für Bendix (1960) ist Ideologie mit Macht und Kontrolle verknüpft, während andere Autoren einen wertneutralen und herrschaftsfreien Ideologiebegriff fordern (s. bspw. Czarniawska-Joerges 1988: 6-9; Therborn 1980). Wie Eagleton (1993) aufzeigt, gibt es eine Vielzahl an Begriffsvarianten und er selbst unterscheidet in seinem Werk 16 verschiedene, wobei er die Unvollständigkeit dieser Liste betont (Eagleton 1993: 7; zur Begriffsentwicklung s. auch Weiss/Miller 1987). Eagleton vermutet, dass die gängigste Erklärung von Thompson (1984) stammt (Eagleton 1993: 12): Ideologie dient dazu, „to sustain social relations which are asymmetrical with regard to the organization of power" (Thompson 1984: 6; s. auch Bendix 1960; Potterfield 1999).

Die vorliegende Arbeit greift ebenfalls auf Thompsons Definition zurück, denn sie berücksichtigt den Machtaspekt: Ideologien dienen der Kontrolle, und Kontrolle durch Ideologie bedeutet, dass den Organisationsmitgliedern das Handeln des Unternehmens als richtiger Weg vermittelt wird (Bendix 1960: 17; s. auch Weiss/Miller 1987). Doch trotz der erwähnten Vielzahl von Ideologiedefinitionen bestehen nur wenige Analyseschemata, um Kontrolle durch Ideologie in Unternehmen zu erfassen: „The study of ideology is one area, it seems, where the divide between theoretical reflection and practical analysis is particularly deep" (Thompson 1984: 232). Dies hat sich nach Auffassung der Autorin seit Thompsons Diagnose in den 80er Jahren des letzten Jahrhunderts nicht wesentlich geändert und hängt mit dem oben genannten Merkmal des Ideologiekonzeptes zusammen: der hohen Reichweite ideologischer ‚Gedankengebäude' (zu den Ursprüngen s. Seliger 1976; Weiss/Miller 1987: 105). Diese spiegelt sich zwar auch auf der Ebene der Organisationen wider, aber für die Analyse erscheinen vor allem verhältnismäßig weit gefasste Vorgehensweisen – oder auch nachträgliche Einordnungen – geeignet. So beruft sich Czarniawska in ihrer empirischen Studie mit dem Titel „Ideological Control in Non-Ideological Organizations" darauf, dass „[i]t is impossible to study ideological control by design" (Czarniawska-Joerges 1988: 19). Bei ihr folgen dementsprechend die generellen Überlegungen zur Kontrolle durch Ideologie erst im Anschluss an ihre empirische Erhebung und führen beispielsweise zur Unterscheidung dreier Funktionen von Ideologie: Motivation, Legitimation und Kontrolle (Czarniawska-Joerges 1988: 115; ähnliche Vorgehensweisen s. bei Kunda 1992; Wittel 1997).

Thompson schlägt vor, die Sprache als Schlüssel zur Analyse von Ideologien zu nutzen, da diese das Medium ist, mit dem Bedeutungen und Ideen vermittelt werden: „The analysis of ideology *is*, in a fundamental respect, the study of language in the social world, since it is primarily within language that meaning is mobilized in the interests of particular individuals and groups" (Thompson 1984: 73, Hervorh. i. O.). Daraus lassen sich sprachwissenschaftliche Analysen ableiten (s. bspw. Oksanen-Ylikoski 2006; Thompson 1984: 98-126). Ebenso ist in diesem Sinne das Aufzeigen inhaltlicher Argumentationsmuster möglich, die durch Sprache vermittelt werden. Thompson hebt hier drei als zentral hervor: *„legitimation"*, *„dissimulation"* und *„reification"* (Thompson 1984: 131; s. weitere ideologische Strategien bei Eagleton 1993: 43-75).

Da Thompson keine konkrete Analyse auf der Basis der genannten Argumentationsmuster vornimmt, soll anhand Potterfields (1999) Arbeit zum Empowerment-Konzept die Erklärungskraft dieses Schemas aufgezeigt werden. Potterfield arbeitet u. a. heraus, dass Vertreter der Empowerment-Ideologie die Interessen von Arbeitnehmern und Unternehmen gleichsetzen – ein Vorgehen zur *Legitimation* bestehender Verhältnisse in Organisationen: „[E]mployers and employees seem to share some common interests. Both want healthy, growing companies, and both have an interest in creating more satisfying work environments" (Potterfield 1999: 119). Auf der sprachlichen Ebene geschieht dies beispielsweise, indem Arbeitnehmer, die vom Unternehmen Sicherheit erwarten, als „childish" kategorisiert werden. Im Gegensatz hierzu werden diejenigen, die sich den ‚Erfordernissen der Zeit stellen' – also flexibel und einsatzbereit für den Konzern sind –, mit positiv konnotierten Begriffen wie „responsible" und „adult" charakterisiert (Potterfield 1999: 121-125). Potterfield weist auch die *„reification"* des Empowerment-Konzeptes nach: Er zeigt auf, dass die gesellschaftlichen und wirtschaftlichen Ursachen, die zu erhöhten Flexibilitätsansprüchen an Unternehmen und somit auch an Mitarbeiter führen, von Befürwortern des Empowerments nie hinterfragt werden. Stattdessen werden sie als „naturgegeben" hingenommen (Potterfield 1999: 126; s. hierzu auch Eagleton 1993: 72-75). Die dritte Form ideologischer Kontrolle, die Potterfield beleuchtet, ist *„dissimulation"*. Diese erfolgt, indem Schwierigkeiten von Mitarbeitern, wie Stress durch (zu) hohe Arbeitsbelastung, immer auf die Mitarbeiter attribuiert werden: Das ‚System' ist nie schuld, sondern die fehlende Anpassung(sbereitschaft) der Menschen: „The corresponding implication is that the resolution of the crises lies in changes in indvidual, subjective experience rather than in changes in the system" (Potterfield 1999: 128; s. auch Sinclair 1992).

Dieses Argumentationsmuster eignet sich besonders gut zur Analyse von Kontrolle im DV: Da die Mitglieder selbständig sind, sind die Unternehmen formal nicht für deren Erfolg oder Misserfolg zuständig. ‚Schuld' am Gelingen wie Misslingen sind immer die Vertriebsrepräsentanten – und dies unabhängig von den strukturellen Bedingungen wie Provisionshöhe, Marktsättigung, notwendige Investitionen etc. Wie solche ideologischen Überzeugungen im Denken und Fühlen der Organisationsmitglieder verankert werden können, erklärt am besten das Konzept der organisationalen Identität, das im nächsten Kapitel eingeführt wird.

5.2.3   Kontrolle durch organisationale Identität

Als letzte wichtige Form normativer Kontrolle geht das vorliegende Kapitel auf das Konzept der organizational identity (OI) ein. Ihr Ausgangspunkt ist die Definition der Gründerväter Albert/Whetten: „The question, ‚What kind of organization is this?' refers to features that are arguably core, distinctive, and enduring. These features reveal the identity of the organisation" (Albert/Whetten 1985: 292). Der Ursprung des OI-Konzeptes liegt in der Vorstellung, dass Organisationen gleich Individuen eine Art ‚Wesenskern' haben. Dieser lässt sich nicht allein auf organisationale Strukturen reduzieren – genauso wenig wie ein menschliches Wesen auf sein Skelett. Parallel zu der Bestimmung der individuellen Identität wird also OI als eine unabhängige, relative stabile Einheit konzipiert. „Following Erikson (1968) and Mead (1934), identity can be thought of as a pattern or a structure continuously recognized and validated as unique, autonomous and relatively stable in time and space" (Christensen 1995: 658). Unternehmen haben somit wie Menschen verschiedene Charaktereigenschaften, die sie als einmalig kennzeichnen. Während die individuelle Identität schon seit langem thematisiert wird, ist das Thema der Organisationsidentität relativ jung: „organizational identity is a young field, tracing its roots only as far back as Albert and Whetten", also seit 1985 (Hatch/Schultz 2000: 15; eine Übersicht über den aktuellen Diskurs findet sich bei Ravasi/Schultz 2006: 434).

Eine Charakterisierung von Organisationen ist auch durch das Konzept des Images möglich. Während dieses die Fremdwahrnehmung der Organisation erfasst, bezieht sich OI auf die Eigenwahrnehmung im Inneren der Organisation, also durch die eigenen Mitglieder (Hatch/Schultz 2000: 19 f.; für eine ausführliche Diskussion des Begriffes s. Gioia et al. 2000). Das oben erläuterte Konzept der Organisationskultur (Kapitel 5.2.1) ist im Vergleich zur OI das breitere Konzept und bietet den Kontext für das organisationale Selbstbild (Hatch/Schultz 2000: 25): „For example, identifying one's organization as 'frenetic' has different meaning for a trauma centre than for a software firm, and both meanings may be true in that specific organization's culture" (Harquail/King 2002: 27).

In der ursprünglichen Konzeption von Albert/Whetten (1985) werden Aspekte der Macht und Kontrolle nicht explizit thematisiert. Dennoch nutzen eine Vielzahl von Autoren OI als Ausgangspunkt zur Erklärung der Mitarbeitersteuerung. Dazu gehören Erklärungen, warum und wie sich Individuen in Gruppen einfügen (s. beispielsweise Ashforth/Mael 2001; Postmes et al. 2001), oder wie Organisationsmitglieder auf die Bedrohung der OI durch organisationalen Wandel reagieren (Bhattacharya/Elsbach 2002; Elsbach/Kramer 1996; Golden-Biddle/Rao 1997). Für die vorliegende Arbeit sind zwei Ansätze relevant: zum einen der so genannte „Narrative Approach", der aufzeigt, wie Organisationsmitglieder durch die von Interessensgruppen (also vorwiegend dem Management) geformte OI gesteuert werden, und zum anderen Alvesson/Willmotts (2002) Modell zur „identity regulation", das verstehen hilft, wie OI vom Unternehmen gezielt hergestellt werden kann.

Kontrolle durch organisationale Identität – der Narrative Approach

Mit dem so genannten Narrative Approach kann erfasst werden, wie Organisationsmitglieder durch Sprache (s. auch Kontrolle durch Ideologie), genau genommen durch Erzählungen, gesteuert werden. Organisationen werden als Bündel von Geschichten und Erzählsträngen verstanden, die alle zur spezifischen OI beitragen (Boje 1995; Brown/Humphreys 2006; Humphreys/Brown 2002). Relevante Fragen des Ansatzes sind beispielsweise: Welche Geschichten gibt es? Welche Gruppen (Manager, verschiedene Arbeitnehmergruppen etc.) vertreten welche Sichtweise auf die Wirklichkeit? Welche Interessen stehen hinter den jeweiligen Erzählungen?

Im Gegensatz zu Alberts und Whettens statischer Definition der organisationalen Identität als „enduring" (Albert/Whetten 1985: 292), sieht der in der Postmoderne verankerte Narrative Approach Identität als kontinuierlichen Aushandlungsprozess: „the essence, coherence, and continuity of identity [is seen] as illusions created and maintained by processes of social construction" (Hatch/Schultz 2000: 16). Da Sprache gemäß dieser Sichtweise soziale Wirklichkeit konstruiert (Brown 2001: 115 f.), kann sich auch die OI wesentlich leichter verändern. Dementsprechend stellt OI keine feste Entität dar, sondern die Summe – bzw. sogar das Sammelsurium – unterschiedlicher Erzählungen in Organisationen.

Damit hebt sich der Narrative Approach in einem weiteren Aspekt von der ursprünglichen Konzeption Albert/Whettens ab: Dort ist OI eine Entität, die unabhängig von Individuen existiert. Im Narrative Approach ist Identität in den Individuen, den ‚Sprechenden‘, verankert. Identität ist nicht ein gemeinsam geteiltes ‚Etwas‘ und kann in diesem Sinne nicht wie ein Gegenstand untersucht und erfasst werden (Brown 2006: 733). OI hängt immer vom ‚Autor‘, von dessen Zielen und Interessen ab. Daraus folgt, dass es gemäß postmoderner Vorstellung parallel nebeneinander bestehende organisationale Identitäten gibt. Ziel empirischer Analysen ist es, unterschiedliche Sichtweisen in die Analyse mit einzubeziehen statt sie einfach ‚wegzudefinieren‘ (Holtbrügge 2001: 24; Weik 1998: 54).

Während Kritiker die Radikalität dieses Ansatzes ablehnen – „everything ends up as image. More dramatically, everything ends up as illusion" (Gioia et al. 2000: 72; s. auch Hatch/Schultz 2000: 16) –, ermöglicht diese Konzeption, Macht- und Kontrollaspekte empirisch zu erfassen. Durch das Nachzeichnen der verschiedenen ‚Storylines‘ wird das jeweils unterschiedliche organisationale Selbstbild deutlich (Boje 1991; Boje 1995; Brown 2006; Brown 1994). Die Vielfalt allein ist dabei nicht interessant, sondern die jeweils dahinter stehenden Machtinteressen der verschiedenen ‚Autoren‘, z. B. welche „Geschichten" den offiziell propagierten Sichtweisen entgegenstehen und wie durch diese versucht wird, die soziale Wirklichkeit bzw. die Mitarbeiter zu beeinflussen (Boje 1995). Kontrolle und Macht kommen im Rahmen des Narrative Approach wie gesagt durch Erzählungen, Geschichten, Visionen, Metaphern, Label etc. zum Ausdruck. Und während Alberts und Whettens Verständnis von OI als gemeinsam geteilte Sichtweise implizit von homogenen Interessen ausgeht (Albert/Whetten 1985), ermöglicht der postmoderne Narrative Approach besonders die Interessensgegensätze und Prozesse der Interessendurchsetzung zu thematisieren. „In short, narrative identities are power effects, complex outcomes of processes of subjugation and resistance" (Humphreys/Brown 2002: 42; Brown 2001; Brown/Humphreys 2006).

Im Folgenden sollen drei empirische Studien exemplarisch verdeutlichen, welche Art von Analysen der Narrative Approach ermöglicht. Als erstes soll Bojes (1995) Studie des Großkonzerns Walt Disney genannt werden, die inzwischen als Klassiker dieses Ansatzes gewertet werden kann. In seiner Studie charakterisiert Boje (1995) den Disney-Konzern als „storytelling company", die nicht nur in ihren Filmen, sondern auch in ihrer Selbstdarstellung (erfundene) Geschichten erzählt. Die wichtigste und vorherrschende Erzählvariante hat der Konzerngründer Walt Disney zu Lebzeiten sowie auch noch nach seinem Tode geprägt. Das offizielle Selbstbild sowie das nach außen beworbene Fremdbild (= Image) ist eine Art ‚Heile

Welt'-Traumkonzern. Darüber hinaus kommen in Bojes Arbeit auch andere ‚Stimmen' und Erzählungen zu Wort, z. B. von einer Kreativabteilung mit schlechten Arbeitsbedingungen. So werden alternative und – nach innen und außen hin – unterdrückte Sichtweisen deutlich: „My purpose was to (...) use postmodern analysis to resituate the excluded stories and voices, and then analyze their relationship to the dominant legend of an official, happy, and profitable Disney studios" (Boje 1995: 997; s. auch Boje 1991). Diese Vorgehensweise zeigt auf der Basis des Narrative Approach zwei Aspekte: Erstens die Vielfalt und Widersprüchlichkeit der organisationalen Identitäten im Disney-Konzern und zweitens, wie die dominante, vom Gründer propagierte Identität die anderen Sichtweisen verdrängt und damit sowohl Mitarbeiter als auch Kunden in ihrer Wahrnehmung des Unternehmens beeinflusst und kontrolliert.

Auch die Untersuchung einer höheren Bildungseinrichtung von Humphreys/Brown (2002) zeigt exemplarisch, wie durch das Herausarbeiten unterschiedlicher ‚Stories' die OI als Mittel der Kontrolle dient. Hintergrund ist das Bestreben der Einrichtung, einen Universitätsstatus zu erlangen, was keineswegs von allen involvierten Personengruppen geteilt wird. Durch die Analyse der verschiedenen Sichtweisen der Stakeholder machen die Autoren auf drei Aspekte aufmerksam: erstens die Vielschichtigkeit der OI. Die Leitungsgruppe als Befürworter des Universitätsstatus hat ein völlig anderes Selbstverständnis als die an der Lehre orientierten Dozenten. Für Letztere ist die Forschung kein relevanter Bestandteil ihres Selbstverständnisses, so dass ein Universitätsstatus sogar eine Bedrohung des aktuellen Selbstbildes darstellt (Humphreys/Brown 2002: 428-431); zweitens die gezielten Versuche des Managements, die unterschiedlichen Diskurse und Sichtweisen zu reduzieren und ihre eigene Erzählvariante, also die Vorteile des Universitätsstatus, zu propagieren; drittens die Wechselwirkung zwischen der Identitätssteuerung durch das Management und die Identifikation der Individuen mit der Organisation (Humphreys/Brown 2002: 421, s. auch Brown/Humphreys 2006; Ran/Duimering 2002). In diesem letzten Aspekt gehen Humphreys/Brown (2006) über Boje (1995) hinaus, da sie anhand der Erzählungen nicht nur aufzeigen, wie durch Identität (von Seiten des Topmanagements) Organisationsmitglieder beeinflusst werden, sondern auch die Identifikation der Mitarbeiter mit der Organisation nachzeichnen (s. hierfür auch Bhattacharya/Elsbach 2002; Elsbach/Kramer 1996; Golden-Biddle/Rao 1997).

Abschließend (als drittes Beispiel) soll auf eine weitere Arbeit eingegangen werden, die den postmodernen Hintergrund des Narrative Approach zwar nicht explizit teilt, aber ebenfalls zeigt, wie Sprache zur Identitätsformung beitragen kann.

Anhand ihrer Studie über Journalisten einer Tageszeitung zeigen Kärreman/ Alvesson (2001) auf, wie in den untersuchten Redaktionssitzungen die jeweiligen Neuigkeiten für die nächste Ausgabe bestimmt und das relevante Tagesgeschäft der „newsmaker" geregelt werden. Zu diesen offensichtlichen Funktionen der Teamsitzungen tritt allerdings auch die Identitätsstiftung hinzu: „The group engages in auto-communication (Broms and Gahmberg 1983). Its members jointly tell themselves and each other, under the pretext of a more instrumental topic: this is our shared universe, this is how we are" (Kärreman/Alvesson 2001: 80). Die Gespräche über das Tagesgeschäft enthalten somit nicht nur Sachinformationen, sondern vermitteln, wie Journalisten in dieser Organisation denken und handeln. Kommunikation dient nicht nur der Informationsweitergabe (Kieser et al. 1998), sondern erzeugt das organisationale Selbstverständnis und gibt damit auch das Ideal vom ‚guten Organisationsmitglied' vor.

Solche Idealbilder sind im DV angesichts fehlender Weisungsbefugnis besonders wichtig und der Narrative Approach zeigt auf, wie Geschichten, Metaphern, Label etc. das organisationale Selbstverständnis und auch die persönliche Identität beeinflussen können. Obwohl OI nach dem postmodernen Verständnis vielschichtig ist, entsteht daraus keine Beliebigkeit (Vorwurf von Gioia et al. 2000: 72), sondern die Frage nach der Definitionsmacht über die soziale Wirklichkeit (Brown 2006; Humphreys/Brown 2002). Schwerpunkt der drei genannten empirischen Beispiele ist die Frage, wie durch OI kontrolliert wird. Im nächsten Abschnitt wird auf ein Modell eingegangen, das aufzeigt, wie OI selbst erzeugt wird.

Die Herstellung organisationaler Identität – ein Modell von Alvesson und Willmott

Der vorliegende Abschnitt stellt das Konzept der „identity regulation" von Alvesson/Willmott (2002) vor. Im Gegensatz zu zahlreichen anderen Analysen bietet dieses nicht nur unternehmensspezifische Strukturierungen (wie bspw. bei Boje 1995; Kärreman/Alvesson 2001), sondern ein übertragbares Modell zur Erklärung, wie OI vom Unternehmen beeinflusst werden kann. Dabei wird sowohl Sprache als Mittel zur Identitätsbildung berücksichtigt als auch völlig anders geartete Mechanismen, wie Symbole zur Veranschaulichung von Hierarchien (vgl. Kontrolle durch Kultur in Kapitel 5.2.1) oder die Vermittlung bestimmter Inhalte (vgl. Kontrolle durch Ideologie in Kapitel 5.2.2). Die insgesamt neun Gesichtspunkte sind (Alvesson/Willmott 2002: 629-632):

1. „Defining the person directly": Durch die Verwendung von Labeln in Unternehmen wie etwa „middle-manager" oder „a male middle-manager" werden Mitarbeiter klassifiziert und die Bezeichnungen gewinnen „some validity across time and space" (Alvesson/Willmott 2002: 629). Dadurch können Unternehmen Kontrolle ausüben, denn mit diesen Kategorien hängen – wie beim ‚guten Arbeiter' – bestimmte und somit regulierte Rollenerwartungen zusammen.

2. „Defining a person by defining others": Analog zum ersten Mechanismus wird durch die Abgrenzung gegen andere Personen(gruppen) die eigene Identität geprägt und Organisationsmitglieder werden zu bestimmten Sicht- und Verhaltensweisen angeregt.

3. „Providing a specific vocabulary of motives": Unternehmen kommunizieren, was die Ziele unternehmerischen sowie individuellen Handelns sind. Dies können durchaus nicht-ökonomische Ziele sein, wie die Autoren in Bezug auf Alvessons Studie in knowledge intensive firms (1995) ausführen: „social motives – having fun, working in groups, feelings of community – were stressed" (Alvesson/Willmott 2002: 629).

4. „Explicating morals and values": Parallel zu den Zielen werden auch Werte und ggfs. eine Wertehierarchie vermittelt. „Espoused values and stories with a strong morality operate to orient identity in a specific direction or at least stimulate this process" (Alvesson/Willmott 2002: 630).

5. „Knowledge and skills": Die Bestimmung, was Mitarbeiter können und dürfen, bestimmt deren Identität. Wichtige Zeichen hierfür sind die Ausbildung und die Berufszugehörigkeit. Aber auch interne Ausbildungsprogramme, beispielsweise für Manager, sind identitätsstiftende Mittel.

6. „Group categorization and affiliation": Neben der Definition der einzelnen Mitglieder, z. B. als Manager, ist auch die Gruppenzugehörigkeit identitätsförderlich. Geeignete Mittel zur Produktion eines ‚Wir-Gefühls' sind u. a. „social events and the management of shared feelings" (Alvesson/Willmott 2002: 630).

7. „Hierarchical location": Die hierarchische Verortung der Mitglieder erzeugt Identität. Dies trifft auch zu, wenn Hierarchien offiziell verneint oder unterbetont werden. So können nach wie vor Statussymbole oder indirekte Formen der Hierarchie bestehen und das Selbstverständnis bzw. die Identität prägen (Alvesson/Willmott 2002: 631).

8. „Establishing and clarifying a distinct set of rules of the game": Nicht nur
    Werte, sondern auch explizite und implizite Regeln geben Verhaltens- sowie
    ‚Identitätsorientierung' für Mitglieder. „The naturalization of rules and stan-
    dards for doing things calls for the adaptation of a particular self-
    understanding" (Alvesson/Willmott 2002: 631).

9. „Defining the context": Wie bei der Abgrenzung gegenüber spezifischen ande-
    ren Menschen, Gruppen oder Organisationen, kann auch die Einordnung des
    Unternehmens in einen größeren gesellschaftlichen Kontext identitätsstiftend
    wirken. Dazu zählen Alvesson/Willmott beispielsweise die Bezugnahme auf
    die aktuelle Marktsituation eines Unternehmens sowie den Zeitgeist (Alves-
    son/Willmott 2002: 631 f.).

Alvesson/Willmott (2002) gruppieren diese neun Aspekte in vier Kategorien: *den
Mitarbeiter* (Aspekte 1-2), *das Handeln* (Aspekte 3-5), *die sozialen Beziehungen* (Aspekte
6-7) und *„the scene"*, gemeint ist der größere gesellschaftliche Rahmen (Aspekte 8-9)
(Alvesson/Willmott 2002: 632). Allerdings ist nach Meinung der Autorin eine solche Einteilung schwierig, denn „rules of the game" (8.) lassen sich nicht nur als
Ausdruck des größeren gesellschaftlichen Rahmens, sondern auch als Mechanismus
innerhalb des Unternehmens verstehen. Die Abgrenzung von anderen Personen (2.)
ist ebenso Ausdruck sozialer Beziehungen und nicht nur eine Kategorisierung von
Mitarbeitern. Ohne weitere Überschneidungen auszuführen, zeigen diese zwei Beispiele, dass Alvesson/Willmotts Modell durchaus einen gewissen Interpretations-
spielraum bietet.

Dazu gehört auch, dass sich die Einteilung nicht allein auf das Konzept der OI
und der „identity regulation" beschränkt – auch wenn die theoretische Verankerung
von Seiten der Autoren (Alvesson/Willmott 2002) im Rahmen dieses einen Ansatzes erfolgt. Kategorisierungen wie ‚male middle manager' entsprechen dem Bild
vom ‚guten Arbeiter', das nicht erst seit dem Konzept der OI thematisiert wird,
sondern schon von Bendix (1960) genutzt wurde. „Rules of the game" (Alves-
son/Willmott 2002: 631) können implizit, aber auch explizit, also in Form ‚bürokratischer Regeln' bestehen und sowohl das Verhalten als auch das Sein von Mitarbeitern prägen.

Alvesson/Willmott (2002) führen zusätzlich zu den neun Mechanismen eine
übergreifende Unterscheidung in drei Arten von Identitätskontrolle ein: „‚managerial', ‘cultural-communitarian' and ‘quasi-autonomous' – that, in practice, are fre-
quently intertwined" (Alvesson/Willmott 2002: 636). „Managerial" bezieht sich auf

die bewussten und unbewussten Versuche des Managements, Identität zu produzieren. „Cultural-communitarian"-Patterns thematisieren die Wechselbeziehung von Identität und Organisationskultur als Kontext des organisationalen Selbstbildes (und nach Meinung der Autorin auch der Ideologie). „Quasi-autonomous" Formen der Identitätskontrolle sind hingegen in den Individuen verankert, die, trotz der Beeinflussung von außen, auch einen gewissen Grad Autonomie aufweisen (Alvesson/Willmott 2002: 636).

Sowohl Alvesson/Willmotts (2002) neun Mechanismen der „identity regulation" als auch die übergreifende Unterscheidung in „mangerial", „cultural-communitarian" und „quasi-autonomous" zeigt ein grundlegendes Merkmal der vorgestellten Konzepte normativer Kontrolle auf: die verschiedenen Ebenen – Kultur, Ideologie und Identität – hängen eng zusammen, ohne deckungsgleich zu sein. Dementsprechend werden die verschiedenen Ansätze im nächsten Abschnitt im Überblick miteinander verglichen.

5.2.4   Normative Kontrollformen im Vergleich

In den vorhergehenden Kapiteln wurden Konzepte zur Kontrolle durch Kultur, Ideologie und organisationale Identität vorgestellt. Diesen drei Ansätzen ist gemein, dass mit ihnen normative Kontrolle als Einfluss auf innere Überzeugungen, Denken und Fühlen von Mitarbeitern erfasst und erklärt werden kann. Normative Kontrolle bezieht sich also auf die Beeinflussung von so genannten ‚weichen' und teilweise schwer bestimmbaren Faktoren (Schein 1985: 112) – auch wenn dies nicht für die „Exzellenzgurus" (Willmott 1993) zu gelten scheint. Diese Unbestimmbarkeit spiegelt sich auch in der vielfältigen Verwendung der Konzepte wider: Alvesson/Willmott (2002) nennen in ihrem oben vorgestellten Ansatz beispielsweise „Werte" als identitätssteuernden Mechanismus (Alvesson/Willmott: 630). Doch Werte können auch als Mechanismus ideologischer Kontrolle verstanden werden sowie im Sinne Scheins als „values" und damit als Element der Organisationskultur (Schein 1985: 14). Die Konzepte Kultur, Ideologie und Identität überschneiden sich somit aufgrund ihres ‚Untersuchungsgegenstandes'. Dieser ist jedoch nicht-gegenständlich und kann folglich nur indirekt erfasst werden, z. B. durch Artefakte wie Symbole, Gebäude, Kleidung oder durch Sprache, die Wertvorstellungen oder Verhaltensregeln transportiert. Dennoch lassen sich auf der konzeptionellen Ebene auch Unterschiede festhalten, die hier skizziert werden sollen.

Das prominenteste Konzept der *Organisationskultur* versteht Kultur als Eigenschaft von Organisationen (Schein 1985: 7). Kultur zeigt sich sowohl in Vorstellungen wie „values" und „basic assumptions" als auch in „artifacts" (Schein 1985: 14-21). Kontrolle durch Organisationskultur kann somit durch die Analyse dieser beiden Ebenen verstanden werden, also durch Inhalte (= Wertvorstellungen, Überzeugungen etc.) sowie durch ‚materielle' Ausdrucksformen (= Symbole wie Berufskleidung, Urkunden etc.).

Organisationale Identität wird als Selbstbild der Organisation definiert (Albert/Whetten 1985: 292). Kontrolle im OI-Konzept erfasst, wie das Selbstbild von Akteuren beeinflusst wird. Dies geschieht wie im Sinne des Kulturkonzeptes durch Vermittlung bestimmter Wertvorstellungen sowie durch Artefakte. Im Gegensatz zur Organisationskultur beinhaltet jedoch das Konzept der Identität, dass auch die Organisationsmitglieder die OI beeinflussen können. Mitarbeiter werden nicht nur als Rezipienten (der Kultur) gesehen, sondern als Akteure, die sich selbst innerhalb der Kultur verorten und dadurch ihre Identität erlangen. Mit Hilfe des OI-Konzeptes kann somit aufgezeigt werden, „how organizational control is accomplished through the self-positioning of employees within managerially inspired discourses about work and organization with which they may become more or less identified and committed" (Alvesson/Willmott 2002: 620). Diese Verortung erfolgt innerhalb der Organisationskultur und dementsprechend wird Kultur als Kontext für die organisationale Identität konzeptionalisiert (Hatch/Schultz 2000: 25).

Während Organisationskultur und OI genuin organisationale Konzepte darstellen, besteht das *Konzept der Ideologie* zunächst unabhängig von Organisationen (zur Begriffsentwicklung s. Weiss/Miller 1987: 105; ausführlich bei Eagleton 1993). Auch wenn Ideologie in Unternehmen eingesetzt wird, so bezieht sie sich auf die *ideelle Ebene*, also auf Überzeugungen, wie beispielsweise das Bild von Arbeit sowie von Arbeitnehmern und Unternehmern (Bendix 1960). Ideologie geht folglich über das Konzept der Kultur und Identität hinaus. Zudem beinhaltet es – zumindest in der vorherrschenden Definition (Eagleton 1993: 7) – die Frage nach der Legitimation bestehender Herrschaftsverhältnisse (Bendix 1960: 14). Damit ist das Konzept der Ideologie im Gegensatz zu dem der Kultur und der Identität inhärent kritisch, da Wertvorstellungen immer *als Rechtfertigung für etwas*, z. B. ungleiche Bezahlung in Unternehmen, betrachtet werden. Um jedoch solche ideologischen Vorstellungen in ihrer kontrollierenden Funktion erfassen zu können, müssen die abstrakten Inhalte mit Hilfe von Sprache oder Artefakten untersucht werden. Möglich ist beispielsweise auch hier – wie bei Kultur und Identität – eine rhetorische Analyse (Oksanen-Ylikoski 2006) oder das Aufzeigen von (durch Sprache vermittelten) Argumentionsmustern (Potterfield 1999). Ebenso könnten Artefakte als Ausdruck ideologischer Überzeugungen interpretiert werden (Rafaeli/Vilnai-Yavetz 2004). Den drei Ansätzen Kultur, Identität und Ideologie ist also gemein, dass sie als abstrakte Konzepte nur indirekt – durch Sprache, Artefakte etc. – untersucht werden können. In empirischen Erhebungen überschneiden sie sich somit, wie am Beispiel des Modells von Alvesson/Willmott (2002) aufgezeigt wurde. Der jeweilige Fokus der Konzepte ist jedoch unterschiedlich: Kultur umfasst die gesamte Organisation, Ideologie das Zusammenspiel von organisationsübergreifenden Idealen und Organisation und Identität die Wechselbeziehung von Individuum und Organisation. Analytisch lassen sich die Konzepte trennen, in der Anwendung ergänzen sie sich (eine ‚kombinierende' Vorgehensweise haben bspw. Kamoche 2000; Ravasi/Schultz 2006; van den Broek 2004). Was sie jeweils für die vorliegende Studie beitragen, zeigt das nächste Kapitel, das sich den Analyseschritten der Arbeit widmet.

5.3 Analyseschema der vorliegenden Arbeit

Die obigen Ausführungen haben einen Überblick über ‚bürokratische Kontrolle' und normative Kontrollformen gegeben. Diese verschiedenen Ansätze zur Mitarbeitersteuerung lassen sich auch im DV finden, denn diese beeinflussen ihre Mitglieder in vielerlei Hinsicht wie ‚bürokratische Organisationen' – auch ohne Weisungsbefugnis und obwohl sich Unternehmen wie AW und MKC selbst als Gegenkonzept zu ‚Bürokratien' präsentieren (s. Kapitel 8-9). Gleichzeitig haben die Einleitung und der Forschungsstand in Kapitel drei gezeigt, dass sich MLM-Organisationen durchaus von anderen Unternehmen unterscheiden, da sie für loyale Mitglieder einen ‚way of life' darstellen.

Die DV weisen somit einerseits zahlreiche Besonderheiten auf, lassen sich aber nach Meinung der Autorin nicht schlicht als Gegenmodell zu ‚Bürokratien' bewerten (dies ist die Annahme Biggarts 1989). Hinzu kommt, dass sich die hier untersuchten Direktvertriebe TW, MKC und AW auch untereinander erheblich unterscheiden. Um diesen beiden Aspekten gleichzeitig gerecht zu werden, folgt die Arbeit drei Leitfragen: Erstens wird aufgezeigt, *was* die Kernelemente des organisationalen Selbstbildes sind. Hier kommen die Unterschiede zwischen den Unternehmen zum Tragen. Zweitens wird verdeutlicht, wie diese Überzeugungen jeweils hergestellt werden. Hier wird auf die verschiedenen Kontrollformen zurückgegriffen, die in jeder Art von Organisation Anwendung finden können. Und drittens wird als Gegengewicht zu den propagierten Inhalten – wie ‚Freiheit' etc. – aufgezeigt, wozu diese Werte den Unternehmen dienen, also welche Vorzüge sie für die Unternehmen haben.

Diese drei Leitfragen werden für die Auswertung in sechs Einzelschritte übertragen:

1. Die ‚Was-Frage':

a. *Welche Ideologien und identitätsstiftenden Kernüberzeugungen existieren in den Unternehmen?* Diese werden jeweils im Sinne des Selbstbildes der Organisation geschildert, z. B. ‚Gemeinschaft ohne Konkurrenz' bei MKC (s. Kapitel 8.7.1) und ‚völlige Freiheit' bei AW (s. Kapitel 9.7.1). Hier liegt das OI-Konzept zugrunde, also die Frage, wie Mitglieder ihre Organisation und sich selbst als Organisationsvertreter sehen. Die Kernelemente der OI sind aber zugleich auch Ideologien, also hohe Werte, die das Selbstbild prägen und Mitglieder steuern.

b. *Gibt es von (ehemaligen) Mitgliedern und externen Beobachtern Zweifel und Kritik an diesen Überzeugungen?* Hier werden die ‚Grenzen' der organisationalen Identität aufgezeigt, indem unterschiedliche Erzählungen zu Wort kommen (s. Narrative Approach in Kapitel 5.2.3). Da bei AW abweichende Erzählungen sehr selten waren, wird hier auch auf die Zweifel ehemaliger Mitglieder und Bedenken externer Kritiker eingegangen (s. Kapitel 9.7).

2. Die ‚Wie-Frage':

c. *Für AW als umstrittenes Unternehmen (s. Kapitel drei) wird zusätzlich gefragt: In welchem Sinne werden die jeweiligen Überzeugungen definiert? Was steht hinter ‚Freiheit', ‚Gerechtigkeit' etc.?* So heißt ‚Freiheit' bei AW z. B. ‚selbständig sein', meint dabei aber nicht die ‚Freiheit des Andersdenkenden' (s. Kapitel 9.7.1). Die Frage nach der genauen Wortbedeutung basiert auf dem kritischen Impetus des hier gewählten Ideologiebegriffs: Ideologien dienen dem Machterhalt, und AW definiert – wie auch andere Unternehmen – bestimmte Begriffe in seinem Sinne (s. Kapitel 5.2.2).

d. *Wie wird die jeweilige Überzeugung mit Hilfe normativer Kontrollmechanismen organisational produziert?* Dies geschieht beispielsweise dadurch, dass Vorbilder von den Chancen und Möglichkeiten durch die Tätigkeit berichten. Hier kommen ideologische, identitätsstiftende und kulturelle Mechanismen zum Zuge (s. Kapitel 5.2). Zudem wird deutlich, dass Ideologien auch inhaltlich steuern: So lässt sich aufzeigen, dass in den Unternehmen bestimmte ‚ideologische Argumentationsnetzwerke' bestehen, die das organisationale Selbstbild und zugleich die Weltanschauung der Organisation inhaltlich plausibel erscheinen lassen.

e. *Wie wird die jeweilige Überzeugung, die Ideologie und Kernelement der OI darstellt, durch formale Strukturen gestützt?* So sind Mitglieder beispielsweise rechtlich gesehen selbständig und unterstehen keiner Weisungsbefugnis, so dass die Überzeugung ‚frei zu sein' in einem DV-Unternehmen strukturell besser verankert ist als in einer ‚Bürokratie'. So können Werte durch formale Strukturen legitimiert und gefördert werden (s. Kapitel 5.1).

3.   Die ‚Wozu-Frage':

f.   *Welche möglichen Vorzüge hat die Überzeugung für das Unternehmen?* So bedeutet z. B. die formale Selbständigkeit bei Direktvertrieben, dass jedes Mitglied selbst verantwortlich ist. Dies dient den Unternehmen, da diese auch bei geringen durchschnittlichen Umsätzen pro Mitglied (s. Kapitel 7.4, 8.4 und 9.4), formal nicht für Misserfolge haftbar gemacht werden können. Mit der ‚Wozu-Frage' werden die jeweils von den Organisationen propagierten Ideologien hinterfragt und aufgezeigt, in welcher Weise sie bestehende Verhältnisse in den Unternehmen legitimieren (s. Kapitel 5.2.2).

Diese einzelnen Schritte – für MKC werden fünf, für AW sechs verwendet – ermöglichen, sowohl die Eigenarten der MLM-Unternehmen zu erfassen als auch die untersuchten Organisationen untereinander vergleichbar zu machen. Durch die Gliederung in verschiedene Schritte ist es möglich, ein differenzierteres Bild von den Besonderheiten des jeweiligen Direktvertriebs zu erhalten. Zudem kann aufgezeigt werden, wo die Gemeinsamkeiten und Unterschiede im Vergleich zu ‚bürokratischen Unternehmen' bestehen. Bevor diese Analyse erfolgt, wird im nächsten Kapitel zunächst die empirische Untersuchung vorgestellt.

6 Grundlagen und Methoden der empirischen Erhebung

Das folgende Kapitel stellt in Abschnitt 6.1 zunächst Grundlagen der Erhebung vor, bevor in 6.2 auf den Zugang zum untersuchten Feld und die Wahl der Erhebungsmethoden eingegangen wird. Kapitel 6.3 widmet sich den verwendeten Methoden und in 6.4 wird die Entwicklung von der ursprünglichen Frage zum Analyseschema (s. Kapitel 5.3) skizziert. Abschließend wird dargelegt, was der vorliegenden Studie Validität verleiht (6.5).

6.1 Grundlagen der Erhebung

Die im vorherigen Kapitel vorgestellten empirischen Studien zu den verschiedenen Konzepten normativer Kontrolle (Alvesson/Willmott 2002; Kunda 1992; Potterfield 1999) basieren auf qualitativen Erhebungen und zeigen auf, wie Mitarbeiter über Sprache, Symbole, Ideen und Ideale in ihrem Handeln beeinflusst werden. Auch für die vorliegende Arbeit ist eine qualitative Vorgehensweise angemessen, da sich normative Kontrolle auf die Formung der Überzeugungen, der Sichtweisen und sogar der Gefühle von Organisationsmitgliedern bezieht. Die alleinige Erfassung der Provisionssysteme, eine standardisierte Befragungen oder eine quantitative Inhaltsanalyse offizieller Veröffentlichungen (Bryman/Bell 2003) können hier wenig Aufschluss geben. Dagegen hat die qualitative Forschung zum Ziel, „Lebenswelten ‚von innen heraus' aus Sicht der handelnden Menschen zu beschreiben" (Flick 2002: 14) oder angelehnt an Weber, das deutende Verstehen von Sinn- und Handlungszusammenhängen zu ermöglichen (Weber 1980). Der zweite (ebenso) wichtige Grund für die Wahl qualitativer Erhebungsmethoden ist der geringe Forschungsstand zum DV in Deutschland. Insofern ist die vorliegende Arbeit in mehrerer Hinsicht explorativ – vergleichbar mit Biggarts (1989) Werk für die USA (Unterschiede zu ihrer Vorgehensweise s. Kapitel vier).

Für die grundlegende Erforschung eines wenig bearbeiteten Feldes bieten sich mehrere qualitative Vorgehensweisen an. Dazu gehören beispielsweise ethnographische Studien, die eine umfassende Beschreibung im Sinne einer „thick description" (Geertz 1973: 3) ermöglichen, allerdings schlecht mit einem Unternehmensvergleich vereinbar sind (Stake 2005: 457). Ein alternatives Vorgehen stellt die von Glaser/Strauss (1967) geprägte „grounded theory" dar, die einen expliziten Verzicht jeglicher konzeptioneller Vorannahmen fordert und Theoriebildung als Folge des Forschungsprozesses ansieht (s. hierzu kritisch Meinefeld 1995: 290). Da die in Kapitel fünf vorgestellten Kontrollkonzepte die Fragestellung leiten und letztendlich auch die Auswertung prägen (s. Kapitel 5.3), kommt auch diese Vorgehensweise nicht in Frage. Gewählt wurde dagegen ein „multiple case design" (Stake 2005: 445 f.; Yin 2003: 53-55). Dieses ermöglicht neben der *Exploration* eines wenig bearbeiteten Feldes auch eine *Erklärung*, wie Mitglieder im DV kontrolliert werden (zu verschiedenen Forschungsfragen s. Yin 2003: 3-7).

Die Wahl der Organisationen erfolgte analog zum Klassiker Biggarts (1989): Im Mittelpunkt stehen die Unternehmen TW, MKC und AW. Die von Biggart ebenso betrachteten Konzerne Shaklee und A. L. Williams Company waren zum Zeitpunkt der vorliegenden Erhebung nicht auf dem deutschen Markt vertreten, so dass sie nicht für mögliche Fallstudien in Frage kamen. Als Methoden wurden Leitfadeninterviews, teilnehmende Beobachtungen in den verschiedenen Organisationen und die Analyse von offiziellen Unternehmensdokumenten (Geschäftsrichtlinien, Provisionspläne, Flyer) sowie Informationen aus dem Internet gewählt (detaillierte Angaben s. Kapitel 7-9).

Der Vorteil einer solchen mehrschichtigen Erhebung ist das umfassende Verständnis für das zu untersuchende Phänomen. Dieses als Triangulation bezeichnete Vorgehen fördert zudem die Validität qualitativer Daten, da unterschiedliche Informationsquellen die Zuverlässigkeit der erlangten Erkenntnisse bestärken (Lamnek 1989: 34; Stake 2005: 454). So war es in der vorliegenden Arbeit beispielsweise hilfreich, ungewöhnliche Inhalte der Interviews (wie große Euphorie oder extreme Kritik) nicht nur im Vergleich mit anderen Interviews, sondern auch im Kontext der teilnehmenden Beobachtung einschätzen zu können. Das Gleiche trifft für die Dokumentenanalyse zu: Der Vergleich der bundesweiten Veröffentlichungen von TW mit MKC und AW (s. Kapitel sieben bis neun) verdeutlichte beispielsweise die Produktausrichtung von TW gegenüber der Werteorientierung bei MKC und AW. Damit können trotz der Begrenztheit der jeweils untersuchten Organisationseinheiten durchaus Aussagen über die jeweiligen Unternehmen als Ganzes getroffen werden.

Untersucht wurde jeweils eine ‚Organisationseinheit' des Außendienstes in den verschiedenen Unternehmen. Bei TW wurde eine so genannte „Bezirkshandlung" analysiert, die von der Zentrale aus zugewiesen wurde. Deren Leiterin ist über einen Franchisevertrag mit dem Unternehmen verbunden (s. Kapitel 7.5). Der organisationale Aufbau MKC erlaubt dagegen jedem Mitglied, das eine Mindestanzahl an Beraterinnen und einen Mindestumsatz aufweist, „Direktorin" zu werden und eine eigene „Unit" zu bilden. Der Kontakt wurde hier zu einer solchen Unit aufgenommen, wobei über diese Gruppe hinaus weitere Direktorinnen befragt werden konnten (s. Kapitel 8.5). Bei AW gibt es verschiedene, aktive Downlines (s. Begriffsklärung Kapitel 2.1), von denen die größte in Deutschland, die so genannte „Schwarz-Diamond-Connection" (www.schwarz-diamond-connection.de), untersucht wurde. Diese hat bundesweit zahlreiche so genannte „Schulungszentren" (s. Kapitel 9.1), von denen eines den Ausgangspunkt der vorliegenden Studie bildete.

Diese kurzen Ausführungen zeigen, dass – angesichts der Besonderheiten des DV – Grundlagen zu dieser Vertriebs- und Organisationsform helfen, die empirische Vorgehensweise der vorliegenden Studie zu verstehen. Dementsprechend werden weitergehende Informationen in den jeweiligen unternehmensspezifischen Kapiteln dargelegt. Die Kapitel 7 (TW), 8 (MKC) und 9 (AW) geben Informationen zum Konzern sowie den Mitgliedern, zeigen dann den Umfang der Einzelstudien auf und skizzieren den Zugang zur jeweiligen Organisation. Die nächsten beiden Abschnitte bieten dagegen einen Überblick über die gesamte Erhebung und die verwendeten Erhebungsmethoden.

6.2 Besonderheiten beim Zugang zum Feld

Die DV sind umstrittene Organisationen, wie die bisher geschilderten Daten (s. Kapitel zwei) und der wissenschaftliche Forschungsstand zur Kultur des MLM (s. Kapitel drei) verdeutlicht haben. Die Umstrittenheit war für die vorliegende Arbeit vorteilhaft und nachteilig zugleich: Der Forschungszugang war relativ einfach. Hier kamen der Autorin Struktur und Kultur dieser Organisationsform entgegen, da Gäste auf den meisten Veranstaltungen explizit willkommen sind (Einschränkungen s. unternehmensspezifische Auswertung). Die offen durchgeführte Erhebung war somit von *gegenseitigem* Interesse geprägt: Die Autorin interessierte sich für die ‚Lebenswelt' der Direktvertriebsmitglieder und manchem Interviewpartner war viel daran gelegen, die Autorin von der Qualität des eigenen Unternehmens zu überzeugen. Trotz des von Anfang an geäußerten Desinteresses an einer Mitgliedschaft wurde die wissenschaftliche Neugier der Autorin als potentielles Geschäftsinteresse interpretiert und führten zu entsprechenden Anwerbe- und Vereinnahmungsversuchen. Da eine teilnehmenden Beobachtung ein Einfühlen des Wissenschaftlers in die Denkweisen und die Lebenswelt seiner untersuchten Subjekte erfordert, ist ein gewisser Verlust an Distanz ein notwendiger Bestandteil der Methode (Girtler 2001: 78-82). Dementsprechend wurde für die Auswertungsphase der Kontakt zu den Interviewpartnern abgebrochen. Durch die Orientierung an den Kontrolltheorien konnte Distanz zurückgewonnen werden. Auch der direkte Vergleich der verschiedenen Unternehmen in der Auswertung war dabei hilfreich, die ideologischen Überzeugungen der Organisationen besser zu erkennen (zu den Schwierigkeiten der teilnehmenden Beobachtung s. Lamnek 1989: 257-264).

6.3 Die eingesetzten Erhebungsmethoden

Wie oben angeführt basiert die vorliegende Arbeit auf Leitfrageninterviews, teilnehmender Beobachtung und der Analyse zahlreicher Dokumente. Im Zentrum der Auswertung stehen die 48 eigenen Interviews sowie neun Sekundärinterviews mit jeweils ein oder zwei Gesprächspartnern.[54] Die meisten waren persönliche Interviews (s. Kapitel 7-9) und dauerten rund 1,5 Stunden, mit einigen Ausnahmen von einer guten halben Stunde bis hin zu zweieinhalb Stunden. Bei der Art der Befragung handelt es sich um *halbstandardisierte Leitfadeninterviews*, bei denen der „interviewer introduces the topic, then guides the discussion by asking specific questions" (Rubin/Rubin 1995: 5; s. auch Flick 2002: 117-145). Sämtliche Interviews wurden transkribiert, so dass in der Auswertung aus diesen wörtlich zitiert werden kann (Lamnek 1989: 104-106). Zudem wurden die Interviews mit Hilfe des Softwareprogramms atlas.ti codiert und auf dieser Basis analysiert.

Die *teilnehmende Beobachtung* erfolgte jeweils über einen Zeitraum von vier bis sechs Monaten und beinhaltete den Besuch von insgesamt 39 wöchentlichen Veranstaltungen. Hinzu kamen Sonderveranstaltungen wie Jahres- bzw. Halbjahresseminare und einige privat organisierte Treffen. Dadurch war es möglich, die jeweilige

---

[54] Die Interviews umfassen 46 Interviews mit Unternehmensvertretern bzw. bei AW auch ehemaligen Mitgliedern und einem externen Kritiker (s. Kapitel 9.5). Hinzu kamen zwei Experteninterviews, eines mit einem Experten zur Frage der Abgrenzung von MLM und Schneeballsystemen und eines mit dem Geschäftsführer des Bundesverbandes Direktvertrieb Deutschland e. V., das nicht aufgezeichnet werden sollte.

Kultur kennen zu lernen, denn „[h]ervorragendes Kennzeichen der teilnehmenden Beobachtung ist, dass sie in der natürlichen Lebenswelt der Beobachteten eingesetzt wird" (Lamnek 1989: 237). Innerhalb der verschiedenen Formen von Beobachtung handelt es sich im vorliegenden Fall um eine „teilnehmende ‚freie' Beobachtung", die es ermöglicht, „komplexe Situationen und Handlungsprozesse beinahe unbeschränkt zu erfassen" (Girtler 2001: 62). „Teilnehmend" bedeutet, dass die Autorin persönlich bei den betreffenden Veranstaltungen anwesend war, ‚frei' bezieht sich darauf, dass kein systematischer Erhebungsplan mit zeitlichen Beschränkungen vorlag und demnach flexibel – z. B. auf zusätzliche Einladungen zu informellen Treffen – reagiert werden konnte.

Eindrücke und markante Aussagen wurden mit Hilfe eines Forschungstagebuches festgehalten (Bryman/Bell 2003: 405 f.). Dazu gehören auch die Inhalte der zahlreichen informellen Gespräche, die am Rande offizieller Veranstaltungen, aber auch im Rahmen privat organisierter Treffen stattfanden. Wörtlich niedergeschriebene Aussagen werden in der Auswertung als Zitate mit Anführungszeichen gekennzeichnet. Wo im Text eine sinngemäße Wiedergabe erfolgt, handelt es sich um stichwortartige Mitschriften, nachträglich erstellte Gedächtnisprotokolle oder Reden, von denen keine Originalaufzeichnung vorliegt.

Als dritte Erhebungsmethode wurden *Dokumente analysiert*. Hierbei ging es um eine qualitative Inhaltsanalyse mit dem Ziel, inhaltliche Argumentationsmuster wie bei den Interviews herauszuarbeiten (Bryman/Bell 2003: 417-421; Kohlbacher 2006). Die offizielle Unternehmensliteratur – Internetseiten, Monatszeitschriften, Wettbewerbsbroschüren – diente vor allem zur besseren Einordnung dessen, was von der Konzernseite aus vermittelt wird und was eventuell der spezifischen Untersuchungseinheit (der Bezirkshandlung bei TW, der Unit bei MKC und dem Schulungszentrum bei AW) zuzuschreiben ist. Damit trug die Literatur vor allem zur Validierung der Fallstudien bei (s. Erläuterung zur Triangulation oben).

6.4 Von den Ausgangsfragen der Studie zum Analyseschema

Die vorliegende Arbeit ist nicht nur aufgrund der gewählten Methoden, sondern in weiterer Hinsicht eine typisch qualitative Studie: Das Analyseschema (s. Kapitel 5.3) wurde nicht zu Beginn der Erhebung entwickelt, sondern entstand im Laufe der Untersuchung. „Adjusting the design as you go along is a normal, expected part of the qualitative research process" (Rubin/Rubin 1995:44; s. auch Denzin/Lincoln 2005: 4; Miller/Crabtree 1992: 17-21).

Zu Beginn der Studie standen aufgrund der Lektüre von Biggarts Klassiker (1989) weit gefasste Forschungsfragen: Was macht diesen Organisationstypus zu einem ‚way of life'? Woher kommt die von Biggart geschilderte extreme Begeisterung loyaler Mitglieder und lässt sich diese auch genauso in Deutschland finden? – Auf der organisationalen Ebene war damit die Frage verbunden, was die Kultur der DV kennzeichnet und wie Mitglieder durch diese Kultur motiviert und kontrolliert werden.

Diesen Fragestellungen wurde in den Interviews nachgegangen, indem jeweils nach dem ‚Ablauf' der Mitgliedschaft gefragt wurde, also nach dem Zeitpunkt und dem Anlass für den Beginn der Tätigkeit sowie nach den Reaktionen von Freunden, Bekannten und Verwandten. Zusätzlich wurde die aktuelle Motivation erfragt, also sowohl die finanzielle Seite der Tätigkeit als auch die immateriellen Aspekte wie beispielsweise die Anerkennung vom Unternehmen oder von anderen Mitgliedern. Führungskräfte wurden direkt darauf angesprochen, wie sie ihre Downline motivieren und was die ideale Führungskraft kennzeichnet. Allen Mitgliedern wurde die Frage nach der Bedeutung der Tätigkeit gestellt: Dazu gehörte der zeitliche Umfang, der Einfluss auf das Leben, der größte (persönliche) Erfolg beim Unternehmen und gegebenenfalls die persönliche Entwicklung und Veränderung, die von mehr Selbstbewusstsein bis hin zu neuen Freunden reichen kann. Zudem wurde thematisiert, was das jeweilige Unternehmen nach Meinung des Mitgliedes kennzeichnet und, ob ein Ende der Tätigkeit denkbar wäre. In diesem Zusammenhang wurden die Mitglieder aufgefordert zu erläutern, warum so viele Vertriebler das Unternehmen wieder verlassen, welche Voraussetzungen für Erfolg benötigt werden und ob diese (von jedem) erlernt werden können.

Diese offenen Fragen wurden nicht nur innerhalb der Unternehmen unterschiedlich beantwortet, sondern vor allem zwischen den Konzernen: TW, MKC und AW heben sich in ihrem organisationalen Selbstverständnis, in ihrer Kultur sowie in den jeweils genutzten Mechanismen zur Steuerung und Kontrolle der Mitglieder voneinander ab. Dementsprechend wurden in den Interviews auch unternehmensspezifische Themen angesprochen, wie beispielsweise die über Jahrzehnte bestehende Nachfrage nach TW-Produkten, die Verbindung der Beraterinnentätigkeit bei MKC mit christlichen Wertvorstellungen oder die Frage nach der sozialen Gerechtigkeit durch MLM-Systeme wie AW.

Bei der Auswertung in Form von Fallstudienzusammenfassungen und der Codierung der transkribierten Interviews (Lamnek 1989: 104-106) mit Hilfe des Softwareprogrammes atlas.ti wurden die Unterschiede zwischen den DV noch offensichtlicher. So konnten zwar gemeinsame Codes für den ‚Ablauf' der Tätigkeit ge-

funden werden, wie z. B. ‚Gründe für den Beginn', ‚Reaktionen des Umfelds', ‚Anreize des Unternehmens', dennoch wurden diese inhaltlich unterschiedlich gefüllt:
Bei AW berichteten alle Befragten von z. T. erheblich negativen und enttäuschen-
den Reaktionen ihres Freundes- und Bekanntenkreises – Erfahrungen, die nicht mit
denen der Mitglieder von TW oder MKC vergleichbar sind. Während beispielsweise
die Gründe für den Einstieg vergleichsweise ähnlich sind – der Wunsch nach einem
Zuverdienst ist der wichtigste –, reichen die Motive bei MKC und AW zu bleiben,
weit über den ursprünglichen Anlass hinaus: Bei MKC wird mit der Tätigkeit ein
erfüllteres Leben verknüpft und das Unternehmen AW gilt seinen loyalen Mitgliedern als Chance zur persönlichen und finanziellen Freiheit. Während also die von
Biggart (1989) und anderen Autoren (s. Kapitel drei) geschilderte Bedeutung des
DV als ‚way of life' auf MKC und AW durchaus auch für Deutschland zutrifft,
konnte dies für TW in der vorliegenden Erhebung nicht festgestellt werden.

Dementsprechend wurde der Schwerpunkt der Analyse auf die Unternehmen
MKC und AW gesetzt. Das Fallbeispiel TW dient in der vorliegenden Studie vor
allem als Kontrast zu den MLM-Unternehmen MKC und AW (im Unterschied zu
Biggart 1989; Bromley 1995, 1998). Während sich TW als ‚Nebenerwerb mit Spaß-
faktor' charakterisieren lässt, zeigen die für MKC und AW als zentral, ausgeprägt
(„distinctive") und dauerhaft herausgearbeiteten Merkmale organisationaler Identi-
tät (Albert/Whetten 1985: 292) den hohen Anspruch der Unternehmen: Das
Selbstverständnis von MKC umfasst, dass das Unternehmen ‚ein Weg zum besseren
Leben' ist. Die wichtigsten Überzeugungen sind, dass hier eine ‚Gemeinschaft ohne
Konkurrenz' besteht – obwohl die Mitglieder selbständig sind und die gleichen
Produkte verkaufen. Auch sieht sich MKC als eine ‚Chance für Frauen', die auch
die so wichtige ‚Anerkennung' für Frauen und Mütter bietet. Zudem ist es eine
Organisation, in der eine Form von ‚Berufsglauben' gelebt werden kann, also der
Glaube an ein höheres Wesen mit der Tätigkeit direkt verbunden werden kann.
Unabhängig davon können sich hier gemäß Selbstbild Mitglieder persönlich entfalten, da MKC als ‚Lebensschule' jedem Mitglied etwas zu bieten hat. Diese Überzeugungen unterscheiden sich grundlegend von den Vorstellungen bei AW, das sich als
‚Garant für Freiheit' sieht. Das wichtigste Ziel der Tätigkeit ist die ‚völlige Freiheit'
– materiell sowie persönlich. Diese kann durch das System erlangt werden, wobei
jeder die AW-Tätigkeit ‚risikolos ausprobieren' kann. Auch innerhalb AW wird wie
bei MKC ‚Anerkennung' gezollt, es erfolgt eine ‚persönliche Entwicklung' und es
wird die ‚Gemeinschaft' betont – jedoch unterscheiden sich die konkreten Vorstellungen dieser Werte durchaus. Darüber hinaus gilt AW seinen loyalen Mitgliedern

als Ausdruck ‚sozialer Gerechtigkeit', da das Unternehmen ein ‚anerkanntes und ehrenhaftes System' ist.

Die genannten Überzeugungen zeigten sich nicht nur in den Interviews, in denen Mitglieder immer wieder auf diese Bezug nahmen, sondern auch in den Dokumenten sowie der teilnehmenden Beobachtung. Wie erwähnt wurden die Unterschiede vor allem bei der Codierung offenkundig, da eine große Anzahl unternehmensspezifischer Codes eingeführt werden mussten. So ist der Code ‚Glaube' für AW nahezu irrelevant,[55] während er für MKC in fast der Hälfte der Interviews vergeben wurde. Zudem mussten übergeordnete Codes gebildet und dann unternehmensspezifisch ausdifferenziert werden. Die ‚Selbständigkeit' tauchte bei MKC und AW als Thema auf, jedoch wurden mit ihr unterschiedliche Inhalte verbunden. Selbständig-Sein impliziert bei MKC, Familie und Beruf vereinbaren zu können, also zeitlich flexibel zu sein. Bei AW wird Selbständigkeit dagegen als Voraussetzung individueller Lebensführung sowie persönlicher und finanzieller Freiheit bewertet.

Um MKC und AW bei allen inhaltlichen Unterschieden auch im Vergleich zueinander untersuchen zu können, wurde das in Kapitel 5.3 vorgestellte Analyseschema konzipiert. Die erste Frage, ‚Was kennzeichnet das Selbstbild und wo sind seine (internen und externen) Grenzen?', zielt auf die Besonderheiten der Unternehmen ab – die anhand der so eben genannten Kernüberzeugungen analysiert werden. Die zweite und dritte Frage des Analyseschemas, also wie das jeweilige Selbstbild hergestellt wird und wozu dieses den Organisationen dient, ermöglicht, Ähnlichkeiten der Unternehmen zu erfassen. Dazu gehören beispielsweise die sowohl bei MKC als auch bei AW verwendeten Label als Mechanismus normativer Kontrolle. Hinsichtlich der erklärenden Aspekte (wie Kontrolle erfolgt) können so auch im Kapitel zehn die Gemeinsamkeiten des DV mit ‚Bürokratien' herausgearbeitet werden. Denn obwohl das in MLM-Unternehmen propagierte ‚Was?' mit Werten wie ‚Freiheit', ‚Gemeinschaft' etc. durchaus ungewöhnlich und teilweise einmalig erscheint, so ist die Verwendung von Mechanismen normativer Kontrolle keineswegs auf den DV beschränkt.

---

[55] Das Thema ‚Glaube' wurde nur zweimal in Zusammenhang mit den Gründern von AW genannt; diese gelten als gläubige Christen (s. bspw. Buch des Mitgründers (DeVos 2000). Kein Interviewpartner thematisierte seinen eigenen Gottesglauben im Rahmen der Interviews.

6.5 Validität der Erhebung

Im Rahmen der qualitativen Sozialforschung zählt nicht das Erreichen scheinbarer Repräsentativität durch eine möglichst umfangreiche Erhebung. Stattdessen zielt sie darauf ab, den Kern eines Phänomens zu erfassen. Dabei hilft vor allem die teilnehmende Beobachtung, denn der Forscher „bekommt (...), wenn er lange genug am Leben einer Gruppe teilnimmt, so etwas wie ein ‚Gefühl' (...) für das Typische der Lebenswelt. Es ist eigentlich gar nicht notwendig, dass eine Handlung sich regelmäßig wiederholt, um sie als ‚typisch' interpretieren zu können, denn dies ergibt sich vielmehr aus dem gesamten sozialen und kulturellen Kontext" (Girtler 2001: 137).

Dieser kulturelle Kontext wird von der vorliegenden Arbeit gründlich erfasst. Die Studie bezieht ihre Validität aus vier Quellen. Erstens aus der oben bereits genannten Triangulation, die Yin zur „construct validity" zählt (Yin 2003: 35 f.): Die Nutzung verschiedener Erhebungsquellen ermöglicht eine bessere Einschätzung der jeweiligen Einzelaussagen (aus Interviews, Texten oder im Rahmen der teilnehmenden Beobachtung). Diese Vielschichtigkeit liegt für die vorliegende Arbeit wie beschrieben vor. Zweitens wird „internal validity" (Yin 2003: 36) erreicht, indem eine Fallstudie nicht nur eine Sichtweise, sondern auch widersprüchliche Aussagen integriert. Dies geschieht in der vorliegenden Arbeit, indem bei der Auswertung auch die internen kritischen Stimmen zu Wort kommen. Da diese bei AW äußerst gering waren – und AW dasjenige Unternehmen ist, das am umstrittensten ist – wurden hier auch ehemalige Mitglieder befragt und externe Quellen herangezogen (s. Kapitel neun). Als dritte Form der Validität nennt Yin „external validity" (Yin 2003: 37). Diese kann sowohl über die Verwendung von Theorie ermöglicht werden als auch durch Vergleichsmöglichkeiten bei mehreren Fallstudien – beides trifft auf die vorliegende Arbeit zu (s. Kapitel 5.3). Als viertes Qualitätsmerkmal nennt Yin die Reliabilität (Yin 2003: 37-39), die bei der Datensammlung und Auswertung durch Protokolle und eine dokumentierte Datenbasis gewährleistet wird. Angesichts der transkribierten Interviews, der Auswertung mit Hilfe von atlas.ti sowie den Forschungstagebüchern zu den Erhebungen ist auch diese Form der Validität gegeben.

Trotz der genannten Formen der Validität der Erhebung und dem Versuch, die Begeisterung loyaler Mitglieder für ihr Unternehmen zu verdeutlichen, möchte die vorliegende Arbeit keine ‚Synthese' von Sichtweisen liefern. Die Widersprüchlichkeit des Phänomens soll in der Auswertung erhalten bleiben. Auch die von Rubin/Rubin (1995: 13) geforderte Balance durch die Berücksichtigung verschiedener Sichtweisen führt nicht zu einem ‚sowohl – als auch', sondern zu einem teilweise sehr deutlichen Gegensatz: Die MLM-Unternehmen MKC und AW präsentieren sich als Mittel zur Verwirklichung hoher gesellschaftlicher Werte. Die Analyse stellt dagegen dar, wie diese Werte von den Unternehmen hergestellt werden und welche möglichen Vorzüge die jeweiligen propagierten Wertorientierungen für die Organisationen haben können. Im nächsten Abschnitt wird jedoch zunächst auf TW eingegangen.

7 Tupperware – ‚Nebenerwerb mit Spaßfaktor'?

Wie durch Einleitung und Forschungsstand deutlich wurde, handelt es sich bei den DV um Unternehmen, die in der Öffentlichkeit mit einer starken Organisationskultur in Verbindung gebracht werden, was teilweise Assoziationen zu Sekten weckt. Der TW-Konzern bietet seinen erfolgreichen Beraterinnen ebenfalls große Seminare, z. B. das ‚Rendezvous der Regionen', auf dem eine jubelnde Masse sich selbst und das Unternehmen feiert. Aber auch weniger aktive Mitglieder können sich durch eine Fülle von Wettbewerben und Preisen motivieren lassen, die zusätzlich zur Provision die Aktivität, die Kontinuität, die Höhe des Umsatzes und das Rekrutieren weiterer Beraterinnen belohnen. Trotz dieser Motivationskultur wird durch die Darstellung und Interpretation der organisationalen Identität von TW deutlich werden, dass dieser DV eine klare Produktorientierung aufweist, die sich von der wertegeleiteten Identität MKC und AW in zahlreichen Punkten unterscheidet.

Die vorliegende Studie hebt sich somit von Biggarts Analyse (1989) ab, in der nicht direkt zwischen den von ihr untersuchten Organisationen (Amway, Mary Kay Cosmetics, Shaklee, A. L. Williams Company, Tupperware) unterschieden wird, sondern eine gemeinsame Analyse erfolgt (s. Kapitel 4.2). Da im Zentrum der vorliegenden Arbeit vor allem die MLM-Konzerne AW und MKC stehen, dient die Fallstudie zu TW vor allem als Kontrast zu den beiden anderen Unternehmen (s. Erläuterung in Kapitel 6.4). Dementsprechend werden nur die Grundlagen sowie die Kernpunkte der organisationalen Identität von TW dargestellt und in groben Zügen analysiert.

Zunächst werden im nächsten Kapitel Fakten zum Konzern geboten, in Kapitel 7.2 wird aufgezeigt, was eine Mitgliedschaft beinhaltet und welche Tätigkeiten von TW-Beraterinnen ausgeübt werden. In Kapitel 7.3 wird das Provisionssystem zusammen mit einigen weiteren materiellen Anreizen vorgestellt und anschließend (7.4) eine Einschätzung zum durchschnittlichen Umsatz und zu Einkünften gegeben. Kapitel 7.5 gibt einen Überblick über die empirische Grundlage der vorliegenden Studie und Abschnitt 7.6 stellt den ‚Tupper-spezifischen' Forschungsstand dar. Kapitel 7.7 zeigt schließlich die wichtigsten Elemente der organisationalen Identität von TW auf.

7.1 Fakten zum Tupperware-Konzern

Während der Konzern in Deutschland umgangssprachlich „Tupper" genannt wird, handelt es sich genau genommen um „Tupperware Brands Corporation". Dieser Großkonzern, der seit 1996 an der New York Stock Exchange notiert ist, verkauft nicht nur Kunststoffprodukte, sondern vertreibt ebenso Kosmetik und Pflegeprodukte unter den Labeln Avroy Shlain, BeautiControl, Fuller, NatureCare, Nutrimetics, Nuvo und Swissgard.[56] Der Gesamtumsatz betrug 2004 rund 1,2 Mrd. US-Dollar[57] mit weltweit 1,9 Mio. Beraterinnen und Beratern in über 100 Ländern (Tupperware Deutschland GmbH [Ed.] 2006). Für den Bereich Kunststoffprodukte für Küche, Haushalt und Wohnbereich arbeiten gut 1 Mio. Beraterinnen.[58] Aus Europa stammen laut Jahresbericht 240.639 Mitglieder („salesforce"), von denen 64.877 der Kategorie der „aktiven" Mitglieder angehören (Tupperware Corporation [Ed.] 2005: fact sheet 2). Dies entspricht einer Quote von 27%, wobei offenbleibt, was genau unter „aktiv" verstanden wird.

Die „Tupperware Deutschland GmbH" ist seit 1962 hierzulande tätig und hat je nach Quelle 60.000-70.000 Mitglieder im Außendienst.[59] Diese werden von rund 4.000 Gruppenberaterinnen[60] geführt und sind in 164 Bezirkshandlungen organisiert (Tupperware Deutschland GmbH [Ed.] 2006). Letztere sind wiederum acht Regionen zugeordnet, die jeweils von einem fest angestellten Regionaldirektor, darunter zwei Regionaldirektorinnen, betreut werden. Insgesamt sind in der Zentrale in Frankfurt/Main rund 160 Angestellte beschäftigt.[61] Aufgrund der Notierung an der New York Stock Exchange sind Angaben zum deutschen Umsatz nur bedingt erhältlich. Dem internationalen Jahresbericht lässt sich für 2003 ein Umsatz (Großhandelspreis) von 228 Mio. US-Dollar entnehmen, was rund 20% des Gesamtum-

---

[56] Quelle: http://en.wikipedia.org/wiki/Tupperware_Brands_Corporation, abgerufen am 10.11.2006.

[57] Quelle: www.shareholder.com/tupperware/index.cfm, abgerufen am 2.3.2005.

[58] Quelle: www.shareholder.com/tupperware/index.cfm, abgerufen am 2.3.2005.

[59] Die Angabe „fast 70.000 Beraterinnen" stammt von einem Vortrag des Pressesprechers TW an der Universität Mannheim im Jahr 2004. Die Zahl 60.000 stammt aus einer Pressemeldung TW (Tupperware Deutschland GmbH [Ed.] 2006). Die Variabilität der Zahl zeigt nicht unbedingt starke reale Schwankungen, sondern vielmehr das Problem, dass Mitglieder in Direktvertrieben auch Eigenbedarfler sind, ohne wirklich tätig zu werden. Die Aussagekraft von Mitgliederzahlen ist somit begrenzt (s. auch Kapitel 2). Es befinden sich schätzungsweise 1.000 Männer unter den Beraterinnen (Freiwald 2005: 4).

[60] Vortrag Pressesprecher TW an der Universität Mannheim 2004.

[61] Vortrag Pressesprecher TW an der Universität Mannheim 2004.

satzes der Tupperware Brands Corporation entspricht (Tupperware Corporation [Ed.] 2004: 27).

Die Ursprünge des Unternehmens sind in den 40er Jahren des 20. Jahrhunderts anzusiedeln. Der Chemiker Earl Silas Tupper gründete die „Tupper Plastic Company" und brachte 1946 als eines seiner ersten Produkte die „wonder bowl" auf den Markt. Da der Einsatz von Kunststoff im Haushaltsbereich unbekannt war, verkauften sich die erklärungsbedürftigen Produkte im stationären Handel nur schleppend. Einen Boom erlebte das Unternehmen erst, als die Schüsseln ab 1951 nur noch in Form von so genannten „home parties" vertrieben wurden.[62] Diese wurden damals auch bei anderen Unternehmen als Vertriebskanal eingesetzt (s. Kapitel 3.1.1). Brownie Wise, eine erfolgreiche Verkäuferin und spätere Vizepräsidentin, schnitt die Heimvorführungen auf TW zu und entwickelte Richtlinien und Ablaufpläne für das Unternehmen (Clarke 1999: 95). Heute werden laut Pressesprecher jährlich 1,5 Mio. Vorführungen mit rund 14 Mio. Gästen in Deutschland veranstaltet und 81% aller deutschen Haushalte haben mindestens ein Produkt von TW. [63]

7.2 Einstieg und Tätigkeit bei Tupperware

Die Aufnahme der Tätigkeit als TW-Beraterin in Deutschland erfolgt über die „Tupperware-Beraterin Vereinbarung". Dort ist angegeben, dass das Mitglied „selbständige Handelsvertreterin im Nebenberuf" ist und ihre Tätigkeit „im Wesentlichen frei gestalten" kann (Tupperware Deutschland GmbH [Ed.] 2005). Zentrale Bedingung ist, dass die Produkte nur in Heimvorführungen angeboten werden. Das Beraterinnen-Verhältnis kann mit einer Frist von einem Monat beendet und die „Erstausstattung" innerhalb von 6 Monaten zurückgegeben werden.

Die Erstausstattung beinhaltet dabei 18 Produkte aus der TW-Serie und zusätzliche Artikel wie Visitenkarten zum Stempeln, Kataloge, Preislisten, Bestellformulare, Ernährungsratgeber etc. sowie eine Tasche zum Transport der Produkte. Die Vorführtasche muss nicht gekauft werden, sondern wird laut unternehmensinternem Sprachgebrauch ,abgetuppert', d. h. ihr Verkaufswert von 267 Euro wird auf die ersten Provisionen angerechnet (Tupperware Deutschland GmbH [Ed.] 2005), so

---

[62]   Quelle: www.tupperware.de/unternehmen/index.html, abgerufen am 15.11.2006.
[63]   Vortrag Pressesprecher TW an der Universität Mannheim 2004.

dass erfahrungsgemäß (Angaben der Bezirkshändlerin) die Tasche nach zwei
‚Tupperpartys' der neuen Beraterin gehört.[64]

In der Vereinbarung mit TW ist nur der Verkauf der Produkte auf der Heim-
vorführung angesprochen, für den es eine Provision von 24% auf den Verkaufswert
gibt (Tupperware Deutschland GmbH [Ed.] 2005). Allerdings gehört zur Tätigkeit
der Beraterin neben der ‚Tupperparty' die Gastgeberinnen-Vorbereitung, das Ver-
schicken der Einladungen an die Gäste, das Abholen der Ware von der Bezirkshandlung sowie das Packen und Ausliefern der Produkte an die Gastgeberin. Ebenso sind der Umtausch von schadhaften Produkten, die Kundenpflege und die Ak-
quisition von Kundinnen Aufgaben, die von der Beraterin erfüllt werden sollen.
Nicht als Verpflichtung, aber als sinnvoll erachtet wird der Besuch der Wochenschulung und des monatlichen Treffens bei der Gruppenberaterin.

Wer mindestens fünf aktive Mitglieder hat, wird selbst zur Gruppenberaterin
(Tupperware Deutschland GmbH [Ed.] 2004). Deren Hauptaufgabe ist die Motivation ‚ihrer' Frauen, wobei die Wochentreffen von der Bezirkshändlerin geleitet
werden und Gruppenberaterinnen nur einmal monatlich ein Treffen für ihre Mitglieder abhalten müssen. Eine weitere typische Tätigkeit für Gruppenleiterinnen ist
beispielsweise die Weitergabe von Informationen aus der Bezirkshandlung, z. B. zu
Wettbewerben, oder auch das Bringen der Ware, wenn die Beraterin nicht selbst in
die Wochenschulung kommt. Über die exakten Aufgaben wurden in den Interviews
und Gesprächen unterschiedliche Vorstellungen geäußert und die entsprechende
„Tupperware-Gruppenberaterin Vereinbarung" (Tupperware Deutschland GmbH
[Ed.] 2004) macht nur äußerst pauschale Aussagen. Dies ermöglicht einerseits einen
gewissen Spielraum für eigene Interpretation, zeigt aber auch, dass die offiziellen
Vorgaben und die tatsächliche Aufgabenvielfalt nicht deckungsgleich sind. Dies ist
wichtig, wenn es um die Einschätzung des Verdienstes der Beraterinnen geht (s.
Kapitel 7.3): Wird nur die ‚Tupperparty' als Aufwand gerechnet, sind die Einkünfte
erheblich höher, als wenn alle Aufgaben berücksichtigt werden. Im nächsten Abschnitt werden zunächst die offiziellen materiellen Anreize präsentiert.

---

[64] Laut Geschäftsführer liegt der durchschnittliche Umsatz bei 300 Euro (Zimmermann 2005: 33), im
Rahmen der teilnehmenden Beobachtung wurde von rund 250 Euro gesprochen.

7.3 Das offizielle Provisionssystem und weitere materielle Anreize

Das Provisionssystem TW für die selbständigen Mitglieder umfasst zwei Stufen: „Beraterin" und „Gruppenberaterin" (www.tupperware.de). Obwohl alle Mitglieder weitere Personen anwerben können (und sollen), soll hier nicht von einem MLM-System gesprochen werden, wie im Unternehmensvergleich noch deutlicher werden wird (s. Unterscheidung in Kapitel 2.1). Die Führungsebene der „Bezirkshändlerin" setzt laut Angaben der Befragten ein Auswahlverfahren von Seiten des Unternehmens voraus. Die Bezirkshandlungen sind Franchisenehmer des Konzerns und können insofern nicht zum Außendienst gezählt werden. Die acht Regionaldirektoren bzw. -direktorinnen, die die Bezirkshandlungen und Beraterinnen betreuen, sind bei der Frankfurter Zentrale angesiedelt (Blaschka 1998).

Tabelle 1:   Mitglieder und Provisionsebenen bei TW

Ebene und Anzahl für D (2004)	Voraussetzung	Superprovision und weitere Anreize (unabhängig vom Wettbewerbsprogramm)	Verkaufs-spanne
Beraterin Ca. 60.000-70.000	Mitgliedschaft	Erfolgsprämien 2005 Pro 9 Wochen gibt es ab einem persönl. Umsatz von 6.000 € Zusatzprämien in Höhe von 100 € aufwärts Jahresbonus ab 36.000 € Umsatz in Höhe von 200 €-1.000 €	24% Provision auf Verkaufspreis
Gruppenberaterin Ca. 4.000	Mindestens 5 aktive Beraterinnen in der Gruppe	S. oben 3% zusätzliche Provision auf eigenen Umsatz 3% Provision auf Umsatz der Mitglieder Firmenwagen, je nach Gruppenleistung Opel Meriva, Zafira oder Mercedes C-Klasse Unfallschutzprogramm Erfolgsprämien 2005: Pro 9 Wochen gilt: Gruppenumsätze ab 18.000 € werden mit zusätzlichen Geldprämien zwischen 50 € und 500 € belohnt	
Bezirkshändlerinnen, 164, mit Franchisevertrag mit TW			

Quellen: Blaschka (1998) und www.tupperware.de/team/262.htm, abgerufen am 15.11.2006.

Aufgrund der geringen Anzahl an Ebenen ist die Provisionsübersicht (Tabelle 1) relativ einfach, wobei TW darüber hinaus eine Vielzahl zusätzlicher und parallel verlaufender Wettbewerbe anbietet. Diese sind mit Sachleistungen vom TW-Produkt bis hin zur Kurzreise verknüpft.

Gruppenberaterinnen heben sich gegenüber einfachen Beraterinnen vor allem durch den Firmenwagen und die zusätzliche Provision auf ihren eigenen Umsatz sowie auf den ihrer Gruppe ab. Wichtiges Merkmal des TW-Provisionssystems ist, dass der Status der Gruppenberaterin wieder aberkannt wird, wenn die Leistungsvorgaben über einen gewissen Zeitraum nicht erfüllt werden. Bei AW wird sich dagegen zeigen, dass ein einmal erlangter Status nach außen hin nicht mehr abgesprochen wird, obwohl das entsprechende Mitglied umgehend weniger Provisionen erhält.

7.4   Wie viel wird verdient bei Tupperware?

Auf Basis des internationalen Jahresberichtes für 2003 mit einem Umsatz (Großhandelspreis) von 228 Mio. US-Dollar für Deutschland (Tupperware Corporation [Ed.] 2004: 27) ergibt sich ein durchschnittlicher Jahresumsatz pro Beraterin von 3.257-3.800 US-Dollar im Jahr 2003 (in Großhandelspreisen). Angesichts der Verkaufsprovision von 24% (ohne Zusatzprovisionen) folgt daraus eine *durchschnittliche* Jahresprovision von ca. 1.028-1.200 US-Dollar in Deutschland, also Bruttoeinnahmen von max. 100 US-Dollar/Monat dar.

Über die Verteilung der Provisionen zwischen aktiven und passiven Mitgliedern liegen keine öffentlich zugänglichen Zahlen vor. Im Rahmen der vorliegenden Studie wurden mehrere Wochenschulungen besucht und zahlreiche Unterlagen gesichtet (s. nächster Abschnitt). Offizielle Zahlen zur durchschnittlichen Provisionshöhe etc. gab es nicht. Durch die regelmäßigen Ehrungen und Auszeichnungen wurde im Rahmen der teilnehmenden Beobachtung deutlich, dass ‚Spitzenberaterinnen' um die 3.500 Euro Umsatz in einer Woche erreichten, also 840 Euro Provision/Woche. Allerdings konnten solche Zahlen nur ein bis drei Frauen pro Woche realisieren und von den 40-70 anwesenden Frauen gelang ein solch hoher Umsatz schätzungsweise nur fünf Mitgliedern. Auch die von Unternehmensseite aus veranstalteten Wettbewerbe unterstreichen den Nebenerwerbscharakter für den Großteil der Mitglieder. Oft werden kleine Preise schon ab einem Mindestumsatz von 200 Euro/Woche vergeben, wobei höhere Leistungen entsprechend größere (Sach) Prämien nach sich ziehen.

Auch ein Einblick in die durchschnittlichen Provisionen für Gruppenberaterinnen war nicht möglich. Informationen in der Bezirkshandlung bezogen sich oft auf die ,Aktivitätsrate', also den Anteil der Mitglieder in einer Gruppe, der in einem bestimmten Zeitraum tatsächlich Umsatz erbracht hatte. Im Unterschied zu AW und MKC wird sich zeigen, dass die Superprovision für Gruppenberaterinnen mit 3% auf den Umsatz der Gruppe verhältnismäßig niedrig ausfällt. Auch wenn ein exakter Vergleich aufgrund der vielen Faktoren schwierig ist, so ist dies ein Indiz für den Fokus des Unternehmens auf den Warenverkauf. Die Rolle der Gruppenleiterin besteht somit nicht nur im Führen ihrer Mitglieder – die wöchentliche Schulung hält ohnehin die Bezirkshändlerin –, sondern nach wie vor im eigenen Verkauf von Produkten. Durch die 3% zusätzliche Provision auf den eigenen Umsatz der Gruppenberaterin wird auch ein weiterer Anreiz für die eigene Verkaufsaktivität erzeugt. Das Idealbild des ,passiven Einkommens', also der Aufbau einer eigenen Organisation, die ,von selbst' Umsatz erwirtschaftet, ist angesichts der Provisionsstruktur nicht möglich. Im Gegensatz zu AW-Mitgliedern wurde dies auch nicht von TW-Beraterinnen als Ziel propagiert.

Die für MLM-Unternehmen charakteristischen Downlines sind ebenfalls begrenzt, da nur die Gruppenberaterinnen und Bezirkshändlerinnen Provisionen für die Umsätze ihrer Mitglieder erhalten. Wenn eine ,einfache' Beraterin eine neue Frau rekrutiert, erhält sie als Belohnung einen Rekrutierungspreis, nachdem die Neue ihre Tasche ,ertuppert' hat. Diese können je nach aktuellem Wettbewerbsprogramm von einem Bademantel bis hin zur Teilnahme an einem der großen Seminare reichen. Unabhängig vom so erhaltenen Wert sind die Ansprüche der Anwerberin (nicht der Gruppenberaterin oder der Bezirkshändlerin) auf die zukünftige Leistung des neuen Mitgliedes vollständig abgegolten. Andere Unternehmen wie beispielsweise AW zeichnen sich dagegen besonders dadurch aus, dass Anwerber dauerhaft auf ihre Mitglieder Provisionen erhalten (s. Kapitel 9.3).

7.5 Die Erhebung bei Tupperware

Aufbauend auf dem Methodenkapitel sechs wird hier verdeutlicht, was die Erhebung bei TW umfasst. Dies ist ein ungewöhnlich später Zeitpunkt im Text, da auch die vorherigen Beschreibungen, Einschätzungen und Zahlen Bestandteile und Ergebnisse der empirischen Untersuchung der vorliegenden Studie darstellen. Dennoch ist es so möglich, auf Grundlagen zu TW zurückzugreifen und die Erhebung detaillierter zu erläutern.

Im Gegensatz zu AW und MKC, bei denen sich Mitglieder des Außendienstes auf Anfrage sofort bereit erklärten, die Autorin auf Schulungen mitzunehmen, Informationen weiterzugeben und weitere Interviewpartner zu vermitteln, verwiesen zwei persönlich angesprochene TW-Mitglieder umgehend auf die Unternehmenszentrale. Der Kontakt zu dieser kam über den Pressesprecher Frankfurts zustande. So wurde das eigene Vorhaben, bei dem auch ein Diplomand beteiligt war, in der Zentrale vorgestellt. Anschließend wurde vom Unternehmen eine Bezirkshandlung mit ca. 250 Beraterinnen zugewiesen, die besucht und befragt werden durfte. Sowohl die Bezirkshändlerin als auch die Frauen vor Ort standen dem Anliegen offen und hilfsbereit gegenüber. Mitglieder außerhalb dieser Bezirkshandlung oder Festangestellte durften nicht interviewt werden. Der Zeitraum der Erhebung erstreckte sich auf fünf Monate und umfasste folgende Aspekte:

-   *Wochentreffen:* Es wurden zwölf so genannte ‚Montagsmeetings' besucht, die morgens und abends angeboten werden. Anwesend waren 40-70 Mitglieder. Die Themen der eineinhalbstündigen Veranstaltungen umfassten Unternehmensinformationen, Ankündigungen zu Wettbewerben, Sonderangeboten, Produktwissen und Ehrungen. Hinzu kam die Teilnahme an zwei halbtägigen Anfängerschulungen in der Bezirkshandlung mit ca. 6-8 Teilnehmerinnen und einem Gruppenberaterinnentreffen.

-   *‚Tupperparty'/Freizeitbereich:* ‚Vorbedingung' für die Erhebung war, selbst Gastgeberin für eine ‚Tupperparty' zu sein. Darüber hinaus wurden sechs weitere ‚Tupperpartys' besucht. Ein enger persönlicher Kontakt innerhalb der Bezirkshandlung bestand unter den älteren Beraterinnen, die nach dem offiziellen Teil der Wochenschulung noch beisammensaßen, um sich auszutauschen. Hieran konnte jederzeit teilgenommen werden.

-   *Großveranstaltung:* Die Teilnahme an einem der zwei mehrtägigen Jahresseminare war von Unternehmensseite aus nicht möglich. Im Gegensatz zu AW und MKC handelt es sich bei diesen nicht um frei zugängliche und kostenpflichtige Veranstaltungen, sondern um Incentives des Unternehmens, die von nur ca. 2-3% der Mitglieder erarbeitet werden. Möglich war jedoch die Teilnahme an einem regionalen Nachwuchstag namens ‚ELFI' mit ca. 500 Mitgliedern und dem dazugehörenden Regionaldirektor.

-   *Literatur:* In der Bezirkshandlung gab es wöchentliche Flyer mit Produktideen, den Wettbewerbserfolgen und Ankündigungen. Die offiziellen Wettbewerbsbroschüren, die in jeder Bezirkshandlung ausliegen, werden auf Wunsch des

Unternehmens nicht zitiert. Die berücksichtigten Internetseiten des Unternehmens lauten www.tupperware.de und www.tupperware.com. Die Autobiographien von Earl S. Tupper oder Brownie Wise haben dagegen keine Bedeutung im Unternehmen.[65]

- *Interviews:* Insgesamt stehen zwölf eigene und neun von dem beteiligten Diplomanden gehaltene Interviews zur Verfügung, wobei zwei Mitglieder doppelt befragt wurden. Nach Ebenen aufgeteilt handelt es sich hierbei um eine Bezirkshändlerin, fünf Gruppenberaterinnen und 13 Beraterinnen. Die Tabelle 2 zeigt die Jahre der Mitgliedschaft der interviewten TW-Beraterinnen. Die Zugehörigkeitsdauer der Bezirkshändlerin wurde aus Gründen der Anonymität nicht angeführt. Die Kennzeichnung im Text erfolgt über den Status, z. B. ‚Bezirkshändlerin', und im Falle mehrerer Befragter einer Ebene durch zusätzliche Nummerierung, z. B. ‚Gruppenberaterin 2'.

Tabelle 2: Interviewpartnerinnen bei TW

Jahre der Mitgliedschaft	Anzahl und Ebene zum Zeitpunkt des Interviews	Kennzeichnung im Text
0-2	6 Beraterinnen	Beraterin 1-11
6-10	1 Beraterin, 1 Gruppenberaterin	Gruppenberaterin 1-7
11-20	3 Beraterinnen	Bezirkshändlerin
	3 Gruppenberaterinnen	
21-33	1 Beraterin, 3 Gruppenberaterinnen	
	1 Bezirkshändlerin	

Die teilnehmende Beobachtung auf den ‚Tupperpartys', aber vor allem in der Bezirkshandlung, führte zu einem freundlichen Verhältnis mit den Interviewpartnerinnen. Dadurch war es insbesondere möglich, auf konkrete Ereignisse wie erreichte oder nicht erreichte Auszeichnungen oder verschiedene Sichtweisen innerhalb der Bezirkshandlung einzugehen. Durch das diesbezügliche Nachfragen konnte ein besseres Verständnis der zentralen Aspekte der organisationalen Identität erlangt werden. Dementsprechend hat die teilnehmende Beobachtung erheblich dazu bei-

---

[65] Earl S. Tupper veröffentlichte seine Autobiographie 1958 (Clarke 1999: 186), Brownie Wise' Autobiographie im Stile eines Selbsthilfebuches und mit einem Vorwort des ‚Positiv-Denken-Gurus' namens Peale erschien 1957 (Clarke 1999).

getragen, die Kernpunkte des Selbstbildes herauszuarbeiten (s. Bedeutung der teilnehmenden Beobachtung in Kapitel sechs).
Wie erwähnt, darf auf interne Veröffentlichungen zu Wettbewerben etc. kein
Bezug genommen werden. Aussagen zu Auszeichnungen etc. werden dementsprechend allgemein formuliert bzw. ohne Quelle wiedergegeben. Ansonsten stellt die
Nichtberücksichtigung interner Flyer keine wirkliche Einschränkung dar, denn diese
haben vor allem informativen Charakter. Es handelt sich meist um Ausschreibun-
gen zu Wettbewerbspreisen, die in großer Fülle in jeder Bezirkshandlung Deutschlands erhältlich sind. Im Gegensatz zu MKC und AW werden in diesen Drucksa-
chen des Konzerns keine weltanschaulichen Inhalte vermittelt. Was hingegen
durchaus transportiert wird, ist ein bestimmtes Frauenbild: die praktische, moderne
Hausfrau, die sich über bestimmte Preise freut. Der fehlende Weltanschauungscha-
rakter, die Produktorientierung und das Provisionssystem heben TW von der
MLM-Form des Direktvertriebs ab (s. Kapitel 2.1). Der Forschungsstand in Kapitel
drei berücksichtigt nur Studien zur Kultur von MLM-Unternehmen. Dementsprechend folgt im nächsten Abschnitt ein kurzer Abriss des spezifischen Forschungsstandes zu TW.

7.6 Tupperware in der wissenschaftlichen Literatur

Das wichtigste wissenschaftliche Werk, Biggarts „Charismatic Capitalism" (1989),
wurde in Kapitel 3.1.1 dargestellt. Dort wird, wie erwähnt, nicht zwischen den verschiedenen Unternehmen und deren Identität unterschieden, zumal übergreifende
Aspekte wie die geschichtliche Entwicklung des DV, die charismatische Führung,
die Erwerbstätigkeit von Frauen und die Bedeutung der Selbständigkeit untersucht
werden. Somit erscheint bei Biggart (1989) TW als ein ebenso ‚charismatisches
Unternehmen' wie AW oder MKC – eine Einschätzung, die sich in der vorliegenden Studie für Deutschland nicht bestätigt hat.
Infolgedessen wird hier auf den spezifischen Forschungsstand zur Kultur dieses DV
eingegangen. Als bekanntes Unternehmen in Deutschland wird über TW immer
wieder in der (Fach)Presse berichtet. Das Spektrum der Stimmen in den populären
Medien reicht von lobend bis kritisch. Positiv wird hervorgehoben, dass Mütter so
einen Zusatzverdienst bei freier Zeiteinteilung haben können oder die Produkte
altbekannt sind (Reidel 1998; Trabert 2005; Zimmermann 2005). Kritisch wird
dagegen bewertet, dass Beraterinnen ihren Bekanntenkreis ‚abgrasen' und die An-

reizstrukturen bedenklich sind, z. B. weil Großveranstaltungen von Euphorie, ‚Bravo-Rufen' und viel Beifall geprägt sind (Driesen 2002; Freiwald 2005).

Eine wissenschaftliche Auseinandersetzung mit TW bietet Clarke (1999) mit ihrem Werk „Tupperware. The Promise of Plastics in 1950s America". In dieser Kulturgeschichte werden die historischen Wurzeln des Provisionsplans sowie der ‚Tupperparty' analysiert. Sie liegen in den 20er Jahren des 20. Jahrhunderts in den USA. Diese Zeit ist laut Clarke von aufkommender Selbsthilfeliteratur, quasireligiösen Elementen und positivem Denken durchzogen (Clarke 1999: 90-92). Die von Brownie Wise, Vizepräsidentin von TW in den Jahren 1951-1958, geprägte ‚Tupperparty' und das von ihr ausgearbeitete interne Provisions- und Belohnungssystem greift auf diese Elemente zurück: „Popular psychology, positive thinking, and therapeutic self-help advice formed the crux of the Tupperware ethos, pervaded literature and sales rallies, and fed directly into the instructions of sales manuals (...) Consequently women (...) should express 'sparksmanship', a Tupperware term used to describe the verve of an effective sales transaction" (Clarke 1999: 149).

Diese „sparksmanship" stellte laut Clarke (1999: 149) einen wichtigen Erfolgsfaktor für das Unternehmen und die Popularität von ‚Tupperpartys' in den 50er Jahren dar. Clarke führt aber auch weitere Gründe für den Aufstieg des Unternehmens an: So waren „home parties" für sozial niedrige Schichten im Allgemeinen und für Frauen im Besonderen eine zusätzliche Einnahmequelle (Clarke 1999: 94). Zudem unterstützte die Verbreitung von Kühlschränken sowie die insgesamt wachsenden Konsumbedürfnisse den Umsatzerfolg der TW-Produkte (Clarke 1999: 85). Ein besonders wichtiger Aspekt ist laut Clarke allerdings die Aufwertung des Haushaltes durch TW: Alltägliche Belange der Hausfrau, wie das richtige Aufbewahren von Lebensmitteln, wurden auf ‚Tupperpartys' zu „öffentlichen" Themen (Clarke 1999: 5). So wurde die Hausfrau zur „wissenden Konsumentin", um deren Kaufentscheidung sich ein Unternehmen erstmals aktiv und würdigend bemühte (Clarke 1999: 85).

In diesem geschichtlichen Kontext bewertet Clarke (1999) TW durchaus als Förderer der Frauenemanzipation. Das Unternehmen ermöglichte es den weiblichen Gästen der ‚Tupperpartys', sich außer Haus zu Freizeitaktivitäten zu treffen. Die Beraterinnen konnten also eigenes Geld (dazu) verdienen, während darüber hinaus alle (Haus)Frauen durch die öffentliche Aufmerksamkeit auf Haushaltsthemen profitierten. Als letzter Aspekt lässt sich der Vorbildcharakter von Brownie Wise in den 50er Jahren als Vizepräsidentin des Unternehmens hervorheben: Wise war kein ‚braves Hausmütterchen', sondern eine äußerst schillernde Figur an der

Spitze der Organisation und wurde als erste Frau überhaupt auf dem Cover der
Business Week abgebildet (Clarke 1999: 128; s. auch Biggart 1989: 91-97).

Die in einer Reutlinger Bezirkshandlung entstandene volkskundliche (veröffentlichte) Magisterarbeit[66] von Blaschka (1998) teilt diesen emanzipationsfördern-
den Charakter von TW nicht in vollem Umfang, vermutlich vor allem, weil sie sich
auf die 90er Jahre in Deutschland und nicht die 50er Jahre in den USA bezieht. Den
Reiz der ‚Tupperparty' sieht auch Blaschka in der Aufwertung des Status von Hausfrauen (Blaschka 1998: 104). Die Möglichkeit für Mütter, sich etwas dazuzuverdie-
nen, gibt diesen einerseits selbstverdientes Geld an die Hand und macht sie unab-
hängiger. Mütter, die durch die Erziehungszeit ans Haus gebunden sind, können
hier (neues) Selbstbewusstsein erlangen. Andererseits ist die Höhe des Verdienstes
oft gering und aufgrund der Selbständigkeit sind die Frauen nicht abgesichert. Dies
bedeutet, dass die Tätigkeit als TW-Beraterin flexibel genug ist, um mit familiären
Anforderungen vereinbar zu sein, gleichzeitig aber auch „keinen angestammten
Bereich der Männer stört und somit von ihnen geduldet werden kann" (Blaschka
1998: 11). Ein ‚Zu-Verdienst' bedeutet immer auch, dass es einen ‚Haupt-Verdienst'
geben muss. Insofern wird hier die klassische Rollenverteilung, zu der ein männli-
cher Ernährer gehört, zementiert statt verändert.

Da die meisten TW-Mitglieder Mütter sind, sind ihnen Familienstrukturen
auch in ihrer aktuellen Lebenssituation wohl bekannt. Laut Blaschka ermöglicht die
direkte Bezugnahme auf die Tupper-‚Familie' von Unternehmensseite aus, dass den
Frauen ihre Umgebung vertraut erscheint und keine beängstigenden Neuerungen
darstellt (Blaschka 1998: 185). Gleichzeitig verdecken derartige Label (s. Alves-
son/Willmott 2002), in welch hohem Maße das Wirtschaftsunternehmen Einfluss
nimmt: Der Ablauf der ‚Party', die Wettbewerbe, die Wettbewerbspreise, die Pro-
duktpreise sowie die Sonderangebote sind vorgegeben und zeigen laut Blaschka
(1998) eine klare Verkaufsorientierung. „Harmlose Bezeichnungen, wie zum Beispiel Tupperparty oder ‚Tupperfamilie' stehen vor einem großen, weltweiten Konzern, dessen Management auf Umsatzsteigerung und Expansion ausgerichtet ist"
(Blaschka 1998: 9).

Blaschkas Studie „Tupperware als Lebensform" hat als Ziel, „Tupperware als
Produkt-, Vertriebs- und Lebensform von verschiedenen Seiten zu beleuchten"
(Blaschka 1998: 11). Ihre Arbeit gibt Einblick in und Erklärungen für eine große
Anzahl von Aspekten. Im Vergleich zur vorliegenden Untersuchung fällt auf, dass

---

[66] Nach Angaben des Pressesprechers werden jedes Jahr mehrere Abschlussarbeiten über das Unternehmen geschrieben, die jedoch nach Wissen der Autorin nicht veröffentlicht wurden.

Blaschka Elemente des positiven Denkens in der Reutlinger Bezirkshandlung findet, in der im Wochenmeeting „auch Sätze von Dale Carnegie eingestreut, seine Lehren vom ‚Positiven Denken' als der Schlüssel zum Erfolg immer wieder zitiert" werden (Blaschka 1998: 37). Auch ihre Charakterisierung der Meetings, die „an einen Lobpreisgottesdienst nach amerikanischem Muster" inklusive der „Aussendung zur Missionierung" erinnern (Blaschka 1998: 38), ist eine interessante Beobachtung und entspricht durchaus den historischen Ursprüngen von TW in den USA der 40er und 50er Jahre (Clarke 1999) oder auch aktuellen Einschätzungen für die USA (Biggart 1989; Bromley 1995, 1998), aber nicht den Ergebnissen der vorliegenden Arbeit.

In der hier vorliegenden Studie ließen sich solche charismatischen oder auch quasireligiösen Bezüge *nicht* finden. Erklärungen für die unterschiedlichen Einschätzungen wurden im Gespräch zwischen Blaschka und der Autorin der vorliegenden Studie gesucht und lassen sich auf folgenden Nenner bringen: *Strukturell* vermittelt TW, z. B. in Form von offiziellen Veröffentlichungen, keine quasi-religiösen Werte. Aspekte des positiven Denkens in der Reutlinger Bezirkshandlung wurden vor allem von *einer Gruppenberaterin* ins Spiel gebracht und innerhalb ihrer Gruppe immer wieder thematisiert. Des Weiteren wurde im Gespräch deutlich, dass durch den Vergleich zu den ‚charismatischeren' Unternehmen AW und MKC, die Veranstaltungen TW trotz Beifall, Jubeln und Auszeichnungen in einem anderen Licht erscheinen. Allerdings soll nochmals erwähnt werden, dass die hier untersuchte Bezirkshandlung vom Unternehmen ausgewählt und zugewiesen wurde.

Hinsichtlich des zu TW bestehenden Forschungsstandes lässt sich abschließend festhalten, dass weitere wissenschaftliche Auseinandersetzungen mit dem Unternehmen nichts zu organisationskulturellen Aspekten beitragen können. Sie beschränken sich entweder auf die Schilderung des (Vertriebs)Systems (Köhler 1988; Köhler/Birkhofer 1999; Schmalen/Nels 1991) oder auf die Darstellung der Unternehmensstrategie (Kotler/Armstrong 1988). Im Unterschied zu solchen Angaben wird im nächsten Kapitel verdeutlicht, was den spezifischen, dauerhaften Kern der organisationalen Identität TW kennzeichnet (Albert/Whetten 1985: 292).

7.7 Tupperware – ‚Nebenerwerb mit Spaßfaktor'?

Das vorliegende Kapitel basiert auf der eigenen Erhebung der Autorin und nimmt dabei Bezug auf die soeben vorgestellte (wissenschaftliche) Literatur über TW Deutschland. Im Vergleich zu ‚normalen Organisationen' hat TW eine außergewöhnliche Kultur, die gelegentlich auch Euphorie auf unternehmensinternen E-vents zulässt: „Die Halle bebt. 450 Frauen stehen klatschend und johlend vor ihren Stühlen" – So schildert die taz ein regionales Treffen (Freiwald 2005). Im direkten Vergleich mit AW und MKC relativiert sich dieses Bild, da bei TW trotz solcher gelegentlichen Events das Produkt im Mittelpunkt steht. Wie in Kapitel 6.4 erläutert, liegt der Schwerpunkt der vorliegenden Arbeit auf den Unternehmen MKC und AW. Dementsprechend werden im Folgenden zentrale Aspekte der Tätigkeit und des Selbstverständnisses in kurzer Form gemeinsam vorgestellt – während bei MKC und AW die verschiedenen Ebenen wie die interne Sichtweise und ihre Grenzen, Begriffsdefinitionen und identitätsstiftende Mechanismen getrennt beschrieben und tiefergehend analysiert werden (s. Analyseschema Kapitel 5.3).

7.7.1   Der Einstieg als Beraterin

Mit TW verbinden viele seiner Mitglieder vor allem ein bekanntes Produkt, das sie ohnehin im Haushalt benutzen. Insofern gilt es als einfach weiterzuempfehlen, es sei denn der Preis erscheint auch der Beraterin zu hoch: „Also (...) [der ‚Quick-Chef'] ist ein klasse Produkt, keine Frage, aber mir war es nie das Geld wert! Und denen kann ich das dann auch nicht aufschwätzen" (Beraterin 7). Vor der Tätigkeit als Beraterin sind die meisten Frauen schon Gastgeberin von ‚Tupperpartys'. Sie beginnen häufig als TW-Beraterin, wenn sie aufgrund kleiner Kinder ihren bisherigen Beruf aufgeben müssen, weil sie diesen zu schlecht mit der Familientätigkeit vereinbaren können. Vor diesem gesellschaftlichen Kontext präsentiert sich TW als geeignete berufliche Alternative für Frauen (und vor allem Mütter) – dies sind laut Alvesson/Willmott (2002: 631 f.; Pratt/Rosa 2003) – identitätsstiftende Mechanismen, die sich auch bei anderen DV finden lassen.

Ziel des ‚Tupperns' ist weder das große Geld noch die Verwirklichung besonderer Werte, sondern schlicht ein Zuverdienst – im Gegensatz zu AW, wo die ‚völlige Freiheit' propagiert wird (s. Kapitel 9.7.1). Die Bekanntheit der Produkte und der ‚Tupperparty' in Kombination mit den Problemen von Müttern auf dem Arbeitsmarkt sind die wichtigsten Gründe für die Aufnahme der Tätigkeit (s. auch

Blaschka 1998). Der eigentliche Einstieg erfolgt meist durch die persönlich bekannte TW-Beraterin: „Ich war ganz klassisch Gastgeberin auf einer Party und die Tupperberaterin hat mich gefragt, ob ich Lust hätte, mal zu gucken in der Bezirkshandlung, und hat mich dann festgenagelt (Lachen)" (Beraterin 2). Frauen, die sich gezielt an die Bezirkshandlung wenden und sich somit ‚selbst rekrutieren', stellen dagegen wie bei MKC und AW die Ausnahme dar (s. Kapitel 8 und 9).

7.7.2 Bekanntheit des Unternehmens und der ‚Tupperparty'

Dadurch dass die meisten Neulinge das Kernstück der Tätigkeit – die ‚Tupperparty' – kennen, ist der Einstieg keine so große Hürde wie bei unbekannteren Unternehmen (Blaschka 1998: 185). Besonders wichtig ist – ebenfalls eine Abgrenzung gegenüber anderen Wirtschaftsunternehmen –, dass es sich nicht um eine ‚Klinkenputzertätigkeit' handelt: „Ich bin skeptisch, wenn jemand an die Haustür kommt und will mir was verkaufen, und genauso wenig könnte ich an die Haustür gehen und fremden Leute was verkaufen" (Beraterin 1). ‚Verkaufen' hat in Deutschland ohnehin einen schlechten Ruf (Bergmann 2006; s. auch international Oksanen-Ylikoski 2006) und so verwundert es nicht, dass der frühere Geschäftsführer Adelmann öffentlich betont, dass es sich bei seinen Mitgliedern um „Beraterinnen" handelt: „‚Unsere Beraterinnen werden am Produkt geschult und nicht in Verkaufstechniken', betont er; ‚das ist ein absolutes Tabu'" (Anonymous 1998: 42). Dieses Label ‚Beraterin' (Alvesson/Willmott 2002: 629; s. auch Czarniawska-Joerges/Joerges 1988) verharmlost, um sich Blaschkas Analyse anzuschließen, das finanzielle Interesse des Unternehmens am Umsatz (Blaschka 1998: 105). Dies ist keineswegs TW-spezifisch, denn auch Biggart (1989) hält für alle fünf von ihr untersuchten Organisationen fest, dass statt ‚verkaufen' alternative Bezeichnungen gewählt werden (s. Kapitel 3.1.1). Bei MKC wird ebenfalls von ‚beraten' gesprochen (s. Kapitel 8.7), während bei AW der Produktverkauf an Endkunden weniger wichtig ist. Zentral ist das Bewerben der Mitgliedschaft, das ‚sponsern' (= fördern) genannt wird (s. Kapitel 9.7).

Innerhalb des Unternehmens TW wurde die Bezeichnung ‚Beraterin' keineswegs kritisiert, denn sie entspricht dem Selbstbild einer guten ‚Tupperparty': Die Beraterin vermittelt Wissen im Umgang mit den Produkten, zeigt Haushaltstricks und Rezepte etc. Kritisch angemerkt wurde hinsichtlich der – so nicht benannten – Verkaufsorientierung lediglich, dass diese laut der Befragten im Vergleich zu früher zu sehr an Gewicht gewonnen hat: Früher, „also das waren (...) Menschen. Und da

war man nicht nur eine Nummer und nicht nur eine Zahl! (...) Die Grundstruktur
hat sich geändert (...) Sie wollen halt nur Zahlen und, nach Möglichkeit, immer
mehr!" (Gruppenberaterin 2).

Trotz der hohen Markenbekanntheit ist das Image der ‚Tuppertante' nicht nur
positiv, sondern hat „dieses Hausfrauenimage. Das ist einfach nicht cool. Tupperberaterin zu sein ist nicht cool!" (Beraterin 2) – wie eine der wenigen akademisch
gebildeten Beraterinnen anmerkt.[67] Das bedeutet, dass obwohl TW im Gegensatz
zu AW nicht mit einem umstrittenen Ruf zu kämpfen hat, der Tätigkeit eine Art
‚Hausmütterchenimage' anhaftet. So erzählt eine Beraterin von einer ‚Tupperparty',
in der sie für einen ausländischen Gast Erklärungen auf Englisch übersetzte: „Und
der Ehemann von der Gastgeberin, der sagte dann hinterher zu mir: ‚Ich wusste gar
nicht, dass TW-Beraterinnen so clever sind'" (Beraterin 1, s. auch Driesen 2002).

In Anzeigen des Unternehmens TW wird hier nach außen hin versucht,
Imagepolitur zu betreiben, also Gegenbilder zu etablieren. So werden in der Werbung beispielsweise junge Menschen gezeigt, die freudig und lachend gemeinsam
etwas in einer Küche zubereiten (s. auch Zimmermann 2005). Auch auf der Internetseite des Unternehmens finden sich ‚Erfahrungsberichte'. In einer erzählt eine
junge Kosmetikerin in Ausbildung von ihrer Nebentätigkeit Folgendes: „[U]nd
einige coole Leute habe ich dabei auch schon kennen gelernt. Mit denen mach' ich
auch Party – mach' doch mit."[68] Intern sprachen die meisten der befragten älteren
Beraterinnen von dieser Ausrichtung des Unternehmens mit Bedauern: „Ich finde
halt auch, dass man für die Älteren nicht mehr so viel macht. Man ist immer auf die
Jungen fixiert" (Beraterin 4). Was aktuell zu zählen scheint, ist ein jugendliches
Image statt der Umsatzleistung, bei der gemäß der teilnehmenden Beobachtung in
der untersuchten Bezirkshandlung viele der ‚Alten' die meisten ‚Jungen' durchaus
hinter sich gelassen haben.

7.7.3   Tätigkeit als Nebenerwerb

Ein wichtiger Aspekt, der offiziell, aber auch informell sehr oft und wesentlich
häufiger als bei MKC oder AW thematisiert wird, ist die Höhe des Verdienstes und
die Frage, ob sich für diesen der Einsatz wirklich lohnt. Während ein Teil der Mitglieder von den finanziellen Möglichkeiten begeistert ist und sich sozusagen noch

---

[67]   Auf dem regionalen ‚ELFI-Treffen' wurde gefragt, wer einen akademischen Abschluss hat. Dies
       waren nach Schätzung der Autorin ca. 2-5% der anwesenden Teilnehmerinnen.

[68]   Quelle: www.tupperware.de/team/35.html, abgerufen am 3.11.2006.

für die spaßmachende ‚Freizeit' bezahlt fühlt, sehen andere die Entlohnung als mager an. „Gib' der Hausfrau ein bisschen (...) Ich gebe der Hausfrau ein bisschen was, dann hat sie ein bisschen was verdient! (Lachen)" (Beraterin 3). Die vom Regionaldirektor aufgestellte Rechnung der Nachwuchsveranstaltung ‚ELFI' macht deutlich, was sich auch in der Bezirkshandlung und im Gespräch mit Beraterinnen zeigte: Ein zweistelliger Bruttostundenlohn kommt meist nur zustande, wenn allein die Zeit für die ‚Party' berechnet wird und nicht die anderen Tätigkeiten. Diese Sichtweise lässt sich als „rule of the game" (Alvesson/Willmott 2002: 631) interpretieren und wird auch von einigen Beraterinnen geteilt: „Das darf man nicht rechnen. Den Zeitaufwand, den man da einbringt (...), weil man doch manchmal viel schwätzen muss, bis man zu einer Party kommt überhaupt oder bis man eine neue Beraterin wirbt" (Beraterin 11). Die zusätzlichen Aufwendungen für Benzin, Gastgeberinnen- und Gästegeschenke sowie für Kranken-, Renten- oder Arbeitslosenversicherung wurden im Rahmen der beobachteten Veranstaltungen ebenso wenig thematisiert – jedoch durchaus im Rahmen der Interviews: „Und was die dann vorne halt bringen: die Provision, ist alles nur brutto, das ist kein netto. Das ist irgendwo eine Augenwischerei meines Erachtens. Das ist eine Augenwischerei!" (Beraterin 3).

So bestätigen sich Beobachtungen aus dem bisherigen Forschungsstand (Biggart 1989: 91-97; Blaschka 1998: 41-46): Finanziell gesehen ist die Tätigkeit besonders für verheiratete Frauen bei geschlechtsspezifischer Arbeitsteilung interessant. Was diese Frauenberufstätigkeit für die meisten Mitglieder bieten kann, ist ein Zuverdienst, Abwechslung und mehr Selbstbewusstsein. Das entsprechende (Frauen)Bild spiegelt sich beispielsweise in der folgenden Aussage des Regionaldirektors wider: Er wies in einer Veranstaltung darauf hin, dass der Zusatzbonus für neun (!) gute Wochen von 100 (!) Euro vom Unternehmen aus für die Rente gedacht sei – „das haben wir so geplant". Aber, „Sie können natürlich auch davon Schuhe kaufen oder nach Mallorca fliegen" (sinngemäße Wiedergabe).

7.7.4 Anerkennung

Obwohl im Rahmen der vorliegenden Erhebung deutlich wurde, dass der Verdienst im Vergleich zu MKC von den TW-Beraterinnen häufig thematisiert wird, propagiert das Unternehmen die Vorstellung, dass Anerkennung für (Haus)Frauen genauso wichtig oder sogar noch wichtiger ist als Geld. So schreibt Tietz in seiner Fallstudie zum Unternehmen einleitend: „TW geht davon aus, dass jede Form der persönlichen Anerkennung als Motivation für die Einsatzbereitschaft von Vertriebsrepräsentanten im Nebenberuf weit wichtiger ist als die Höhe der Provision" (Tietz 1993: 419 f.).

Anerkennung gibt es in vielen Formen (s. zu Auszeichnungen als Anreize bspw. Frey/Neckermann 2006). So findet in der Bezirkshandlung regelmäßig ein so genannter ‚Umsatz-Spell-down‘ statt. Alle Frauen, die in der Vorwoche verkauft haben, erheben sich von den Plätzen. Dann wird der Umsatz in 100-Euro-Schritten hochgezählt und die Mitglieder mit der entsprechenden Verkaufshöhe kommen nach vorne auf die Bühne. Dort erhalten sie eine kleine Aufmerksamkeit wie die so genannten ‚Küchenhelfer‘ (Messlöffel etc.) und nehmen anschließend wieder im Saal Platz. Die besten drei Beraterinnen dürfen ihren Vorwochenverkauf und die Anzahl der ‚Tupperpartys‘ nennen, bekommen ebenfalls eine Kleinigkeit geschenkt und erhalten Beifall. „Das ist was ganz Tolles, ja (...) Das ist schon was Schönes! Also die Anerkennung, okay, man bekommt sie zu Hause nicht. Es sagt keiner: ‚Super Mama, du kannst ja mit dem Staublappen im Mund noch Staub saugen, kannst noch spülen und telefonierst noch!‘ Wer sagt das? Kein Mensch sagt das!" (Gruppenberaterin 3). Durch die Auszeichnungen und das Lob verbinden (erfolg-reiche) Mitglieder schöne Erlebnisse mit der Wochenschulung – und dadurch mit dem Unternehmen. Hinzu kommt, dass sich auch die Atmosphäre in der Bezirks-handlung von vielen Organisationen unterscheidet: Es gibt während der Ehrungen Stimmungsmusik, die Bezirkshändlerin ist freundlich zu allen, der Raum ist immer saisongemäß geschmückt (Osterdekoration etc.). Dabei werden Einzelpersonen nie direkt kritisiert, sondern immer nur gelobt. Dennoch wird so indirekt sichtbar, wer nicht gut ist: Wer nicht zum Umsatz-Spell-down aufstehen zu braucht und wer gleich wieder sitzt, ist keine gute Beraterin – ein Mechanismus, um (Leistungs)Hierarchie zu zeigen, obwohl formal keine Hierarchie besteht (s. „hierar-chical location" in Alvesson/Willmott 2002: 631; s. auch Blaschka 1998: 38). Dies gilt auch für Gruppenberaterinnen, denn trotz fehlender Weisungsbefugnis verdeut-lichen organisationale Symbole wie das Firmenfahrzeug von TW den hohen und höheren Status dieser Mitglieder (Gagliardi 1990).

Die Auszeichnungen sind zum einen selbst Mechanismen der Identitätsstif-tung, die verdeutlichen, was erwünscht und was nicht erwünscht ist, und stärken zum anderen gemäß Unternehmensideal das Selbstbewusstsein der Beraterinnen: Bei TW bekommt ‚Frau‘ etwas, was sie zu Hause nicht hat – auch dies ist eine iden-titätsfördernde Verortung in einem als anerkennungsarm definierten Kontext aus nicht-lobenden Ehemännern bzw. unzufriedenen Chefs (Alvesson/Willmott 2002: 631 f.). Dass dies vor allem für bestimmte soziale Schichten und erneut bei klassi-scher Rollenaufteilung attraktiv erscheint, zeigt das Zitat einer Beraterin mit FH-

Abschluss, die vor ihrer Mutterschaft einer beruflich formal qualifizierten Tätigkeit nachging und sich weder über das ‚Tuppern' noch über ihre Fähigkeiten als Hausfrau definiert: „Ich sag ja, ich würde ihm [meinem Mann] eins hinter die Ohren geben, wenn er sagen würde: ‚Schatz, du hast die Fenster heute aber schön geputzt.' (Lachen) Ich glaube, da würde ich auf die Palme gehen! (Lachen)" (Beraterin 2). In den Augen dieser Frau sind Haushaltstätigkeiten keine wünschenswerte Identitätsstiftung („defining the person directly" in Alvesson/Willmott 2002: 629), während andere Beraterinnen unter dem mangelnden Lob zu Hause leiden.

7.7.5 Vorbilder und Führungskräfte

Innerhalb des Außendienstes gibt es neben dem ‚einfachen' Mitglied auch den Status der Gruppenberaterin, der auf der materiellen Ebene einen Firmenwagen beinhaltet und auf der ideellen eine Vorbildfunktion (Alvesson/Willmott 2002: 629). Allerdings erstreckt sich die Autorität der Erfolgreichen keineswegs auf Lebensweisheiten, Charakterfragen oder persönliche Berichte – wie sich bei MKC und AW zeigen wird. Stattdessen stellen Erfolgreiche beispielsweise neue Produkte vor, bewerben das Rekrutieren oder geben einen kurzen Bericht über eine Incentive-Reise. Das Auftreten der Vorbilder dient nicht nur der genannten indirekten Hierarchie, sondern vermittelt auch die angemessenen Handlungsmotive: das Qualitätsprodukt, die Umsatzleistung und die Anerkennung durch das Unternehmen. Die Art und Weise, wie Werte vermittelt werden, „how motives are provided" (Alvesson/Willmott 2002: 629), unterscheidet sich nicht von AW und MKC: Vorbilder, Auszeichnungen, Beifall, Musik usw. sind feste Bestandteile der Wochenschulung in allen drei Unternehmen. Die Inhalte sind jedoch verschieden. Bei TW dreht es sich ‚nur' um Spaß, Anerkennung und ein durch die Selbständigkeit gesteigertes Selbstbewusstsein. ‚Freiheit' (bei AW), ‚das Leben von Frauen bereichern' (bei MKC) oder auch die von Blaschka angeführte Lebenseinstellung des positiven Denkens (Blaschka 1998: 37) sowie der Bezug zu religiösen Themen wären in der hier untersuchten Bezirkshandlung deplaziert gewesen.

Zu dieser Feststellung passt auch, dass der Status von Führungskräften bei TW nicht uneingeschränkt als erstrebenswert gilt, während diese Positionen bei MKC und vor allem bei AW uneingeschränkt positiv besetzt sind. Obwohl Gruppenberaterinnen als Vorbilder fungieren, wird bei TW durchaus über die Kehrseiten des Gruppenberaterinnen-Status gesprochen. Zu diesen gehören erneut die Frage der (un)angemessenen Entlohnung, die Schwierigkeit, die selbständigen Mitglieder

motivieren zu können, sowie der reale und emotionale Druck, der bei fehlender
Leistung entsteht. In diesem Sinne beschreibt eine Gruppenberaterin, wie sie sich
fühlt, wenn sie bei den großen Ehrungen nicht dabei ist: „Ja, es ist schon so ein
bisschen: ‚Duck dich oder geh' auf die Toilette.' Ja, es ist komischerweise, obwohl
ich es ja weiß (...) aber es ist immer so ein bisschen: Besser wäre es doch, man wäre
dabei" (Gruppenberaterin 5).

7.7.6 Spaßfaktor und Hobbycharakter

Neben dem in seiner Höhe umstrittenen Verdienst und der Anerkennung wird der
Spaß und die Abwechslung gegenüber dem (Hausfrauen)Alltag als wichtiger Grund
angesehen, warum der Tätigkeit nachgegangen wird. Die ‚Party' ist hierbei das
Schönste an der Tätigkeit, wobei ‚Party' wie ‚Beraterin' ein Label ist, das den Verkauf verschleiert (Blaschka 1998: 79; Clarke 1999: 84). Ein weiteres Label ist das der
‚Freizeit', denn eine ‚Party' geben, bedeutet in der Unternehmenssprache keine harte
Arbeit oder womöglich überhaupt keine Arbeit: „Und dadurch, dass es mir Spaß
gemacht hat, richtigen Spaß gemacht hat, die Abende nie als Stress zu empfinden
waren, sondern das war nur Party, es war Party. Ja, andere geben Geld aus, um ein
bisschen Spaß zu haben und ich habe Geld verdient und hatte Spaß" (Gruppenberaterin 3). Als weiterer Vorteil wird im Vergleich zum ‚normalen' Angestelltenverhältnis die freie Zeiteinteilung gesehen und die fehlende formale Leistungsverpflich-
tung von ‚einfachen' Beraterinnen. „Du hast einfach nicht so das Gefühl zu arbeiten, wie du es bei einem anderen Job tust, oder wie es, ja, ich war ja im Außendienst
früher auch. Und wenn ich da die Kunden besucht habe, das war wirklich Arbeit
(...) und das hast du hier nicht" (Beraterin 2). Dementsprechend ‚lohnt' sich die
Tätigkeit in den Augen mancher Mitglieder nicht unbedingt finanziell, sondern
gleicht einem Hobby, das Abwechslung, Spaß und neue Bekanntschaften bringt –
eine Sichtweise, die in der Werbung des Unternehmens (bspw. auf der Internetseite)
deutlich wird, in den genannten Labeln zum Ausdruck kommt und durch die unter-
haltsame Atmosphäre bei Wochentreffen und Jahresseminaren mit Ehrungen und
Unterhaltungsprogramm gefördert wird.

7.7.7 Gründe für eine Beendigung der Tätigkeit

TW hat wie jeder DV eine hohe Mitgliederfluktuation: Die befragte Bezirkshändlerin geht davon aus, dass bei 250 Beraterinnen in der Bezirkshandlung jedes Jahr 400-500 rekrutiert werden müssen, um den ‚Bestand' zu erhalten.[69] Als Gründe für den Ausstieg werden in den Interviews wie den informellen Gesprächen Kontextfaktoren sowie persönliche Merkmale und Fähigkeiten genannt. Zu Ersteren gehören wie bei MKC die Ehemänner, die mit dem neuen Selbstbewusstsein ihrer (Haus)Frau nicht umgehen können: „[D]as vertragen dann die Männer nicht. Wenn die Frau nach sechs, acht Wochen: ‚So (klopft auf den Tisch): Und du bringst heute Abend das Kind ins Bett. Ich muss tuppern!' Und früher: ‚Schön, dass du da bist, Schatz. Hier sind deine Hausschuhe, hier ist dein Abendessen, Kinder bring ich auch ins Bett'" (Bezirkshändlerin). Hinzu kommen strukturelle Gründe wie ein zu geringer Verdienst oder die Aufnahme einer Festanstellung nach der Erziehungspause.

Der wichtigste Punkt, der die Beraterin selbst betrifft, ist nach weitverbreiteter Meinung die mangelnde Einsatzbereitschaft: „Ich sehe, die Gründe sind, weil sie, [auf] gut Deutsch, zu faul sind!" (Gruppenberaterin 2). Hinzu kommt laut erfolgreichen Frauen eine falsche Haltung gegenüber den Kundinnen „so nach dem Motto: ‚Jetzt bestellt mal was, ich brauche Geld!'" (Beraterin 5). Auch zu legere Kleidung oder die fehlende Bereitschaft, neue Kundinnen zu akquirieren, werden angeführt.

Wie in anderen Unternehmen wird zur Bestimmung der eigenen Identität die Abgrenzung zu Nicht-Mitgliedern genutzt (Alvesson/Willmott 2002: 629). Die Inhalte der Selbst- und Fremddefinitionen sind allerdings bei TW längst nicht so weitreichend wie bei MKC und AW: Faulheit ist dem Erfolg abkömmlich, aber ein ‚großes Herz' (MKC) ist keineswegs notwendig (s. Kapitel 8.7). Unfreundliches oder äußerlich ungepflegtes Auftreten ist ungeeignet im Dienstleistungsbereich, aber die ‚richtige Einstellung' bezieht sich nicht auf eine umfassende Lebensphilosophie oder eine bestimmte mentale Einstellung, die bei AW als zentral für den Erfolg gilt (s. Kapitel 9.7).

---

[69] Exakte Zahlen werden, wie in anderen Unternehmen, nicht veröffentlicht. Nach Aussagen des Pressesprechers bleiben ca. 50% länger als ein Jahr (Vortrag Pressesprecher TW an der Universität Mannheim 2004).

7.7.8 ‚Tupperkulose'?

Die bisherigen Erläuterungen zeigen ein Unternehmen, das Müttern einen Nebenverdienst bietet, der Spaß macht, Abwechslung bietet und Anerkennung ermöglicht,
wobei letztere aufgrund der umstrittenen Provisionshöhe für einen erheblichen Teil
der Mitglieder wohl immaterieller Natur ist. Wie sich im Vergleich zu MKC und
AW zeigen wird, ist die Distanz zum Unternehmen größer und das Verhältnis sach-
licher, obwohl Einzelne auch hier eine große Begeisterung für die Wirtschaftsorga-
nisation und ihre Produkte aufweisen. Die unternehmensinterne scherzhafte Bezeichnung hierfür ist ‚Tupperkulose'. Vor allem ältere Beraterinnen, die mehr als
zwei Jahrzehnte mit dem Unternehmen verbunden sind, gelten bei jüngeren als
„harter Kern" oder als „Hardcore-Tupperberaterinnen" (Beraterin 12). Aber auch
junge Frauen können sich stark für das Unternehmen begeistern und über Altersstufen hinweg scheinen die Gefühle, die bei den Ehrungen auf den großen Seminaren entstehen, für manche einmalig: „Wenn man das aber mal erlebt hat, wenn da
so Tausende von Beraterinnen da vorne stehen und halten dann die Rose hoch und
der Saal ist halt dunkel und erleuchtet dann – also die werden angestrahlt – und
wenn dann die Beste durch so einen ganz großen Ring, wenn die dann da durch
geht, also das ist schon, das kann man gar nicht beschreiben!" (Beraterin 10). Ehrungen auf Großveranstaltungen werden hier zu Events stilisiert (Willems 2000), bei
denen laut Erzählungen aber durchaus die Produkte und die Verkaufsleistung im
Vordergrund stehen, während bei AW das Auftreten der Erfolgreichen im Mittelpunkt steht (s. Kapitel 9.7).

Doch auch die Großveranstaltungen bei TW mit ihrer besonderen Stimmung
werden nicht von allen Mitgliedern geschätzt. Selbst bei der folgenden erfolgreichen, langjährigen und loyalen Gruppenberaterin hält sich die Begeisterung in
Grenzen: „Na ja, die ganze High Society und die Klatscherei und Hopserei (...),
finde ich zwar toll, ich sag ja, wo ich angefangen habe, fand ich das unheimlich toll,
heute denke ich: Um Gottes Willen! (Lacht) (...) Da muss ich den ganzen Tag nur
dort stehen und batschen [klatschen] und morgens mit Pauken und Trompeten!"
(Gruppenberaterin 2).

7.7.9 Zusammenfassung: Produkt- statt Werteorientierung

Auch wenn die Autorin keinen Zugang zu den entsprechenden Veranstaltungen
erhielt, so wurde durch Videomitschnitte und Erzählungen verständlich, dass auf

den großen Seminaren von TW eine überbordende Begeisterung erzeugt und gelebt wird und die Emotionalität der Veranstaltungen vergleichbar mit denen AW und MKC sein dürfte. Ansatzweise konnte diese Euphorie auch in den Wochentreffen bei einzelnen Mitgliedern erlebt werden. Im Rahmen informeller Gespräche wurde darüber hinaus deutlich, dass andere Bezirkshandlungen ‚eventorientierter' geführt werden. Dieser Unterschied zwischen den jeweils untersuchten Bezirkshandlungen stellte sich auch im persönlichen Gespräch mit der Autorin Blaschka heraus. Dennoch unterscheiden sich die hier untersuchten Organisationen erheblich: Bei TW handelt es sich um eine produkt- statt um eine werteorientierte organisationale Identität, so dass sich TW in Anlehnung an den „klassischen Vertreterverkauf" (Engelhardt/Jaeger 1998: 19; Engelhardt/Witte 1990: 20) als ‚klassischer Direktvertrieb' bezeichnen lässt, während AW das Rekrutieren betont (s. Kapitel 9).

Die Gründe für die unterschiedliche Ausrichtung liegen nicht nur im Produkt – Plastikschüssel statt Kosmetik oder Nahrungsergänzungsmittel –, die verkauft oder gemäß Unternehmenssprache ‚weiterempfohlen' werden. Sie lassen sich vielmehr auch in der geschichtlichen Entwicklung finden. Vermutlich war schon der Gründer Earl S. Tupper keineswegs charismatisch, sondern charakterlich ein introvertierter Mensch (Clarke 1999) und taugte selbst nicht als inspirierendes Vorbild. Stattdessen sind und waren die Gründer von AW und MKC charismatische Führungsfiguren, deren Reden, Autobiographien und andere Schriften Anleitungen zum richtigen Denken, Handeln und Leben bieten möchten (s. bspw. DeVos 1994; Ash 1995). Weierter (2001) verweist in diesem Zusammenhang auf Biggart (1989), die als Grundvoraussetzung für eine charismatische Organisation eine Vision ansieht. Diese ist „the expression of a founding leader, and is precipitated throughout the organization" (Weierter 2001: 96). Hier bietet sich innerhalb von TW nur die schillernde Figur Brownie Wise an. Die ‚Erfinderin' der ‚Tupperparty' stellt in den 50er Jahren des 20. Jahrhunderts zwar einen gewissen Ausgleich zu Earl Tuppers ‚trockenem' Charakter da, wurde aber 1958 ruhmlos entlassen – u. a. weil Earl Tupper in ihrem extravaganten Lebens- und Führungsstil eine Gefahr für das Unternehmen sah (Clarke 1999: 183). Als Earl Tupper dieses im gleichen Jahr verkaufte, dürfte die Chance auf einen sinnstiftenden Gründungsmythos mit leuchtenden Ikonen hinfällig geworden sein.

Der offiziell als zentral propagierte und auch von Mitgliedern betonte Wert im Unternehmen ist ‚ein gutes Produkt'. Zusätzlich werden gesteigertes Selbstbewusstsein für Frauen, sicheres Auftreten und freies Reden als Nutzen der Tätigkeit genannt. Mitgliedern geht es neben dem Gelderwerb auch um Abwechslung, Anerkennung und Spaß, zumal die Höhe des Verdienstes im Rahmen der vorliegenden

Erhebung oft kritisiert wurde. Als Vorteile wurden Risikolosigkeit und die formale Gleichbehandlung aller Mitglieder benannt, ohne diese Werte als gesellschaftlich erstrebenswerte Ziele zu fordern. Denn obwohl Privat- und Berufsleben räumlich und zeitlich verschwimmen (Blaschka 1998: 112), besteht im Gegensatz zu MKC und AW dennoch kein gemeinsames Weltbild.

Die größere Distanz zum Unternehmen zeigt sich besonders auch in der wesentlich vielschichtigeren und umfangreicheren Kritik, die in Interviews, aber auch informellen Gesprächen geäußert wurde – parallel zur Begeisterung über Alters- und Zugehörigkeitsgruppen hinweg. Inhaltlich umfassen die Klagen Kritik an anderen Mitgliedern, z. B. denjenigen, die Kundinnen abwerben, aber ebenso am Regionaldirektor und der Zentrale. In deutlichem Gegensatz zu AW und in weniger großem Unterschied zu MKC wurden auch die Entscheidungen und Strukturen des Unternehmens beanstandet; dies umfasste sowohl das Provisions- und das Wettbewerbssystem als auch die (indirekten) Rekrutierungsvorgaben. Hinzu kommt, dass auch die gelebte Kultur nicht nur begeisterte Anhängerinnen findet. Dies gilt für junge wie für ältere, für unerfahrene sowie langjährige Beraterinnen. Auf dieser Basis hebt sich die vorliegende Arbeit von Blaschkas (1998) Beobachtung einer starken Organisationskultur sowie von Biggarts (1989) gemeinsamer Analyse aller DV ab. So scheint bei TW eine langjährige und (finanziell) erfolgreiche Tätigkeit auch ohne 100%ige Überzeugung möglich zu sein, was sich für MKC und AW im Rahmen der vorliegenden Erhebung so nicht gezeigt hat. Diese Organisationen prägen ihre Mitglieder wesentlich stärker in deren Handeln, Denken und Fühlen – üben also umfangreichere normative Kontrolle aus (s. Forschungsstand Kapitel 3). Wie organisationale Kontrolle dort trotz der ebenfalls bestehenden Selbständigkeit der Mitglieder möglich ist, wird in den nächsten zwei Kapiteln aufgezeigt.

8 Mary Kay Cosmetics – ‚ein Weg zum besseren Leben'?

Mary Kay Cosmetics hebt sich mit seiner ‚Kultur des Teilens', der ‚Goldenen Regel' als Handlungsleitlinie und dem Ideal, das ‚Leben von Frauen zu bereichern' von vorwiegend produktorientierten Unternehmen wie TW ab. Zwar spielt der Verkauf eine wesentlich höhere Rolle als bei AW (s. Kapitel 9), dennoch liegt der Fokus in der vorliegenden Analyse auf den vielschichtigen Überzeugungen und Idealen, die die organisationale Identität des Unternehmens prägen. Dazu werden in den folgenden Kapiteln zunächst Grundlagen vorgestellt wie Fakten zum Unternehmen (8.1), die formalen Aspekte des Einstiegs und der Tätigkeit (8.2), das Provisionssystem (8.3), Einschätzungen zum Verdienstniveau (8.4) sowie die Schilderung der Erhebung im Unternehmen (8.5). Anschließend werden kurz die von den Mitgliedern genannten Gründe für den Einstieg skizziert (8.6), bevor als wichtigster Teil des vorliegenden Kapitels die Kernüberzeugungen der Organisation vorgestellt und analysiert (8.7) und abschließend zusammengefasst werden (8.8).

8.1 Fakten zum Konzern Mary Kay Cosmetics

Das MLM-Unternehmen MKC wurde im Jahre 1963 in Dallas gegründet. Heute ist das Unternehmen weltweit in über 30 Ländern tätig und hatte 2005 einen Jahresumsatz (in Großhandelspreisen) von 2,2 Mrd. Dollar.[70] Die Produktpalette umfasst vorwiegend Gesichtspflegeprodukte und Dekorativkosmetik neben Nagelpflege, Körperpflege, Sonnenschutz und Düften. Mehr als 1,6 Mio. so genannte „Schönheits-Consultants" (Mary Kay Cosmetics GmbH [Ed.] 2004f) sind als selbständige Vertriebsrepräsentantinnen für den Konzern weltweit tätig.

Die deutsche Niederlassung wurde 1986 eröffnet und umfasste 2006 circa 15.000 Mitglieder (Mary Kay Cosmetics GmbH [Ed.] 2006). Der Umsatz für das

---

[70] Die Angaben zum Unternehmen auf internationaler Ebene entstammen www.marykay.de/ unternehmen/default.aspx, abgerufen am 16.10.2006.

Jahr 2004 betrug laut einer Rede der damaligen Geschäftsführerin für Zentraleuropa, Gabriele Euchner, 40 Mio. Euro.[71] Die dazugehörende Unternehmenszentrale für Zentraleuropa (Deutschland, die Niederlande und die Schweiz) befindet sich in München, wo 2006 rund 50 Inhouse-Mitarbeiter die Außendienstlerinnen betreuen, also beispielsweise die großen (Halb)Jahresseminare organisieren sowie die deutschsprachige Unternehmenszeitung namens ‚Applaus' herausgeben (Mary Kay Cosmetics GmbH [Ed.] 2006).

Während MKC in den USA durchaus zu den großen Anbietern im Bereich Kosmetik gehört,[72] ist die Bedeutung in Deutschland wesentlich geringer einzuschätzen, da der Gesamtmarkt für Hautpflege und Dekorativkosmetik sich auf 3,7 Mrd. Euro beläuft.[73] In den USA hat sich auch die 2001 verstorbene Gründerin Mary Kay Ash selbst einen Namen als Wirtschaftsführerin erworben. Sie gewann verschiedene Preise,[74] und ihr Unternehmen wurde 1984, 1993 und 1998 zu den „100 Best Companies to Work for in America" ernannt.[75] Von der Baylor University wurde sie 2003 zum „Greatest Female Entrepreneur in American History" gekürt und bildet dort das weibliche Gegenstück zu Henry Ford.[76]

8.2 Einstieg und Tätigkeit bei Mary Kay Cosmetics

Der *Einstieg bei MKC* erfolgt durch das Unterschreiben einer zweiseitigen „Mary-Kay-Schönheits-Consultant Vereinbarung" (Mary Kay Cosmetics GmbH [Ed.] 2004f). Geregelt ist dort beispielsweise, dass die Produkte nicht im Einzelhandel- oder Dienstleistungsbetrieb verkauft oder ausgestellt werden dürfen (Abschnitt A, 1) und dass die „Consultant" das volle Verkaufsrisiko trägt (Abschnitt A, 8). Zudem findet durch die Vereinbarung eine Zuordnung zur Anwerberin, zu einer „Direkto-

---

[71] Rede anlässlich der Eröffnung der neuen Büroräume in München am 19.7.2004.

[72] Darauf wird nicht nur auf der internationalen Homepage von MKC hingewiesen (www.marykay.com), sondern diese Aussage findet sich auch bspw. in einer Marktübersicht der Marktforschung Klinegroup. Dort wird MKC zu den wichtigsten Unternehmen auf dem US-Markt gezählt. Quelle: www.klinegroup.com/reports/brochures/cia4d/brochure.pdf, abgerufen am 16.10.2006.

[73] Zahlen zum deutschen Markt s. Industrieverband Körperpflege und Waschmittel (IKW) unter www.ikw.org/pages/prodgr_tpl_marktdaten.php?page_title=Waschmittel&subpage_title=Marktdaten&navi_id=wm&subnavi_id=marktdaten, abgerufen am 17.10.2006.

[74] Quelle: www.marykaytribute.com/Awards.htm, abgerufen am 16.10.2006.

[75] Quelle: www.marykay.com/Headquarters/Company/Milestones_1.asp, abgerufen am 15.5.2005.

[76] Quelle: www.marykay.com/Headquarters/Company/Milestones_1.asp und unter www.baylor.edu/bbr/index.php?id=10385, beide abgerufen am 15.5.2005.

rin"[77] und damit auch zu einer Unit statt. Die ‚Beitrittsgebühr' besteht aus der Bestellung eines Sets zu 49 oder 99 Euro, das neben Unterlagen zum Unternehmen eine Auswahl an Produkten enthält, die einen höheren Verkaufswert haben als die genannten Kosten (Mary Kay Cosmetics GmbH [Ed.] 2004c). Wer darüber hinaus Ware ordert, erhält Zusatzgeschenke für diese so genannte „Erstbestellung". Als „aktives" Mitglied gilt, wer mindestens alle drei Monate Produkte in Höhe des Mindestbestellwertes von 71,77 Euro (Großhandelspreis, Stand 2004) bestellt. Damit einher geht der kostenlose Bezug der Monatszeitschrift ‚Applaus'. Wer ein Jahr lang keine Ware kauft, verliert automatisch seinen Consultant-Status, kann aber jederzeit neu einsteigen. Eine Kündigung der Mitgliedschaft ist ebenfalls mit einer 14-tägigen Frist möglich (Mary Kay Cosmetics GmbH [Ed.] 2004f: Abschnitt C, 3), allerdings erlischt damit das Recht, wieder beim Unternehmen beginnen zu können.

Auf die über 200 Produkte von MKC (www.marykay.de) erhalten die Mitglieder je nach Bestellmenge 40-50% Nachlass auf den empfohlenen Verkaufspreis, der in den Unternehmensbroschüren verzeichnet ist (Mary Kay Cosmetics GmbH [Ed.] 2004d). Wie viele der Mitglieder so genannte *Eigenbedarflerinnen* sind, ist schwer festzustellen. Auch der Übergang zu denjenigen, die verkaufen, ist fließend. Es dürfte nicht unüblich sein, nicht nur allein für sich, sondern auch für die nähere Verwandtschaft oder Freundinnen Produkte mitzubestellen. Inwieweit die Ware dann mit Gewinn weiterverkauft wird, muss offenbleiben. In der hier untersuchten Unit nutzten mindestens zwei Drittel der Frauen ihre Mitgliedschaft vorwiegend als Bestellmöglichkeit für den (erweiterten) Eigenbedarf.

Wer dagegen als ‚*Verkäuferin*' aktiv ist – eine Bezeichnung, die nicht verwendet wird, da es gemäß Selbstverständnis um ‚Beratung' (= Consultant) geht (s. auch Cahn 2006: 128) – verdient auf der Basis des genannten Nachlasses vom Unternehmen bei der Bestellung zum Einkaufswert. Die Tätigkeit als Consultant besteht zunächst aus der Beratung von Kunden bzw. meist Kundinnen. Da eine kosmetische Ausbildung nicht erforderlich ist, dürfte es sich in den meisten Fällen um eine ‚Anwendungsberatung' und nicht um eine fachliche Beratung handeln, so dass die Bezeichnung ‚Beratung' als ein identitätsstiftendes Label im Sinne Alvesson/Willmott (2002: 629; s. auch Kapitel 5.2.3) verstanden werden kann. Neben

---

[77] „Direktorin" ist eine unternehmensinterne Bezeichnung für Führungskräfte. Der Autorin ist durchaus bewusst – und in Kapitel 8.7 wird auch darauf eingegangen –, dass es sich bei solchen Bezeichnungen wie „Consultant", „Beraterin", „Direktorin", „Star-Recruiter" etc. ((Mary Kay Cosmetics GmbH (Ed.) 2004a: 16f; Mary Kay Cosmetics GmbH (Ed.) 2004c; Mary Kay Cosmetics GmbH (Ed.) 2004d: 18f) um Label im Sinne Alvesson/Willmotts (2002) handelt. Um die Lesbarkeit des Textes zu erhöhen, werden diese Begriffe nicht jedes Mal mit der entsprechenden Quelle versehen und nur bei besonderer Betonung in Anführungszeichen gesetzt.

dieser (Anwendungs)Beratung mit Verkauf gehört zur Tätigkeit die Kundenakquise, die i. d. R. im persönlichen Umfeld beginnt. Aber auch Promotionsstände auf Messen, Auslegen von Flyern im Einzelhandel oder das Ansprechen von Einzelpersonen (z. B. beim Einkaufen) sind Werbeformen, die im Rahmen von Gruppentreffen und Veranstaltungen immer wieder genannt werden. Nicht verpflichtend, aber ebenfalls Bestandteil der Tätigkeit ist der Besuch der Wochenschulung, die von der jeweiligen Direktorin der Unit durchgeführt wird. Dort werden Ideen ausgetauscht, (neue) Produkte vorgestellt, Wettbewerbe erläutert und Auszeichnungen für Leistungen der Vorwoche vergeben.

Von der ‚einfachen' Consultant bis hin zur Direktorin gibt es eine Vielzahl an „Karrierestufen"[78], die sich an der Anzahl der aktiven Mitglieder bemisst (s. nächstes Kapitel 8.3). Gemäß Unternehmensvorstellung gilt, dass diejenige, die Mitglieder anwirbt, auch für deren Erfolg zuständig ist. Formal betrachtet gehören Motivation, Training und Ausbildung zu den Aufgaben der Direktorinnen, die einen Direktorinnen-Vertrag mit dem Unternehmen haben. Die *Direktorinnen-Ebene* wird erlangt, wenn in der eigenen Gruppe über einen Zeitraum von vier Monaten ein Mindestumsatz von 3.987 Euro/Monat erreicht wurde sowie mindestens 28 Personen zur Gruppe gehören (Mary Kay Cosmetics GmbH [Ed.] 2004d). Die neue Direktorin – „Off-Spring" oder „Tochter-Direktorin" – wird mit ihrer Downline aus der Gruppe der „Mutter-Direktorin" ausgegliedert.[79] Mit dem Direktorinnen-Status gehen feste Pflichten einher, wie der Erhalt des monatlichen Mindestumsatzes, das Anwerben neuer Mitglieder, das Abhalten der Wochenschulung und das Erstellen einer monatlichen Unit-Zeitung, in der beispielsweise Informationen über Produkte, Veranstaltungen und Auszeichnungen enthalten sind. Die finanziellen Anreize vom Unternehmen für Direktorinnen werden im nächsten Abschnitt beschrieben. Das hohe Ansehen, das mit diesem Status verbunden ist, wird dagegen in der Analyse in Kapitel 8.7 deutlich werden.

8.3 Das offizielle Provisionssystem und weitere materielle Anreize von Mary Kay Cosmetics

Die Verdienst- und Aufstiegsmöglichkeiten bei MKC umfassen zahlreiche Stufen, beginnend mit dem ‚einfachen' Mitglied, das zunächst Consultant ist, bis hin zur

---

[78] Diese Bezeichnung wurde im Rahmen der Erhebung beobachtet.
[79] Diese Bezeichnungen wurden im Rahmen der Erhebung beobachtet.

Nationalen Verkaufsdirektorin, die mehrere eigenständige Direktorinnen unter sich hat. In der vorliegenden Arbeit werden nur die wichtigsten der 14 Ebenen[80] vorgestellt (s. Tabelle 3). Berücksichtigt werden hierbei nur die materiellen Anreize von Unternehmensseite aus.

Wie bei TW und AW ist der Aufstieg bei MKC an klare, formale Regeln geknüpft. Entscheidend sind der eigene Umsatz, der Aufbau einer Gruppe und deren Leistung. Wächst die eigene Gruppe sowie deren Umsatzleistung, können höhere Ebenen wie ‚Direktorin' oder ‚Senior-Direktorin' erlangt werden. Hier gibt es zum einen höhere Provisionsanteile am jeweiligen Umsatz der Downline sowie neue Provisionsformen wie Wachstumsboni. Hinzu kommen Zusatzleistungen wie der Firmenwagen oder Versicherungen (s. Tabelle 3).

Interessant ist, dass das Anwerben weiterer Mitglieder für MKC erst ab der dritten Person Provision erbringt. Das bedeutet, dass *das Anwerben nur dann finanziell attraktiv ist, wenn eine gewisse Gruppengröße angestrebt wird.* Dies wurde auch in den Interviews deutlich. Denn wenn Angeworbene nicht viel Umsatz erwirtschaften, sondern lediglich für sich günstiger beim Unternehmen Ware bestellen statt wie bisher diese Produkte bei der Anwerberin zu kaufen, entsteht ein finanzieller Verlust für die Anwerberin. Eine Star-Recruiter beschreibt, wie sie quasi aus Sympathie gegenüber ihren Kundinnen diesen die Tätigkeit angeboten hat mit den Worten: „„Entweder ihr macht's oder ihr macht's nicht. Ich will euch damit etwas Gutes tun' – sozusagen. Also die haben alle fünf nicht mit MK gearbeitet, die waren Eigenbedarf. Würde ich heute nie wieder tun (...) Ja, mir geht da die Provision (...) flöten" (Star-Recruiter 1). Der formale Anreiz für das Anwerben ist somit keineswegs für jedes Mitglied gegeben – ein wichtiges strukturelles Kriterium, das MKC zu einem „product-based" MLM macht, während sich AW als „recruiting-based" MLM bezeichnen lässt.[81] Die Provision auf die Leistung der eigenen Anwerbungen ist auch ein Hinweis darauf, wie das Provisionssystem das Verhalten der Mitglieder steuert. Hinzu kommt als ‚kulturelles' Kriterium für die Produktorientierung bei MKC das Ideal, dass bestehenden (begeisterten) Kundinnen die Tätigkeit angeboten wird. Somit steigen Frauen in der Regel ein, nachdem sie das Produkt selbst getestet

---

[80]   Die Ebenen lauten aufsteigend: Consultant, Star-Consultant, Senior-Consultant, Star-Recruiter, Teamleader, Zukünftige Direktorin, Direktorin in Qualifikation, Direktorin, Senior-Direktorin, Künftige Leitende Direktorin, Leitende Direktorin, Elite Leitende Direktorin, Nationale Verkaufsdirektorin und Senior-Nationale Verkaufsdirektorin. Zusammengestellt aus (Mary Kay Cosmetics GmbH (Ed.) 2004a: 16f; Mary Kay Cosmetics GmbH (Ed.) 2004c; Mary Kay Cosmetics GmbH (Ed.) 2004d: 18f).

[81]   Die Unterscheidung von „product-based" und „recruiting-based" stammt von Jon Taylor: www.mlm-thetruth.com/5RedFlags2column40pages2Color3-6.pdf, abgerufen am 1.5.2007.

haben, während AW Interessenten vor allem mit dem Provisionsplan und der Aussicht auf ein ‚passives Einkommen' anwirbt (s. Kapitel 9.3).

Tabelle 3:   Provisionsebenen bei MKC[1]

Ebene	Voraussetzung	Superprovision und weitere materielle Anreize (ohne Wettbewerbsprogramm)	Verkaufsspanne
Consultant	Mitgliedschaft	Entfällt	
Star-Recruiter	Mindestens 3 persönliche Anwerbungen, die aktiv (= ein Mindesteinkauf in drei Monaten) sind	4% Provision auf den Einkauf der Mitglieder nehmen	40-50% Nachlass auf den empfohlenen Verkaufspreis; abhängig von der jeweiligen Bestellmenge
Teamleader	Mindestens 5 aktive persönliche Anwerbungen	8-12% Provision auf den Einkauf der Mitglieder	
Direktorin	Mindestumsatz über 3.987 €/ Monat; mindestens 28 aktive Mitglieder in der Gruppe	9-13% Provision auf Einkauf der (persönlichen und weiteren) Mitglieder Gruppen-Risiko- und Unfallversicherung Zusatzbonus je nach Einkaufshöhe Bonus für schnelles Unit-Wachstum Firmenwagen, Modell je nach Umsatz	
Senior-Direktorin	Selbst Direktorin sein und mindestens eine „Tochter-Direktorin" haben, die aus der eigenen Gruppe hervorgegangen ist	Wie bei Direktorin, zusätzlich: Provision für Einkauf der Gruppe der Tochter-Direktorinnen von 2-6%	
Nationale Verkaufsdirektorin	Mindestens 12 Direktorinnen in der eigenen Downline; Bildung einer eigenen ‚Area'		

[1]   Ausgewählte Provisionsstufen MKC, zusammengestellt aus (Mary Kay Cosmetics GmbH (Ed.) 2004b; Mary Kay Cosmetics GmbH (Ed.) 2004c; Mary Kay Cosmetics GmbH (Ed.) 2004d: 18f).).

Neben der Zahl der Anwerbungen entscheidet, wie erwähnt, der Wert des Einkaufs beim Unternehmen über die jeweils erreichte Stufe. Bei manchen Wettbewerben wie dem „20/20"-Wettbewerb (20 Termine in 20 Tagen halten) wird der Umsatz der *verkauften* Ware zu Grunde gelegt (Mary Kay Cosmetics GmbH [Ed.] 2004b).

Auch in der besuchten Unit wurden die Wochenpreise (i. d. R. Auszeichnungen in Form von Anstecknadeln) auf Basis der vorgelegten Quittungen verteilt. Auf diese Weise kann die tatsächliche Umsatzleistung und nicht nur der Eigenbedarf oder das simple Einkaufen (und Lagern) der Ware belohnt werden. Für die offiziellen Qualifikationsebenen wird allerdings *nicht der Verkauf, sondern die Abnahmehöhe der Ware beim Unternehmen* überprüft. Dies ist wichtig, da die unten beschriebene organisationale Identität und das persönliche Selbstverständnis der Mitglieder sich an hohen Idealen orientiert und Erfolg auch mit menschlichen Qualitäten in Zusammenhang gebracht wird. Die materielle Grundlage für die verschiedenen Stufen des Erfolges bilden allerdings der Einkauf von Ware und die Anzahl der Mitglieder, die dies (in gewissem Umfang) ebenfalls leisten.

8.4 Wie viel wird verdient bei Mary Kay Cosmetics?

Im folgenden Abschnitt werden Schätzungen und Zahlen präsentiert, die einen Einblick in die ‚materielle Seite' der Beraterinnentätigkeit bieten. Die folgenden Angaben basieren zum Großteil auf der monatlich erscheinenden nationalen Unternehmenszeitschrift ‚Applaus', die erfolgreiche Beraterinnen, Direktorinnen, Nationale Verkaufsdirektorinnen und Gruppen ehrt. Dazu werden z. B. die Höhe einzelner Provisionsschecks oder die Gruppenumsätze abgedruckt.

Tabelle 4 zeigt exemplarisch die Einkünfte von Consultants, Direktorinnen und Nationalen Verkaufsdirektorinnen auf. Die Rubrik ‚Anzahl' in der zweiten Spalte der Tabelle bezieht sich auf die in Deutschland im Jahre 2004/2005 vorhandenen Mitglieder auf der jeweiligen Ebene.[82] Die dritte Spalte zeigt den Anteil dieser Ebene an der Grundgesamtheit auf. Die rechte Spalte präsentiert einige Daten bzw. Einschätzungen zum jeweiligen Provisionsniveau. Hierbei wird deutlich, dass bei einem durchschnittlichen Einkaufswert von 90 Euro/Monat (in Großhandelspreisen) es sich für zahlreiche Mitglieder nur um eine Nebentätigkeit (oder gar keine Tätigkeit, sondern Eigenbedarf) handelt. Von den Mitgliedern sind ca. 1,5% Direktorinnen, wobei zwischen 8-15% aus dieser Gruppe Superprovisionen von über 3.000 Euro/Monat erhalten (ohne ihren Gewinn aus dem Verkauf von Ware). Relativ hohe Einkünfte erreichen die vier Nationalen Verkaufsdirektorinnen mit monat-

---

[82] Die Daten hierzu stammen für die Anzahl der Nationalen Verkaufsdirektorinnen aus der Monatszeitschrift Applaus (Mary Kay Cosmetics GmbH [Ed.]) 2005a: 14), aus der teilnehmenden Beobachtung für die Anzahl der Direktorinnen und aus der Pressemappe Wirtschaft (Mary Kay Cosmetics GmbH [Ed.] 2004e) für die Anzahl der Beraterinnen.

lichen Provisionsschecks bis zu einem Wert von über 20.000 Euro (ebenfalls ohne Gewinn aus dem eigenen Produktverkauf).

Tabelle 4:   Provisionshöhe bei MKC

Ebene	Anzahl	Anteil/ Mitglieder	Aussagen zur Provisionshöhe[1]
Consultant	Ca. 12.000	100%	Mai 2005: durchschnittlicher Einkauf pro Mitglied 90 €/Monat (in Großhandelspreisen),[83] bei komplettem Verkauf der Ware und bei 50% Handelsspanne sind dies ein maximaler Bruttogewinn von 90 €
Direktorin	Ca. 180	~1,5%	Beispiele: Mai 2004: 15 Direktorinnen (aus damals ca. 180) mit mehr als 3.000 € Monatsprovision, davon vier mehr als 5.000 € Mai 2005: 30 Direktorinnen (aus damals ca. 200) mit mehr als 3.000 € Monatsprovision, davon elf mehr als 5.000 € Anteil der Direktorinnen mit mehr als 3.000 € Monatsprovision ca. 8-15% der Direktorinnen und damit ca. 0,1-0,3% aller Mitglieder Weitere materielle Boni wie Firmenwagen, Risikoabsicherung s. Tabelle 3
Nationale Verkaufs- direktorin	4	~0,03%	Beispiele: Mai 2004: Provisionsschecks zwischen 7.335 € und 22.242 € Mai 2005: Provisionsschecks zwischen 9.486 € und 26.028 € Weitere materielle Boni wie Firmenwagen, Risikoabsicherung s. o.

[1] Die Angaben stammen aus (Mary Kay Cosmetics GmbH (Ed.) 2004b: 18; Mary Kay Cosmetics GmbH (Ed.) 2005c: 14)).

Wichtig ist bei den Angaben zu den monatlichen Provisionen, dass es sich um Brut-tobeträge handelt, von denen selbstverständlich auch Krankenversicherung, Steuern sowie Fahrt-, Material- und Werbekosten etc. abgezogen werden müssen. Diese beispielhaften Angaben geben einen groben Einblick, auch wenn hier nicht beurteilt

---

83   Dieser Wert errechnet sich aus den Angaben zu Umsätzen und Mitgliederzahlen der vier Nationalen Verkaufsdirektorinnen im Mai 2005 (Mary Kay Cosmetics GmbH (Ed.) 2005b: 14). Da die bei MKC verwendeten ‚Punktwerte' in Euro umgerechnet werden müssen, aber die Handelsspanne, die Bera-terinnen je nach Bestellmenge erhalten, zwischen 40 und 50% schwankt, handelt es sich um einen Näherungswert.

werden soll, ob die jeweiligen Provisionen hoch oder niedrig sind. Für den Organisationsvergleich ist relevant (vor allem zu AW), dass Mitglieder über die Monatszeitung relativ einfach einen Eindruck von der Provisionsverteilung erlangen können. Dies wird zusätzlich durch die monatlich erscheinenden „Unit-Zeitungen" (z. B. Rappold 2006) ermöglicht. Dort werden die gruppeninternen Umsätze sowie hohe Einkäufe und Verkäufe genannt, so dass Mitglieder sehen können, wer aktiv ist und wie viel Umsatz jeweils erlangt wird – ein Grad an Transparenz, der MKC nicht nur von AW und TW, sondern sicher auch von anderen Unternehmen abhebt.

8.5 Die Erhebung bei Mary Kay Cosmetics

Ergänzend zu Kapitel sechs wird hier näher auf die Erhebung bei MKC eingegangen. Wie im vorherigen Kapitel zu TW ermöglicht diese späte Erläuterung der Erhebung, dass auf die so eben vorgestellten Informationen zum Aufbau des Unternehmens sowie zu den Provisionsebenen bei MKC zurückgegriffen werden kann.

Der Zugang zu MKC wurde über die deutsche Internetseite hergestellt. Dort kann jeder, der Interesse am Unternehmen hat, darum bitten, dass persönlicher Kontakt mit ihm am eigenen Wohnort aufgenommen wird. Auf das Anliegen, über die Organisation eine Doktorarbeit zu schreiben, reagierte die lokale Ansprechpartnerin offen und freundlich. Sie sprach umgehend Einladungen zu verschiedenen Veranstaltungen aus und ermöglichte den Zugang zu weiteren Beraterinnen und Direktorinnen. Die Unternehmenszentrale musste aufgrund des Selbstverständnisses der Ansprechpartnerin als selbständige Beraterin nicht mit einbezogen werden – im Unterschied zu TW (s. Kapitel 7.6). Die im Rahmen einer Veranstaltung angesprochenen Angestellten der Unternehmenszentrale standen dem Forschungsanliegen ebenfalls offen gegenüber.

Der Zeitraum der Erhebung erstreckte sich auf sechs Monate und umfasste folgende Elemente:

-   *Wochentreffen:* Es wurden zehn wöchentliche Schulungen einer Unit plus ein weiteres Treffen einer anderen Unit besucht. Bei diesen Treffen waren zwischen sieben und zwölf Teilnehmerinnen anwesend. Thema der zwei- bis dreistündigen Abende waren Unternehmensinformationen, Ehrungen, Produktwissen, Verkaufshilfen und der persönliche Austausch zwischen den Anwesenden.
-   *Großveranstaltung/,Freizeitbereich':* Die Teilnahme am 2-tägigen Jahresseminar 2004 des Unternehmens wurde ergänzt durch die direkt vorher stattfindende

‚Area-Awards-Night'. Auf dieser waren ca. 150 Frauen anwesend, während das Jahresseminar von ca. 1.400 Frauen und 100 (Ehe)Männern besucht wurde.[84] Hinzu kommt die Teilnahme an der Neueröffnung der Büroräume in München, dem Debüt einer neuen Direktorin und an zwei Ausbildungstagen verschiedener Areas.

- *Literatur/Videos:* Von der Gründerin Mary Kay Ash liegen neben ihrer Biographie (Ash 1981) die Werke „You can have it all" (Ash 1995) und „On People Management" (Ash 1985) vor. Deutsche und US-amerikanische Konzernvideos ergänzen die umfangreichen Internetseiten (www.marykay.de, www. marykay.com). Außerdem wurden drei Jahrgänge der deutschen Monatszeitung ‚Applaus' sowie zahlreiche Exemplare zweier Unit-Zeitungen zur Auswertung herangezogen.

- *Interviews:* Insgesamt wurden 16 Interviews mit 15 Frauen geführt. Darunter befanden sich Mitglieder auf verschiedenen Erfolgsebenen mit unterschiedlich langer Unternehmenszugehörigkeit. Einen Überblick bietet Tabelle 5.

Tabelle 5:   Interviewpartnerinnen bei MKC

Jahre der Mitgliedschaft	Anzahl und Ebene zum Zeitpunkt des Interviews	Kennzeichnung im Text
1-2	3 Consultants	Consultant 1-5
3-5	1 Consultant; 2 Star-Recruiter, 1 Senior-Direktorin	Star-Recruiter 1-3
6-8	1 Star-Recruiter; 1 Direktorin in Qualifikation; 2 Direktorinnen; 1 Senior-Direktorin	Direktorin in Qualifikation
9-10	1 Consultant; 1 Elite Leitende Direktorin[1]	Direktorin 1,2
18	1 Elite Leitende Direktorin[1]	Senior-Direktorin 1, 2
		Elite Leitende Direktorin[1] 1, 2

[1] Die Bezeichnung „Elite Leitende Direktorin" setzt fünf „Tochter-Direktorinnen" voraus (Mary Kay Cosmetics GmbH (Ed.) 2004b: 18; Mary Kay Cosmetics GmbH (Ed.) 2005d: 14)).

Aufgrund der Kultur der Hilfsbereitschaft bei MKC und aufgrund des hohen Ansehens der Kontaktperson, war die Autorin schnell bei anderen Mitgliedern bekannt. Auf dieser Basis war es möglich, in den Interviews verschiedenste Aspekte des

---

[84]   Die Teilnehmerzahl des Seminars mit 1.500 Personen entstammt mündlichen Berichten von Teilnehmerinnen. Eine offizielle Angabe liegt nicht vor.

Unternehmens und der Tätigkeit zu erfragen: die Gründe für Erfolg und Misserfolg, die Rolle als Führungskraft, die Bedeutung der Gründerin für das Mitglied, die Auswirkungen auf die Familie etc. Durch die Bezugnahme auf die ‚Goldene Regel'[85] und das Unternehmensideal ‚God first, family second, career third' wurde das Thema Glaube meist von den Beraterinnen selbst in die Interviews eingeführt, so dass auch Fragen zu dieser sehr persönlichen Thematik gestellt werden konnten. Diese persönliche Ebene entsprach der untersuchten Unit, in der einige Mitglieder einen engen Kontakt untereinander pflegten. Auch in den Wochenveranstaltungen wurde viel über Privates geredet, was im größeren (und damit neutraleren) Rahmen der TW-Bezirkshandlung so nicht festgestellt werden konnte.

Die analysierte Literatur – vor allem die Schriften Mary Kay Ashs im Vergleich zu der deutschen Monatszeitschrift ‚Applaus' – verdeutlichte den wesentlich missionarischeren und charismatischeren Anspruch des Unternehmens in den USA im Vergleich zu Deutschland (s. auch Kapitel 3.1.1). Durch die teilnehmende Beobachtung konnten die Interviewaussagen besser eingeordnet und auch ein Gespür dafür entwickelt werden, was die zentralen Aspekte des Unternehmens sind und welche Themen mit den befragten (überdurchschnittlich religiösen) Interviewpartnerinnen zusammenhängen (s. Triangulation in Kapitel sechs). Der zweite große Nutzen der teilnehmenden Beobachtung war der Einblick in die Kultur von MKC. Die größeren Veranstaltungen haben einen Eventcharakter, der Mitglieder in eine außeralltägliche Welt ‚entführt'. Vor allem durch den Besuch des Jahresseminars wurde auch für die Autorin auf der emotionalen Ebene erlebbar, dass viele Mitglieder von dieser Veranstaltung begeistert sind. Dadurch wurde insbesondere deutlich, dass die Verbundenheit loyaler Mitglieder mit ‚ihrem' Unternehmen durchaus unabhängig von möglichen Einkünften besteht. Dies ist auch angesichts der schon in Kapitel 6.4 angeführten Kernüberzeugungen des Unternehmens zentral: Trotz der Bedeutung des Produktes in diesem ‚product-based' MLM gaben loyale Mitglieder zahlreiche immaterielle Werte wie ‚Gemeinschaft' oder ‚Berufsglauben' als wichtige Motive für ihre Mitgliedschaft, also ihr Dabeibleiben an. Die Gründe für den Einstieg werden dagegen im nächsten Abschnitt skizziert.

---

[85] Diese lautet: Behandle andere so, wie du selbst behandelt werden möchtest.

8.6 Gründe für den Einstieg bei Mary Kay Cosmetics

Ziel der in Kapitel 8.7 folgenden Analyse ist die Identität und Ideologie von MKC herauszuarbeiten und zu erklären, wie diese vom Unternehmen produziert und vermittelt wird. Da MLM-Unternehmen umstritten sind (s. Kapitel 2.3 und 5.2) und auch MKC eine durchaus ungewöhnliche Organisationskultur aufweist, wird im vorliegenden Abschnitt geschildert, welche Gründe die Befragten (im Rückblick) für ihren Beitritt nennen. Dadurch wird im Vergleich zu Kapitel 8.7 deutlich werden, dass die Gründe einzutreten und die Motive dabeizubleiben sich durchaus unterscheiden, also die Mitgliedschaft im Unternehmen auch Einfluss auf die persönliche Identität der Beraterinnen hat.

Der von den Interviewpartnerinnen am häufigsten genannte Grund für ihre Mitgliedschaft sind unbefriedigende berufliche Möglichkeiten. Diese Aussage stammt meistens von Müttern, die in ihrem ursprünglichen Beruf nur geringe Chancen sehen, ihre persönliche Priorität für die Familie mit einer Tätigkeit im Angestelltenverhältnis vereinbaren zu können. So erzählte eine Kundin ihrer Mary-Kay-Nachbarin beim gemeinsamen Sonnenbaden im Garten: „„Oh, ich würde gerne wieder was tun, aber ich habe keine Oma, wenn das Kind krank ist (...)' – also ich konnte nicht mehr in meinen Beruf zurück (...) Und einen ganzen Tag in den Kindergarten oder Tagesstätte wollte ich ihn auch nicht stecken. Und dann hat die [Anwerberin] zu mir gesagt, ich soll mir das mal anschauen, also hat sie mir die Unterlagen gegeben" (Consultant 4). Auch die Frustration mit der bisherigen Berufstätigkeit, Arbeitslosigkeit sowie das Bedürfnis, noch etwas anderes oder spezifisch mit Kosmetik arbeiten zu wollen, tragen zum Einstieg bei.

Ziel ist in diesen Fällen also durchaus der Gelderwerb, wobei die Tatsache, dass die neuen Mitglieder schon als Kundinnen mit den Produkten vertraut sind, den Beitritt erleichtert. In diesem Zusammenhang kann der Grund für die Mitgliedschaft auch im günstigeren Bezug der Produkte liegen. Eine inzwischen erfolgreiche Direktorin erzählt von ihren Anfängen: „Ich wollte damals meine Produkte günstiger. Das war überhaupt der Hauptgrund, ja? Ich wollte eigentlich gar kein Geld verdienen, ich wollte meine Produkte günstiger einkaufen. Das war mein Motivator – damals" (Direktorin 2). In diesen Fällen geht es nicht um eine Berufstätigkeit, so dass auch größere materielle Anreize wie der Firmenwagen beim Unterschreiben der Consultant-Vereinbarung weit entfernt sind. Ohnehin wird die Tätigkeit bei MKC selten von Anfang an als Karrierechance gesehen. Eine Führungskraft erklärt dies mit dem schlechten Ruf des DV in Deutschland: „Wenige Frauen sehen sofort die Karriere. Ich denke einfach, weil es gesellschaftlich noch nicht ein anerkannter

Beruf ist (...) In anderen Ländern sieht man das eher als hier bei uns" (Elite Leitende Direktorin 2).

Auch die ,inneren Werte', die das Unternehmen gemäß offizieller Unternehmensphilosophie auszeichnen, werden zwar durchaus auf der Internetseite (www.marykay.de) angeführt, scheinen aber nur wenige Frauen zum Einstieg zu bewegen. Eine Ursache dürfte darin liegen, dass die meisten Interessentinnen die Unternehmensideale nicht kennen. Relevant für den Beginn der Tätigkeit ist die Organisationskultur somit nur indirekt, z. B. wenn Gäste die Atmosphäre bei Veranstaltungen als offen und herzlich empfinden. In ähnlichem Sinne nannten drei Interviewpartnerinnen auch die sympathische Art der Anwerberin als Grund für ihren Einstieg. „Ja, ich habe Kontakt zu der Firma aufgenommen, weil ich die Make-Up-Kurse machen wollte (...) Und irgendwie war ich dann bei den Frauen und dann haben die mich so nett aufgenommen. Und dann hat sich das so daraus entwickelt (...), aber es war jetzt nicht geplant oder so. Es war einfach nur, weil die [Direktorin] so nett war" (Consultant 5).

Die im nächsten Kapitel analysierten Kernelemente des organisationalen Selbstbildes gehen über Freundlichkeit und Produktbegeisterung hinaus und zeigen den weitreichenden normativen Anspruch, der innerhalb des Unternehmens besteht.

8.7 Mary Kay Cosmetics – ,ein Weg zum besseren Leben'?

Nach den wichtigsten Grundlagen (8.1-8.5) und der Schilderung der Gründe für den Einstieg (8.6), geht es im folgenden Kapitel um die Analyse der zentralen Elemente des organisationalen Selbstbildes von MKC. Dazu gehören eine ,Gemeinschaft ohne Konkurrenz' (8.7.1), in der miteinander statt gegeneinander gearbeitet wird, das Selbstverständnis eine ,Chance für Frauen' 8.7.2) zu sein, die Betonung der ,Anerkennung' (8.7.3), die Überzeugung, dass hier ein ,Berufsglaube' gelebt werden kann (8.7.4) ist und das Selbstbild von einem Unternehmen und einer Tätigkeit, die einer ,Lebensschule' gleichen (8.7.5).

Diese Wertvorstellungen haben sich in der Auswertung der Erhebung als zentrale, spezifische und dauerhafte Elemente der organisationalen Identität im Sinne der ursprünglichen Definition von Albert/Whetten herauskristallisiert (1985: 292). Das bedeutet, dass aus den Aussagen der Interviewpartnerinnen, der analysierten Literatur und dem im Rahmen der teilnehmenden Beobachtung Erlebten die so eben aufgezählten Grundüberzeugungen als ,Knotenpunkte' des ,ideologischen

Überzeugungsnetzwerkes' (s. Kapitel 5.2.2) herausgearbeitet wurden und die Struktur der folgenden Analyse prägen.

Der Aufbau des vorliegenden Kapitels unterscheidet sich somit von der relativ kurzen Schilderung TW und geht entlang des in Kapitel 5.3 vorgestellten Analyseschemas vor. Zunächst wird die ‚Was-Frage' – was kennzeichnet die Organisation? – beantwortet. Dazu wird das jeweilige Element der organisationalen Identität, z. B. ‚eine Gemeinschaft ohne Konkurrenz' mit den Worten der Mitglieder, anhand der analysierten Schriften und der teilnehmenden Beobachtung wiedergegeben (Schritt a des Analyseschemas). Dazu gehören auch die im Rahmen der Erhebung genannte Kritik bzw. Zweifel an den jeweiligen Überzeugungen (Schritt b). Die darauffolgende Analyse zeigt auf, wie diese Sichtweisen organisational produziert werden und entspricht somit der ‚Wie-Frage'. Diese wird auf zwei Arten und Weisen beantwortet: Zum einen werden normative Kontrollmechanismen herausgearbeitet, die z. B. die Funktion von Vorbildern (s. bspw. Alvesson/Willmott 2002) oder auch die Vermittlung bestimmter Inhalte und Überzeugungsnetzwerke umfassen (Schritt d; Schritt c entfällt bei MKC). Zum anderen unterstützen formale Strukturen Idealvorstellungen. Da das Provisionssystem den Erfolg der eigenen Downline belohnt, wird das Ideal der Gemeinschaft auch durch gegenseitige finanzielle Abhängigkeiten gestützt (Schritt e). Abschließend wird auf die ‚Wozu-Frage' eingegangen, also aufgezeigt, welche möglichen Vorzüge das jeweilige Ideal für das Unternehmen haben kann.

Vor dieser Analyse soll hier nochmals auf die Wiedergabe kritischer Stimmen in der vorliegenden Arbeit hingewiesen werden. Dass diese angeführt werden, dient erstens einem vollständigeren Selbstbild: Durch das Nennen der Grenzen der organisationalen Identität wird auch deren Kern deutlicher – ein Anliegen, das innerhalb des OI-Diskurses von denjenigen Autoren geteilt wird, die über Albert/Whettens Ursprungsdefinition von 1985 hinausgehen (s. Kapitel 5.2.3). Zweitens wird so ersichtlich, welche Aspekte Mitglieder selbst hinterfragen und ggfs. wo sie auch die propagierten Ideale als Unternehmensideologie – ‚Ideologie' hier im kritischen und kritisierenden Sinne (s. Kapitel 5.2.2) – bewerten. Insofern hat das Nennen der Kritik eine wichtige Funktion: Bei TW wurden Mitglieder, Führungskräfte, Strukturen und kulturelle Aspekte sowohl gelobt als auch kritisiert. Bei MKC wurden Kultur und Struktur von den meisten Befragten als positiv bewertet und nur von Einzelnen hinterfragt. Bei AW dagegen bezog sich Kritik fast ausschließlich auf einzelne ‚schwarze Schafe', die den hohen Wert des ‚Am-Ways' noch nicht ‚erkannt' haben (s. Kapitel 9). Insofern lässt sich anhand der Kritik und ihrer Zielrichtung (Struktur, Kultur, Unternehmen, Entscheidungsträger, einzelne Mitglieder etc.)

durchaus ‚ablesen', wie hoch der Überzeugungsgrad in den Organisationen ist, und somit wie engmaschig das ideologische Netz gespannt ist. All dies ist möglich, ohne dass die vorliegende Arbeit den rechtlich heiklen und inhaltlich ungangbaren Weg beschreiten muss, zwischen Selbstbild und Kritik schiedsrichterlich zu entscheiden.

8.7.1 Mary Kay Cosmetics – eine Gemeinschaft ohne Konkurrenz

Selbstbild

Eine zentrale Überzeugung und Handlungsmaxime im Unternehmen ist die von der Gründerin immer wieder betonte ‚Goldene Regel': „Behandele andere so, wie du selbst behandelt werden möchtest."[86] In diesem Sinne sind Mitglieder von MKC stolz auf ihre offene und herzliche Kultur, in der jeder willkommen geheißen wird. „Und in Mary Kay ist es einfach so, wie soll ich denn das beschreiben, das gibt es gar nicht. Man kommt da hin aufs Meeting, auch mein erstes Meeting bei der [Name Direktorin]. Ich war aufgeregt, ich habe nasse Hände gehabt, ich konnte fast kein Auto fahren. Dann komme ich dahin und dann sind (...) [da] alle: ‚Hallo!' – Und die kennen mich doch nicht! Ja, aber, das hat mir auch gezeigt: Sei freundlich zu den Leuten, dann sind die auch freundlich zu dir! (...) Und ja, ich muss wirklich sagen (...) auch in dieser Unit, das sind, die sind alle, wie sie sind: super!" (Star-Recruiter 3). Zum Selbstbild des Unternehmens gehört auch gemeinsames Lachen und Feiern, Spaß haben und ein ‚Hühnerhaufen' sein: „Es ist eine Freundschaft! Es ist ein totaler Unterschied, wir sind nicht nur Kolleginnen, wir sind auch irgendwie ein Haufen, einfach füreinander da" (Direktorin 2).

Die Herzlichkeit auf Veranstaltungen, die sich schon bei der Begrüßung mit Umarmungen und dem ‚Per-Du-Sein' ausdrückt, geht Hand in Hand mit der Überzeugung, dass die Mitglieder eine Gemeinschaft bilden und nicht in Konkurrenz zueinander stehen. Dazu gehört, dass sich Beraterinnen beispielsweise ihre Kundinnen gegenseitig nicht abwerben. Eine Direktorin berichtet über ihr Verhalten, wenn sie eine Frau anspricht, bei der sich herausstellt, dass diese schon MKC-Kundin ist: „Nee, es passiert irgendwie manchmal, dass man jemand über den Weg laufen, der sagt: ‚Ach, ich bin bei der Frau [Name]!' Sage ich: ‚Wunderbar! Da sind sie in guten

---

[86] So nahmen die meisten Mitglieder in den Interviews selbst Bezug auf die ‚Goldene Regel'. Auch auf der Internetseite lässt sie sich finden und wird dort als oberstes Unternehmensprinzip bezeichnet: www.marykay.de/unternehmen/default.aspx, abgerufen am 6.2.2006.

Händen. Sagen Sie liebe Grüße. Ja?' Mir tut es dann auch gut dann, der Frau zu vermitteln: ‚Oah, da sind Sie in guten Händen!' Weißt du, früher, ob ich da so gedacht hätte, wenn es eine Kollegin gewesen wäre (…) es ist einfach, weil die Gemeinschaft da ist" (Direktorin 2).

Interne Grenzen

Nicht alle Mitglieder bewerten das Miteinander als so harmonisch. Eine Beraterin berichtet von einer ihrer Kundinnen, die zu einer neuen Consultant gewechselt hat: „[U]nd die hat mir dann erzählt: ‚Ah ja, sie hätte da auch die Möglichkeit, Produkte zu bekommen und zwar zu 50 Prozent.' Und ich so: ‚Häh?' Und das war für mich ein eindeutiges Zeichen [für Abwerben]" (Star-Recruiter 1). Unmutsäußerungen beziehen sich auf einzelne Beraterinnen, aber auch auf Direktorinnen, die sich nicht an die Regeln halten oder die hohen Ideale des Unternehmens nicht verwirklichen (können oder wollen). „[E]s gibt, es gibt in MK auch andere Erfahrungen: Dass du mir als Mensch nicht wichtig bist, dass du als Zahl gesehen wirst. Aber Gott sei Dank sind die Units nicht so oft – hoffe ich" (Senior-Direktorin 1). In diesem Zusammenhang gibt es auch vereinzelt Kritik am Unternehmen, also der Zentrale in München. Diese unternimmt nach Meinung mancher Mitglieder zu wenig gegen Fehlverhalten: „Es sind ganz bestimmte Units, von denen man weiß, die sind wirklich rücksichtslos. Und das sind, Gott sei Dank, [wenige]. Ja, aber sie können natürlich in einem Gebiet ziemlich viel zertreten. Mich ärgert dann auch oft, dass da nichts passiert (…) Da gibt es aktenweise, stapelweise Beschwerden über die Consultant oder Direktorin in München, aber es passiert nichts" (Senior-Direktorin 1). Auf die Frage, was das Unternehmen tun könnte, antwortet die entsprechende Direktorin, dass eine schriftliche Abmahnung erfolgen sollte, die sich auf die kulturellen Regeln beruft: „‚Hör mal, du gehst einen Weg, der ist nicht so gedacht bei uns. Bitte unterlass das! Wenn du noch öfters auffällst, hat es vielleicht Konsequenzen.' Aber das tun sie nicht. Sie reagieren da nur, wenn es um richtig Geld[87] geht" (Senior-Direktorin 1).

Während Kritik an Personen und dem Unternehmen besteht, wurde das Ideal der Nicht-Konkurrenz selbst nur in einem einzigen informellen Gespräch sowie in einem Interview bezweifelt: „Jetzt stell dir mal vor: [Name] und [Name] verkaufen

---

[87] Damit sind die nicht zulässigen Verkäufe übers Internet, besonders beliebt ist www.ebay.de, gemeint. Solche Verkäufe untergraben den Kundenschutz und die Grundidee der Beratung der Kundinnen.

nichts (...) – und ich verkaufe wie blöd (...) Also jetzt mache mir nicht vor, dass da nicht der kleinste Funken Neid hochkommt!" (Consultant 5). Die Erklärung der Beraterin für das geringe Ausmaß an Neid sind nicht die hochgelobte Gemeinschaft, sondern die geringen Umsätze und die für die meisten Mitglieder fehlende Notwendigkeit, mit der Tätigkeit bei MKC Geld für den Lebensunterhalt verdienen zu müssen. Unter diesen Bedingungen fällt es leichter, freundlich zu sein, wobei die allgemein betonte Herzlichkeit von diesem Mitglied so nicht geteilt wird: „Und da gibt es auch sehr nette, aber es gibt auch (...) unangenehme Frauen" (Consultant 5).

Was unterstützt ,eine Gemeinschaft ohne Konkurrenz'?

Gemeinschaftsideale, Freundschaften und kollektive Unternehmungen erinnern eher an ein blühendes Vereinsleben als an die Zusammenarbeit in einem Wirtschaftsunternehmen. Der Eindruck, dass dieses Selbstbild nicht vollständig zu einem wirtschaftlichen Kontext passt, verstärkt sich, wenn die Selbständigkeit der Mitglieder, der fehlende Gebietschutz sowie die nicht-vorhandenen formalen Regelungen zum Kundenschutz berücksichtigt werden. Dennoch besteht bei MKC das Ideal des Miteinanders und der Konkurrenzlosigkeit. Auch in der vorliegenden Erhebung konnte bei lokalen, regionalen und überregionalen Veranstaltungen beobachtet werden, wie die Mitglieder sich gegenseitig herzlich begrüßten, nach dem Befinden fragten und sich gegenseitig Komplimente machten. Besonders auch im Gegensatz zu der ,spröderen' Stimmung bei TW, war die Herzlichkeit in Veranstaltungen von MKC durchaus ,greifbar'. Denn während bei MKC beispielsweise über Unitgrenzen hinweg sich die Mitglieder kennen und unterhalten, standen die TW-Beraterinnen der einzelnen Bezirkshandlungen bei einem überregionalen Treffen getrennt nebeneinander. Während bei MKC ,Küsschen', Umarmungen und Vornamen als Anredeform üblich sind, sind bei TW die Frauen distanzierter im Umgang miteinander. Dennoch: formal besteht die gleiche Konkurrenzsituation, und im Folgenden wird aufgezeigt, welche inhaltlichen Überzeugungen sowie welche kulturellen und strukturellen Mechanismen das MKC-Ideal der Gemeinschaft stützen.

Zentral für das Unternehmen und seine Wertvorstellungen ist die 2001 verstorbene Gründerin Mary Kay Ash, die ihre eigenen Hinterlassenschaften selbst als „Vermächtnis" bezeichnet (Ash 1981). Als identitätsstiftendes Vorbild ist sie nach wie vor präsent: Ihre Autobiographie (1981) wurde laut Unternehmensangaben schon mehr als zwei Millionen Mal weltweit verkauft,[88] auf der Internetseite des Unternehmens werden ihre Handlungsmaximen vorgestellt (www.marykay.de), in Veranstaltungen nehmen Rednerinnen auf sie Bezug, und ihre Weisheiten und Sinnsprüche können auf Aufklebern über den regulären Bestellschein erworben werden. Normative Kontrolle erfolgt hier u. a., indem Werte durch die Strahlkraft dieses Vorbildes weitergegeben werden (s. hierzu Alvesson/Willmott 2002: 630 f.). In diesem Sinne vermittelt die Gründerin auch das Ideal der Gemeinschaft und des ‚personal touch' in ihrer Organisation, denn die Vielzahl der Beraterinnen „[with] all their differences, (...) share a common bond – spirit of loving and giving which I believe is unique in the business world" (Ash 1981: 172).

Die Verortung der Individuen innerhalb eines großen Ganzen erfolgt bei-spielsweise durch die Verwendung von Familienmetaphern im Unternehmen – Biggart spricht von einer „metaphorical family" (Biggart 1989: 85). Für MKC heißt dies, dass beispielsweise Direktorinnen als ‚Töchter' der ursprünglichen Direktorin bezeichnet werden und Downlines verschiedener Direktorinnen ‚Schwesterlinien' darstellen. Dennoch trifft das hohe Ausmaß an Familienmetaphern, das Biggart für die USA feststellt (Biggart 1989: 85-88; s. auch Lan 2002), im Rahmen der vorlie-genden Studie nicht in gleichem Maße zu. So grenzt eine Direktorin die beiden Bereiche, MKC und Familie, voneinander ab: „Familie ist noch ein Teil enger, nee? Also Familie ist da noch enger" (Direktorin 1). Trotz dieses abgeschwächten Fami-lienbildes in Deutschland ist die dahinter stehende normative Kontrolllogik rele-vant: In einer Familie halten die Mitglieder (idealerweise) zusammen und dies be-deutet auch, dass es gilt, sich gegenseitig Erfolg zu ‚gönnen' und sich nicht als Kon-kurrenten zu verhalten (s. auch Lan 2002; Pratt/Rosa 2003). Denn – so eine weitere wichtige Botschaft der Gründerin an ihre Nachfolgerinnen – „[t]o me, P. and L. meant much more than profit and loss – it meant people and love!" (Ash 1981: 23).

‚People and love' bedeutet, dass Mitglieder nicht gegeneinander arbeiten sollen, denn es gibt mehr als finanziellen Erfolg. So zeigt sich das Ideal der Nicht-Konkurrenz als Verhaltens- und Handlungsleitlinie (Alvesson/Willmott 2002: 631) nicht nur im Freundlichsein, sondern auch in der freien Weitergabe von Informati-onen, Ideen und Tipps an andere Frauen. In diesem Sinne berichtet eine Direktorin über einen erfolgreichen Wettbewerb in ihrer Unit, zu dem sie die Idee von einer Kollegin erhalten hat: „Das war eine Direktorin, die das erzählt hat auf der Lea-dership-Konferenz (...) Das ist auch das Schöne unter uns Direktorinnen, dass

---

88 Quelle: www.marykay.de/content/pws_de/corporate/de-de/company/firmen/milestones.htm, ab-gerufen am 16.10.2006.

wirklich geteilt wird. Und wenn jemand eine tolle Idee hat, dann gibt er die weiter und das ist eigentlich nicht üblich" (Direktorin 2).

Dieses ‚Teilen' gehört zum Selbstbild von MKC. Ein Label (Alvesson/Willmott 2002: 629; Czarniawska-Joerges/Joerges 1988), das diese Wertvorstellung ebenso transportiert, ist das so genannte ‚Karriereteilen'. Damit ist das Anwerben neuer Mitglieder gemeint – eine Tätigkeit, die zu Superprovisionen für die Anwerberin und die Direktorin sowie zu höherem Umsatz für das Unternehmen führen kann. Mit der Bezeichnung ‚Karriereteilen' werden diese finanziellen Interesse mit Hilfe des Gemeinschaftsideals (da in Gemeinschaften geteilt wird) verschleiert. Während Kritiker des MLM auf die Gefahr der Ausnutzung sozialer Beziehungen verweisen (s. Kapitel 3.2.3), erfolgt bei MKC eine Umwertung des Anwerbens als altruistische Tätigkeit. In diesem Sinne erklärt eine Direktorin: „Frag Consultants beim Seminar: (...) ‚Habt ihr alle schon schöne Erlebnisse in MK gehabt?' – Es wären alle aufgestanden. ‚Warum gebt ihr das Schöne, was ihr hattet, warum seid ihr so egoistisch und gebt das Schöne, das ihr erfahren durftet, nicht an andere Frauen weiter?' (...) Und das ist auch immer so mein Appell an die, wo ich immer sag: ‚Sei[d] nicht so egoistisch, sondern gebt es weiter. Es kommt zurück, es kommt etwas zurück!'" (Direktorin 1). Das, was gemäß organisationalem Selbstbild zurück kommt, ist nicht nur Geld, sondern Freundschaft und Miteinander, die ebenso wichtig sind für das eigene Leben. Die Zusammenarbeit bei MKC ermöglicht dies und eine Direktorin führt aus: „Mein Herz sagt mir, eine Lebensfreundin, also ich weiß, wenn jemand Direktorin wird, dass wir eine Bindung gemeinsam eingehen, die Jahre, Jahre, jahrelang bleibt" (Elite Leitende Direktorin 2).

Neben dem Ideal der Gemeinschaft an sich, der ‚Goldenen Regel' als Handlungsmaxime und dem Teilen als wertvolle Handlung, gibt es weitere Überzeugungen, die das Ideal der Konkurrenzlosigkeit ideologisch stützen. Eine oft wiederholte Vorstellung ist die von der ‚Unbegrenztheit' des Marktes. ‚Es gibt genug Haut', lautet eine wichtige Botschaft: „Unser Potential ist noch so groß! Also, ich würde mir wünschen, dass ich eine Nachbarin anwerbe, die von mir aus die ganze Straße rosa macht, dass in jedem Haushalt ein MK-Produkt steht. Würde ich mir wünschen! Im Sinne von der Nachbarin. Im Sinne von der Consultant" (Direktorin 1). Besonders große Wachstumschancen werden gesehen, da MKC in Deutschland nicht so bekannt ist – somit gibt es auch keinen Grund für Konkurrenzgebaren. Dies lässt sich als ein ‚rationales' Argument aus der MKC-Ideologie gegen ‚irrationale' Missgunst verstehen: Da es so viel ‚Haut' für jede gibt, gibt es keinen Grund, Informationen zurückzuhalten oder bestehende Kundinnen abzuwerben.

Ergänzt wird diese Vorstellung durch die normative Regel (Alvesson/Willmott 2002: 631), dass bei MKC jede Frau selbst für Erfolg und Misserfolg verantwortlich ist. „Und das ist doch klasse, wenn ich nur an mir scheitern kann! Ich kann nur scheitern, weil ich den Hintern nicht hochkriege! Und nicht, weil ein anderer nicht will, dass ich weiterkomme" (Star-Recruiter 3). Diese kulturell propagierte Eigenverantwortlichkeit ist auch in der Struktur der Organisation verankert: Alle Mitglieder sind selbständig, die Kriterien für den Aufstieg sind bekannt und gelten von Seiten des Konzerns aus für alle Beraterinnen in gleichem Maße – eine Art von Fairness, die nicht jedem Unternehmen zu eigen ist.

Solche formalen Besonderheiten heben – und dies ist wiederum ein kultureller Mechanismus (Alvesson/Willmott 2002: 629) – MKC positiv von anderen Wirtschaftsunternehmen ab. Diese Identitätsstiftung durch Abgrenzung erfolgt hier durch Vergleiche und wird in Form von Erzählungen weitergegeben. So berichtet eine Beraterin von ihrem Wunsch, in ihrem Hauptberuf aufzusteigen. Hierfür sieht sie keine Möglichkeit, da ihr Arbeitgeber in den letzten Jahren Kürzungen durchgeführt hat: „Du kannst nicht wachsen, weil keine Stelle da ist (...) Ich würde bestimmt gerne etwas anderes machen und habe bestimmt auch Potential, was anderes zu machen! Nur kann ich es nicht, weil da ist nichts, wo ich hinkann (...) [bei MKC] kann ich wohin. Und ich darf mich nebendran setzen. Da kann es 20.000 Direktorinnen geben. Und wenn ich auch eine werden will: O. k., da ist ein Platz frei!" (Star-Recruiter 2).

Das Zusammenspiel zwischen einzelnen formalen Strukturen (z. B. transparenten Aufstiegsregeln), bestimmten ideologischen Überzeugungen (z. B. Eigenverantwortung) sowie identitätsfördernden Mechanismen (z. B. Vergleiche mit anderen Unternehmen) führen zur moralischen Pflicht, sich angemessen zu verhalten, also beispielsweise Kundinnen nicht abzuwerben oder Neid nicht zu äußern (oder gar nicht zu empfinden). Das Ideal der Gemeinschaft und der Nicht-Konkurrenz werden nicht nur normativ produziert, sondern so auch durch formale Regelungen gestützt (zur Wechselwirkung formale Strukturen und kulturelle Aspekte s. Kärreman/Alvesson 2004).

Ein besonders wichtiges strukturelles Element zur Förderung der Gemeinschaft ist dabei paradoxerweise das Provisionssystem selbst. Dieses enthält einerseits die Notwendigkeit, selbst erfolgreich zu sein, da nur wer Leistung erbringt, Einkünfte hat. Andererseits beinhaltet es auch Elemente, die die Zusammenarbeit stärken bzw. sogar erzwingen. Wie bei allen MLM-Unternehmen verdient die jeweilige Upline an ihrer Downline mit. Hinzu kommt, dass nur wer anwirbt, selbst aufsteigen kann (s. Tabelle 4). Somit können lediglich Führungskräfte, die ‚ihre' Mitglieder motivieren und zu Leistung anspornen, überhaupt selbst erfolgreich werden bzw. ihren Status erhalten. Für die Downline wird umgekehrt – nicht in jedem Einzelfall, aber strukturell – gewährleistet, dass sie von ihren Führungskräften ‚ausgebildet‘ werden bzw. Grundkenntnisse in der Produktanwendung, Beratung, Verkauf etc. erhalten. Wer in dieser gegenseitigen Abhängigkeit seinen Mitgliedern Konkurrenzdenken vermittelt, wird es schwer haben, selbst von diesen Akzeptanz zu erhalten: „Ja. Wobei es, (...) wenn man weiterkommen will als Direktorin, da kommt es auch auf das Team an. Ja?! Also wenn das Team nicht mitspielt, wenn das Team der Meinung ist: ‚No‘ – hast du keine Chance. Da kannst du rudern, wie du willst, da kannst du in der Woche für 5000 Euro verkaufen" (Star-Recruiter 3).

Diese gegenseitige Abhängigkeit zwischen Downline und Upline gilt formal gesehen jedoch nicht zwischen den verschiedenen ‚Sidelines‘, also den parallelen ‚Schwesterlinien‘. Doch auch hier wird bei MKC die Konkurrenz unterbetont und die Gemeinschaft als Wert hervorgehoben. Eine kulturelle Stütze erfährt dies durch das so genannte ‚Adoptivsystem‘. Dieses stammt von der Gründerin Mary Kay Ash (Ash 1981: 24) und ist Bestandteil des ‚Gründungsmythos‘ des Unternehmens (zur Bedeutung von Mythen in Organisationen s. Kieser et al. 1998: 32-34). Die Unternehmensgeschichte besagt, dass Mary Kay Ash, nachdem sie sich zur Ruhe gesetzt hatte,[89] aufschrieb, wie ihre „Dream Company" aussehen müsste – und diese dann später in Form des Unternehmens MKC verwirklichte: „I remembered the time when I was earning $ 1,000 a month in commissions from my sales unit in Houston, and my husband took a new job in St. Louis. Since I couldn't take my Houston unit with me, I lost all the commission on the people I had recruited and trained and motivated for eight years. I thought this was totally unfair" (Ash 1981: 24). Dementsprechend ist MKC gemäß Selbstbild ‚anders‘ aufgebaut: Mitglieder werden der Anwerberin zugeordnet, auch wenn sie von einer Direktorin an einem anderen Ort betreut werden. Idealerweise profitieren alle Direktorinnen von diesem System der Gegenseitigkeit, obwohl auch hier von Interviewpartnerinnen bemängelt wurde, dass nicht alle Führungskräfte sich an diese Norm halten. Wichtig ist trotz einzelner ‚schwarzer Schafe‘, dass sich MKC gemäß Selbstverständnis von anderen, schlechter organisierten Unternehmen abhebt – ein identitätsstiftender Mechanismus, der oben schon veranschaulicht wurde (Alvesson/Willmott 2002: 629). Ergänzt werden

---

[89] Das Geburtsjahr Mary Kay Ashs ist ein wohlgehütetes Geheimnis. Aus den Schilderungen in ihrer Autobiographie (Ash 1981) lässt sich vermuten, dass ihr ‚Renteneintritt‘ mit Mitte 40 erfolgte. Ob dies als ernsthafter Ruhestand zu verstehen ist oder dem Gründungsmythos dient, soll hier offenbleiben.

muss hier jedoch, dass auch andere MLM-Unternehmen diese Besonderheit für sich reklamieren, wie u. a. AW oder das Unternehmen Prowin.

Als letzter Aspekt, der das Zusammenspiel von Unternehmensstrukturen und normativen Formen der Kontrolle verbindet, soll auf bestimmte Auszeichnungen bei MKC eingegangen werden. Insgesamt werden sehr viele Wettbewerbspreise vergeben, deren Funktion im Kapitel 8.7.3 analysiert wird. Im Zusammenhang mit dem Ideal der Gemeinschaft und der Konkurrenzlosigkeit ist relevant, dass bestimmte Preise nicht nur für die beste Leistung vergeben werden, sondern generell bei Erreichen bestimmter Vorgaben. Dieses Verfahren wurde – wiederum gemäß Entstehungsmythos – von der Gründerin mit dem Ziel eingeführt, eine gesunde Wettbewerbsatmosphäre zu erzeugen: „A long time ago, I realized that the wrong kind of competitiveness can create a destructive atmosphere in a company" (Ash 1981: 18). Dementsprechend gilt beispielsweise, dass diejenige, die drei aktive Beraterinnen unter sich hat, die ‚rote Jacke' des ‚Star-Recruiters' erhält. Diese Ebene kann völlig unabhängig davon erreicht werden, ob andere Personen diese Qualifikation im gleichen Zeitraum und/oder in der gleichen Unit ebenfalls erreichen. Wettbewerb wird in diesem Sinne als „gesund" bezeichnet und als „Wettbewerb gegen sich selbst" (Ash 1981: 18) propagiert – um nicht zu sagen ‚umgedeutet'. Wenn jedes Mitglied gewinnen kann, sind die oben schon erwähnten Gefühle von Neid und Missgunst deplaziert.

Strukturelle Aspekte wie der Aufbau des Provisionssystems und die Wettbewerbspreise sind somit bei MKC eng mit den oft wiederholten Idealen verknüpft – sie bilden gemeinsam ein ‚ideologisches Netz', in dem sich formale und normative Elemente der Kontrolle verbinden. In ähnlichem Sinne schreibt Biggart zu dem Wechselspiel innerer Rechtfertigung und äußerer Kontrollmittel (angelehnt an Weber 1980): „There are many strategies of both types, but managers cannot simply select from a menu of control or commitment mechanisms. To be effective, mechanisms have to 'make sense' to participants" (Biggart 1989: 129). Dies geschieht durch die Verbindung von Strukturen und Idealen, aber auch durch eine Mischung von abstrakten Wertvorstellungen wie ‚people and love' mit sehr lebensnahen und nachahmbaren Empfehlungen wie ‚keine bestehenden Kundinnen abwerben'.

Mögliche Vorzüge ‚einer Gemeinschaft ohne Konkurrenz' für den Konzern MKC

Die DV und besonders MLM-Unternehmen präsentieren sich gerne als ‚Multitalente', die ihren Mitgliedern vielfältige Wünsche und Bedürfnisse erfüllen können: Geld, Gemeinschaft, Sicherheit, Spaß, Abwechslung etc. (s. auch Selbstbild und Image der ‚Branche' in Kapitel 2.3). Den Abschluss der inhaltlichen Analyse der einzelnen ideologischen Überzeugungen bei MKC und AW bildet deswegen eine Einschätzung und Interpretation der Autorin, welche Vorzüge das jeweils propagierte Ideal dem Unternehmen bieten kann. Dies ist die Antwort auf die dritte Analysefrage, dem ‚Wozu?' (s. Kapitel 5.3), die zum Ende des jeweiligen Abschnittes in Form einer Aufzählung erfolgt:

- Die ‚Ausbildung' der Mitglieder erfolgt nicht durch die Zentrale, sondern durch gegenseitige Weitergabe von Informationen etc. Neben dem formal geregelten ‚Mitverdienen' der Upline an der Downline ‚versüßt' die Gemeinschaft das gegenseitige Aufeinander-angewiesen-Sein und macht die Abhängigkeiten weniger sichtbar (s. auch Lan 2002: 175-178). Die formal bestehende Konkurrenz wird so abgemildert bzw. gemäß Selbstbild sogar überkompensiert (s. auch Bromley 1998: 361).

- Gemeinschaft ist ein universeller Werte und die ‚Goldene Regel' eine allgemeingültige Handlungsleitlinie. Nach beiden lohnt es sich – völlig unabhängig vom Unternehmen MKC – zu streben. Indem Mitglieder sich bemühen, nach diesen Vorgaben zu handeln, tritt das Unternehmen als Akteur, der steuert und kontrolliert, in den Hintergrund. Auf der ‚Bühne' befinden sich vielmehr die ethisch hohen Werte und die Mitglieder, die nach dem Guten in ihrem Leben streben.

- Auszeichnungen, die es in ‚unbegrenztem' Ausmaß gibt, senken die direkte Konkurrenz zueinander. Gleichzeitig wird so das Idealbild des ‚unendlichen Marktpotentials' gestützt. Dieses vernachlässigt, dass z. B. die oben genannten ‚20.000 Direktorinnen' in Deutschland bei den aktuellen durchschnittlichen Umsätzen rund 3 Mio. Mitglieder benötigen würden und die Anzahl derjenigen, die ‚rote Jacken' oder Firmenfahrzeuge erhalten, wohlkalkuliert sein dürfte – alles andere würde die finanzielle Überlebensfähigkeit des Konzerns gefährden.

- Die Interessen des Unternehmens und die Härte der Konkurrenz von Selbständigen werden verschleiert. ‚Anwerben' und ‚mitverdienen' klingen hart;

‚Karriereteilen' lenkt vom Eigeninteresse ab und ist gleichzeitig für Mitglieder emotional befriedigender (Biggart 1989: 87; Lan 2002: 171 f.).
- Durch die Abgrenzung der MKC-Gemeinschaft nach außen, werden die Mitglieder als homogene Gruppe definiert – so wie sich jedes Unternehmen gerne als ‚Team' darstellt. Interessensunterschiede zwischen den Frauen, z. B. Direktorinnen und ‚einfachen' Mitgliedern, werden so verdeckt (s. auch Studie von Wittel 1997: 128 f.).

8.7.2   Eine Chance für Frauen

Selbstbild

Wichtiger Bestandteil des organisationalen Selbstbildes ist, dass Frauen durch MKC eine Chance gegeben wird, denn es geht darum, „das Leben von Frauen zu bereichern" – so die Selbstdarstellung auf der offiziellen Internetseite des Unternehmens (www.marykay.de). Angesichts der Schwierigkeiten für Mütter auf dem Arbeitsmarkt ist hier zunächst die Möglichkeit gemeint, Beruf und Familie zu vereinbaren. Als Angestellte müssten die Mütter zu Hause bleiben, damit „unser Kind nicht irgendwo hingestopft wird"; eine selbständige Tätigkeit hingegen ermöglicht, diese „halt sehr gut um die Familie rum-[zu]-drapieren" (Star-Recruiter 3).
        Bei MKC gilt ein oft wiederholtes Motto der Gründerin: ‚God first, family second, career third' wird neben der ‚Goldenen Regel' als Leitmaxime im Unternehmen bewertet. Während dabei in Deutschland weniger der spirituelle Aspekt der Tätigkeit hervorgehoben wird, wird die Bedeutung der Familie gegenüber der Karriere immer wieder betont: „Wir müssen unsere Kinder aufziehen und die Freundschaft mit unseren Männern genießen – das nämlich bedeutet Familie (...) Wofür ist eine erfolgreiche Karriere denn schon gut, wenn Sie dafür Ihre Beziehungen opfern müssen?"[90] Trotz der Möglichkeit, viel Geld zu verdienen – die zwei besten Direktorinnen Deutschlands haben rund 10.000 Euro Provision im Monat – ist die Familie das wichtigste im Leben einer Frau. MKC versteht sich darüber hinaus aber auch als ‚Chancengeber' in vielerlei weiteren Hinsichten: Abwechslung, Spaß, Selbstbewusstsein und Freundschaft sind Beispiele aus der langen Reihe an ‚Bereicherungsmöglichkeiten' durch das Unternehmen.

---

[90]   Quelle: www.marykay.de/karriere/default.aspx, abgerufen am 30.6.2006.

Interne Grenzen

Die Vorstellung, dass die Tätigkeit Abwechslung bringt und zu mehr Selbstbewusstsein (durch die Hautpflege, die Kosmetik sowie durch die Tätigkeit als Beraterin) verhilft, wird einhellig geteilt. Kritik gibt es dagegen vereinzelt hinsichtlich der Verdienstmöglichkeiten. Die einen verweisen darauf, dass nicht nur die Ware, sondern auch die Broschüren und Produktproben vom Unternehmen gekauft werden müssen und Produktsets nur zu einem bestimmten Teil tatsächlich weiter verkauft werden können. Bei Sortimentwechsel muss die Beraterin zunächst alles selbst erwerben, um es ihren Kundinnen zeigen zu können. Somit sind die laufenden Kosten hoch und die Tätigkeit lohnt sich erst ab einem gewissen Umfang: „Die Ware musst du da haben, wenn du verkaufen willst. Aber es ist halt auch so, das ist, viele Sachen, die nimmst du, ja, dann ist das die Farbe nicht, und dann ist das zu alt. Und dann schmeißt du es weg (...) Aber du musst erst mal deinen Kundenstamm haben und auch mal das erst mal finanzieren" (Consultant 1).

Im Vergleich zu TW, wo die Provisionshöhe ein häufiges und zentrales Thema ist, nehmen monetäre Anreize bei MKC trotz der voneinander abweichenden Einschätzungen einen wesentlich geringeren Raum ein. Eine kritische Beraterin erklärt dies, wie schon oben angeführt, mit der spezifischen Mitgliederkonstellation innerhalb der hier vorwiegend untersuchten Unit: Die Tätigkeit gilt als ‚Gelegenheitsbeschäftigung', die finanzielle Absicherung erfolgt durch die Ehemänner – dabei könnte viel mehr Umsatz erreicht werden: „Du brauchst Frauen, die nach vorne wollen, ansonsten hast du Endloskaugummi! (...) Ich komme da immer selber so mit mir selber in Bredouille, also an den Sympathien zweifele ich überhaupt nicht, aber das ist für mich oftmals schwer, weil ich immer denke: Mein Gott, da ist doch viel mehr drin! Jetzt mal auf! Und jetzt mal zusammengerissen, los jetzt, Mensch! (…) wie gut habt ihr es! Und machen nichts daraus" (Consultant 5).

Was unterstützt ‚eine Chance für Frauen'?

Das Selbstbild von MKC als Chancengeber wird bei MKC durch die Vorstellung gestützt, dass es für Frauen im Allgemeinen und für Mütter im Besonderen Wichtigeres als eine berufliche Karriere gibt. Im Gegensatz zum eindeutigem Ziel der (finanziellen) Freiheit bei AW wird deswegen bei MKC noch stärker als bei TW eine Vielfalt von Motiven für die Mitgliedschaft und die Tätigkeit propagiert. Als Vorbild – und somit als Verkörperung von Werten im Unternehmen (s. hierzu Alvesson/Willmott 2002: 630 f.) – dient die Gründerin Mary Kay Ash. Diese vereint in ihrer Person mehrere erstrebenswerte Verhaltensweisen und Lebensentwürfe: Schöpferin und Leiterin eines weltweiten Wirtschaftsimperiums, überzeugte Christin voll Nächstenliebe und Fürsorge, liebevolle Alleinerziehende (vor der Gründung von MKC) und die treu sorgende Ehefrau und Familienseele des gesamten heranwachsenden Unternehmens- und Familien-‚Clans'. In ihrer Autobiographie finden sich dementsprechend Hinweise zu allen denkbaren Lebenslagen und -situationen, in denen sich ‚frau' befinden kann. So gibt es neben Ratschlägen zum professionellen Auftreten bei Verkaufsveranstaltungen (Ash 1981: 129 f.), auch Kniffe, wie ‚frau' ihren Mann zufrieden stellt. Den Trick einer Consultant gibt sie in Form einer Geschichte weiter: „She'd throw an onion in a pot of boiling water, and it would smell like something good was cooking for dinner. Her husband would come in a few minutes later and that wonderful aroma made him feel a good meal was under way. In the meantime, she'd have time to pull something out of the freezer" (Ash 1981: 75). Derartiges Storytelling (zur Bedeutung von Geschichten in Organisationen s. auch Boje 1995) verdeutlicht nicht nur, wie raffiniert Frauen sein können, sondern auch, dass das ‚Ehefrau-Sein' mit Pflichten einhergeht, die zu erfüllen sind. Und sogar Ehemann Mel erwartete gemäß Überlieferung, dass seine Frau Mary Kay Ash selbstverständlich jeden Abend um Punkt sieben ihm das gemeinsame Abendessen zubereitet hatte (Ash 1981: 75). Und während in ‚normalen Unternehmen' keine Chefin von ihren häuslichen Pflichten sprechen würde, erklärt sich hier diese erfolgreiche Geschäftsfrau und Multimillionärin solidarisch mit dem Schicksal aller (Haus)Frauen. Dies geschieht, obwohl diese ‚Superfrau', „an obvious booster of women" (Biggart 1989: 97), sich vielleicht nicht zwischen Lebensentwürfen entscheiden musste – zumindest hat sie laut (Selbst)Überlieferung alle Aufgaben sowohl gleichzeitig als auch perfekt erfüllt.

Die Chancenvielfalt des Unternehmens – für ‚Karrierefrauen' und ‚Superhausfrauen' – spiegelt sich somit in der Rollenvielfalt der Gründerin wieder, deren Legende durch Geschichten transportiert und vermittelt wird. Ein weiterer identitätsfördernder Mechanismus ist, dass sich das Unternehmen gemäß Selbstbild deutlich von anderen Organisationen abhebt (Abgrenzung als Mechanismus zur Identitätsförderung s. bei Alvesson/Willmott 2002; Bergami/Bagozzi 2000; Dutton/Dukerich 1991; Wittel 1997). „Es ist, ich denke einfach mal (...), die [anderen Unternehmen] wollen sich die Arbeit damit nicht machen. Sich überhaupt mal Gedanken zu machen, wie kann ich Frauen wieder, nachdem der Erziehungsurlaub rum ist, wie kann ich die wieder integrieren in die Firma? (...) Es sind doch genug Arbeitskräfte da. Was sollen die sich da krumm machen" (Direktorin 1). Während in der ‚freien Wirtschaft' kein Verständnis für Lebenskonzepte besteht, die die Familie in den Mittelpunkt rücken, ist bei MKC die Familienorientierung fester Bestandteil des Selbstbildes (s. auch Kapitel 3.2.1). Im Zuge der teilnehmenden Be-obachtung konnte so auch festgestellt werden, dass beispielsweise ‚Sondertermine' im Rahmen des Unternehmens, wie Debüts neuer Direktorinnen, mit dem Hinweis auf familiäre Verpflichtungen abgelehnt wurden.

Im Zusammenhang mit der Frauenemanzipation lassen sich zwei Chancen sehen: Einerseits können Frauen so ihr eigenes Geld verdienen; andererseits auch mehr für die Familie da sein (und den Mann das Geld verdienen lassen). Diese Ambivalenz, Biggart bezeichnet sie als „Kompromiss", macht den Reiz vom DV aus: Frauen „can be personally empowered – feel liberated and modern – without upsetting the traditional premises of their lives" (Biggart 1989: 97). Mit Hilfe von MKC ist es also Frauen möglich, über den Kreis von ‚Heim und Herd' hinauszutreten. Dies muss jedoch nicht so weit gehen, dass beispielsweise Ehen mit einer traditionellen Arbeitsteilung gefährdet werden. Dabei ist diese Befürchtung laut Interviewpartnerinnen der vorliegenden Studie der häufigste Grund für das Ende der Tätigkeit – ähnlich wie oben für TW angeführt. Mary Kay Ash widmet diesem Thema ein eigenes Kapitel in ihrer Autobiographie (Ash 1981: Kapitel 9), das neben dem geschilderten ‚Zwiebeltrick' das dem Unternehmen immanente Männer- und Frauenbild mit weiteren Erzählungen verdeutlicht. Ein wichtiges Versprechen des ‚Frauenunternehmens' MKC ist in diesem Zusammenhang, dass die Tätigkeit die eigene Weiblichkeit nicht zerstören, sondern zur Blüte bringen soll (s. auch Biggart 1989: 124). So erklärt die Gründerin eindringlich Folgendes: „Setzen Sie Ihre Weiblichkeit nicht aufs Spiel. Ihre Anmut, Ihre Intuition und Ihr Einblick in andere Menschen verleihen Ihnen eine ganz besondere Stärke. Sie müssen nicht ‚einer von den Jungs' werden, nur um erfolgreich zu sein."[91]

Während sich Frauen in ‚männlichen Unternehmen' anpassen müssen, verspricht MKC ihren Beraterinnen, dass sie im Unternehmen in besonders hohem Maße die eigene Weiblichkeit leben dürfen. Zu dieser gehört gemäß dem organisationalen Frauenbild das Zulassen und Ausdrücken von Gefühlen. Dementsprechend wurde, wenn bei Ehrungen vor Rührung Tränen flossen, gegenüber der Autorin halb peinlich und halb stolz erklärt: ‚Das ist bei uns halt so' oder ‚das darf man bei uns!' Im Unterschied zur ‚kalten Männerwelt', die die sonstige Arbeitswelt kennzeichnet, ist so ein ‚weibliches Arbeiten' möglich: das Zulassen von Gefühlen und mehr Spaß bei der Tätigkeit. Eine Beraterin erläutert ihre Sichtweise: „Aber ich denke, die Welt wäre manchmal etwas schöner, wenn Frauen in der Führungsetage wären! Die einfach auch Verständnis haben, dass Frauen anders ticken. Die nicht so: ,Zack, zack, zack', (...) Weil einfach so ein bisschen Geplänkel ja auch dazu gehört. Dass man dann aber trotzdem arbeiten kann, aber schöner arbeiten kann" (Star-Recruiter 2). Dieses ,schöne Arbeiten' beinhaltet jedoch nur bestimmte Gefühle. Neid, Enttäuschung, Wut oder Frust zählen keineswegs zu den erwünschten Empfindungen und zeigen den fehlenden MKC-Spirit (s. Kapitel 8.7.5 zur ,Lebensschule').

Die Chancen durch das Unternehmen beinhalten – hier geht die vorliegende Arbeit einen Schritt weiter als Biggart – nicht nur den Verdienst und immaterielle Werte, sondern auch das Träumen an sich (s. Biggart 1989: 69). Mary Kay Ashs Wunsch, eine „dream company" (Ash 1981: 20) aufzubauen, ließ sich in der vorliegenden Erhebung oft wörtlich verstehen. Primäres Ziel für die meisten aktiven Mitglieder in der untersuchten Unit schien es zu sein, ab und an aus dem Alltag ,auszubrechen'. Dass dies nicht in Form einer Vereinsmitgliedschaft, sondern unter dem ,Deckmäntelchen' einer (formal beliebig flexiblen) Berufstätigkeit geschieht, scheint für manche attraktiv zu sein – so lässt sich beispielsweise dem nicht mehr sonderlich hohen Ansehen der ,Nur-Hausfrau' entkommen.

Die Bedeutung des Träumens wurde vor allem im Rahmen des Jahresseminars deutlich, das mit dem Label ,Geschäftsseminar' versehen ist (Alvesson/Willmott 2002: 629). Auf dessen Vorbereitung – Planung der Anfahrt, Auswahl des Abendkleides für den Galaabend, Einstudieren eines Tanzes für den vorhergehenden ,Area-Abend' etc. – wurden zahlreiche Stunden verwandt, von mancher Beraterin eventuell sogar mehr als auf die ,eigentliche' Tätigkeit, den Produktverkauf. Angereist wurde mit Rollkoffer im Business-Look und schön gepflegtem MKC-Outfit. Auf der Veranstaltung selbst wurden zwar auch Informationen weitergegeben, wesentlich wichtiger schienen aber die umfangreichen Ehrungen und Reden einzelner Mitglieder. Vermittelt wurde Motivation, Spaß, Zusammenhalt und ,Im-Inneren-berührt-Werden'. Der im Rahmen des Jahresseminars bei MKC in der lokalen Gruppe gemeinsam feierlich abgegebene Vorsatz, im kommenden Geschäftsjahr jeweils eine bestimmte Umsatzhöhe zu erreichen, wurde von keiner Teilnehmerin eingehalten. Soweit die spätere, aus der Distanz erfolgte nichtteilnehmende Beobachtung eine Beurteilung durch die Autorin zulässt, wurde dies auch nicht negativ als Versagen o. Ä. sanktioniert.

Solche unerfüllten Träume hindern nicht daran, im nächsten (Halb)Jahr wieder dieses schöne Erlebnis zu genießen: Die Inspiration, die das Unternehmen bietet, muss nicht über längere Zeit anhalten, sondern wirkt vielmehr immer wieder aufs

Neue. Eine langjährige Seminarfahrerin beschreibt die Bedeutung der Großveranstaltungen folgendermaßen: „Aber das Seminar ist für mich das Wichtigste überhaupt im Jahr. Und da ist so meine Andockstation". Auf die Frage, ob sie sich dort Ziele setze, die sie beim nächsten Seminar überprüfe, erwidert diese: „Muss nicht mal sein! Einfach so wieder für mich so ein bisschen das Rausholen aus dem Alltag" (Star-Recruiter 2).

Potentielle Gegenargumente gegen den ,Chancencharakter' des Unternehmen wie beispielsweise, dass finanziell gesehen nur ein kleiner Teil der Mitglieder Direktorinnen sind, dass nur wenige Direktorinnen über 3.000 Euro brutto/Monat erhalten (s. Tabelle 4), dass der Einstieg noch lange keinen finanziellen Erfolg bringt, dass viele Frauen inaktiv sind etc., sind irrelevant gegenüber den vielfältigen (im)materiellen Möglichkeiten, die diese ,Chance für Frauen' bietet. Und während bei TW die Teilnahme an den Seminaren auf diejenigen beschränkt ist, die sich durch bestimmte Leistungen qualifiziert haben, kann bei MKC jede mitfahren, die die Teilnahmegebühr gezahlt hat.[92] So antwortet eine Beraterin mit eher geringem Verkauf auf die Frage, was sie schon seit Jahren bewegt, an den verschiedenen Veranstaltungen teilzunehmen: „Ja, das kann ich nicht, das kann ich nicht mit einem Satz (...) Es gibt so viele Sachen! Und ich wollte es auch gar nicht missen! (...) Also heute könnte ich mir nicht mehr vorstellen (...) ich brauche es! Also das ist wie, es muss einfach sein" (Star-Recruiter 3).

Der kostenpflichtige, aber sonst freie Zugang zu den Großveranstaltungen ist ein strukturelles Element, das die Vorstellung vom Unternehmen als Chancengeber für (alle) Frauen unterstützt: Jede darf mitmachen, jede ist willkommen (s. Gemeinschaftsideal). Das gleiche gilt für die Mitgliedschaft als solche, die jedem Erwachsenen offen steht und gemäß Unternehmensideologie zu mehr Ausstrahlung, Selbstbewusstsein und Selbstwertgefühl führen kann. Vor allem für Mütter ist auf der formalen Ebene wichtig, dass in der „Mary-Kay-Schönheits-Consultant Vereinbarung" (Mary Kay Cosmetics GmbH [Ed.] 2004f) wenige Pflichten enthalten sind: Arbeitsumfang, Arbeitsort und Arbeitszeitpunkt stehen offen und gewährleisten Familienfreundlichkeit – wenn auch nicht unbedingt hohe Einkünfte.

---

[92] Das besuchte Jahresseminar umfasste 1,5 Tage Programm und kostete für Gäste 69 Euro und für Beraterinnen 89 Euro im Frühbuchertarif. Den Gegenwert für diese Gebühr gab es zu Beginn der Veranstaltung in Form von Produkten (d. h., der empfohlene Verkaufspreis der erhaltenen Produkte entsprach 69 Euro bei den Gästen). Der davor stattfindende ,Area-Abend' durch die Nationale Verkaufsdirektorin kostete 23 Euro und beinhaltete ein Menü (ohne Getränke). Das Hotel wurde extra gebucht und bezahlt, wobei hierzu areaweite Kontingente reserviert wurden.

Der ‚Chancencharakter' des Unternehmens wird zusätzlich gestützt, indem für die Tätigkeit der MKC-‚Schönheits-Consultant' keinerlei Notwendigkeit für Fachwissen – als ansonsten potentielle Einstiegshürde – besteht. Da mangelnde Kenntnisse selbst bei Anwendungsberatungen zu Problemen wie allergischen Hautreaktionen der Kundinnen führen können, bietet MKC eine umfassende ‚Zufriedenheitsgarantie' auf seine Produkte. Dieses uneingeschränkte Rückgaberecht wurde bei Unternehmensveranstaltungen als großzügige Einstellung gegenüber Kundinnen beworben. Es ermöglicht aber auch, potentiellen Schwierigkeiten durch fehlendes Fachwissen vorzubeugen, wie ein Mitglied mit kosmetischem Hintergrund erläutert: „Und deswegen bietet ja Mary Kay (...) auch diese 100% Zufriedenheitsgarantie. Ja. Also sowie eine [Unverträglichkeits-]Reaktion bei der Kundin kommt, sagen die: ‚Ja, o. k., wir ersetzen sofort alles.' – Das denke ich, ist auch eine Sache, die da in Amerika mit geschürt worden ist, weil da sind ja die Prozesse viel teurer!" (Star-Recruiter 1). Statt auf teure und langwierige Fachausbildungen, setzt das Unternehmen hier auf eine breite Masse von Frauen, die sich und ihre Fähigkeiten ausprobieren – und handelt somit auf der strukturellen Ebene analog zum Selbstbild des Chancengebers für Frauen.

Die Überzeugung, dass MKC ‚eine Chance für Frauen' ist, wird somit auf mehrere Arten und Weisen gestützt: erstens durch zusätzliche Wertvorstellungen, wie z. B. dass die Familie wichtiger ist als eine Karriere; zweitens durch normative Mechanismen wie Vorbilder und Geschichten, die vermitteln, was gutes und richtiges Handeln ist und was MKC positiv von anderen Arbeitgebern abhebt; drittens durch formale und strukturelle Elemente, die das Selbstbild des Unternehmens belegen, z. B. das Ideal der Familienfreundlichkeit in Form fehlender vertraglicher Pflichten. Eine weitere wichtige Chance ist die Anerkennung, die im nächsten Unterkapitel analysiert wird. Dort wird auch deutlich, wie die schon genannten Wettbewerbspreise ein bestimmtes Frauenbild vermitteln. Zuvor werden jedoch noch mögliche Vorzüge der in diesem Abschnitt analysierten ideologischen Vorstellung des ‚Frauenchancengebers' MKC aufgezeigt.

Mögliche Vorzüge ‚einer Chance für Frauen' für den Konzern MKC

-    Die Unterbetonung der Karriere erscheint für ein Wirtschaftsunternehmen zunächst nicht sinnvoll. Dies lässt sich aber auch als eine bestimmte Unternehmensstrategie interpretieren: Statt wenige ‚Starverkäuferinnen' zu haben (eine Strategie, die laut ehemaligem Pressesprecher TW das Unternehmen

AMC nutzt), zielt MKC auf eine möglichst breite Mitgliederbasis ab. Für das Unternehmen MKC selbst entstehen vermutlich nur geringe Kosten durch die wenig aktiven Mitglieder, denn die von der Unternehmenszentrale aus organisierten Veranstaltungen wie das Jahresseminar werden von den Mitgliedern bezahlt und der kostenlose Bezug der Monatszeitschrift endet drei Monate nach der letzten Bestellung.

- Die Vielfalt der Werte und Mitglieder spricht eine größere Anzahl an Frauen an als bei einer einseitigen Ausrichtung (auf hohe Verkaufszahlen). Durch die Auswahl an Orientierungen gibt es einerseits zahlreiche identitätsstiftende und somit normativ kontrollierende Elemente, andererseits gibt es keine ‚engmaschige' Kontrolle. Sowohl ‚Superhausfrauen' als auch ‚Karrierefrauen' können sich in den Idealen des Unternehmens und dem als sehr vielschichtig tradierten Lebensentwurf der Gründerin wiederfinden und in ihrer persönlichen Ausrichtung bestätigt fühlen.

- Ebenso lässt sich vermuten, dass durch die Kultur mit ihren vielfältigen immateriellen Werten auch der Verkaufsdruck auf die Mitglieder abgemildert wird. In diesem Sinne lässt sich das spezifische Selbstbild MKC als ein kultureller Schutzmechanismus gegen das umstrittene Image des DV und des Verkäufers (s. Kapitel 2.3) verstehen.

- Die Vielschichtigkeit der Tätigkeit und die zahlreichen Gründe dabeizubleiben bewirken wie bei TW, dass der Zeitaufwand, der für alle unternehmensbezogenen Aktivitäten benötigt wird, nicht unbedingt gerechnet wird – wie auch in anderen Unternehmen, die mit der fachlichen und oder persönlichen Erfüllung einer Tätigkeit werben (Kunda 1992). Gemäß Selbstbild macht MKC Spaß und ist in vielerlei Hinsicht ein Hobby – was der Mann dieser Interviewpartnerin nicht nachvollziehen kann: „Der sagt: ‚Dann schreib mir mal jeden Moment auf, wo du da unten [in deinem MKC-Raum] hockst!' Ja, das kannst du natürlich nicht! Ja?! Wenn du das machst, o. k., dann rentiert es sich nicht. Aber ich meine, du machst ja auch Sachen, wenn du abends vor dem Fernseher hockst. Hockst du ja auch zwei Stunden vor dem Fernsehen (...) Das ist dann für mich dann auch ein Ausgleich, ja? Und ich finde, man kann nicht alles in Geld aufwiegen. Das geht nicht!" (Star-Recruiter 3).

8.7.3 Ein Unternehmen voller Anerkennung

Selbstbild

Wie bei TW ist ein wichtiger Bestandteil des Selbstbildes, dass Leistung kontinuierlich anerkannt wird. In den Wochentreffen werden Pins für den höchsten Verkauf der vorherigen Woche vergeben und wer erfolgreich angeworben hat, darf dies stolz erzählen. Wenn eine Frau zum ersten Mal verkauft, findet dies Gehör, egal wie niedrig der Betrag ist, denn ein weiteres Unternehmensmotto lautet: ‚Jedermann ist ein Jemand.' „Und das kriegt man ganz klar in Mary Kay verdeutlicht. Ja?! Dass es nur, dass es keine Niemande gibt, es gibt nur Jemande. Ja. Und jeder Mensch ist so, wie er ist, was ganz Außergewöhnliches! Und das habe ich auch in Mary Kay gelernt" (Star-Recruiter 3). So materiell wertlos Anstecknadeln sein mögen, so wertvoll sind sie für die Motivation überzeugter Mitglieder. Eine Consultant, die hauptberuflich als Sekretärin arbeitet, vergleicht MKC mit ihrem sonstigen Arbeitgeber: „Wer bekommt das denn schon? Also ich kann es, ich habe den direkten Vergleich: (...) Also wenn ich mal ein ‚Danke' höre, dann ist es (...) mhm, na ja. Also das ist schon sehr selten, dass ich gelobt werde. ‚Toll' – das kommt noch viel seltener vor. Bei uns gibt es einen so schönen Spruch: ‚Nichts geschwätzt ist genug gelobt'" (Star-Recruiter 2).

Stattdessen gilt bei MKC das Prinzip des „Hochlobens" – „to praise people to success" (Ash 1981). Dieses stammt von der Gründerin persönlich und besagt, dass Lob und Anerkennung zu Leistung anspornen. Die Anerkennung bei MKC füllt eine ‚Lücke', die auch bei TW kontinuierlich benannt wird: Vor allem Mütter und Hausfrauen erhalten zu wenig Aufmerksamkeit für ihre Leistungen. Die Gründerin von MKC bringt dies mit folgenden Worten auf den Punkt: „The only time anybody ever notices housework is when you don't do it. Let's face it, housework is a thankless and endless job!" (Ash 1981: 154). Bei MKC dagegen gibt es kleine, aber auch große Auszeichnungen. Die erfolgreichsten Mitglieder gehören beispielsweise dem so genannten nationalen ‚Verkaufshofstaat' an. Die Beraterin mit dem höchsten Einkauf wird auf dem Jahresseminar als Königin dieser erfolgreichen Gruppe gekrönt und erhält eine Schärpe wie eine Schönheitskönigin. Auch andere Auszeichnungen sind gemäß dem Selbstbild ‚weiblich' wie z. B. diamantbesetzte Ringe, Uhren oder Ketten, denn „[w]ann macht sich eine Frau selbst so Geschenke? – Selten" (Direktorin 1).

Interne Grenzen

Die für Außenstehende vermutlich unverständlichsten Aspekte der Kultur – die große Euphorie auf den Großveranstaltungen, die zahllosen Auszeichnungen, die von kleinen Metallhummeln bis zu wertvollem Schmuck reichen – wurden nur von zwei der Befragten kritisiert. Eine Selbständige (unabhängig von MKC), die ihren gesamten Lebensunterhalt selbst bestreiten muss, drückt ihr Unverständnis über das kontinuierliche Loben kleinster Verkäufe im wöchentlichen Schulungsabend folgendermaßen aus: „Wenn ich jetzt meine Ware verkaufe, dann ist das für mich das Normalste auf der Welt – da brauche ich keinen Applaus (...) Das ist ja mein Geschäft (...); der Michelin-Reifenhändler verkauft die Reifen! Ich käme nicht darauf, dass der sich zuklatscht oder so" (Consultant 5). Ebenso hat sich ein weiteres Mitglied auch nach vielen Jahren noch nicht zu 100% von der Begeisterung für Pins und materiell wertlose Auszeichnungen anstecken lassen: „Weil ich das Kitsch finde. Ich sage mir: Das ist Kitsch. Und ich sage: Mir tut das leid – dass sie sich das Geld halt sparen könnten!" (Consultant 1). Dennoch hat auch diese Beraterin ihre Preise bei sich zu Hause aufgestellt – auch wenn sie die kleinen Anstecknadeln beispielsweise nicht am Revers trägt, wie dies andere Beraterinnen mit Stolz tun.

Was unterstützt ein ‚Unternehmen voller Anerkennung'?

Die Überzeugung, dass MKC ein ‚Unternehmen voller Anerkennung' ist, wird in hohem Maße durch formale Wettbewerbsregeln gestützt (s. bspw. Kärreman/Alvesson 2004): Es existieren eine Vielzahl von Auszeichnungen auf lokaler sowie auf überregionaler Ebene. Eine besondere Ausformung erfährt die Anerkennungskultur, indem so genannte ‚cinderella-gifts' vergeben werden, die das Ideal der Anerkennung mit dem des Frauenunternehmens, einem spezifischen Frauenbild und dem Anerkennungsdefizit für Mütter und Hausfrauen zu einem ideologischen Netz vereinen (s. Kapitel 5.2.3). Denn gemäß Unternehmensideologie bekommen Frauen zu wenig Anerkennung, obwohl diese wichtig ist; auch die besonderen Bedürfnisse von Frauen finden zu wenig Beachtung (in der sonst männlich geprägten Welt) und bei MKC gibt es Preise für Frauen, die sich diese sonst nie kaufen. Vor diesem Hintergrund erhalten MKC-Beraterinnen etwas Besonderes und die Auszeichnungen im Unternehmen stechen aus dem Alltag hervor. Die Gründerin Mary Kay Ash erklärt: „I thought the best prizes were things a woman wouldn't buy for herself, and we eliminated practical gifts" (Ash 1981: 158).

Dies bedeutet, dass es neben den einzelnen ‚praktischen' Gegenständen wie einem pinkfarbenen Handy, einer Aktenmappe, einem Laptop oder einem Firmenfahrzeug eine Vielzahl ‚weiblicher' Preise gibt: Anstecknadeln, Schmuck, ein gerahmtes Bild der Gründerin oder eine Barbie-Puppe im MKC-Kostüm – also zahlreiche Symbole und Artefakte (s. Kapitel 5.2.1). Solche Auszeichnungen heben MKC nicht nur in identitätsstiftender Art und Weise von anderen Wirtschaftsunternehmen ab, sondern auch vom Direktvertrieb TW. Dort gibt es zwar auch gelegentlich Anhänger, Schals und ‚Täschchen', aber wesentlich häufiger sind TW-Produkte und Praktisches sowie Schönes für den Alltag: Geschirr, Mikrowelle, Friteuse für die Küche (also gemäß TW-Frauenbild de facto für die Frau); Stifte, Schulranzen oder Fahrräder für die Kinder; CD-Ständer, DVD-Player oder Flachbildschirm ‚für den Mann' oder der Luxusgrill, die Terrassengarnitur oder ein Gutschein für die Ferienparkkette ‚Center Parcs' für die gesamte Familie.

Während bei TW die organisationale Identität vor allem das Bild der ‚praktischen, modernen Hausfrau' beinhaltet, handelt es sich bei MKC um ‚die Mutter, die auch gepflegte Dame ist'. Passend dazu gibt es als wichtigstes Statussymbol bei MKC einen Firmenwagen für Direktorinnen. Wer mehr als 5.981 Euro im Monat mit seiner Gruppe erwirtschaftet (Mary Kay Cosmetics GmbH [Ed.] 2004d), erhält einen Mercedes der A-Klasse in der Unternehmensfarbe pink (früher rosa). Pink ist eine typische „Frauenfarbe" aus den 40er und 50er Jahren in den USA (Clarke 1999: 132) und so werden durch den Firmenwagen ein hoher Status im Unternehmen als auch Weiblichkeit in einem verkörpert: „Es ist ein Statussymbol, es ist Kult!" (Direktorin in Qualifikation). Die normative Kontrolle der (formal verankerten) Auszeichnungen erfolgt, indem wie bei TW richtiges Verhalten und Handeln belohnt wird. So wird sichtbar, wer (neben der Gründerin) selbst als Vorbild geeignet ist (Biggart 1989: 140; Sewell 1998: 405). Alvesson/Willmott (2002) nennen Wettbewerbspreise zwar nicht explizit als identitätsstiftenden Mechanismus, dennoch lassen sich diese als eine Mischung zwischen dem Mechanismus „defining a person directly" und der Verortung innerhalb der Erfolgshierarchie MKC („hierarchical location") charakterisieren (s. Kapitel 5.3.2).

Die ‚Erfolgshierarchie' ist bei MKC – wie vermutlich in jedem DV – äußerst wichtig. Angesichts fehlender offizieller Weisungsbefugnis spielen ‚Ersatzhierarchien', wie eine Statushierarchie durch Erfolg oder Leistung, eine wichtige Rolle bei der Steuerung und Kontrolle der Beraterinnen. Auch wenn eine ‚Direktorin' keine Verkaufsvorgaben geben kann (s. obige Analyse), so zeigen die zahlreichen identitätsstiftenden Label (Alvesson/Willmott 2002: 629) bei MKC durchaus, wer welchen Rang im Unternehmen einnimmt. Wie in Tabelle 4 dargestellt reichen die

Bezeichnungen von der einfachen „Consultant" über die „Star-Recruiter" zur „Direktorin" bis hin zur „Nationalen Verkaufsdirektorin" ((Mary Kay Cosmetics GmbH (Ed.) 2004b: 18; Mary Kay Cosmetics GmbH (Ed.) 2005e: 14)). Hand in Hand mit diesen Labels, die die Leistungsträgerinnen aus der Masse ‚verbal' hervorheben, gehen weithin sichtbare Kostüme bzw. Kleidungsregeln, die ebenfalls eine Verortung der einzelnen Mitglieder im Karrieresystem von MKC anzeigen (zur Bedeutung von Symbolen s. bspw. Gagliardi 1990; Pratt/Rafaeli 1997). So gilt im Wochentreffen, dass diejenige, die ein oder zwei Anwerbungen erreicht hat, zum ‚black and white club' gehört und mit (selbst ausgewählter) weißer Bluse und schwarzem Rock erscheint. Wer drei Anwerbungen hat, steigt zum ‚Star-Recruiter' auf und erhält bzw. erwirbt die ‚rote Jacke' über das Unternehmen. In einer Unit-Zeitung lässt sich hierzu lesen: „Trage den Erfolg und gehöre auch Du zu diesem elitären Kreis" (Rappold 2006). Für Direktorinnen gibt es beispielsweise ein Kostüm, das diese auch bei Großveranstaltungen deutlich aus der Masse hervorhebt, so dass ersichtlich wird, wer zum ‚inner circle' gehört (für die Bedeutung von Kleidung in Organisationen s. Pratt/Rafaeli 1997; Rafaeli/Vilnai-Yavetz 2004).

Autorität wird bei MKC – und auch bei AW – also u. a. durch Symbole der Herrschaft vermittelt. Alvesson/Willmott beschreiben deren hierarchie-unterstützende Wirkung: „In most organizations social positioning and the relative value of different groups and persons is carved out and supported by repeated symbolism" (Alvesson/Willmott 2002: 631). Bei MKC und bei AW lässt sich dagegen festhalten, dass es vorwiegend, wenn nicht ausschließlich, um symbolische Herrschaft geht. Denn die formale Weisungsbefugnis als Zeichen „legaler Herrschaft" (Weber 1980: 125; s. auch Kieser 1999) fehlt. Angelehnt an Weber üben erfolgreiche Mitglieder vielmehr mit der Möglichkeit auf Wissensweitergabe und ihrem Vorbildcharakter „charismatische Herrschaft" (Weber 1980: 140-142) aus oder stellen sogar eine ‚moralische Autorität' dar (Courpasson/Dany 2003). So berichtet eine Direktorin von ihrer ersten großen Veranstaltung als neue Consultant: „Und da saßen vorne, da saß eine Reihe mit Direktorinnen in tollen Kostümen. Und die waren für mich (...) so: Boah, Frauen, die sehen toll aus! Es muss einfach toll sein, den Job zu haben. Die waren gepflegt, bildhübsch, egal ob groß, ob klein, ob dick, ob dünn – einfach tolle Frauen! Da habe ich mir gedacht: Da möchte ich dazugehören! (...) das waren für mich damals: Die Götter im Kostüm!" (Direktorin 2).

Die normative Kontrollqualität von Statussymbolen und anderen Auszeichnungen wird bei MKC besonders deutlich, wenn nicht nur das richtige Verhalten, z. B. ein hoher Umsatz, sondern auch das adäquate Sein belohnt wird. Dazu dient der (immaterielle) Ehrentitel der ‚Miss Go Give' bei MKC, der gemäß Unternehmensideologie die höchste Form der Anerkennung darstellt. Jede Gruppe, also die Beraterinnen einer Unit, die Direktorinnen einer Area sowie alle Direktorinnen in Deutschland, wählen dasjenige Mitglied ihrer Gruppe, das menschlich am meisten dem Idealbild des Unternehmens entspricht. Auserkoren wird „the individual who has been the most giving and who has best exemplified the Mary Kay spirit during the past year" (Ash 1981: 200). Die Kriterien für die Abstimmung umfassen Aspekte wie „sie behandelt alle fair" oder „lebt nach der Goldenen Regel".[93] Während andere Preise Leistungsprämien darstellen, handelt es sich hier um eine reine ‚Seinsprämie', die die Grundidee normativer Kontrolle verkörpert (s. Kapitel 5.2).

Gleichzeitig zu den Auszeichnungen, die unternehmenskonformes Verhalten belohnen und Status anzeigen, wird jedoch auch das Unternehmensmotto ‚everybody is somebody' propagiert. Dies widerspricht in gewissem Sinne den zahlreichen Erfolgsebenen mit ihren Symbolen, die weithin sichtbar machen, welche Mitglieder besonders gut dem ‚Mary Kay-Spirit' entsprechen. Diese widersprüchlichen Botschaften werden bei MKC vereint, indem Erfolgreiche einerseits herausgehoben werden, z. B. durch bestimmte Kostüme, zum anderen aber auch als ‚ganz normale' Frauen auftreten und als solche vom Unternehmen präsentiert werden. So wurden 2004 beispielsweise im Laufe des Jahresseminars die vier deutschen Nationalen Verkaufsdirektorinnen, mit Monatsprovisionen zwischen 7.000 und 22.000 Euro,[94] mit einer Art Lebenslauf mit Musikuntermalung vorgestellt. Am Beginn standen Kinderbilder der Führungskräfte – in anderen Großkonzernen sicherlich undenkbar. So werden mehrere Aussagen bildhaft transportiert: Erstens wird ‚Jede hat mal klein angefangen' vermittelt. Daraus folgt, dass dies jedes Mitglied im Saal auch erreichen kann. Zweitens sind auch die Führungskräfte ‚ganz normale' Frauen und Menschen und drittens gibt es dennoch einige Erfolgreiche, die zu bewundern sind und deren Leistung gefolgt werden sollte. „A status hierarchy (...) signals that while everyone is formally equal, some have achieved higher ‚spiritual' levels. People who are separated are honored, and the rest are reminded of their inferior status" (Biggart 1989: 140). Persönlich direkt herabgesetzt wird allerdings wie bei TW nicht (s. auch Blaschka 1998: 38), so dass solche Veranstaltungen immer nur ‚Zuckerbrot' und nie ‚Peitsche' darstellen. So kann das Unternehmen immer als ‚Motivator' und muss nie als (unangenehmer) Kontrolleur in Erscheinung treten (Biggart 1989: 165).

Ein weiterer Weg, wie der Widerspruch zwischen der Erfolgshierarchie und dem Ideal des ‚everybody is somebody', eingeebnet wird, ist die Auszeichnung in

---

[93]   Zitate entstammen einem ‚Wahlzettel'.
[94]   Beispielhaft genannt für Mai 2004 (Mary Kay Cosmetics GmbH (Ed.) 2004a: 18).

Form einer Hummel. Diese gibt es von einer einfachen Metallvariante bis hin zu luxuriösen Diamantversion, also für kleine Taten bis hin zu herausragenden Jahresleistungen. Obwohl so Unterschiede deutlich werden, handelt es sich jeweils um Hummeln, also um ein gemeinsames Symbol. Der Mythos der Hummel als Auszeichnung geht auf Mary Kay Ash selbst zurück: Als diese eine diamantbesetzte Hummel-Brosche von ihrem Ehemann geschenkt bekam, gefiel diese anderen Unternehmensmitgliedern außerordentlich gut. Inspiriert durch die Begeisterung der anderen, beschloss Mary Kay Ash, Hummeln als Zeichen der Anerkennung zu vergeben – und somit analog zur Unternehmensideologie zu handeln, indem sie das Schöne, was sie selbst geschenkt bekam, anderen Frauen ermöglichte. Dass ausgerechnet Hummeln symbolisch wertvolle Auszeichnungen für Frauen sind, ist ebenfalls im Organisationsmythos enthalten: „Because, as aerodynamic engineers found a long time ago, the bumblebee cannot fly! Its wings are too weak and its body is too heavy to fly, but fortunately, the bumblebee doesn't know that, and it goes right on flying. The bee has become a symbol of women who didn't know they could fly but they DID!" (Ash 1981: 9). Die Auszeichnung mit einer Hummel hat somit einen hohen symbolischen Wert (Rafaeli/Vilnai-Yavetz 2004) und die dazugehörende oft wiederholte ‚Story' (Boje 1991; Kieser et al. 1998) stärkt gegen Selbstzweifel und (männliche) Kritik von außen, nutzt also zugleich die Abgrenzung von der Männerwelt zur eigenen Identitätsstiftung (zur Funktion von Ideologien in Unternehmen als Mittel der Abgrenzung s. auch Wittel 1997: 128 f.).

Diese Abgrenzung zur ‚Männerwelt' zeigt sich in mehreren Elementen, die die spezifische Unternehmensideologie stärken: Familien- statt Karriereorientierung, ‚weibliche' Preise, die ‚Seinsprämie' der ‚Miss Go Give' und die Vorstellung von moralisch gutem Erfolg. Denn während Karriere in anderen Unternehmen mit der Beeinträchtigung anderer Menschen einhergeht, sind Führungskräfte bei MKC nicht nur durch ihre Leistung, sondern auch in besonderem Maße moralisch legitimiert: „Ich denke gerade an ein Ehepaar, das ich kenne (...) Sein Erfolg basiert darauf, dass sie nicht arbeiten geht, dass sie ihre persönlichen Wünsche zurücksteckt, damit sie zu Hause repräsentabel sein kann und Geschäftsessen für ihn organisieren kann (...) Und das sehe ich dann wieder als einen Erfolg, der auf dem Buckel von jemand anderem gemacht ist. Und unser Erfolg basiert auf unserem Buckel" (Elite Leitende Direktorin 2). Wer bei MKC aufsteigt, muss nicht nur selbst Leistung erbringen, sondern auch anderen Mitgliedern helfen (Biggart 1989: 88 f.). Auf diese Weise werden die klaren Leistungskriterien, die zu den jeweiligen Karrierestufen führen, mit der Erwartung überhöht, dass erfolgreiche Mitglieder besondere menschliche Qualitäten haben und beispielsweise die Unternehmensideale wie

Konkurrenzlosigkeit, Teilen von Informationen und ein Leben nach der ‚Goldenen Regel' verwirklichen.

Für Außenstehende mögen nicht nur die genannten Überzeugungen, sondern auch die damit zusammenhängenden Symbole wie Hummeln befremdlich wirken (zu kulturellen Artefakten s. Fleming/Spicer 2005). Im Rahmen der Erhebung wurde jedoch deutlich, dass die Vielzahl an (kleinen) Auszeichnungen die Mitglieder im Sinne des Unternehmens sozialisiert: Wer selbst gelobt wird, ‚erkennt', versteht und fühlt den Wert solcher Anerkennungen. So beschreibt eine Direktorin, wie sich ihre Einstellung gegenüber den Auszeichnungen geändert hat: „Ich fand es furchtbar! (...) Als ich vom ersten Seminar zurückgekommen [bin], habe ich gesagt: ‚Ich bin in einer Sekte!' (...) Und, ähm, aber dann als du selbst die Anstecker gekriegt hast, dann wusstest du erstmal die Bedeutung. Warum kriegst du jetzt das Nädelchen, warum kriegst du jetzt das Sternchen und warum das und dieses und jenes. Und dann warst du schon eben voll stolz auf die Leistung, die du erbracht hast" (Direktorin 2). Der Gesinnungswandel erfolgt durch das eigene Erleben: Zuerst werden Mitglieder (nur) durch Beifall, durch ihre Bewunderung derjenigen auf der Bühne und durch die eigenen so entstehenden Träume (s. „dreambuilding" in Pratt 2000b) beteiligt. Wer selbst ausgezeichnet wird, wird noch stärker einbezogen, denn nun richtet sich die Anerkennung der anderen auf ihn. „Thus, in the view of proponents of strong cultures, work in such companies is not merely an economic transaction; rather, it is imbued with a deeper personal significance that causes people to behave in ways that the company finds rewarding, and that require less use of traditional controls" (Kunda 1992: 10). Ein nüchterner, aber nicht der einzige Aspekt der Anerkennungskultur ist hier – wie auch bei der Gemeinschaft – die Gegenseitigkeit: Wer beklatscht werden möchte, der beklatscht auch andere. Wer ausgezeichnet werden möchte, muss sich auch für andere mitfreuen. Als diese ‚Moral' von manchen Mitgliedern der untersuchten Gruppe auf dem Jahresseminar gebrochen wurde, weil diese während der Ehrungen eine Weile den Saal verließen, war die Enttäuschung der Direktorin groß. Eine lebendige Anerkennungskultur benötigt auch die Masse derjenigen, die Anerkennung zollt, und die zahlreichen kleinen Ehrungen tragen zu dieser Bereitschaft bei.

Mögliche Vorzüge eines ‚Unternehmens voller Anerkennung' für den Konzern
MKC

- Mit Hilfe von Auszeichnungen werden Mitglieder – wie in jedem Unternehmen
  – in ihrem Verhalten gesteuert (s. zu Auszeichnungen als Anreize bspw.
  Frey/Neckermann 2006). Dabei muss es nicht um materiell teure Anerkennung
  gehen, sondern auch finanziell wertlose Kleinigkeiten wie metallene Anstecknadeln oder die Ehre, die ‚rote Jacke' tragen zu dürfen, motivieren die Beraterinnen bei MKC.
- Die ‚cinderella gifts' sind für die meisten Mitglieder positive Anreize – die Begeisterung wurde auch in der teilnehmenden Beobachtung deutlich. Auch wenn
  nicht allen Frauen alles gefällt, so gibt es doch so viel Auswahl an Pins, Bilder-
  rahmen, Aufklebern etc., dass über einen längeren Zeitraum gesehen verschiedene Bedürfnisse befriedigt werden können. Es bestehen also auch hier für
  verschiedene Mitglieder vielfältige Gelegenheiten zur Identifikation mit dem
  Konzern und seinem Wertesystem.
- Diese kleinen Auszeichnungen enthalten ein spielerisches Element: ‚Nädelchen', ‚Sternchen' etc. Dieses bereitet Spaß und lenkt von den klaren und eindeutigen Leistungskriterien, die für den Aufstieg erfüllt werden müssen, ab. So
  tritt der Wirtschaftscharakter des Unternehmens zurück. Während bei TW
  Frauen als ‚praktische, moderne Hausfrauen' mit einer Vielzahl von nützlichen
  Gegenständen für den Haushalt und Geschenken für die Familie motiviert
  werden, passen die ‚cinderella-gifts' bei MKC besser zu einer ‚dream company':
  Hier werden nicht Hausfrauen, sondern ‚kleine Prinzessinnen' und ‚große Kö-
  niginnen' (z. B. des ‚Verkaufshofstaats') ausgezeichnet.
- Wie bei TW gilt, dass indem nur ‚positiv belohnt', aber (offiziell) nie sanktioniert und getadelt wird, das Unternehmen nicht als negative Kontrollinstanz in
  Erscheinung tritt (s. auch Callaghan/Thompson 2001: 28). Dies hat zur Folge,
  dass mit dem Wirtschaftsunternehmen die erfreulichen Erlebnisse – die Auszeichnungen etc. – verbunden werden, während sich die Misserfolge jedes Mitglied selbst zuzuschreiben hat.
- Die Vielzahl der Auszeichnungen bindet viele Mitglieder aktiv in das Anerken-
  nungs- und somit Überzeugungssystem mit ein. Sowohl das Geehrtwerden als
  auch der Beifall für andere, verbindet mit der Gruppe und dem Belohnungssystem. Diese ‚Mitmach-Kultur' – Klatschen, vor Rührung weinen, sich für andere
  freuen – erzeugt auch eine teilweise starke Gruppendynamik. Damit wird Steu-

erung nicht nur ‚von oben' ausgeführt, sondern die eigene ‚peer group' trägt ebenso dazu bei, die Wahrnehmung der Mitglieder zu formen (s. bspw. Lan 2002: 167; Sewell 1998; Sewell 1999).

-   Die Auszeichnungen sind das Rückgrat der Statushierarchie bei MKC. Exklusive Auszeichnungen, Kostüme und Rederechte verdeutlichen, wer (charismatisches) Vorbild im Unternehmen ist. Dies geschieht ohne formale Weisungsbefugnis.

8.7.4   Ein Wirtschaftsunternehmen mit ‚Berufsglauben'

Selbstbild

Gemäß Selbstbild ist MKC ein Unternehmen, in dem Glauben direkt mit der Tätigkeit verbunden und dementsprechend auch ausgelebt werden kann – die schon genannten Leitsätze ‚God first, family second, career third' und die ‚Goldene Regel' gelten unternehmensintern als Belege hierfür. Die Verbindung der Tätigkeit mit dem persönlichen Glauben geht ebenfalls auf die Gründerin Mary Kay Ash zurück, die sich als gläubige Christin in ihren Büchern und Reden präsentiert. In ihrer Autobiographie schildert Mary Kay Ash, wie sie als Kind durch die Sonntagsschule geprägt wurde: „They taught us that you never need to be afraid of giving for God – because he will always see to it that you get back a hundredfold" (Ash 1981: 149). Analog dazu besteht innerhalb des Unternehmens die (universal)religiöse Vorstellung, dass ‚wer gibt, dem wird gegeben werden' (s. auch Cahn 2006: 137 f.). Wer also gemäß Unternehmensideal anderen Gutes tut und auf höhere Mächte vertraut, wird selbst ein gutes Leben führen – so wie die Gründerin Mary Kay Ash dies vorgelebt hat. Wichtig ist, dass „man eine höhere Instanz sieht, die alles lenkt und der man absolut vertrauen kann. Und dass, wenn die Motivation gut ist, dass sich die Dinge zum Rechten entwickeln, sage ich jetzt mal" (Senior-Direktorin 2).

Während in den USA Großveranstaltungen durchaus mit Gebeten begonnen werden (Senior-Direktorin 1 und 2; Biggart 1989), berichteten in Deutschland auf dem Jahresseminar 2004 nur einzelne Frauen von ihren religiösen Überzeugungen. Allerdings gibt es in Deutschland eine Art ‚Berufsglaube': eine Verbindung zwischen den hohen – und teilweise religiösen – Unternehmenswerten und individuellem christlichem Glauben. So erzählt eine Direktorin, dass sie bei MKC die ‚Goldene Regel' besser verwirklicht sieht als in der katholischen Kirche. Diese Regel „ist

eine ganz urchristliche oder vielleicht sogar urmenschliche Aussage (...) Und ich
konnte am Anfang gar nicht damit umgehen: Warum funktioniert das in einem
Unternehmen und wieso nicht dort, wo eigentlich die Wurzeln sind dazu? (...) Das
war für mich am Anfang eine ganz, ganz große Herausforderung, weil ich damit
zurechtkommen musste, obwohl ich froh war, dass ich das so gefunden hatte"
(Senior-Direktorin 1). Damit erlaubt MKC den bestehenden christlichen Glauben
im Kontext eines Wirtschaftsunternehmens und somit auch im Rahmen der eigenen
Berufstätigkeit zu leben. Dadurch können auch bisher verborgene religiöse Bedürf-
nisse sichtbar werden, und in diesem Sinne sprach die zitierte Direktorin erst auf
einer Unternehmensveranstaltung aus, was ihr bis dahin selbst nicht bewusst war:
„[M]ir ist durch MK klar geworden: Eigentlich wärst du gerne Pfarrerin geworden
(...) Und das erste Mal [habe ich das gesagt,] wie ich gefragt wurde, wie ich frische
Direktorin war. Vor allen möglichen [Personen], vor meinen Kolleginnen – und
dann:(...) Uups, was habe ich denn gesagt? Ja. Das war es, was du wolltest? Aha!
Ach so! (lacht)" (Senior-Direktorin 1).

Interne Grenzen

Innerhalb des Unternehmens ist Glaube und Spiritualität kein omnipräsentes, aber
auch kein anstößiges Thema. Von den befragten 15 Frauen bezogen sich insgesamt
sieben immer wieder auf ihren Glauben, wenn die Sprache auf die spezifische
MKC-Kultur kam. Dieser verhältnismäßig hohe Anteil lässt sich auf die Direktorin
der untersuchten Unit zurückführen, die gläubig ist und als persönliche Kontakte
ähnlich ausgerichtete Interviewpartnerinnen vermittelte. Auch wenn es hierzu keinerlei Angaben gibt, so schätzte eine Senior-Direktorin den Anteil der religiös orientierten Direktorinnen auf 30% ein.

Zwar werden keine konkreten – sondern universelle – Glaubensinhalte vermittelt, aber der für Deutschland ‚übliche' und anerkannte Glaube ist durchaus der
christliche, wie eine Direktorin bemerkt: „Also es gibt ja auch Frauen in MK, die 7-
Tages-Adventisten sind oder die sind Zeugen Jehovas oder sie sind Mormonen.
Und das wird dann wieder nicht gerne gesehen von dem Großteil der Protestanten
und Katholiken, die dann im Raum sitzen. Wir haben jüdische Frauen, muslimische
Frauen bei MK. Also wir haben jede Glaubensrichtung" (Elite Leitende Direktorin
2). Für andere ist die Verknüpfung zwischen MKC und religiösen Überzeugungen
nicht unbedingt störend, da sie dies als Privatsache bewerten: „Es ist, ah, ich bin
jetzt nicht gläubig, aber das überlasse ich jedem selbst. Wenn sie [die Gründerin]

halt sehr gläubig war und bei ihr das an allererster Stelle kam, warum nicht? (...) Ich finde auch keinen Punkt, wo ich mich jetzt da drüber äußern müsste. Das nehme ich hin, das ist normal. Das war ihr Standpunkt. Aus und fertig. Da tue ich mich jetzt nicht mokieren drüber" (Consultant 3).

Die universalreligiösen Anklänge, wie das ‚Teilen der Karriere' oder die ‚Goldene Regel' als Geschäftsgrundlage, wurden nur vereinzelt kritisiert. In diesem Zusammenhang erläutert eine Beraterin, warum ihr quasireligiöse Bezeichnungen missfallen: „Es ist ein Geschäft (...) Und also [Karriere] ‚teilen' – das Wort finde ich ganz schlimm. Das ‚Leben zu bereichern', finde ich auch irgendwie, ich bin wirklich gläubig. Und ich bilde mir auch ein, das zu leben (...) es ist ein Geschäft – nichts anderes" (Consultant 5; zur Kritik an der Verwendung spiritueller Anklänge in Unternehmen s. Ackers/Preston 1997).

Was unterstützt den ‚Berufsglauben'?

Ein Wirtschaftsunternehmen, in dem Bezug zum Glauben genommen wird, ist durchaus ungewöhnlich – und der Bezug zum eigenen Glauben würde bei TW vor allem deplaziert wirken. Auch bei MKC gibt es keine strukturelle Verankerung des ‚Berufsglaubens'. Offiziell ist Religiosität keine Voraussetzung für die Mitgliedschaft und auch in der Erhebung hat sich gezeigt, dass die Direktorinnen in diesem Punkt sehr unterschiedliche persönliche Ausrichtungen verfolgen. Wichtige Überzeugung der gläubigen Mitglieder von MKC ist, dass durch die persönliche Art des Miteinanders gläubige Frauen solche Menschen ‚anziehen', die ihnen ‚seelenverwandt' sind. Eine Direktorin, die sich selbst als „Seelsorgerin" bezeichnet, beschreibt die Situation folgendermaßen: „Es gibt einige Kolleginnen, weiß ich, die haben auch diese große Nähe, die sind wieder durch eine andere Art sehr verbunden, die sind (...) die ganz nah beim Menschen sind, die auch genau wissen: Wer im Team will wirklich, ja? Aber nicht nur von den Zahlen her, sondern weil sie den Menschen kennt" (Senior-Direktorin 1). Allerdings will nicht jeder im Team gläubig sein, und in der untersuchten Unit drückte sich der Glaube auch nicht in gemeinsamen Gebeten aus, sondern indem thematisiert wurde, was ‚gutes' und was ‚schlechtes' Verhalten ist. So wurde die ‚Goldene Regel' hervorgehoben oder beispielsweise auch die Erfordernis, Geduld bezüglich des eigenen Erfolges zu haben, als normative Regel propagiert (Alvesson/Willmott 2002: 631). Auch die Überzeugung, dass dem, der gibt, gegeben werden wird, wurde angesprochen (Cahn 2006: 135 f.), während finanzielle Ziele hingegen unterbetont wurden (zum Zusammenhang von Erfolg und Spiritualität s. Ashar/Lane-Maher 2004; Bromley 1995: 136).

Als wichtiger Mechanismus, der die Vorstellung von der Verbindung zwischen Glauben und Unternehmen möglich macht, ohne nichtreligiöse Mitglieder per se auszuschließen, lässt sich die Allgemeingültigkeit der wertbezogenen Regeln ansehen (Cahn 2006: 129). So gilt die ‚Goldene Regel' als universalreligiös und findet sich in der ein oder anderen Form in allen großen Glaubensrichtungen wieder (Bellebaum/Niederschlag 1999). Auch der ausdrückliche Bezug zu Gott in ‚God first, family second, career third' wird weit interpretiert, wie sich in der Aussage der folgenden nichtgläubigen Direktorin ablesen lässt: „Für mich persönlich bedeutet der Glaube der Glaube an mich selbst. Und also Gott hat da wenig, oder spielt da keine Rolle mit. Und das sage ich auch meinen Frauen, die anfangen oder im Anwerbegespräch. Ich sage: O. k., die Priorität ist zwar Glaube, an wen du glaubst, ist ganz egal" (Direktorin 1). Diese Offenheit der Interpretation lässt sich auch in manchen Riten finden. So leitete die Geschäftsführerin Deutschland auf dem Jahresseminar 2004 eine Kerzenzeremonie (mit künstlichen Kerzen und feierlicher Musik) mit den Worten ein: „Ich bitte Sie, dieses Licht, diese Fackel von MK weiterzugeben an alle Frauen dieser Welt." Je nach persönlicher Gläubigkeit kann eine solche Vorgehensweise als Ausdruck religiöser Überzeugung oder allgemeiner Feierlichkeit empfunden werden.

Unternehmenskultureller Ursprung der Überzeugung, dass bei MKC der eigene (christliche) Glaube gelebt werden kann, ist, wie erwähnt, die Gründerin Mary Kay Ash. Diese nimmt beispielsweise in ihrer Autobiographie und ihren (überlieferten) Reden direkt Bezug auf ihren Glauben. Sie berichtet als Vorbild und anhand anschaulicher Geschichten, wie sich Gott in ihrem Leben gezeigt hat (Ash 1981: 143-149). Darüber hinaus bewertet sie den Erfolg des Unternehmens als Ausdruck himmlischen Tuns: „A friend of mine once said, ‚Mary Kay Cosmetics was a divine accident looking for a place to happen.' In 1963, the women's movement had not yet begun – but here was a company that would give women all the opportunities I had never had (...) I believe He used this company as a vehicle to give women a chance. And I feel very humble and very fortunate to have had a part in showing other women the way" (Ash 1981: 7). Diese Aussage zeigt gleich mehrere inhaltliche Überzeugungen auf, die mit der Tätigkeit bei MKC verknüpft werden können und so das Idealbild der Beraterin prägen: Demut („humble") und die Gnade, an etwas Großem teilhaben zu dürfen („fortunate to have had a part"), ziehen keine Forderungen und Ansprüche an andere (oder das Unternehmen) nach sich. Das gleichzeitig selbstbewusste „showing other women the way" ist ein missionarischer

Anspruch, der die Tätigkeit mit Werten auflädt (Bromley 1995: 136 f.). Die Mission muss sich allerdings nicht auf den richtigen Glauben oder die Notwendigkeit des Glaubens beziehen wie in den USA (in Form von Lobpreisgottesdiensten etc., s. Biggart 1989: 9). In Deutschland zeigt sich dieser ‚Berufsglaube' beispielsweise darin, dass die Tätigkeit als geeignete Möglichkeit angesehen wird, anderen Frauen etwas Gutes zu tun. Das Unternehmen bzw. die Tätigkeit dient „as vehicle to give women a chance" und jede Frau kann Teil dieser großen Frauenbewegung („women's movement") sein (Ash 1981: 7). Dies ist möglich, indem sie die ‚Karriere teilt', durch Informationen zur Pflege indirekt mehr Selbstbewusstsein vermittelt oder im Umgang mit anderen Mitgliedern und Kundinnen die ‚Goldene Regel' lebt. Diese Bilder und Argumente (als Teil des ideologischen Netzwerkes von MKC) sind nicht auf gläubige Frauen beschränkt und jede kann gemäß Selbstbild mit ihrem Tun zu hohen ethischen Werten beitragen. Eine solche Überzeugung ist z. B. bei TW nicht relevant. Genau genommen brachte dort nur die Bezirkshändlerin, und dies auch nur ansatzweise, einen gesellschaftlichen Nutzen mit ihrer Tätigkeit in Verbindung.[95]

Eine weitere Überzeugung, die die größere und sogar spirituelle Interpretation der Tätigkeit zulässt, liegt im Wert der Produkte bei MKC. Während es sich bei TW um ‚gute Produkte für den Haushalt' handelt, bedeuten diese bei MKC wesentlich mehr: Sie sind das Medium der ‚Schönheits-Consultants', Frauen zu helfen. So berichtet eine Frau von dem Abend, an dem sie die Produkte kennen lernte: „Für mich war der Abend ein Geschenk, muss ich sagen, weil ich habe problematische Haut, ganz trockene Haut und habe gesagt: Mensch, wo kriege ich das, dass die Produkte abgestimmt werden auf die Haut? Dass ich die Produkte ausprobieren darf? Dass ich mich für die Produkte entscheiden darf und wenn ich nicht zufrieden bin, sie auch wieder zurückgeben darf? Also war das ein Geschenk!" (Direktorin 1). Auch diese Sichtweise ist nicht per se religiös, aber sie kann es durch die ‚spirituelle Interpretation' des Begriffes ‚Schönheit' werden. Unter Schönheit verstehen manche Mitglieder keineswegs nur das Äußere einer Person. „Weil einfach die innere und äußere Ausstrahlung bei uns zusammengehört. Wir sagen auch: inneres und äußeres Image. Und das spürt man einfach, man begegnet einer ganz anderen Herz-

---

[95] Die Bezirkshändlerin schilderte im Interview mehrere immaterielle Anreize der Tätigkeit und antwortete auf die Frage, ob die Hauptmotivation nicht das Geld sei, Folgendes: „Nein, Spaß. Gut, das Finanzielle auch, wir müssen ja wovon leben. Wir leben beide davon. Mein Mann hat ja seinen Job deswegen ... aufgegeben, aber, nein: einfach selbstständig zu sein. Also was Gutes zu tun." Dieses ‚Gute' wurde nicht weiter ausgeführt und auch in den sonstigen Interviews wurde kein Bezug zu übergeordneten gesellschaftlichen Werten genommen.

lichkeit und Offenheit als in anderen Firmen" (Senior-Direktorin 2). Statt lediglich äußerer Hautpflege und Kosmetik können die ‚Schönheits'-Beraterinnen innere (religiöse) Werte transportieren – Biggart bezeichnet dies als „Produktideologie" (Biggart 1989: 110-112; s. Kapitel 3.1.1). Die Kosmetik – und der Kosmetikkonzern MKC – werden so zu einem „vehicle" (Ash 1981: 7), „das zu transferieren", weil „ich denke mal (...) wir sind nicht nur Materie, und wenn man das wirklich erkennt, dann gibt es keine Grenzen" (Senior-Direktorin 2).

Mögliche Vorzüge eines ‚Berufsglaubens' für den Konzern MKC

- Gläubige Frauen können hier eine ‚spirituelle Heimat' finden, was bei ihnen zu einer besonders engen Verbundenheit mit dem Unternehmen führt (Ackers/Preston 1997; Ashar/Lane-Maher 2004; Bell/Scott 2003; Mitroff/ Denton 1999; Pratt 2000a). „Und vielleicht hole ich mir mit meiner Seelsorge hier so ein Stückchen Kirche, ein Stückchen Glauben-leben" (Senior-Direktorin 1).
- Auch Nichtgläubige können die Feierlichkeit von (quasi)religiösen Riten genießen, die den Veranstaltungen und Ehrungen ein besondere emotionale Qualität geben (Gebhardt et al. 2000).
- (Universal)religiöse Werte können die Zusammenarbeit fördern. So schwächt die Unterbetonung des weltlichen Gewinns die Konkurrenz, den internen Erfolgsdruck und den Verkaufsdruck (gegenüber Kundinnen). Angesichts der Imageprobleme des DV (s. Kapitel 2.3) können solche Werte durchaus funktional für das Unternehmen sein (s. auch Biggart 1989: 109 f.).
- Die Beraterin, die hohen immateriellen Werten folgt, hat weniger Probleme damit, nicht viel Geld zu verdienen, denn ‚sie tut ja Gutes'. Diese Haltung passt zur Unterbetonung konkreter, materieller Aspekte im Unternehmen (Verdiensthöhe), vor allem im Vergleich zu TW. Und wer seine Tätigkeit, auch die Beratung von Kundinnen, als Dienst an anderen betrachtet, kann mit frustrierenden Erlebnissen (z. B. geringem Verkauf) besser umgehen (s. auch Cahn 2006; Pratt 2000a).
- Die ideologische Grundüberzeugung, dass MKC auf einer guten und sogar ethischen Basis von einer in allen Lebensbereichen vorbildhaften Gründerin aufgebaut ist, macht das Hinterfragen der Struktur des Unternehmens überflüssig. Dies gilt auch für die Produkte: Wenn diese nicht mehr einfach ‚nur' Waren

sind, sondern „vehicle" (Ash 1981: 7) für höhere Werte, müssen auch deren Charakteristika nicht mehr in Frage gestellt werden.

- Religiöse, immaterielle Orientierungen sind disziplinierend: Wer der Meinung ist, nach einem höheren Gut zu streben, gibt mehr als nur seine Arbeitskraft (s. auch Biggart 1989: 109).

8.7.5   Ein Wirtschaftsunternehmen als ‚Lebensschule'

Selbstbild

Gemäß Selbstbild ist „Mary Kay (...) eine Lebensschule" (Direktorin 1). Beruf und Privatleben sind durch übergreifende Wertvorstellungen innig miteinander verwoben. Das, was ‚gelernt' wird, reicht vom Geldmanagement, Selbstdisziplin und Organisation bis hin zum Umgang mit Fremden und (neuen) Freundinnen, mehr Freude am Leben, einem größeren Selbstbewusstsein oder sogar spirituellem Wachstum. Letzteres trifft wiederum längst nicht auf alle Mitglieder zu, denn „[n]icht jeder ist offen dafür. Ich war am Anfang nicht offen dafür. Und es gibt ja viele Leute, die sind ja viel weiter schon (...) Aber jeder lernt bestimmte Fähigkeiten (...) Also jeder lernt etwas. Und für viele sind es Fähigkeiten" (Elite Leitende Direktorin 2). Eine weitere Direktorin beschreibt, wie sich ihre Einstellung gegenüber dem Leben verändert und sie daraufhin auch ihr persönliches Umfeld gewechselt hat: „Die positiven Menschen (...), also nach einem halben Jahr habe ich gemerkt, was in meinem Umfeld positiv und [was] negativ war. Überwiegend war es negativ. Abgestoßen. Fuiit [wegwerfende Handbewegung]" (Direktorin 1). Die Veränderungen sind so groß, dass sie sich selbst auf ihren alten Fotos nicht ‚wiedererkennt': „Ich bin gewachsen. Ich habe Bilder von damals, wo ich sage: Das bin ich nicht! Das kann ich nicht sein! – Wenn ich die heute meinen Kundinnen oder so was zeige, die finden mich nicht auf dem Bild" (Direktorin 1).

Da MKC ein Kosmetikunternehmen ist, gehört zur eigenen Entwicklung auch die Entfaltung innerer und äußerer Schönheit. Ideal hierfür ist gemäß dem Frauenbild des Unternehmens betont feminine und damenhafte Kleidung, so dass angelehnt an die Vorstellungen der Gründerin Hosen als unweiblich und offene Pumps als zu sexy gelten. Noch wichtiger als das äußere Erscheinungsbild ist aber die innere Entwicklung entlang der zahlreichen Wertvorstellungen im Unternehmen: Handeln nach der ‚Goldenen Regel', Freundlichkeit, Gemeinschaft ohne Konkurrenz etc. Bei wem die entsprechenden Charaktereigenschaften und Verhaltensweisen noch nicht ausgeprägt sind, kann in der ‚Lebensschule' MKC dazulernen. Einzige Voraussetzung ist ein guter Wesenskern: „Ob sie schüchtern oder laut sind, dick oder dünn, hübsch oder weniger hübsch, das ist egal. Das kriegen wir alles gebacken (...) Also wir können ja schon ein graues Mäuschen nehmen, die ein großes Herz hat und mehr aus ihrem Leben machen will" (Elite Leitende Direktorin 2). Für Führungskräfte bedeutet dies, dass sie die positiven individuellen Anlagen der anderen Frauen fördern und selbst mit gutem Beispiel vorangehen. Als „eine gute Direktorin muss ich als Vorbild vorangehen. Und als Vorbild vorangehen bedeutet nicht nur, dass ich im Verkauf gut bin oder im Anwerben gut bin, sondern dass man auch sieht, dass ich ein glückliches Leben führe. Denn niemand will meine Arbeit haben und die Vorteile davon, wenn mein Leben hektisch und unglücklich ist" (Elite Leitende Direktorin 2).

Interne Grenzen

Dass nicht einmal die aktiven Mitglieder sämtliche Ideale teilen bzw. sich nach allen normativen Regeln richten, konnte auf dem Jahresseminar beobachtet werden, auf dem vereinzelt Hosenanzüge und (auch bei hohen Führungskräften) offene Pumps sichtbar getragen wurden. Und obwohl für den Verkauf von Kosmetik die äußere Erscheinung der Beraterinnen sicherlich grundlegend ist, kritisierten manche Frauen die mangelnde Gepflegtheit anderer Mitglieder. „Und das ist halt so: Wenn ich kein MK im Gesicht habe, kann ich es nicht verkaufen! Wenn ich (...) schlampig rumlaufe, das ist mir egal! – Dann brauche ich kein MK, dann kann ich Nivea nehmen!" (Consultant 1).

Grundlegender als das Aussehen sind jedoch die Grenzen der zum Selbstbild gehörenden ‚ganzheitlichen' Entwicklung: Nicht alle Mitglieder glauben an die transformierende Kraft der MKC-Tätigkeit und die schon oft zitierte Kritikerin kommt auch hier zu Wort: „Weil es ist, wir machen Geschäfte (...) In erster Linie steht mein eigener Vorteil" (Consultant 5). Die Vorstellung von MKC als ‚Lebensschule', in der jedes Mitglied dazulernen kann, wurde kaum in Frage gestellt. Kritisiert wurden jedoch – wie bei anderen Aspekten – einzelne (auch hohe) Führungskräfte, denen trotz ihrer Position in der Statushierarchie keine für das MKC-Idealbild ausreichenden menschlichen Qualitäten zugeschrieben wurden.

Was unterstützt ,ein Wirtschaftsunternehmen als Lebensschule'?

Formal betrachtet gibt es innerhalb von MKC keinerlei Pflicht, die eigene Persönlichkeit zu entwickeln und auch für das Aussehen existieren keine offiziellen Vorschriften. Dennoch gibt es eine Auszeichnung als strukturelle Unterstützung des Bildes von der idealen Consultant: den Titel der ,Miss Image'. Dieser wird auf lokaler Ebene unter den Beraterinnen durch Wahl vergeben. Zu den Kriterien für die Wahl gehören u. a. die folgenden: „Sie verkörpert immer Fraulichkeit und Schönheit durch ihre Kleidung (Kostüm bzw. Rock, Bluse und Blazer, Kleid)" und „sie strahlt immer die Einstellung zu ihrer Tätigkeit als Mary Kay Beraterin sichtbar für alle aus".[96] Sichtbar wird so auch die im Unternehmen bestehende Statushierarchie (s. Kapitel ,Anerkennung') und die persönliche ,Reife', also die ,innere Qualität' (s. bspw. Willmott 1993) der ausgezeichneten Mitglieder. Damit handelt es sich hier ebenfalls um eine normative kontrollierende ,Seinsprämie' – und nicht nur eine ,Imageprämie' wie das Label ,Miss Image' nahe legt.

Die ungeschriebenen Regeln (Alvesson/Willmott 2002: 631) bei MKC basieren auf einem spezifischen Menschen- und Frauenbild: Freundlichkeit, Fleiß, Durchhaltevermögen und Offenheit sind nur einige der schon genannten Charakteristika, die gemäß Unternehmensideologie für den beruflichen Erfolg sowie das eigene Leben relevant sind. Der ,Lernstoff' der ,Lebensschule' MKC umfasst somit weniger fachliche als vielmehr menschliche Qualitäten – im Unterschied zu TW mit seiner wesentlich stärkeren Produktorientierung. Die genannten Eigenschaften sind generell wertvoll, so dass zu der organisationalen Identität die oben genannte Vorstellung gehört, dass die Tätigkeit jeder Frau dienen bzw. deren Leben bereichern kann. Die hierbei indirekt ausgeübte Form von Kontrolle durch die Normen und Regeln wird so zusätzlich ideologisch legitimiert: Beraterinnen lernen nicht für MKC, sondern für ihr eigenes Leben. Damit werden die Interessen des Unternehmens verdeckt, da die ,Weiterbildung' den Mitgliedern dient (zu lebenslangem Lernen als Mittel der Disziplin s. Rose 2000: 325).

Ein wichtiges Versprechen innerhalb des Unternehmens ist, dass (fast) jede Frau die teilweise sehr hohen ethischen Wertvorstellungen und Eigenschaften erwerben kann. Die einzige Voraussetzung dafür ist wie oben zitiert die richtige Wesensart – das ,große Herz'. Im Umkehrschluss bedeutet dies, dass wer geht, vielleicht auch nicht die notwendigen Eigenschaften hatte: Denn wer nicht dem geforderten Idealbild entspricht, ,sortiert' sich laut Organisationsverständnis von selbst

---

[96]   Zitate entstammen einem ,Wahlzettel'.

aus. Es „geht schon los, es sortiert sich ja auch dein Freundeskreis. Weil du redest anders. Du gehst, diese Oberflächlichkeit ist dir nicht mehr wichtig, du führst andere Gespräche, du ziehst nicht über andere her (...) Oder (...) wenn du nur egoistisch bist und du guckst, dass du das Meiste hast, und so ein bisschen Raffgier, das wird von den Kollegen nicht akzeptiert" (Elite Leitende Direktorin 1). Die Steuerung muss hier nicht durch das Unternehmen ausgeübt werden, sondern sie erfolgt durch das Team (s. bspw. Lan 2002: 167; Sewell 1998; Sewell 1999) oder ‚von selbst' – jedenfalls nicht durch ‚böse' Führungskräfte, die Mitarbeiter ‚rauswerfen'. So werden beispielsweise die nicht-passenden Mitglieder schlicht nicht in gleichem Maße bei den gemeinschaftlichen Vorhaben miteinbezogen und kommen somit schlechter voran, erhalten nicht so leicht die entscheidenden Informationen etc. „Man wird der nichts Böses machen, aber die wird automatisch halt nicht mit integriert, weil man muss es ja nicht! Weil man sucht sich dann halt auch seine Leute aus. Also wird man die ein Stück weit immer außen vor lassen!" (Elite Leitende Direktorin 1).

In der ‚Lebensschule' geht es um gutes Verhalten und gutes Sein. Auch hier greift als identitätsfördernder Mechanismus die schon mehrfach genannte Unterscheidung zur ‚Männerwelt' (Biggart 1989: 88-91). Ebenso stärkt die Abgrenzung gegenüber anderen DV-Konzernen das eigene Selbstbild (Wittel 1997: 128 f.), vor allem hinsichtlich der Werte wie der ‚Goldenen Regel' oder der MKC-Gemeinschaft. Ohne solche Ideale wird in anderen MLM-Unternehmen beispielsweise die Gefahr der Geldgier gesehen oder auch das unmoralische Verhalten, Mitglieder aus anderen Unternehmen abzuwerben. „Und wir haben bei MK eine unausgesprochene Auflage, dass wir dann eben nicht zu Tupper gehen und versuchen, dann 20 Tupperberaterinnen für uns zu werben! Aber die anderen, die wollen uns haben. Die anderen Direktvertriebe, am schlimmsten ist diese Aloe-Vera-Truppe, [Name]. Sie sind wie die Piranhas! Sie gehen auf die MK-Leute und wollen die auffressen! Ja, und warum? Weil sie wissen, dass wir gut ausgebildet sind! Wir sind die bestausgebildetsten Menschen im Direktvertrieb in Deutschland! Wir haben den höchsten Charakter!" (Elite Leitende Direktorin 2).

‚Ausbildung' bedeutet bei MKC oft ‚Charakterbildung' und insofern ist eine weitere Abgrenzung, die von ‚altem Selbst' zu ‚neuem Selbst' – eine Abwandlung des bei Alvesson/Willmott beschriebenen Mechanismus „defining yourself by defining others" (Alvesson/Willmott 2002: 630) in Kombination mit Pratts Analyse der persönlichen Entwicklung von AW-Mitgliedern (Pratt 2000b). Die Stärke der MKC-Kultur wird somit nicht nur deutlich, wenn es um den Vergleich von dem Idealbild des MKC-Mitglieds mit Nicht-Mitgliedern geht, sondern auch, wenn Beraterinnen ihr ‚früheres Selbst' mit ihrem ‚neuen Selbst' vergleichen. So äußern sich 14 der 15

Interviewpartnerinnen positiv über ihre persönliche Entwicklung im und durch das Unternehmen. Eine nach eigenen Angaben nichtgläubige Direktorin verwendet hierzu folgende, aus dem religiösen Kontext bekannte Formulierung: „Und als MK dann in mein Leben kam, habe ich (...)" (Direktorin 1; s. auch die Analyse von Cahn 2006 zum MLM namens Omnilife). Solche ‚confessionals' betonen den Wert der Gruppenzugehörigkeit und die Bedeutung, die diese für das eigene Leben haben kann – wobei solche Aussagen im Vergleich zu den USA (Biggart 1989: 139) sicherlich weniger verbreitet sind.

Ihre positive persönliche Entwicklung schreibt die zitierte Direktorin allerdings nicht einfach MKC zu, sondern durchaus sich selbst. Auf die Frage, wie das Unternehmen solche Veränderungen herbeiführen kann, antwortet sie: „Also ich denke mal, es ist nicht MKC, sondern es ist erst mal ich (...) Es kommt darauf an, ob du das, was MK sagt oder auch die Menschen, annimmst (...), ob du bereit bist zu Veränderungen (...) Und [ich] habe einfach das angenommen (...), was mir das Umfeld von MK gibt" (Direktorin 1). Nach diesem Selbstverständnis erfordert Entwicklung eine Eigenleistung: Das neue Selbst wird nicht einfach vom Unternehmen geformt, sondern es muss die Bereitschaft bestehen, selbst zu der „Frau zu werden, für die sie bestimmt ist" (Elite Leitende Direktorin 2). Für loyale Mitglieder handelt sich bei den Regeln und Idealen innerhalb von MKC somit nicht um eine aufgezwungene Kontrolle, sondern eine Chance zur Selbstentfaltung – es lohnt sich, den Verheißungen von ‚Gemeinschaft', ‚ganz Frau sein dürfen', ‚Berufsglauben' etc. zu folgen und sich dafür selbst zu transformieren (Biggart 1989: 136). Der Unterschied zwischen denjenigen, die erfolgreich sind und denjenigen, die es nicht sind, liegt somit im Charakter und der Lernbereitschaft, aber auch im Erkennen und Nutzen dieser Möglichkeiten: „Und ich denke, manche wissen gar nicht, was sie für einen Juwel in der Hand haben!" (Elite Leitende Direktorin 1).

Wie dieser ‚Juwel' zum Ausdruck kommen kann, wird wie bei den anderen Themen durch zwei weitere Mechanismen, die ‚Stories' und die dazu gehörenden Vorbilder verdeutlicht. So vermitteln erfolgreiche Mitglieder Karrieretipps und Lebenshilfe und tragen so zur Herausbildung einer spezifischen Identität bei (Kärreman/Alvesson 2001). Neben den oben beschriebenen Seminaren mit der Möglichkeit, auf der Bühne in einer kurzen Ansprache sein Wissen weiterzugeben, wird beispielsweise jeden Monat in der Unternehmenszeitschrift ‚Applaus' eine Direktorin mit ihrer Lebens- bzw. Berufsgeschichte vorgestellt. Eine Senior-Direktorin berichtet hier, dass sie mit MKC „lernte, (...) aus Steinen im Weg etwas Schönes zu bauen" (Hoting 2004: 13), während, wie schon angeführt, bei TW vorwiegend Anwendungsideen für die Produktvorführung vermittelt werden.

Wichtigstes Vorbild ist auch hier die Gründerin Mary Kay Ash. Ihre Schriften (Ash 1981; Ash 1985; Ash 1995) können auf Deutsch und teilweise auf Englisch über den regulären Bestellschein für Produkte erworben werden. Vor allem auf die Autobiographie wurde in offiziellen Veranstaltungen, Interviews und informellen Gesprächen immer wieder Bezug genommen. So antwortet eine Direktorin auf die Frage, ob sie dieses Werk selbst gelesen habe: „Kannst sagen: Wenn ich fertig bin, fange ich wieder von vorne an (lacht) (...) Oder Zitate lese ich viel. Immer und immer wieder. [Ich sage mir:] ‚Ja, sie hat Recht! Ach komm, ihr ist es nicht anders gegangen! Sie ist den gleichen Weg gegangen!'" (Direktorin 1).

Dazu gehören auch die passenden Emotionen, zu denen das Unternehmen ebenfalls Hinweise gibt. Die Gründerin vermittelt selbst konkrete Tipps sowie die umfassende ‚richtige' Einstellung: „I realized that in order to be successful, I had to leave my personal problems at home. I decided that no matter how I felt, I would go in there with a smile" (Ash 1981: 50). Wer erfolgreich sein will, muss sich emotional ‚konditionieren' (Hochschild 1993). Erwünscht ist ein motivierender, positiver, fröhlicher Charakter, der Mitgefühl und Stolz durch Tränen zeigen darf. Andere Empfindungen wie Neid, Frust, Wut etc. sind dagegen nicht hilfreich und werden trotz der oben schon angeführten Betonung des ‚Gefühle-leben-Dürfens' ignoriert. Wem dies ‚künstlich' oder ‚aufgesetzt' erscheinen mag, kann ebenfalls von der Gründerin erfahren, dass diese positive Grundhaltung irgendwann zum eigenen Selbst wird: „The funny thing about putting on a happy face is that if you do it again and again, pretty soon that happy face is there to stay. It becomes *the real you*" (Ash 1981: 51; Hervorh. C. G.). Mit Hilfe dieser Techniken wird ein ‚organizational self' geformt, das nicht nur der Consultant hilft, sondern auch dem Konzern (zur Steuerung durch Selbsthilfe-Literatur s. Biggart 1983; Rimke 2000).

Dieses ‚real you' wird von der Gründerin sogar als ‚MKC-Selbst' bezeichnet. Im letzten Kapitel ihrer Autobiographie mit dem Titel „Leaving a legacy" beschreibt Mary Kay Ash die Bedeutung der Nationalen Verkaufsdirektorinnen für das Unternehmen: „I used to refer to these women as 'the Mary Kays of the future' – but today, *they are already me*. They carry the torch of our philosophy and standards, so I know that whatever happens in the future, my philosophy will be perpetuated" (Hervorh. i. O., Ash 1981: 205).

Für die Fortsetzung der Philosophie dienen zahlreiche Regeln, die weit über das Provisionssystem mit seinen formalen Vorgaben hinausgehen. "[E]stablished ideas and norms about the 'natural' way of doing things in a particular context can have major implications for identity construction" (Alvesson/Willmott 2002: 631). Diese spezifische MKC-Identität wird herausgebildet durch Verhaltensregeln, die

Handlungsorientierung geben, durch Charaktereigenschaften, die als Ideale vermittelt werden, und durch Gefühle, die als angemessen gelten (zur Kritik an emotionaler Formung s. Scheich 2001: 66). Insofern geht es bei MKC tatsächlich um den ‚ganzen Menschen' und Willmotts „corporate culturalism" wird hier deutlich (Willmott 1993; s. Kapitel 5.2.1). Intern – und dies ist das Verheißungspotential der hohen Ideale, die unabhängig vom Unternehmen wertvoll sind – dient dies alles vor allem den Mitgliedern selbst – ein Versprechen, das schon die Gurus der Organisationskultur Peters/Waterman (1982) gaben.

Mögliche Vorzüge ‚eines Wirtschaftsunternehmens als Lebensschule' für den Konzern MKC

-   Das Unternehmen ist eine ‚Lebensschule' für viele Ebenen und Aspekte: Jede Frau kann hier etwas lernen, somit kann auch jede angeworben werden und jede einen Sinn in der Tätigkeit finden. Bei TW wird hier pragmatischer argumentiert: Jede Frau kann hier etwas dazuverdienen und so selbstbewusster werden.

-   Durch die Offenheit der ‚Lebensschule' werden alle Mitglieder als homogene Gruppe konzipiert, und zwar als diejenigen, die etwas lernen möchten. Dies verdeckt Interessensunterschiede unter den Beraterinnen, die zu Konflikten führen können (s. auch Studie von Wittel 1997: 128 f.).

-   Das Bild der ‚Lebensschule', in der jede etwas lernen kann, macht das Hinterfragen der Struktur des Unternehmens überflüssig (s. eine vergleichbare Einschätzung zum Empowerment-Diskurs bei Potterfield 1999: 127). Das Angebot an Faktoren, die intrinsisch motivieren können, ist so reichhaltig, dass das Verdienstniveau in der untersuchten Unit kaum ein hinterfragenswertes Thema war.

-   Wie bei den anderen Elementen des organisationalen Selbstbildes bewirkt die Betonung der Vielfalt der Chancen und Möglichkeiten bei MKC, dass nicht allein der Verkauf zählt. Dies kann erneut als kultureller Schutzmechanismus gegen aggressives Auftreten (nach innen und außen) gewertet werden (s. Imageprobleme des DV in Kapitel 2.3).

-   Die Akzeptanz von Emotionen wie Applaus oder Tränen der Rührung führt zu einer sehr persönlichen Verbundenheit der Mitglieder mit dem Unternehmen. „It is a satisfying conceptualization for distributors who are welcomed into a network of emotional ties and not seen merely as 'workers' or financially significant 'recruits'" (Biggart 1989: 87).

- Das Unternehmen verspricht Belohnung für gutes Sein (statt allein für Leistung) – Ausdruck weitreichender normativer Kontrolle. Die ‚Seins-Vorgaben' stellen einen Anreiz für wertorientierte Mitglieder dar, die hier ein ‚alternatives Lebenskonzept' im Rahmen einer (mehr oder weniger) wirtschaftlichen Tätigkeit praktizieren können.

- Das Unternehmen bezieht sich bei seinen vielfältigen Versprechen auch auf Ideale, die über die Organisation (und das einzelne Individuum) hinausreichen und ‚an sich' wertvoll sind – laut Biggart gleichen die DV „social movements" (Biggart 1989: 69). Dadurch wird Kontrolle nach innen verlagert (Biggart 1983; Rimke 2000; Rose 1990), wobei der Maßstab für korrektes Verhalten außerhalb der Individuen bei universellen Werten liegt. Das Unternehmen wird so als negativer Kontrolleur unsichtbar und tritt stattdessen als Mittel zum Durchlaufen einer wertvollen ‚Lebensschule' auf.

8.8 Mary Kay Cosmetics – eine Zusammenfassung

Die Tätigkeit bei MKC reicht weit über den Produktverkauf hinaus. Sie prägt das Denken, Handeln und Fühlen der Mitglieder und regt zum Träumen an: sowohl von einem schöneren Leben als auch von einem schöneren inneren und äußeren Selbst. Möglich wird dies durch die Universalität der propagierten Inhalte. So ist die ‚Goldene Regel' nicht nur für die Geschäftstätigkeit wichtig, sondern verkörpert eine Einstellung zum Leben und kann in allen Bereichen zum Ausdruck kommen. In diesem Sinne erzählen Mitglieder, wie positiv sich diese Handlungsmaxime auf ihr gesamtes Leben auswirkt: „Mein Sohn, der ist ein absolutes MK-Kind. Der ist damals groß geworden mit MK. Der hat damals schon geholfen Spiegel putzen als er drei war (...) Ich denke, ich denke ganz oft an unsere ‚Goldene Regel', das versuche ich ihm auch immer wieder zu vermitteln. [Ich] frag ihn: ‚Wie wäre das für dich? Überleg dir Mal!' Also ich denke, man lebt das auch" (Direktorin 2).

Das besondere an den bei MKC propagierten Idealen ist hierbei, dass diese auch völlig unabhängig vom Unternehmen Werte darstellen, die Wünsche und Sehnsüchte ihrer Mitglieder befriedigen (s. auch Biggart 1989: 69): „Da wurde es mir ganz klar, dass hier in dieser Firma hier dein zu Hause ist. Und dass es sich nur darum dreht, genügend zu arbeiten, um genügend zu verdienen, damit ich bei der

[Name früherer Arbeitgeber] aufhören kann. Aber dass der Sinn (...) der Arbeit hier gefunden ist" (Elite Leitende Direktorin 2).

MKC gelingt es, diese abstrakten Inhalte direkt mit der Tätigkeit im Unternehmen zu verbinden und so erscheinen Wertvorstellungen und Normen sowie die daraus resultierende normative Kontrolle nicht als Begrenzung, sondern als Selbstzweck. Denn ‚Gemeinschaft' ist ein wertvolles Gut und da Konkurrenz diese zerstört, gilt es, sich gegenseitig keine Kundinnen abzuwerben. ‚Wer gibt, dem wird gegeben werden' ist eine religiöse Überzeugung und diese bedeutet, dass diejenigen, die die ‚Karriere teilen' – und dadurch zunächst eine Kundin verlieren – später vielfachen Lohn ernten dürfen. Wer für das Leben lernt, hat einen Nutzen aus seiner Tätigkeit, sogar wenn der finanzielle Erfolg ausbleibt.

Der Vorteil hoher Werte ist, dass sie inhaltlich gefüllt werden können und so Unternehmen und Mitgliedern gleichzeitig zu dienen scheinen – zumindest ist dies das Versprechen MKC, einer Organisation, die ein besseres Leben verheißt. Dazu besteht ein umfassendes Netzwerk an Überzeugungen, die ineinandergreifen und so eine eigene Unternehmenslogik und Ideenwelt konstituieren:

- ein Frauen- und Männerbild: ‚Emotionen sind wichtig', ‚Cinderella-Preise sind schön', ‚Röcke sind weiblich', ‚Männer sind (oft) zu rational', ‚der Mann ist der Haupternährer' etc.
- ein Gesellschaftsbild: ‚die Wirtschaftswelt ist (zu) kühl', ‚Frauen werden benachteiligt', ‚Mütter haben schlechte Chancen' etc.
- die Identität (Selbstbild) des Unternehmens: ‚Gemeinschaft ohne Konkurrenz', ‚eine Chance für Frauen', ‚Anerkennungskultur' etc.

All diese Überzeugungen greifen Hand in Hand und bilden die *Unternehmensideologie* von MKC. ‚Ideologie' impliziert in der vorliegenden Arbeit, dass Unternehmen die propagierten Werte explizit forcieren (vgl. Kapitel 5.2.2). Dies heißt nicht, dass die beinhalteten Bestandteile – wie beispielsweise die schlechten Arbeitsmarktchancen oder die Anerkennungskultur im Unternehmen – nicht existieren. Es ist vielmehr umgekehrt davon auszugehen, dass eine Ideologie nur haltbar ist, wenn ihre inhaltlichen Knotenpunkte auch tatsächlich glaubhaft sind und sich nicht in zu hohem Maße widersprechen (s. Eagleton 1993: 57).

Wie die Überzeugungen produziert und reproduziert werden, analysieren die *Mechanismen der Identitätsstiftung*. Diese zeigen eine ebenso große Spannbreite auf und erstrecken sich auf sämtliche Aspekte des Lebens: Denken, Handeln und Fühlen werden geformt, auch wenn keine direkte Zuordnung zwischen einem bestimmten

Mechanismus und der Ebene des Handelns oder des Fühlens möglich ist. Dennoch prägen Label bestimmte ‚Denk-Kategorien': „Labels tell what things are: they classify" (Czarniawska-Joerges/Joerges 1988: 174). So findet sich bei MKC z. B. das ‚Teilen der Karriere' (statt ‚Anwerben') oder das ‚Beraten' (statt ‚Verkaufen'). Auch die Abgrenzung von außen verläuft mit Hilfe derartiger Einordnungen, indem immer wieder auf die ‚kalte Männerwelt' verwiesen wird. Über „providing a specific vocabulary of motives" (Alvesson/Willmott 2002: 629; Wittel 1997: 128 f.) werden Ziele des Handelns, wie ‚das Leben von Frauen bereichern' oder die wertvolle Gemeinschaft vermittelt, aus der die Handlungsanweisung des Kundenschutzes ‚automatisch' erwächst: Wer an den Wert der ‚Goldenen Regel' glaubt, kann auch schlecht(er) seine Downline drangsalieren und muss entsprechend geduldig mit seinen Mitgliedern umgehen – wobei Ideal und Realität auseinander fallen können, was die Mitglieder durchaus thematisieren: „Aber weißt du, ich denke ja auch: Nicht jede bekommt ihren Führerschein beim ersten Anlauf" (Elite Leitende Direktorin 2) – und so dürfen auch in der ‚Lebensschule' Klassen wiederholt werden.

Auch die Gefühle der Mitglieder werden durch organisationale Mechanismen in die für das Unternehmen geeigneten Bahnen gelenkt. „In an industry that cannot rely on bureaucratic controls, harnessing the emotions, aspirations, and fears of families is an important business strategy" (Biggart 1989: 85). Diese emotionale Ebene kommt in einer Analyse in Textform zwangsläufig zu kurz: Bilder oder Musik könnten die spezifische Stimmung besser wiedergeben. Denn das Gruppengefühl und die Zugehörigkeit zu MKC scheinen vor allem durch gefühlsbetonte Situationen besonders gestärkt zu werden: Symbole, die eine Geschichte haben, Musik, die Ehrungen unterstreicht, eine geschmückte Treppe, die die Erfolgreichen auf der Bühne des Jahresseminars herunterschreiten, und der Beifall der anwesenden Frauen erzeugen eine begeisternde Atmosphäre, in der Stolz auf die eigene Leistung und emotionale Befriedigung Hand in Hand gehen. Dies funktioniert in geringerem Umfang auch im kleinen und persönlichen Rahmen der Wochenschulung. So berichtet eine Consultant im Interview mit Tränen in den Augen von ihrem ‚Miss Go Give'-Pokal der lokalen Gruppe: „Und [ich] bin ganz stolz darauf! Auf meinen Pokal – da hinten steht er – und auf meinen Ansteckbobbel [Pin]. Also bin ich ganz stolz drauf. Aber da habe ich gedacht: Ich erlebe die Welt nicht! Am liebsten hätte ich mich hingehockt und hätte eine Stunde geheult!" (Consultant 4).

Wie unter dem Aspekt Anerkennung analysiert, werden Mitglieder in die Auszeichnungskultur des Unternehmens einbezogen und so sozialisiert: Wenn 1.500 Personen auf dem Jahresseminar klatschen, Tränen der Rührung nicht nur bei den Geehrten fließen, so ist dies emotional bewegend. Solche außeralltäglichen Erlebnisse, die auch die Nicht-Geehrten zum Träumen anregen und das eigene Selbst in der Zukunft als schöner, erfolgreicher und menschlich besser erträumen lassen (Pratt 2000b), transportieren auf leidenschaftliche Art und Weise den Wert des Unternehmens. So beschreibt eine aufstrebende Consultant das in Kürze anstehende Jahresseminar mit folgenden Worten: „Das wird wirklich toll! Wenn du da rein kommst in die Messehalle und da sind Frauen, 2.000 Frauen mit Charisma! *Was muss ich da* noch von Kultur *erzählen?* (...) Wenn du rein kommst und es ist, *du spürst* einfach eine Wärme, du spürst keinen Konkurrenzkampf. Du spürst eine angenehme Atmosphäre, du spürst, (...) als kommst du zum Familientreffen. Diese Herzlichkeit und – das macht Mary Kay aus. Das macht es deutlich" (Direktorin in Qualifikation, Hervorh. C. G.). Solche Erlebnisse, die entfernt von der alltäglichen Routine oder dem üblichen Stress stattfinden, binden die Frauen ‚mit allen Sinnen' an das Unternehmen und „vermitteln das Gefühl von exklusiver Gemeinschaft und Zusammengehörigkeit" (Gebhardt 2000: 21; s. auch Knoblauch 2000: 39).

9 Amway – ‚Garant für Freiheit'?

Amway wird in der vorliegenden Arbeit als ein ‚recruiting-based' MLM-Unternehmen analysiert. Zentrales Merkmal ist die Vorstellung, dass das Unternehmen jedem Mitglied den Aufbau einer eigenen ‚Organisation' ermöglicht. Diese wird als Weg zu hohen Provisionszahlungen und letztendlich zur ‚völligen finanziellen Freiheit' verstanden und propagiert. Dieser hohe Anspruch an das System wird auf vielfältigste Art und Weise produziert und mit zahlreichen weiteren Idealvorstellungen untermauert. Bevor diese hier analysiert werden können, werden in den folgenden Kapiteln zunächst Grundlagen zum Unternehmen und der Tätigkeit präsentiert. Als erstes werden Fakten zum Konzern präsentiert (9.1), die formalen Aspekte des Beitritts und der Tätigkeit (9.2) sowie das Provisionssystem (9.3) erläutert. Besonders wichtig sind die Einschätzungen zur Einnahmenseite (9.4), auf die zusätzliche Angaben zur Erhebung in diesem Unternehmen folgen (9.5). Bevor als Hauptteil die Kernelemente der ‚Amwayanischen' Identität vorgestellt und ergründet werden (9.7), werden kurz die von den Interviewpartnern genannten Gründe für den Einstieg wiedergegeben (9.6). Den Abschluss bildet eine kurze Zusammenfassung der Unternehmensideologie sowie der damit zusammenhängenden Kontrolle und Steuerung bei AW (9.8).

9.1 Fakten zum Amway-Konzern

AW ist ein MLM-Konzern mit über drei Mio. Mitgliedern in über 80 Ländern weltweit.[97] Der Name ‚Amway' bezeichnet offiziell nur eine von vier Tochtergesellschaften, wird aber üblicherweise für die gesamte Holding verwendet.[98] Im Geschäftsjahr 2005 betrug der Umsatz 6,4 Mrd. Dollar,[99] womit das Unternehmen zu

---

[97] Quelle: www.amway.de/default.asp?lan=de&zone=Ueber%20Amway&num=9, abgerufen am 27. 12.2005.

[98] Der offizielle Name des Konzerns ist Alticor (www.alticor.com). Die vier Tochtergesellschaften sind Amway Corporation, Quixtar Inc., Access Business Group LLC und Pyxis Innovations Inc.

[99] Quelle: www.amway.com/en/BusOpp/business-profile-10065.aspx, abgerufen am 27.12.2005.

den größten DV zählt (Bromley 1998: 351). Die wichtigsten Produktbereiche sind
Ernährung, Wellness, Schönheitspflege und Haushaltsreinigung.[100] Insgesamt pro-
duziert der Konzern rund 450 eigene Artikel, die über die Kernbereiche hinaus vom
Olivenöl bis hin zum Hundefutter oder Feinstrumpfhosen reichen (Amway GmbH
[Ed.] 2004d). Hinzu kommt, dass AW über seine Internetplattform namens „AMI-
VO" (www.amivo.de) Produkte zahlreicher Partnerunternehmen vertreibt.[101]

Der Ursprung von AW liegt im Jahre 1959,[102] als seine Gründer Jay van Andel
(verstorben 2004) und Rich DeVos nach ihrer Tätigkeit beim Unternehmen Nutri-
lite eine eigene MLM-Organisation aufbauten: „The American Way Association"
(Bromley 1998: 351). Inzwischen macht das Vermögen der Gründer diese zu den
reichsten Männern der USA – so brachte es z. B. Rich DeVos im Jahre 2005 auf
Rang 65 in der Business Week.[103] Als ‚Superreiche' zählen die AW-Gründer in den
USA zu wichtigen und einflussreichen Persönlichkeiten des öffentlichen Lebens (s.
die Analyse von Juth-Gavasso [1985] in Kapitel 3.2.6). Diese herausgehobene Position beruht auch auf dem Sozialsponsoring des Unternehmens bzw. der Unternehmensgründer. Beispielhaft sei die von AW selbst als größte Corporate-Social-
Responsibility-Initiative bezeichnete Aktion „One by One" genannt, die sich be-
nachteiligten Kindern widmet. Laut Unternehmensangaben wurden hier seit 2003
vom Unternehmen und seinen Mitgliedern mehr als 37 Mio. US-Dollar gespen-
det.[104] Solche Aktionen entsprechen dem Selbstbild der Organisation sowie der
Gründer, denn „our company has a long history of providing hope and opportunity
through both our business model and our charitable contributions".[105] Neben Geld-
spenden und der AW-Tätigkeit als Chance auf Gelderwerb geben die Gründer auch
ideelle Hilfestellungen als ‚Self-made-men'. So vermitteln sie den Wert des freien
Unternehmertums sowie der christlichen Moral, beispielsweise in Form von
Büchern wie „An Enterprising Life" (Van Andel 1998) oder „Compassionate Capitalism: People Helping People Help Themselves" (DeVos 1994).

---

[100] Quelle: www.amway.de/default.asp?zone=products&lan=de&num=2&sub=87, abgerufen am 27.
       12.2005.
[101] Die so vertriebene Produktpalette reicht von Wein bis hin zu elektronischen Geräten oder Koffer-
       sets, die von einer Vielzahl von Herstellern stammen, z. B. von Philips, Kenwood oder Kärcher
       (Amway Corporation (Ed.) 1999).
[102] Sofern nicht anders angegeben stammen die weiteren Unternehmensdaten von www.amway.de/
       default.asp?zone=Ueber%20Amway&lan=de&num=2&sub=19, abgerufen am 27.12.2005.
[103] Quelle: www.forbes.com/lists/2005/54/Rank_3.html, abgerufen am 25.3.2006.
[104] Quelle: www.alticoronebyone.com/, abgerufen am 15.3.2007.
[105] Quelle: www.alticoronebyone.com/, abgerufen am 15.3.2007.

In Deutschland ist der Konzern seit 1975 in Form der „Amway GmbH" vertreten. Die Zentrale befindet sich in Puchheim, wo laut Unternehmensangaben mehr als 200 Mitarbeiter angestellt sind. Die Anzahl der selbständigen Mitglieder beträgt rund 85.000 bei einem Umsatz von 119 Mio. Euro für das Geschäftsjahr 2003/2004.[106] Wie in MLM-Unternehmen üblich, gehört die Gesamtzahl der Mitglieder nicht einer einzigen Downline an. In Deutschland gibt es drei große ‚Organisationen': „Müller-Meerkatz",[107] die daraus entstandene „Schwarz-Organisation" und „Network 21". Im Mittelpunkt der vorliegenden Studie steht die Schwarz-Organisation, die sich auch „Schwarz-Diamond-Connection" nennt und die laut Interviewpartnern die größte der drei in Deutschland vertretenen Downlines darstellt (zum Verhältnis zwischen Amway Corporation und Downlines s. auch Juth-Gavasso 1985: 112-121).

Die Schwarz-Organisation bildet innerhalb des AW-Konzerns einen eigenständigen Unternehmenszweig. Sie ist zwar rechtlich nicht unabhängig und vertreibt die Produkte der AW GmbH, hat aber ein eigenes Trainingsprogramm für ihre Mitglieder. Dazu gehören z. B. eigene Seminare, wöchentliche Treffen und Hilfsmittel zum Geschäftsaufbau. Die Gründer sind das Ehepaar Marianne und Max Schwarz, die AW im Jahre 1977 beitraten[108] und zunächst zur Organisation Müller-Meerkatz gehörten. Anfang der 80er Jahre kam es zwischen der Upline Müller-Meerkatz und der Downline Schwarz zum Bruch, so dass Letztere im Jahre 1984 ein eigenes Schulungssystem einführten und heute (hinsichtlich des Schulungssystems) unabhängig von ihrer alten Upline agieren.[109]

Die Schwarz-Organisation umfasst heute rund 400.000 Mitglieder in zahlreichen europäischen Ländern.[110] Die ‚Zentrale' stellt die „Marianne und Max Schwarz GmbH & Co. Vertriebsförderungs KG" mit Sitz in Langenmosen dar.[111] Offizielle Umsatzzahlen, die sich auf die Mitglieder der Schwarz-Organisation beziehen (statt

---

[106] Die Angaben stammen von der Internetseite Amways unter www.amivo.de/press_room01.html, abgerufen am 27.11.2006.

[107] Quelle: www.mmwd.de/cmt/cgi-bin/site.cgi, abgerufen am 1.3.2007.

[108] Quelle: www.schwarz-diamond-connection.de/im/max/traum.html, abgerufen am 20.2.2006.

[109] Zum Bruch zwischen Eva und Peter Müller-Meerkatz und Marianne und Max Schwarz gibt es nur wenige Informationen. Die Zeit der wachsenden Auseinandersetzung lässt sich indirekt in Sonnabends autobiographischer Erzählung ablesen (Sonnabend 1998). Das Jahr 1984 als Zeitpunkt der Eigenständigkeit der Schwarz-Organisation war 2003 auf der Internetseite der www.schwarz-diamond-connection.de benannt, abgerufen über das Internetarchiv http://web.archive.org/ am 27. 11.2006.

[110] Angaben im Rahmen des ‚Betriebsausfluges' zum Gründungsort Langenmosen.

[111] Die Angaben stammen aus „Wiso Praxis" (www.wiso-net.de) unter der Rubrik „Unternehmen", abgerufen am 10.4.2007.

auf die AW GmbH in Deutschland), sind nicht erhältlich. Ebenso wenig existieren Informationen zu der Zahl der Angestellten. Erhältlich sind dagegen die Adressen der wöchentlichen Treffpunkte, von denen sich 126 in Deutschland sowie weitere 100 in anderen europäischen Ländern befinden (Schwarz/Schwarz 2005: 20-25). Diese als „Schulungszentren" bezeichneten Orte (Schwarz/Schwarz 2005: 20) sind angemietete Räumlichkeiten wie z. B. Festhallen oder Seminarräume in Hotels, in denen die Wochenschulungen als offizielles Kernstück lokaler Organisationskultur stattfinden. Zu den weiteren Veranstaltungen der Schwarz-Organisation gehören die halbjährlichen Seminare in Mayrhofen, Österreich, mit 1.500 Teilnehmern pro Durchgang.[112] Hinzu kommen die so genannten halbjährlichen „Kick-offs", die an einem Tag zwei Durchgänge umfassen und mit jeweils 7.000 Teilnehmern an wechselnden Orten in Zentraleuropa gehalten werden.[113] Diese Veranstaltungen werden von der Schwarz-Organisation organisiert, wobei als Sprecher und Moderatoren erfolgreiche Führungskräfte des Außendienstes auftreten. Die AW GmbH ist nicht für die Organisation solcher Events zuständig, so dass eine inhaltliche Trennung zwischen der Münchner Zentrale und der ‚Zentrale' der Schwarz-Organisation in Langenmosen nahe liegt. Jedoch erfordern die Geschäftsrichtlinien von AW explizit, dass alle so genannten „business support material", also Bücher, Schriften, Reden, Seminare etc., den Vorgaben der AW GmbH entsprechen müssen (s. hierfür Amway GmbH [Ed.] 2004c).

9.2 Einstieg und Tätigkeit bei Amway

Der Start der AW-Tätigkeit beginnt offiziell mit dem „Geschäftspartner-Antrag" und dem Ausfüllen der Erstanforderung (Amway GmbH [Ed.] 2004e). Durch diesen kommt gemäß AW-Sprachregelung ein „Geschäftspartner*vertrag*" zustande: (Amway GmbH [Ed.] 2004b) – eine Bezeichnung, die sich bei MKC und TW so nicht finden lässt. Im Antrag sind Eckpunkte geregelt, beispielsweise, dass die Kosten für den Einstieg 35 Euro netto betragen und dass das Formular für die „Erstanforderung" nur für den Erhalt des „Geschäftspartner"-Sets ausgefüllt werden muss, während keine weiteren Bestellungen notwendig sind (Amway GmbH [Ed.] 2004e).

---

[112] Die Teilnehmerzahl der Halbjahresseminare mit 1.500 Personen entstammt mündlichen Berichten von Teilnehmern und anderen AW-Mitgliedern. Eine offizielle Angabe liegt nicht vor.

[113] Termine zu den Kick-offs s. unter www.schwarz-diamond-connection.de. Die Teilnehmerzahl der Kick-offs mit 7.000 Personen entstammt mündlichen Berichten von Teilnehmern und anderen AW-Mitgliedern. Eine offizielle Angabe liegt nicht vor.

AW weist auch ausdrücklich darauf hin, dass der „Geschäftspartnerantrag" innerhalb von 90 Tagen zurückgegeben werden kann und dass sich die Mitgliedschaft
nur durch das Überweisen der Verlängerungsgebühr fortsetzt. Auch die Notwendigkeit, die Tätigkeit beim Ordnungsamt anzumelden, wird angeführt (Amway
GmbH [Ed.] 2004e). Eine solche Anmeldung ist jedoch nicht notwendig, wenn der
so genannte „Member-Status" gewählt wird. Dieser bedeutet, dass Mitglieder Produkte für den Eigenbedarf beziehen, diese aber nicht verkaufen dürfen. Ebenso
wenig können „Member" eine eigene Downline durch Anwerben weiterer Personen
aufbauen (Amway GmbH [Ed.] 2004b: 5).

Neben diesen Grundlagen im mehrseitigen Antragsset (Formulare plus Ge-
schäftsbedingungen) gibt es für die Mitgliedschaft bei AW weitere Bestimmungen:
In den „Amway Geschäftsbedingungen und Null Toleranz-Richtlinie" sind auf 31
Seiten zahlreiche zusätzliche Rechte und (vor allem) Pflichten der Mitglieder geregelt (Amway GmbH [Ed.] 2004b). Hinzu kommt eine vierseitige „Europäische
Rahmenrichtlinie zur Qualitätssicherung für Business Support Material (BSM)"
(Amway GmbH [Ed.] 2004c), die gewährleisten soll, dass die in Schulungen und
Schulungsmaterialien vermittelten Inhalte den Vorstellungen der Unternehmens-
zentrale entsprechen. Als Letztes sei das „Amway-Geschäftspartnerhandbuch" mit
156 Seiten genannt. Dieses umfasst die schon angeführten Geschäftsbedingungen
und ergänzt diese durch zusätzliche Informationen rund um den Geschäftsaufbau,
Fragen zur Selbständigkeit und Erläuterungen zum Provisionsplan (Amway GmbH
[Ed.] 2004f). Im Vergleich zu den knappen Vorgaben bei TW und MKC stellt AW
somit ein wesentlich umfangreicheres Regelwerk zur Verfügung – obwohl es sich
bei Mitgliedern nach offizieller Sprachregelung um selbständige „Geschäftspartner"
handelt (Amway GmbH [Ed.] 2004e).

Offiziell beinhaltet die AW-Mitgliedschaft den Kauf von Produkten zum Eigenbedarf, den Verkauf von Produkten, das Anwerben und Betreuen der eigenen
Downline. Betont wird dabei in der Schwarz-Organisation – dies wird die Analyse
in Kapitel 9.7.7 zeigen – das Anwerben weiterer Mitglieder, innerhalb von AW
‚Sponsern' genannt (s. bspw. Rampelotto 1999a: 131). Wer Mitglieder anwirbt, hat
„die Aufgabe, die von ihm persönlich gesponserten Geschäftspartner einzuarbeiten,
kontinuierlich zu schulen und zu motivieren, damit sie Verständnis für ihre Verpflichtungen als Geschäftspartner bekommen" (Amway GmbH [Ed.] 2004b: 10).
Dies drückt sich vor allem darin aus, dass Mitglieder der Schwarz-Organisation ihre
eigene Downline zu den wöchentlichen Schulungen, den halbjährlichen Seminaren
und Kick-offs sowie weiteren, privat organisierten Veranstaltungen motivieren und
mitnehmen. Wie die spätere Analyse in Kapitel 9.7 zeigen wird, vermischt sich die

AW-Tätigkeit insbesondere bei loyalen Mitgliedern mit dem privaten Leben, so dass eine Interviewpartnerin folgende Aufgaben als Führungskraft nannte: „Ja, wir sind alles in einem: Lehrer, Pfarrer, Geschäftspartner, Freund und Freundin" (Platin 4).

Für die finanzielle Seite der Tätigkeit steht somit nicht unbedingt der (bis zu) 30%ige ‚Geschäftspartner-Rabatt' auf Produkte im Mittelpunkt. Als wichtiger erscheinen die Superprovisionen für die Umsatzleistungen der eigenen Downline, die im nächsten Abschnitt (9.3) vorgestellt werden.

9.3 Das offizielle Provisionssystem und weitere materielle Anreize von Amway

Wer viel Geld bei AW verdienen möchte, muss vor allem neue Mitglieder anwerben. Je größer die eigene Downline ist (und je aktiver diese wiederum Personen anwirbt und Umsatz erwirtschaftet), desto höher steigt die entsprechende Upline auf. Die Titel für Mitglieder reichen bei AW vom so genannten „3%er" bis zum „21%er", der als erste „Führungsebene" gilt und bei mehrmonatigem Ereichen des vorgeschriebenen Mindestumsatzes „Platin" oder „Direktberater" genannt wird (Amway GmbH [Ed.] 2004f). Danach folgen weitere Erfolgsstufen: Weist z. B. ein „Platin" einen dauerhaften monatlichen Gruppenumsatz von ca. 20.000 Euro auf, erhält er laut Unternehmensangaben eine Monatsprovision von ungefähr 3.000 Euro.[114] Andere Ebenen haben Namen wie „Silber-" und „Gold"-Berater und höhere Erfolgsstufen tragen Titel (in aufsteigender Reihenfolge) wie „Rubin", „Perle", „Smaragd", „Diamant" mit dem „Kronenbotschafter" an der Spitze (Schwarz/ Schwarz 2001: 32), der noch vom (international vergebenen Titel des) „Ultimate Crownambassador" übertroffen werden kann. Insgesamt gibt es so über 30 ‚Karrierestufen' (Amway GmbH [Ed.] 2004f).[115]

Da das Erreichen der Erfolgsebenen sowohl von der eigenen Leistung des Mitglieds als auch von der Zusammensetzung der untergeordneten Gruppe abhängt, muss hier eine exemplarische Darstellung in Tabelle 6 genügen (einen umfassenden Überblick bietet Schwarz/Schwarz 2001). Die zusätzlichen Incentives und Einmalzahlungen, die in den jährlichen Programmen des Unternehmens ausgelobt

---

[114] Die exakte Höhe der Provision hängt von der Zusammensetzung der Gruppe (Größe und Verkaufsstärke der einzelnen Mitglieder) ab. Die hier genannten Richtwerte entstammen einem Arbeitsbuch der Schwarz-Organisation (Schwarz & Schwarz 2001: 20f).

[115] Wie bei MKC ist sich die Autorin bewusst, dass es sich bei diesen ‚Karrierestufen' um sprachliche Kategorisierungen handelt (Czarniawska-Joerges/Joerges 1988). Sie werden dennoch wie bei MKC aus Gründen der Lesbarkeit nur bei besonderer Betonung in Anführungszeichen gesetzt.

werden, können ebenfalls nur anhand einiger Beispiele illustriert werden: Als begehrenswert zählt beispielsweise das jährliche ‚Reiseseminar', eine einwöchige Incentive-Reisen für bestimmte Leistungen (s. bspw. Amway GmbH [Ed.] 2004a: 5). In 2005 belohnte ein Wettbewerbsprogramm jeden, der einen neuen Platin in seiner eigenen Downline hatte mit einem Jahr Smart-Fahren (Amway GmbH [Ed.] 2004a: 30). Zu den immateriellen Incentives der Unternehmenszentrale (weitere gibt es durch die Schwarz-Organisation) gehört etwa ein „persönlicher Anruf vom Regional Director" oder ein „persönliches Gratulationsschreiben vom Manager aller europäischen Märkte" beim erstmaligen Erreichen der Diamantebene (Amway GmbH [Ed.] 2004f: 47 f.).

Tabelle 6:   Ausgewählte Provisionsebenen bei AW

Ebene	Voraussetzung[1]
Geschäftspartner	Mitgliedschaft (Einstiegsgebühr 35 € netto)
3%er	Einmaliger Umsatz in Höhe von 262 € (Einkaufswert[116])
Folgestufen: 6-, 9-, 12-, 15-, 18-, 21%er	Entsprechender einmaliger Umsatz (Einkaufswert) der Gruppe (inkl. eigenem Umsatz)
21%er	Einmaliger Umsatz (Einkaufswert) in Höhe von 13.100 € der Gruppe
Platin (auch Direktberater genannt)	6 Monate (3 davon aufeinanderfolgend) 21%er-Stufe
Rubin	Einmaliger Umsatz von 26.200 € (Einkaufswert) in der Gruppe
Diamant	(Mind.) 6 Linien mit 21% in der eigene Downline, die sich mindestens 6 Monate eines Jahres qualifiziert haben, eigenes Restvolumen
Kronenbotschafter	(Mind.) 20 Linien mit 21% in der eigene Downline, die sich mindestens 6 Monate eines Jahres qualifiziert haben, eigenes Restvolumen

[1]   Alternative Qualifikationsformen für die jeweilige Ebene und daraus folgende unterschiedliche Provisionshöhen s. (Amway GmbH (Ed.) 2004b); weitere Quellen sind (Schwarz & Schwarz 2001; Schwarz & Schwarz 2002).

---

[116] Hier wird bewusst nicht von ‚Großhandelspreis' gesprochen, da es fraglich ist, inwieweit Mitglieder Produkte überhaupt mit Produkten ‚handeln', also diese weiterverkaufen. Auch wenn keine Zahlen vorliegen, so geht es auch laut Aussagen von Interviewpartnern vorwiegend um die Deckung des Eigenbedarfs.

Der Aufstieg innerhalb von AW wird durch einen größeren eigenen Umsatz und die wachsenden Umsätze der Mitglieder bewirkt. Die Provisionshöhe hängt nicht nur von der Umsatzstärke der eigenen Downline ab, sondern auch von deren Zusammensetzung: Wer vor allem aufgrund eines einzelnen starken Mitglieds einen hohen Gruppenumsatz hat, erhält weniger Provision als derjenige, der die gleiche Umsatzsumme mit Hilfe von vielen Einzelnen erwirtschaftet. Die Superprovision wird als Differenz zwischen der Provision der Downline und der eigenen Stufe ausbezahlt. Dieses komplexe System ist in dem Handbuch „Mein Weg zum Kronenbotschafter" (Schwarz/Schwarz 2001) mit Hilfe von Beispielen dargestellt. Statt die Einzelheiten zu erläutern, werden im Folgenden die für die vorliegende Studie relevanten Ebenen beispielhaft mit der im Handbuch genannten möglichen Provision vorgestellt. Die Tabelle 7 enthält also offizielle Rechenbeispiele der Schwarz-Organisation. In Kapitel 9.4 werden dagegen vor allem Überlegungen präsentiert, wie viele bzw. wenige Mitglieder diese verhältnismäßig hohen Summen überhaupt realisieren können.

Tabelle 7:   Offizielle Angaben zu Einkünften je Provisionsebene bei AW

Ebene	Monatsprovision wie angegeben in €	Monatsprovision ohne Founders Volume Incentive[1] in €	Gruppenumsatz (aller zugeordneten Mitglieder) in €
Platin, S. 20	2.984	2.184	20.000
Rubin, S. 22	5.160	3.720	36.000
Diamant, S. 26	17.705	16.265	506.000 (errechnet C. G., nicht angegeben)
Kronenbotschafter, S. 32	109.159	107.719	~1,69 Mio. (geschätzt C. G., nicht angegeben)[2]

[1]   Der so genannte „Founders Volume Incentive" wird ab dem 12. Monat kontinuierlicher Qualifikation ausgezahlt, also wenn jeden Monat die entsprechende Ebene erreicht wird (Schwarz/Schwarz 2001). Da im Rahmen der Erhebung deutlich wurde, dass dies den meisten Mitgliedern nicht gelingt, da die Umsätze Schwankungen unterliegen, ist die Provisionshöhe hier auch ohne diese Zusatzprämie angegeben.

[2]   Offiziell enthält das Handbuch (Schwarz/Schwarz 2001) keine Angaben, die auf den Gruppenumsatz schließen lassen. Der Schätzwert ergibt sich aus folgender Überlegung: Ein Diamant hat sechs Platine unter sich und ein Kronenbotschafter mindestens 20. Dementsprechend wurden Umsatz und Mitglieder anteilig hochgerechnet.

Ziel der Tätigkeit in der Schwarz-Organisation ist, wie bereits erwähnt, der Aufbau einer eigenen ‚Organisation' und somit eines so genannten ‚passiven Einkommens', d. h., statt selbst zu verkaufen, wird an den Umsätzen der Downline mitverdient (s. Kapitel 9.7.7). Dies wird als ‚Königsweg' zur persönlichen und finanziellen Freiheit gesehen und das dahinter stehende Ideal ist, nicht mehr selbst arbeiten zu müssen. Zur Verdeutlichung dieses Gedankens wurde von AW-Mitgliedern oft ein Zitat herangezogen, das John Paul Getty zugeschrieben wird und in Abwandlungen folgendermaßen lautet: „I will rather earn from 1% of 100 peoples effort than from 100% of my own effort."[117]

Offizielle Daten, wie lange ein Mitglied im Durchschnitt benötigt, um z. B. Platin zu werden, existieren nicht. Im Rahmen der eigenen Erhebung gaben mehrere Befragte an, hierfür nur zwischen ein und zwei Jahren benötigt zu haben. Wie viele der Mitglieder diese Ebene – bzw. den dazugehörenden Umsatz – kontinuierlich halten, ist unbekannt. Im Gegensatz zu MKC und TW fällt auf, dass ein einmal erreichter Status formal nicht mehr aberkannt wird. Zwar sinken die eigenen Provisionsanteile bei niedrigerem Umsatz sofort, jedoch ist dies nach außen hin nicht sichtbar. So wird beispielsweise beim Erreichen einer Provisionsstufe eine entsprechende Ansteckrnadel verliehen – beispielsweise die ‚3%-Nadel' oder die ‚Rubin-Nadel'. Diese darf völlig unabhängig davon getragen werden, wie hoch der aktuelle Umsatz ist. Analog dazu werden auch die Ebenenbezeichnungen wie ‚Platin', ‚Rubin' etc. im Schulungszentrum verwendet, so dass von der entsprechenden Bezeichnung nicht auf die laufenden Einkünfte geschlossen werden kann. Um dennoch den umstrittenen Punkt der finanziellen Seite der AW-Tätigkeit abwägen zu können, werden im nächsten Kapitel Quellen von Kritikern sowie eigene (Ein)Schätzungen vorgestellt.

9.4 Wie viel wird verdient bei Amway?

Wie im Laufe der Ausführungen noch deutlicher wird, sieht sich AW als Chance zur (finanziellen) Freiheit und als Lösung für die Arbeitsmarktprobleme Deutschlands. So lobt auch der bei MLM-Mitgliedern beliebte Sprecher Prof. Dr. Zacharias die Mitglieder: „Und die Sache muss Zukunft haben! Und das ist auch ein Thema, oder das ist mein Thema, mit dem ich Sie heute hier konfrontieren will: Network-Marketing – ein Beruf mit Zukunft. Oder, wir können es auch anders formulieren:

---

[117] Quelle: www.mlmsecrets.biz/, abgerufen am 27.11.2006. Siehe auch Rampelotto (1999: 124).

Ein Beruf der Zukunft!" (Sinngemäße Wiedergabe, Quelle s. Tabelle 9). Kritiker sehen dagegen keinerlei Anlass, diese Euphorie zu teilen. Im Gegenteil wird AW vorgeworfen, Menschen mit völlig illusorischen Versprechen zum ‚Sponsern' weiterer Mitglieder und zum Kauf von Produkten zu bewegen. Daraus entstehen – so der Vorwurf – keine Einkünfte außer für eine Handvoll Mitglieder an der Spitze der Pyramide und für das Unternehmen selbst: „It is idiotic to suggest that distributors can make a profit on sales when sales do not take place. The entire 'buy from your own store' pitch is illegal, costly, and unprofitable."[118]

Da bei AW die ‚völlige finanzielle Freiheit', die durch das System erlangt werden kann, die wichtigste Überzeugung und die größte Verheißung ist, werden im folgenden Kapitel Überlegungen zur Provisionssituation der Mitglieder vorgestellt. Dazu gibt es zwar nur sehr wenige (und alte) offizielle Zahlen, aber ansonsten sehr umfangreiche Materialien, die auf indirektem Wege Rückschlüsse auf die materielle Seite der AW-Tätigkeit zulassen.

Das vorliegende Kapitel gliedert sich in drei Teile: Zunächst wird eine Übersicht über Aussagen von Kritikern zur finanziellen Seite der AW-Tätigkeit gegeben (9.4.1). Anschließend werden eigene Überlegungen zur Provisionssituation in Deutschland präsentiert (9.4.2) und eine Zusammenfassung der materiellen Aspekte gegeben (9.4.3).

9.4.1   Kritiker zu Einkünften und Ausgaben bei Amway

Wie angedeutet, gibt es von AW selbst nur sehr wenige Angaben. Zahlen, die nicht nur die Provisions*möglichkeiten* (s. Tabelle 7), sondern die *tatsächlichen* Provisionen oder die Verteilung dieser abbilden, sind für die USA nur im Rahmen der im dritten Kapitel (3.2.6) vorgestellten Dissertation von Juth-Gavasso (1985) erhältlich (s. auch Ausführung in Kapitel 2.2.2). Besonders interessant sind die Zahlen der Federal Trade Commission, aus denen ersichtlich ist, dass der Anteil der Direktberater bzw. Platine, also der ersten Führungsebene bei AW, im Jahre 1975 0,75% und im Jahr 1977 1% der Mitglieder ausmachte (Juth-Gavasso 1985: 114). Zudem zeigt die Aktivitätsrate der Mitglieder, dass längst nicht jeder ‚AW-Geschäftspartner' tatsächlich am Verkaufen oder Anwerben interessiert ist. Hier greift Juth-Gavasso auf die Ausgabe des AW-Marketingplans von 1984 zurück. Aus diesem wird ersichtlich, dass 40% der Mitglieder im entsprechenden Erhebungsmonat „aktiv" waren, wobei gilt:

---

[118] Quelle: www.angelfire.com/nm2/hnheeg/, abgerufen am 30.1.2007.

„An 'active' distributor was defined as 'one who attempted to make a retail sale, or attended a company or distributor meeting in the month surveyed'" (Juth-Gavasso 1985: 115). Da hier der *Versuch* des Verkaufs und der Besuch von Veranstaltungen erhoben wurde, aber nicht der Einkauf von Ware oder der tatsächliche Verkauf dieser, bleiben diese Angaben dennoch vage.

Über diese geringen Angaben hinaus, die auf offiziellen Daten beruhen, gibt es zahlreiche Überlegungen von Kritikern zur materiellen Seite einer MLM-Tätigkeit im Allgemeinen sowie bei AW im Besonderen. Die folgende Auflistung gibt einen Überblick über besonders prägnante Einschätzungen und Erhebungen:

- Für MLM allgemein aufgestellte Gewinn-und-Verlust-Rechnung von Karl-Heinz Kreiter, dem Initiator der deutschen Ausgabe des „MLM-Beobachter". Seine Aufstellung kommt zu einem ‚Negativeinkommen' von bis zu 1.500 US-$/Jahr, s. www.mlm-beobachter.de/mlm/mlmwachstum.htm, abgerufen am 30.1.2007.

- Zwei Gerichtsurteile aus Deutschland, in denen die AW-Tätigkeit (teilweise) als steuerliche „Liebhaberei" bewertet wird, da die Gewinnerzielungsabsicht nicht in ausreichendem Maße erkannt werden konnte. Für ein Urteil von 2006 s. www.mandanteninformation.de/dienste/mdt/51705446LR/inhalt/texte/20 0606/t20060616.phtml, abgerufen am 30.1.2007; für ein Urteil von 1999 s. www.zingel.de/amway.htm, abgerufen am 3.12.2006.

- Eine monatliche Aufstellung von Kosten und Zeitaufwand für AW in den USA, die zu einem monatlichen ‚Minuseinkommen' bzw. zu Mindestkosten von 460-680 US-$ führt, s. www.cs.cmu.edu/~dst/Amway/AUS/toolexp. htm, abgerufen am 29.1.2007.

- Aufwändige Erhebung unter Steuerberatern und Wirtschaftsprüfern in Utah zu der Einnahmensituation von MLM-Mitgliedern. Das Ergebnis besagt, dass 99,9% der Mitglieder Verluste in ihrer Steuererklärung aufweisen, während eine geringe Anzahl zwischen 10.000 und 1 Mio. US-Dollar im Monat verdient. Autor ist Jon M. Taylor, Gründer und Präsident des „Consumer Awareness Institutes", Pyramid Scheme Alert, s. www.mlm-thetruth.com/tax_study.htm, abgerufen am 29.1.2007.

- Ohne auf Steuererklärungen aufzubauen, kommt eine weitere Statistik zu einem ähnlichen Ergebnis: 99,6% der Mitglieder in MLM weisen ‚Negativeinkünfte' auf, s. www.caic.org.au/commercial/amway/amwastat.htm, abgerufen am 30.1.2007.

-   Erfahrungsberichte von ehemaligen Mitgliedern, die von geringen und wesentlich geringeren Einkünften als erwartet berichten. Obwohl also bestimmte Erfolgsebenen formal erreicht wurden, wurden die für diese Ebenen in Aussicht gestellten Einkünfte nicht realisiert (Andrews 2001; Scheibeler 2004; Sonnabend 1998).

9.4.2 Einschätzungen zur Provisionssituation in Deutschland

Die folgenden Überlegungen beziehen sich auf AW Deutschland sowie die Schwarz-Organisation. Die hier getroffenen Aussagen werden bewusst als ,Einschätzungen' bezeichnet. Sie beruhen auf den geringen offiziellen Daten sowie auf der eigenen Erhebung.

-   Einschätzung 1: Der durchschnittliche Einkauf pro Mitglied beträgt 113 Euro/ Monat

    Zunächst stellt sich die Frage, wie viel Umsatz AW mit Produkten erwirtschaftet, da dieser die Basis für Superprovisionszahlungen sowie mögliche Verkaufsgewinne an Endkunden bildet. Gemäß eigenen Angaben im Internet hat AW Deutschland rund 85.000 selbständige Mitglieder bei einem Umsatz von 119 Mio. Euro für das Geschäftsjahr 2003/2004.[119] Werden vom Umsatz 4 Mio. Euro in Form von Jahresgebühren[120] abgezogen, ergibt sich für 2003/2004 ein Umsatz durch Waren in Höhe von 115 Mio. Euro. Dies bedeutet einen durchschnittlichen Wareneinkauf pro Mitglied von knapp 1.353 Euro/Jahr und rund 113 Euro/Monat.

-   Einschätzung 2: Der Anteil der Erfolgreichen liegt im Promillebereich

    Auf Basis der oben vorgestellten Provisionsbeispiele aus dem Handbuch „Mein Weg zum Kronenbotschafter" (Schwarz/Schwarz 2001), zu denen Tabelle 7 einen Überblick bietet, lässt sich errechnen, wie viele Mitglieder in einer Downline notwendig sind, um die dort illustrierten Erfolgsebenen zu erreichen. Die im Schulungsbuch gehen von einem exemplarischen Einkaufswert von 400 Euro pro Monat und pro Mitglied aus. Die vorliegende Tabelle 8 stützt sich dagegen auf den oben errechneten durchschnittlichen Einkaufswert von 113 Euro/Monat.

---

[119] Die Angaben stammen von der Internetseite Amways: www.amivo.de/press_room01.html, abgerufen am 27.11.2006.

[120] Mitglieder zahlen rund 40 Euro Jahresgebühr (Amway GmbH (Ed.) 2004a), wobei passive Mitglieder, die Amway nur als ,Member' (zum Eigenbedarf der Produkte, kein Geschäftsaufbau) nutzen, laut Interviewpartnern weniger zahlen und umsatzstarke Mitglieder den Jahresbeitrag erlassen bekommen. Da es eine hohe Abbruchrate gibt, muss somit von rund 120.-130.000 Mitgliedern ausgegangen werden. Die Einnahmen für die Jahresgebühr werden hier dementsprechend auf 4 Mio. Euro geschätzt.

Tabelle 8: Anteil Führungskräfte bei AW auf Basis von Schwarz/Schwarz (2001)

Ebene	Monats-provision in €	Gruppenumsatz in €	Anzahl notwendige Mitglieder i. d. Down-line	Maximaler Anteil an Führungs-kräften, die Ebene monatlich erreichen können
Platin, S. 20	2.984	20.000	176	0,57%
Rubin, S. 22	5.160	36.000	318	0,31%
Diamant, S. 26	17.705	506.000	4.477	0,02%
Kronenb., S. 32	109.159	1,69 Mio. (ge-schätzt[1])	14.920[1]	0,007%[1]

[1] Offiziell enthält das Handbuch (Schwarz & Schwarz 2001) keine Angaben zum Gruppenumsatz und der Anzahl der Mitglieder auf der Ebene des Kronenbotschafters. Der Schätzwert ergibt sich aus folgender Überlegung: Ein Diamant hat 6 Platine unter sich und ein Kronenbotschafter (mind.) 20 Platine ((Amway GmbH (Ed.) 2004b). Darauf aufbauend lassen sich Umsatz und Mitgliederanzahl anteilig hochrechnen.

Die letzte Spalte zeigt den maximalen Anteil, den die jeweilige Erfolgsebene einnehmen kann: Ein Mitglied für die Platin-Modellrechnung aus Schwarz/Schwarz (2001: 20) benötigt einen Gruppen-umsatz von 20.000 Euro/Monat. Bei einem durchschnittlichen Einkauf/Umsatz von 113 Eu-ro/Monat benötigt eine Führungskraft 176 Mitglieder in der eigenen Downline (plus den eigenen Einkauf von 113 Euro/Monat). Daraus folgt, dass rechnerisch nur jedes 177. Mitglied die genann-te Provisionshöhe und -ebene erlangen kann. Wichtig ist bei Tabelle 8, dass hier der Anteil an Führungskräften genannt wird, der aufgrund des Umsatzvolumens der Amway GmbH die jeweili-ge Ebene *monatlich* erreichen kann. Es wird dabei keine Aussage über Führungskräfte getroffen, die zu einem früheren Zeitpunkt diese Ebene erreicht haben und unternehmensintern weiterhin mit diesem Titel bezeichnet werden.

- Einschätzung 3: Die durchschnittliche Superprovision für Mitglieder unterhalb der Platin- bzw. 21%-Ebene beträgt 244,08 Euro/Jahr

Die Provisionszahlungen unterhalb der 21%-Ebene sind in Stufen aufgebaut, die in Tabelle 6 ge-nannt wurden. Unterhalb der Platin-Ebene (mehrmonatiges Erreichen der 21% Ebene) werden 18% des Gruppenumsatzes an die jeweilige Gruppe in Form von Provisionszahlungen zurücker-stattet (Erläuterung s. bspw. Schwarz/Schwarz 2002: 9-21). Daraus folgt, dass aus einem *durch-schnittlichen* monatlichen Umsatz von 113 Euro/Monat/Mitglied (Geschäftsjahr 2003/2004) eine *durchschnittliche* Superprovision von 20,34 Euro pro Mitglied/Monat folgt und somit *durchschnittliche* jährliche Bruttoeinkünfte durch Provisionen in Höhe von 244,08 Euro. Die tatsächlichen Provisi-onszahlungen, die einzelne Mitglieder erhalten, hängen von der Größe, der Leistung und der Zu-sammensetzung der eigenen Gruppe ab.

- Einschätzung 4: Die maximal möglichen durchschnittlichen Bruttoeinnahmen aus dem Verkauf liegen pro Mitglied bei 579,86 Euro/Jahr

AW gibt auf den empfohlenen Verkaufspreis seiner eigenen Produkte 30% Rabatt. Wer alle von ihm bezahlten Produkte im Wert von 1.353 Euro (Geschäftsjahr 2003/2004) an Endkunden verkauft, erhält maximale Bruttoeinnahmen von 579,86 Euro. Diese Zahl ist zu hoch angesetzt, da AW-Mitglieder erstens Produkte für den Eigenbedarf einkaufen (s. Analyse Kapitel 9.7.7) sowie zweitens keine Preisbindung im Verkauf besteht.

-    Einschätzung 5: Die aus den Schulungsempfehlungen entstehenden Kosten betragen pro Mitglied 1059 Euro/Jahr

   Amway bzw. die Schwarz-Organisation bietet seinen Mitgliedern Motivationsschulungen und Seminare als Hilfen für den Geschäftsaufbau an (eine Übersicht findet sich unter www.schwarz-diamond-connection.de). Werden die für ‚einfache' Berater empfohlenen ‚Standardveranstaltungen' berücksichtigt (nicht die dazugehörenden CDs, Bücher etc.), bedeutet dies geschätzte Gesamtkosten von 1059 Euro pro Jahr (eine genaue Aufstellung s. Anhang 1). Die Voraussetzung für die Kosten ist, dass Mitglieder tatsächlich an den empfohlenen Veranstaltungen teilnehmen. Das bedeutet, dass die durchschnittlichen Kosten erheblich geringer sein dürften.

9.4.3 Zusammenfassung der finanziellen Seite der AW-Tätigkeit

Die obigen Einschätzungen zeigen, dass die *durchschnittlichen* Provisionszahlungen für AW-Mitglieder unterhalb der 21%er-Ebene bei 244,08 Euro pro Jahr liegen. Hinzu kommen die möglichen Einnahmen aus dem Weiterverkauf von Produkten an Endkunden. Eine direkte Gegenüberstellung der ‚Fortbildungskosten' von 1059 Euro und den durchschnittlichen Einnahmen ist problematisch, da wichtige Faktoren unbekannt sind: So muss offenbleiben, wie viele Mitglieder tatsächlich die Schulungen besuchen (nur diese haben hierfür Ausgaben), welche monatlichen Umsätze die aktiven Mitglieder haben (die über dem Durchschnitt liegen), aber auch, wie viele Einnahmen tatsächlich durch den Verkauf erzielt werden, und wie die steuerliche Situation der einzelnen Mitglieder aussieht.

   Auch ohne genaue Gegenüberstellung von Einnahmen und Ausgaben lassen sich zwei zentrale Aspekte festhalten, die Auswirkungen auf die finanzielle Seite der Tätigkeit haben: Erstens lässt sich AW wie schon erwähnt als *‚recruiting-based' MLM* bezeichnen. Im Unterschied zur Produktorientierung bei TW und MKC, liegt der Fokus bei AW auf dem Anwerben weiterer Mitglieder – dies gilt zumindest für die im Rahmen der vorliegenden Erhebung untersuchte Schwarz-Organisation (s. Kapitel 9.7.7).[121] Daraus folgt, dass die Superprovisionen als wichtigste Einnahmequelle

---

[121] Innerhalb der teilnehmenden Beobachtung und in inoffiziellen Gesprächen wurde der Downline ‚Network 21' eine stärkere Produktorientierung zugesprochen. Ein Kontakt, der über ein Mitglied der Schwarz-Organisation hergestellt wurde, endete in einer eindeutigen Absage an die Interviewanfrage.

gelten. Zweitens verursachen *die von den Mitgliedern zu tragenden Ausgaben für Schulungen* Kosten. Die Veranstaltungen stellen keine offizielle Pflicht dar, werden aber für den Geschäftsaufbau (gegenüber dem reinen Eigenbedarf) empfohlen, wie in der teilnehmenden Beobachtung und den Interviews deutlich wurde (s. Kapitel 9.7). Im Organisationsvergleich werden hier unterschiedliche Unternehmensstrategien ersichtlich: Bei TW sind sämtliche Schulungen kostenlos. Allerdings darf auf die Großveranstaltungen nur, wer sich vorher im entsprechenden Zeitraum durch bestimmte Leistungen (wie Anwerbungen und Umsatz) qualifiziert hat, so dass schätzungsweise nur 2-3% der Mitglieder teilnehmen können. Bei AW zahlen die Mitglieder selbst für die Teilnahme an Veranstaltungen, so dass jedes Mitglied (sowie Gäste) teilnehmen dürfen. Hinsichtlich der Kosten bedeutet dies, dass AW-Mitglieder höhere Schulungsausgaben als TW-Beraterinnen haben – eine Aussage, die völlig unabhängig davon steht, wie die Möglichkeit der freien bzw. nicht-freien Teilnahme ansonsten bewertet wird.[122]

Auf keinen Fall lässt sich auf Basis der bisherigen Einschätzungen folgern, dass im klassischen Direktvertrieb jeder Geld verdient, während im ‚recruiting-based' MLM alle Mitglieder Geld verlieren. Vor allem die hohen Führungsebenen von AW können sicherlich eindrucksvolle Provisionen erzielen. Die obige Aufstellung verdeutlicht jedoch, dass die hohen Ebenen nur von (sehr) wenigen Mitgliedern erreicht werden können – wie in anderen Unternehmen auch. Angesichts der aktuellen Umsätze benötigt beispielsweise ein Diamant 4.477 ‚Durchschnitts-Mitglieder' in seiner Downline, um die von Schwarz/Schwarz (2001: 26) beworbene Provisionshöhe von 17.705 Euro zu erwirtschaften. Bei einer (niedrig angesetzten) Wechselrate der Mitglieder von 50% pro Jahr (s. Kapitel 2.2.2), würde ein Diamant zum Erhalt seines Status jährlich rund 6.716 ‚Geschäftspartner' (mit durchschnittlichen Einkaufswerten) bedürfen. Diese hohe Zahl lässt fraglich erscheinen, ob dies von jedem Mitglied auf der Diamant-Ebene *kontinuierlich* erreicht werden kann (s. auch Walsh 1999, Kapitel 3.2.2).

In diesem Zusammenhang muss eine weiteres Merkmal des AW-Geschäftes erläutert werden: Eine hohe Ebene kann auch erlangt, erhalten und ausgebaut werden, indem Mitglieder in neu ‚eröffneten' Ländern bzw. Märkten tätig werden. Hierzu liegen keine offiziellen Angaben vor. Jedoch wiesen sowohl AW-Mitglieder als auch Kritiker darauf hin, dass bereits bestehende Führungskräfte auf hohen

---

[122] Bei MKC sind die Wochenschulungen kostenlos, bei AW kosten sie 2,50 Euro so genannte ‚Saalmiete'. Die Seminare von AW und von MKC sind kostenpflichtig. Im Unterschied zu AW wird bei MKC die Teilnahmegebühr in Form von Ware ‚erstattet', wobei gilt: Teilnahmegebühr = Waren in Höhe des empfohlenen Verkaufspreises.

Ebenen (z. B. Diamanten) durch internationales Anwerben erfolgreich wurden. Für die USA wird hier vor allem Asien als Expansionsmöglichkeit angeführt,[123] während Westdeutschland Anfang der 90er Jahre die neuen Bundesländer ‚eroberte' (ehem. Rubin) und heute von Deutschland aus vor allem osteuropäische Länder und Russland ‚erschlossen' werden. Ohne auf genaue Umsätze zurückgreifen zu können, sei in diesem Zusammenhang auf die schon oben genannten 100 Schulungszentren der Schwarz-Organisation im europäischen Ausland verwiesen (Schwarz/Schwarz 2005: 20-25).

9.5 Die Erhebung bei Amway

In den bisherigen Kapiteln zu AW wurden Daten und Informationen genannt, die die Autorin selbst erhoben hat. Dennoch wird die Erhebung der Verfasserin – wie in den zwei vorhergehenden Kapiteln zu TW und MKC – erst jetzt in Ergänzung zu Kapitel sechs vorgestellt. Dadurch kann auf die schon angeführten Informationen zu AW Bezug genommen werden, vor allem auf die verschiedenen Provisionsebenen und den Aufbau des Unternehmens.

Wichtiges Merkmal der hier vorliegenden Erhebung ist, dass sie sich weitgehend auf die Schwarz-Organisation innerhalb des weit verzweigten AW-Netzwerkes bezieht. Die Schwarz-Organisation stellt innerhalb der deutschen Amway GmbH den größten Anteil an Mitgliedern, was angesichts der zahlreichen Schulungszentren und Veranstaltungen plausibel erscheint, wobei exakte Angaben fehlen. Ausgangspunkt der Erhebung war ein Schulungszentrum der Schwarz-Organisation, über das weitere Kontakte möglich wurden. Da sämtliche so genannte „business support materials", also auch Literatur und Seminare inklusive der dort stattfindenden Reden, offiziell von AW anerkannt werden müssen (s. Regelung in Amway GmbH [Ed.] 2004), wird in der vorliegenden Arbeit nicht zwischen AW und der Schwarz-Organisation unterschieden. Dies trifft auch auf die zitierte Kritik zu, die zum Teil sogar US-amerikanischen Ursprungs ist.

Die empirische Basis der vorliegenden Arbeit umfasst die folgenden Bestandteile:

---

[123] Quelle: http://mlmlaw.blogspot.com/2004/09/zero-population-growth.html, abgerufen am 29.1. 2007 und (Cahn 2006).

- *Schulungen:* Über einen Zeitraum von knapp sechs Monaten wurden von der Autorin 15 wöchentliche Schulungen eines Schulungszentrums der Schwarz-Organisation plus eine Wochenveranstaltung eines weiteren Schulungszentrum in Form einer teilnehmenden Beobachtung besucht. Diese Abende mit ca. 100-150 Mitgliedern und Gästen umfassten die offizielle 1,5-stündige Veranstaltung mit Ehrungen, Produktvorführungen, Vorträgen zur Wissensvermittlung und Motivationsreden sowie vorhergehende und anschließende Gespräche mit einzelnen Mitgliedern oder in Kleingruppen.

- *Großveranstaltung/'Freizeitbereich':* Die Autorin nahm an einem der 2,5-tägigen Frühjahrsseminare der Schwarz-Organisation in Mayrhofen teil. Dies beinhaltete zahlreiche Gespräche auf der Hin- und Rückfahrt sowie vor Ort. Die Teilnehmerzahl des Seminars liegt bei ca. 1500 Personen, wobei im vorliegenden Fall ca. 20-30 Nicht-Mitglieder anwesend waren.[124] Ein weiterer 'Tagesbetriebsausflug' zum Gründungsort der Schwarz-Organisation in Langenmosen bot ebenfalls die Möglichkeit, auch außerhalb der 'offiziellen' Interviewsituation im persönlichen Gespräch Einblicke in die 'AW-Welt' zu erhalten. Das Gleiche ermöglichte die Einladung zu einer im privaten Kreis organisierten Informationsveranstaltung. Auf dem halbjährlichen Kick-off mit 7.000 Teilnehmern im Januar 2005 wurden Reden vom Geschäftsführer Mark Beiderwieden sowie dem Gastsprecher Karl Pilsl gehalten.

- *Literatur:* Es gibt zu AW umfangreiche Literatur, beispielsweise von den Gründern (DeVos 1994; Van Andel 1998) oder dem 'Konzernautor' – „Amway apologist" (Bromley 1995: 143) – Charles Paul Conn (Conn 1977). Ebenso bietet die Schwarz-Organisation zahlreiche Werke an, wie z. B. „Mein Weg zum Kronenbotschafter", ein Arbeitsbuch zum Geschäftsaufbau (Schwarz/ Schwarz 2001). Weitere Informationen und Erfolgsgeschichten entstammen Motivationskassetten und verschiedenen Internetseiten (www.amway.com, www.amway.de, www.schwarz-diamond-connection.de/). Von der deutschen AW-Niederlassung standen drei Jahrgänge der monatlichen Unternehmenszeitung 'Amagram' zur Verfügung. Von kritischer Seite wurden ebenfalls mehrere Werke (Andrews 2001; Dean 1996; Scheibeler 2004; Sonnabend 1998) und entsprechende Internetseiten wie www.mlm-beobachter.de/, www.detta.de heran-

---

[124] Die Teilnehmerzahl der Halbjahresseminare mit 1.500 Personen entstammt mündlichen Berichten von Teilnehmern und anderen AW-Mitgliedern. Die Zahl der Nicht-Mitglieder wurde geschätzt, da diese am Abschlusstag auf die Bühne gebeten wurden. Eine offizielle Angabe liegt nicht vor.

gezogen. Auf der Internetseite des ehemaligen Rubins Uwe Sonnabends (www.dtp-sonnabend.de/) sind eine Vielzahl von Leserbriefen veröffentlicht, auf die ebenfalls zurückgegriffen wurde. Weitere Quellen sind US-amerikanischen Ursprungs. Hier besteht teilweise das Problem, dass diese aufgrund von Rechtsstreitigkeiten wieder aus dem Netz genommen werden müssen und dann unter neuen Domains als so genannte ‚mirror sites' auftauchen.[125] Verwendet wurde in der vorliegenden Arbeit beispielsweise die Internetseite „Amway; The Untold Story", die unter amway.robinlionheart.com/ abrufbar war (Februar 2007). Ebenfalls genutzt wurden www.falseprofits.com/default.html, www.mlm-thetruth.com/ sowie www.caic.org.au/.

- *Interviews:* Insgesamt wurden Leitfadeninterviews mit zwölf ‚Beraterschaften' (entspricht 19 Einzelpersonen) der Schwarz-Organisation geführt, wovon zehn zum besuchten Schulungszentrum gehörten. Darüber hinaus wurden fünf ehemalige Mitglieder (bzw. Mitgliederpaare) befragt und eine Person, die nie Mitglied war, aber die Auswirkungen von AW auf ihren Freundes- und Bekanntenkreis mehrere Jahre mitverfolgt hat. Von diesen Interviews erfolgte eines persönlich, drei per E-mail und zwei per E-mail und Telefon. Die verschiedenen Merkmale der Interviewpartner sowie ihre Kennzeichnung im Text sind in Tabelle 9 angeführt. Alle Interviewpartnerinnen – Mitglieder sowie Nicht-Mitglieder – werden in der männlichen Form zitiert, um Anonymität zu gewährleisten.

Der Zugang zu AW wurde über die deutsche Internetseite hergestellt. Dort kann jeder darum bitten, dass mit ihm Kontakt von einem Mitglied aufgenommen wird. Dem Anliegen, über die Organisation eine Doktorarbeit zu schreiben, wurde nur zunächst leicht kritisch begegnet und zwar bis deutlich wurde, dass es sich nicht um einen BILD-Artikel handeln wird. Der Schulungsleiter des entsprechenden Schulungszentrums stand dem Anliegen offen gegenüber. Interviewpartner konnten leicht akquiriert werden, nachdem sich die Autorin beim Wochentreffen mit ihrem Anliegen, über die besondere Struktur und Kultur des DV eine Doktorarbeit zu schreiben, vorgestellt hatte.

---

[125] Für den Wechsel der Internetadressen s. bspw. folgende Anmerkung auf der ‚neuen' Seite von „Amway: The Untold Story": „Note: This is a copy of Sidney Schwartz's original 'Amway: The Untold Story' Website, which was shut down after a lawsuit by Amway. Sidney Schwartz does not maintain this or any other mirror site." Quelle: http://amway.robinlionheart.com/, abgerufen am 5.2.2007.

Tabelle 9: Interviews, Leserbriefe und Reden zu AW

Interviewpartner bei AW		
Jahre der Mitgliedschaft	Anzahl und Ebene zum Zeitpunkt des Interviews	Kennzeichnung im Text
1	1 21%er	18%er
5-10	1 18%er, 2 Platine, 3 Rubine	21%er
13-24	2 Platine, 1 Rubin, 2 Smaragde	Platin 1-4
		Rubin 1-4
		Smaragd 1, 2
Ehemalige AW-Mitglieder		
Jahre der Mitgliedschaft	Anzahl und während der Mitgliedschaft höchste erreichte Ebene	Kennzeichnung im Text
Bis 1	1 ohne Erfolgsstufe, 1 3%er	Ehem. o. Erfolgsstufe
2-4	1 15%er, 1 18%er, 1 Rubin	Ehem. 3%er
		Ehem. 15%er
		Ehem. 18%er
		Ehem. Rubin
Zusätzliche Quellen zu Amway		
Kritiker ohne eigene Mitgliedschaft		Externer Kritiker
Sinngemäße Wiedergabe[1] der Rede vom AW-Geschäftsführer Mark Beiderwieden, Kick-off in Hannover am 8.1.2005		Beiderwieden Kick-off 2005
Sinngemäße Wiedergabe[1] der Rede von Karl Pilsl, ‚Wirtschaftsjournalist', Kick-off in Hannover am 8.1.2005		Pilsl Kick-off 2005
Sinngemäße Wiedergabe[1] der Rede von Prof. Dr. Michael Zacharias, Seminar organisiert von der ‚Beraterschaft Kirner'[126] in Hof am 10.7.2005		Zacharias Kirner-Seminar 2005
Leserbriefe von der Seite Uwe Sonnabends, www.dtp-sonnabend.de/ BUCH.HTM, abgerufen am 22.6.2006		Leserbrief 1-31

[1] Da die Originalaufzeichnung nicht vorliegt, werden Zitate hieraus als „sinngemäße Wiedergabe" gekennzeichnet.

---

[126] Fanny und Manuela Kirner sind Dreifach-Diamanten in der Schwarz-Organisation, s. www.schwarz-diamond-connection.de/neu/german/content/erfolgsgeschichten.html#KN, abgerufen am 1.3.2007.

In den Interviews wurden wie bei TW und MKC zunächst Grundlagen wie der Zeitpunkt des Einstiegs, Gründe für den Beginn, (vorheriger) Beruf etc. erfragt. Da die interviewten (aufsteigenden) Führungskräfte erfahrene Redner sind und ihre Sichtweisen zum Unternehmen schon oft geäußert haben, gelangten die Gespräche leicht zu persönlichen Aspekten, die bei AW im Mittelpunkt des Selbstverständnisses stehen. Dazu gehören die hohe Bedeutung der Tätigkeit, die dadurch mögliche ‚Freiheit', die ‚persönliche Entwicklung' etc. Da AW einen umstrittenen Ruf hat, wurde auch zu Reaktionen des Umfelds auf den Beitritt gefragt und zu den Vorwürfen gegenüber AW. Diese sichtlich unangenehmen Themen waren schwerer zu erheben. Die Interviews mit ehemaligen Beratern und einem externen Kritiker waren ebenfalls von Offenheit geprägt sowie teilweise von dem Bedürfnis, Erklärungen für die außergewöhnliche Kultur von AW zu geben und zu erhalten.

Die umfangreiche teilnehmende Beobachtung in den wöchentlichen Schulungen sowie die Teilnahme an zusätzlichen Terminen zeigte den Mitgliedern das ernsthafte Interesse der Autorin, die Besonderheiten des AW-Systems sowie der Organisationskultur verstehen zu wollen. Die direkten Einblicke in das Miteinander und die Ideale des Unternehmens halfen wie bei TW und MKC, die Interviewaussagen besser einschätzen zu können. Hierbei wurde deutlich, dass obwohl nur wenige Mitglieder finanziell erfolgreich sind, diese sehr stark die gelebte Kultur im Schulungszentrum und auf dem Seminar prägen. Im Gegensatz zu TW und MKC ist AW relativ ‚einstimmig' (s. Narrative Approach, Kapitel 5.2.3) und die hohe Kohärenz zwischen den Aussagen war auffällig. Der Besuch eines zweiten Schulungszentrums verdeutlichte, welche Elemente der Schulungsabende gleich und welche unterschiedlich sind: Gleich ist der formale Ablauf mit Begrüßung, 3%er- und 6%er-Ehrung, Produktvorstellung, Hauptsprecher etc. Unterschiede bestehen beispielsweise im ‚charismatischen Anspruch' des Schulungsleiters (aber auch der verschiedenen Redner) oder den üblichen ‚Begrüßungszeremonien' untereinander. Wie bei MKC gilt, dass das Miterleben eines großen Halbjahresseminars – sowie der Begeisterung der Mitglieder davor, während der Veranstaltung und danach – einen wichtigen Einblick in die ‚AW-Welt' gegeben hat (s. Triangulation, Kapitel 6).

Die Literaturanalyse – von kritischen sowie befürwortenden Texten – verdeutlichte den in den USA (noch) stärkeren charismatischen Anspruch. Hinzu kommt für die USA ein Bezug zu christlichen Glaubensinhalten, der für Deutschland nicht beobachtet werden konnte, und zwar weder auf der Basis der explorativen Erhebung (Interviews sowie teilnehmende Beobachtung) noch im Rahmen der umfassenden Literaturanalyse von Befürwortern und (deutschen) Kritikern. Hinsichtlich der Kritik an AW ermöglichte die Lektüre der umfangreichen Internetseiten einen

Einblick in zahlreichen Aspekte, die hinterfragt werden. So konnten dadurch die Ehemaligen gezielter zu ihren Erfahrungen befragt werden. Die veröffentlichten Erlebnisberichte von Aussteigern zeigen auch, dass das Ausmaß der AW-Tätigkeit keinem neuen Mitglied beim Einstieg bewusst ist. Die Tätigkeit wird i. d. R. als Nebenbeschäftigung begonnen und kann sich im Laufe der Zeit zu einer eigenen Weltsicht entwickeln (Pratt 2000b). Dieser Unterschied wird in den folgenden zwei Kapiteln deutlich: Kapitel 9.6 skizziert die Gründe für den Einstieg, während die Analyse in Kapitel 9.7 die zentralen – und gleichzeitig umfangreichen – Überzeugungen und Kernelemente der organisationalen Identität von AW vorstellt und analysiert.

9.6 Gründe für den Einstieg bei Amway

Das vorliegende Kapitel gibt wieder, welche Gründe AW-Mitglieder rückblickend für den Beginn der Tätigkeit nennen. Dies soll wie bei MKC verdeutlichen, dass zwischen ursprünglichen Motiven für den Beginn der Tätigkeit, z. B. dem Wunsch nach einem Zuverdienst, und der im nächsten Kapitel analysierten Überzeugungen loyaler Mitglieder, beispielsweise der Vorstellung, durch AW Freiheit erlangen zu können, ein erheblicher Unterschied besteht. Auch wenn offenbleiben muss, ob und inwieweit identitätsbildende Mechanismen oder andere Kontrollformen jeweils wirken, so lässt sich dadurch dokumentieren, dass durch die Mitgliedschaft auf jeden Fall Einstellungsveränderungen stattfinden.

Der hauptsächliche Anlass, die AW-Tätigkeit zu beginnen, ist das Bedürfnis nach einem Zusatzverdienst. „Wir haben zwar zwei ganz stinknormale Hauptberufe, aber wir haben einfach (...), ja: Unsere Wünsche waren größer als unsere Geldbeutel" (Smaragd 1). Insofern geben mehrere Interviewpartner an, dass sie aktiv auf der Suche nach einer Nebentätigkeit waren. Gesucht waren ein zweites Standbein, eine bessere Absicherung der Zukunft, oder – ein ebenfalls mehrfach genannter Grund – eine Nebentätigkeit für die Ehefrau: „Ja, ich habe etwas gesucht nach der Kindererziehung. Eigentlich wollte ich immer selbstständig sein, weil ich in den jungen Jahren schon einmal selbstständig war mit [einem Kleinunternehmen] (...) Und ich war auf der Suche, ich habe mich, ja, auf Zeitungsinserate gemeldet" (Platin 4). Die Hoffnung, hier wirklich viel Geld verdienen zu können, wurde nur zweimal als Einstiegsgrund genannt: „[Jahreszahl] wurde mein Mann im Geschäft angesprochen, von einem Geschäftskollegen, auf eine Geschäftsmöglichkeit, wo man sehr viel Geld verdienen kann" (Platin 2).

Die Möglichkeit, sich ein ‚passives Einkommen' aufzubauen, spielt somit nur bei manchen Mitgliedern eine Rolle, da in der Regel nur ein Zuverdienst gesucht wird. Auch das Leistungsprinzip bzw. die ‚gerechte Bezahlung', die als wichtiger Bestandteil der organisationalen Identität weiter unten deutlich wird, wird nur von einem Interviewpartner ins Feld geführt. Wichtiger ist, dass der Anwerber sympathisch ist oder sich die Personen ‚eh schon kennen', z. B. durch die eigenen schulpflichtigen Kinder. Ebenso relevant ist in diesem Zusammenhang, ob das so genannte ‚Sponsorgespräch' angenehm verläuft oder der erste Besuch im Schulungszentrum beeindruckt. Ein Mitglied, das nur widerwillig und auf Druck des Ehepartners das Wochentreffen besuchte, berichtet: „Die Schulung, ja, die Leute, die da waren (...) Ja, also es war phänomenal, das war für mich richtig – die Atmosphäre da, das hat mich gefangen! (...) Da habe ich gesagt: ‚Du, das war jetzt (...) so lustig – ich habe die Zeit vergessen, ich mache das!' Und so haben wir das dann gemacht!" (Rubin 1).

Das Unternehmen als Markenhersteller ist kein Argument – im Gegensatz zum Beginn der Beraterinnentätigkeit bei TW. Auch die Produktbegeisterung, die bei TW und MKC einen wichtigen Anlass für den Einstieg bietet, ist hier unbedeutend, da das Unternehmen sowie seine Produkte in der Regel unbekannt sind. „Weil, dann war ihm [Ehepartner] (...) schon klar, das *Geschäftskonzept* hat ihn fasziniert, ja, *die Produkte waren ihm im Prinzip völlig egal*, er hat nur gedacht: ‚Okay, die müssen eigentlich gut sein, weil sonst kann es nicht funktionieren. Aber die kannten wir nicht, haben die auch bis dahin nicht ausprobiert, und wir sind wirklich über diese Geschäftsidee rein gekommen" (Smaragd 2, Hervorh. C. G.).

Zusammenfassend zeigt sich schon bei den Gründen des Einstiegs, was im Vergleich der Unternehmen noch deutlicher wird: Es geht bei AW um den Marketingplan und darum, (zunächst nebenher) Geld zu verdienen. Der zweite wichtige Grund ist die Sympathie des Anwerber(ehepaars) oder die nette Atmosphäre bei Veranstaltungen. Alle weiteren Aspekte wie das Bedürfnis, nach Leistung bezahlt zu werden, Unzufriedenheit mit der bisherigen Tätigkeit, dem Wunsch, selbständig zu sein oder mehr Abwechslung im Leben zu haben, sind dem Interesse am (Zusatz)Verdienst untergeordnet und scheinen erst im Laufe der Tätigkeit zu Motiven für die Mitgliedschaft zu werden (s. Forschungsstand Kapitel 3.2.1, „sensebreaking"- und „sensemaking"-Mechanismen bei Amway, analysiert von Pratt 2000b).

9.7 Amway – ‚Garant für Freiheit'?

Sowohl im zweiten Kapitel zur ‚Branche' des DV als auch durch die Ausführungen zur Provisionshöhe und -verteilung wurde sichtbar, dass Selbst- und Fremdbild von AW (teilweise) erheblich auseinanderklaffen. Im Folgenden werden die zentralen Elemente der organisationalen Identität vorgestellt. So kann analysiert werden, wie diese ein Netz von Überzeugungen, also eine Ideologie formen (s. Kapitel 5.2.2). und wie sie vom Unternehmen produziert und gefördert werden. Auch hier gilt wie bei MKC, dass die folgenden Hauptthemen des ‚Amwayanischen' Selbstbildes die ‚Knotenpunkte' der Unternehmensideologie darstellen. Dazu gehört als wichtigster Aspekt, die ‚(finanzielle) Freiheit' (9.7.1), die eng mit der Vorstellung zusammenhängt, dass ein ‚risikoloses Ausprobieren' (9.7.2) möglich (und sinnvoll) ist. Anschließend wird auf die ‚Anerkennung (für Leistung)' eingegangen (9.7.3) und die ‚persönliche Entwicklung' (9.7.4), zu der Mitglieder durch das AW-System befähigt werden, analysiert. Trotz Selbständigkeit und Eigenverantwortlichkeit jedes Einzelnen sieht sich auch AW als ‚starke Gemeinschaft mit Wohlfühlfaktor' (9.7.5). Dies ist dem Selbstbild zufolge eine wichtige Besonderheit, da andere kapitalistische Unternehmensformen menschlich kalt sind und zudem ungerecht, während AW ‚soziale Gerechtigkeit' (9.7.6) verkörpert. Alles in allem versteht sich AW als ‚anerkanntes und ehrenhaftes System' (9.7.7), das gemäß Selbstverständnis endlich öffentlich angemessen gewürdigt gehört – eine Aufgabe, die so mancher Interviewpartner der Autorin dieser Arbeit zugeschrieben hat: AW ist „absolut seriös, was ja von vielen leider Gottes immer noch angezweifelt wird (...) (Interviewpartner 2): Deshalb schreibt sie ihre Doktorarbeit!" (Rubin 2).

Der Aufbau dieses Kapitels ist ähnlich dem für die Analyse von MKC und beruht auf dem in Kapitel 5.3 vorstellten Analyseschema. Zunächst wird das organisationale Selbstbild zum jeweiligen Thema wiedergegeben (Schritt a). Anschließend folgten bei MKC die im Rahmen der Erhebung genannte Kritik bzw. Zweifel an den jeweiligen Aspekten. Dies geschieht auch für AW (Schritt b), allerdings muss dazu weitestgehend auf Aussagen von Ehemaligen und externen Kritikern zurückgegriffen werden. Die Ursache liegt in den Erhebungsergebnissen: Von den befragten (aufsteigenden) Führungskräfte wurde kaum Kritik an den Kernüberzeugungen von AW geäußert, sondern – wenn überhaupt – an Einzelpersonen, die nicht zu AW passen. Die auf die Darstellung der Kritik folgende Analyse geht im Gegensatz zu MKC in drei statt in zwei Schritten vor: Zunächst wird verdeutlicht, was der jeweilige Kernbegriff bedeutet, also was beispielsweise ‚Freiheit' bei AW heißt und auch, was nicht darunter verstanden wird (Schritt c). Anschließend wird wie bei

MKC aufgezeigt, wie die jeweiligen Überzeugungen organisational produziert werden. Dies geschieht in Form normativer Kontrolle sowie durch formale Strukturen
(Schritt d und e). Abschließend wird wie bei MKC aufgezeigt, welchen organisationalen Nutzen die jeweilige Überzeugung für das Wirtschaftsunternehmen haben
kann (Schritt f).

9.7.1   Völlige Freiheit

Selbstbild

Oberstes Ideal und häufig betonter Wert bei AW ist die völlige Unabhängigkeit, die
gemäß Selbstbild durch AW erreicht werden kann: „Das ist einfach das, dass wir alle
die Möglichkeit haben, (...) uns unabhängig zu machen von, von äußerlichen Zwängen. Und das kann man nur, indem man eben nicht in dem System arbeitet, das (...)
durch Zwänge funktioniert – Punkt eins. Und Punkt zwei, indem man sich finanziell unabhängig macht – und die Chance, sich so finanziell unabhängig zu machen,
dass man, dass Andere wenig ins Leben eingreifen können: Die Chance hat so gut
wie keiner im normalen Beruf, das geht nicht, und bei uns geht das!" (Rubin 2).
    Diese Überzeugung zeigt sich auch auf der offiziellen Internetseite der
Schwarz-Organisation (www.schwarz-diamond-connection.de), auf der unter der
Rubrik „Erfolgsgeschichten" 65 ‚Beraterschaften', die die Diamant-Ebene oder
höher erreicht haben, abgebildet sind. In Form von knappen, maximal halbseitigen
‚I-Storys' stellen diese sich vor. Immerhin 54 von ihnen verwenden die Begriffe
„Freiheit", „frei", „Unabhängigkeit" oder „unabhängig" usw. Zwar sind die Zusammenhänge unterschiedlich und reichen von „freier Zeiteinteilung" bis hin zu
„persönlicher Freiheit", aber dennoch tauchen diese vier Worte insgesamt 119 Mal
auf.[127] Grundlage für Unabhängigkeit ist zum einen ein hoher Verdienst, zum anderen die Selbständigkeit, also keinen Chef zu besitzen, der vorgibt, was zu tun ist. In
diesem Sinne lässt sich der genannten Internetseite folgende Aussage zur Zeit vor
AW entnehmen: „Wir hatten beide einen guten Beruf und verdienten gutes Geld –
aber wir hatten beide einen Chef, wir waren nicht frei."[128] Dass ‚Freiheit' mit AW

---

[127] Es wird 44x „Freiheit" genannt, 27x „frei", 1x „freier", 1x „freie"; „Unabhängig(keit)" wird 46x
       genannt, abgerufen am 19.6.2006.
[128] Andrea und Dietmar Dengg, Quelle: www.schwarz-diamond-connection.de/im/geschichten/
       geschichten.html, abgerufen am 19.6.2006.

möglich ist, liegt gemäß Selbstverständnis daran, dass es sich um eine selbständige Tätigkeit handelt. Mit einer solchen ist sowohl materieller Aufstieg als auch innere Unabhängigkeit erreichbar, wie der (Mit)Gründer Rich DeVos in seiner Autobiographie erklärt: „Jay [van Andel] and I have always thought that the best way to expand human well-being in the present, to provide for our children, and to reduce overuse of environmental resources is to encourage free enterprise" (DeVos 1998: xii).

Interne Grenzen und externe Kritik

Die hochgelobte (finanzielle) Freiheit, die in und durch das AW-System möglich sein soll, wird von loyalen Mitgliedern nicht in Frage gestellt. Während bei MKC und TW der Nebenverdienst im Mittelpunkt steht, stellt die ‚Amwayanische Freiheit‘ ein wesentlich höheres Ideal dar. Analog zu diesem hohem Anspruch gibt es auch starke Kritik am Unternehmen, vor allem an den finanziellen Möglichkeiten (s. Kapitel 9.4). Dieser Aspekt hat sich auch im Rahmen der von der Autorin durchgeführten Interviews gezeigt: gemäß Aussteigern kann mit AW kaum Geld verdient werden bzw. nur die allerwenigsten Mitglieder können hier ihr finanzielles Auskommen finden. „Meine Ausführungen und Überlegungen zeigen mir, dass es wohl zwei Gruppen von AW-Beratern gibt. Die einen sind die, die auf Erfolgskurs nach oben gehen. Das kann rechnerisch nur eine Handvoll sein. Und die anderen, für was sind die da?" (Ehem. Rubin; s. auch Sonnabend 1998).

Unabhängig von der kritisierten Provisionssituation stellen Ehemalige den hohen Wert der ‚Freiheit‘ auch durch das zeitlich intensive Eingebundensein in unternehmensnahe Aktivitäten in Frage. So schildert ein Mitglied, das die Erfolgsstufe 15% erreicht hatte, aber inzwischen nur noch als Eigenbedarfler agiert, dass der hohe Aufwand in den zahlreichen Veranstaltungen und den vielen Fahrten liegt. (Aufsteigende) Führungskräfte haben die – ungeschriebene – Pflicht, an der Wochenschulung teilzunehmen, sich mit ihrer Downline zu treffen, diese zu beraten und auf Großveranstaltungen etc. zu gehen (s. auch Bromley 1998: 357). Ein weiteres Aussteigerpaar, das vor AW schon selbständig war, berichtet, dass die Forderung, immer und überall als Vorbild mit dabei zu sein, für sie zu einengend war. Anlass auszusteigen war der mangelnde Verdienst im Vergleich zum Zeiteinsatz und folgendes Gefühl: Der „Strick, den die mir um den Hals legen, wird mir zu eng" (Ehem. 18%er). Während Ehemalige auf den hohen Grad der Fremdbestimmung hinweisen, wird unternehmensintern das Ideal der Freiheit nicht hinterfragt, sondern an der Selbständigkeit festgemacht – ein Status, den Biggart grundlegend anzweifelt: „By even a generous interpretation of economists' definitions, distributors are not entrepreneurs. They perform highly routinized selling and recruiting behaviors. Innovation is neither necessary nor welcome. Financial risk is purposely kept low by DSOs who hope to appeal to a large number of recruits" (Biggart 1989: 163).

Was heißt ‚völlige Freiheit'?

Das Wort ‚Freiheit' hat bei AW drei Bedeutungen: Erstens viel Geld verdienen, zweitens keinen Chef haben und daraus folgt drittens ‚tun und lassen können, was man will'. Die größte Bedeutung nimmt das Geld ein, da es als Grundlage für die anderen beiden ‚Freiheiten' verstanden wird: „Ich denke mir mal, ja am Anfang: Geld! Aus dem Grund beginnt man das Geschäft, ja. Heute ist es für uns Freundschaft, Freiheit, Unabhängigkeit – und das geht natürlich nur mit Geld, logisch, ja!" (Smaragd 1). Die Unabhängigkeit von einem Vorgesetzten wird durch die Selbständigkeit erreicht und so lassen sich Gängelungen und ‚für jemanden anderen arbeiten müssen' vermeiden.

Wie schon bei MKC deutlich wurde liegt der Vorteil abstrakter Begriffe darin, dass sie mit Inhalt gefüllt werden können und müssen, um greifbar zu sein. Bei AW geschieht dies in Form von drei auf Veranstaltungen propagierten Gleichsetzungen: Selbständigkeit entspricht viel Geld, Selbständigkeit entspricht Freiheit und viel Geld entspricht Freiheit. Dieser ‚Amwayanischen Freiheit' widerspricht es z. B. nicht, dass auch bei AW eine klare Statushierarchie besteht und Erfolgreiche Leitlinien zum richtigen Verhalten, Denken und Fühlen vermitteln: „Wenn der Sponsor sagt: springe, dann frage nicht: ‚warum?' Sondern ‚wie hoch?'"[129] (Doppel-Diamant auf dem Halbjahresseminar). Auch die ‚Freiheit als Freiheit des Andersdenkenden' gehört keineswegs zum Freiheitsverständnis von AW (s. hierzu insbesondere das Ideal der ‚Gemeinschaft' in Kapitel 9.7.5). Kritik zu äußern gilt als geradezu verwerflich (s. die Erfahrungsberichte von Scheibeler 2004; Sonnabend 1998). Welche Mechanismen diese ‚Amwayanische Freiheit' produzieren und reproduzieren, wird im nächsten Abschnitt verdeutlicht.

---

[129] Ein Interviewpartner wies darauf hin, dass diese Aussage an ‚Rent a Cop' mit Burt Reynolds und Liza Minelli angelehnt sein dürfte.

Was unterstützt die ,völlige Freiheit'?

Bei AW wird die Selbständigkeit der Mitglieder als Schlüssel zur Freiheit gewertet – eine Sichtweise, die Biggart in ihrer Analyse als typische US-amerikanische Vorstellung analysiert (Biggart 1989: Kapitel 5; s. auch Bromley 1995; 1998; s. bspw. Schrift des Mitgründers DeVos 1994). Diese Überzeugung spiegelt sich in der vorliegenden Studie zu Deutschland z. B. in identitätsstiftenden Vergleichen zum Angestelltendasein wieder (Alvesson/Willmott 2002: 630; Wittel 1997: 128 f.), die nicht allein von AW erfolgen. Während Angestellte ,unfrei' sind, beinhaltet die Selbständigkeit im MLM das Versprechen „Endlich frei von allen Zwängen" (Kapitelüberschrift in Zacharias 2005: 41). In diesem Sinne erläutert eine Führungskraft AW den Unterschied zwischen ,normalen' und dem eigenen Unternehmen: „Man kann wirklich – wie es in jedem anderen Beruf normalerweise negativ, im Negativen ist, dass halt Leute ständig gesagt kriegen, für welche Konditionen sie was zu tun haben, ansonsten passiert das und das, und bei uns ist es auf freiwilliger Ebene, freiwilliger Basis" (Rubin 1). Wer diese Chance nicht ergreift, hat sie nicht verstanden – ein weiterer Abgrenzungsmechanismus nach außen.

Hinzu kommt ein inhaltliches Argument, das die AW-Ideologie stützt: Die kontinuierliche Rede von ,Chancen' verdeckt, dass diese strukturell gesehen wenig Realisierungspotential haben: Es gibt zwar etliche Erfolgreiche, im Vergleich zur großen Masse der (ehemaligen) Mitglieder stellen diese allerdings angesichts der in 9.4 geschätzten Provisionsverteilung nur einen geringen Anteil dar. Doch was für Kritiker aussagekräftige Zahlen sind, z. B. der Gesamtumsatz des Unternehmens geteilt durch die Mitgliederanzahl, ist für ,Amwayaner' eine Art ,Kleingläubigkeit' und Ausdruck mangelnden individuellen Selbstvertrauens – und somit erneut nicht etwa organisationalen Versagens: „Der (...) Punkt ist, dass viele Menschen die Vorstellung nicht haben, dass sie etwas Großes sein können. Und dadurch, dass sie nicht etwas Großes sein können, ja, besteht für sie die Idee: Alles was sie nicht kennen – wegschieben!" (Rubin 4). Das ,große Denken' wird bei AW durch die ,leuchtenden' Vorbilder unterstützt. Diese vermitteln, anders als bei MKC, nicht nur auf den halbjährlichen Seminaren, sondern in jeder Wochenschulung, ,was möglich ist', z. B. von der Tätigkeit als Verkäuferin oder als Elektriker zu Millionären aufzusteigen, so wie es Marianne und Max Schwarz, den beiden Gründern der Schwarz-Organisation, gelungen ist (s. auch die Erfolgsgeschichten unter www.schwarz-diamond-connection.de). Dieser ,Vom Tellerwäscher zum Millionär'-Mythos wird durch Worte, aber ebenso durch Emotionen vermittelt (s. Lan 2002: 180). Denn auf den Veranstaltungen werden Redner bejubelt und beklatscht, sie werden auf Großveranstaltungen vom „Master of Ceremony" (quasireligiöses Label für den Moderator[130]) vorgestellt und lautstark in Empfang genommen (s. auch Bromley 1998: 356). Eine wichtige Leistung der Vorbilder, die sowohl die Werte als auch die Spielregeln des Unternehmens vermitteln, ist, dass sie abstrakte Begriffe wie beispielsweise ‚Freiheit' für die Masse der Zuhörer mit Inhalten füllen. ‚Freiheit' in Verbindung mit Geld wird zum „Vermögen" (Deutschmann 2002), also zum Versprechen, alles kaufen zu können, was man begehrt, alles tun und lassen zu können, was man möchte etc. AW lässt es nicht bei solchen pauschalen Aussagen, sondern bietet kontinuierlich konkrete Bilder an, was ‚Freiheit' heißen kann. So wird beispielsweise ‚von Frauen für Frauen' darüber gesprochen, dass Freiheit bedeutet, sich endlich das kaufen zu können, was wirklich gefällt: „Durch den Laden zu gehen und zu sagen: ‚Boah, das Kleid! Wow, super – ist das schön, toll! Genau das ist es!' Und dann gehe ich hin, und dann drehe ich das Preisschild um und sage: ‚Nein, so schön ist es dann doch wieder nicht!' Und das hat mir so gestunken! (...) Und ich weiß, dass es das (...), dass es vielen Frauen stinkt, ja, gerade uns Frauen, ja?!" (Smaragd 1). In diesem Sinne hat AW eine ‚spezifische Freiheit' für jede(n) zu bieten. So wurden beispielsweise auf dem Halbjahresseminar Formen der Freiheit durch Videos vorgeführt: Diese zeigten bei stimmungsvoller Musikuntermalung die ‚Traumvilla' der Schwarz-Familie, weiße Sandstrände, Luxusuhren und teure Autos – also Bilder für verschiedene Altersgruppen und unterschiedliche Sehnsüchte. So werden bestehende Träume verstärkt, aber auch neue Bedürfnisse geweckt, wie Pratt (2000b) durch seine Begriffe des „sensebreaking" und „sensemaking" beschreibt (s. Kapitel 3.2.1). Als Mechanismus normativer Kontrolle lässt sich dabei verstehen, dass AW als ‚Lösung' und Weg zur Erfüllung dieser alten und neue Träume verknüpft wird.

Eine zusätzliche inhaltliche Legitimation erfährt die Tätigkeit bei AW, da es nicht nur um die eigene (finanzielle) ‚Freiheit' geht. Denn während Reichtum in Deutschland einen moralisch fraglichen Stand hat,[131] trifft dies für Geld aus dem AW-Geschäft nicht zu, da hier gemäß Selbstbild – wie bei MKC – Eigennutz und Altruismus eine Symbiose bilden: Andere ‚sponsern' (= Label, s. Bloch 1996) heißt, anderen Freiheit zu bringen, „und das ist eines der schönsten Dinge, d[as] ich mir vorstellen kann! Mit Menschen zu arbeiten, die dann selber im Stande sind, (...)

---

[130] Der ‚Master of Ceremony' ist wie die Redner auf den Seminaren eine Führungskraft auf hoher Ebene. Wie viel Geld Führungskräfte erhalten, die auf diese Art und Weise an den Veranstaltungen mitwirken, ist unbekannt. Bromley (Bromley 1995) spricht von einer lukrativen Tätigkeit, macht aber keine genauen Angaben.

[131] Dies lässt sich auf die protestantische Arbeitshaltung (Weber 1988a; Weber 1988b) zurückführen. Exemplarisch dafür steht die Aussage aus Matthäus 19, 24: „Leichter geht ein Kamel durch ein Nadelöhr, als dass ein Reicher in den Himmel kommt."

anderen auch zu zeigen, was wichtig ist oder wie sie frei werden können in diesem ganzen System" (Rubin 4, s. auch Gabbay/Leenders 2003).

Wer ‚frei' werden will, muss – wie jeder Selbständige – Zeit und Geld investieren. „Wenn man das [AW-Geschäft] an die erste Stelle stellt und die all notwendige Arbeit tut, dann (...) kann nichts schief gehen, muss es vorangehen!" (Platin 1). Diese inhaltliche Überzeugung führt zum Beispiel dazu, dass Geschäftskosten für Fortbildungen ‚selbstverständliche' Ausgaben sind (s. Kapitel 9.4 und Kostenaufstellung Anhang 1). Passend dazu heißt, vergleichbar mit MKC, das Halbjahresseminar der Schwarz-Organisation ‚Arbeits- und Weiterbildungsseminar' (= Label) und das Teilnahmezertifikat belegt den seriösen Geschäftscharakter der Veranstaltung. Die ‚Arbeit' besteht vor allem darin, sich zu Träumen inspirieren, von AW als richtigem Weg überzeugen und zum ‚Sponsern' motivieren zu lassen. Während auf den großen Seminaren bei TW und MKC beispielsweise – neben dem Ehrungs- und Unterhaltungsprogramm – die Produktneuheiten vorgestellt wurden, spielten die Produkte von AW im Rahmen des von der Autorin besuchten 2,5-tägigen Halbjahresseminars keine Rolle. Stattdessen wurden andere Aspekte der Tätigkeit verdeutlicht, wie etwa der Wert der Großveranstaltungen: „Manche scheuen die Investition, z. B. das Seminar. Sie sagen: ‚180 Euro ist zu viel.' Doch dies ist wie ein Bauer, dem sein Saatgut zu schade ist, um es auszusäen und der Sorge hat, dass nicht alles aufgeht" (sinngemäße Wiedergabe, Sprecher mit Doppel-Diamant-Status). Diese Metapher veranschaulicht (zu Metaphern s. Kieser et al. 1998: 146-153), warum Kritiker vom Druck sprechen, auf Veranstaltungen gehen zu müssen, obwohl keinerlei offizielle Pflicht besteht (ehem. 18%er).

Auf die geschilderte Weise sind Selbständigkeit, freie Entscheidung und Eigenverantwortung mit den von der Schwarz-Organisation durchgeführten Veranstaltungen, mit dem Produkteinkauf, den Handlungsempfehlungen der Erfolgreichen und dem Anwerben weiterer Mitglieder zu einem Argumentationsnetzwerk, also einer steuernden und kontrollierenden Unternehmensideologie, verknüpft. Denn eine formale Hierarchie existiert bei AW nicht. Autorität begründet sich nicht in der Weisungsbefugnis, sondern im Erfolg. Hier liegt die Legitimation für ‚Anweisungen', die als ‚Empfehlungen' und ‚Aufbauhilfen' bezeichnet werden (zur Bedeutung von Labeln s. bspw. Alvesson/Willmott 2002: 629; Czarniawska-Joerges/Joerges 1988). Hinzu kommt das persönliche Charisma (Weber 1980: 140-142), das durch den Erfolg verstärkt wird, und das diejenigen umgibt, die vom einfachen ‚3%er' über ‚Silber', ‚Gold' und ‚Platin' zu ‚leuchtenden' ‚Diamanten' und ‚Kronenbotschaftern' aufgestiegen sind. Von diesen lernen zu ‚dürfen' wird als Chance interpretiert – zumal die meisten Mitglieder keine Erfahrung mit Selbständigkeit haben. Aussagen von Erfolgreichen sind dementsprechend ‚Hilfestellungen‘ und über diese ‚argumentative Hintertür‘ werden die zahlreichen Verhaltens- und Denkregeln als wertvoll (statt als Begrenzung) charakterisiert. So schildert ein Redner im Halbjahresseminar, das 80%-20%-Prinzip bei AW: 80% macht die Schwarz-Diamond-Connection, das sind die Schulungen und Seminare. Und nur 20% muss jeder selbst tun – „Es ist sehr wenig, was wir im Geschäft tun müssen" (Sinngemäße Wiedergabe). Dies ruft trotz der propagierten Freiheit Erinnerungen an Taylors Kontrollvorstellungen wach. Sein Ziel war „to construct work contexts where workers discretion is minimized, to the extent that they only can do the prescribed thing with a minimum of effort and movement" (Alvesson/Kärreman 2004: 425).

Da viele (als hilfreich propagierte) Vorgaben existieren, besteht sogar innerhalb von AW eine Bezeichnung, die dem gleichzeitig beworbenen Ideal der (unternehmerischen) Freiheit entgegensteht: AW wird von Mitgliedern als ‚Nachahmgeschäft‘ bezeichnet. So wiederholte der Schulungsleiter jede Woche zur Begrüßung der Neuen beim lokalen Treffen folgenden Satz: „Machen Sie einfach nach, was Ihnen Ihr Sponsor vormacht". Denn AW ist gemäß Selbstbild die einfachste Selbstständigkeit, die es gibt, weil der ‚Weg zur Freiheit‘ von den Erfolgreichen schon ‚gebahnt‘ wurde: „Wenn Sie Ihr Geschäft beginnen, brauchen Sie einen Leitfaden, den Sie unbedingt (...) beachten sollten. Richten Sie sich danach, und weichen Sie von dieser Linie nicht ab, denn dahinter steht eine jahrzehntelange weltweite Erfahrung, die Sie unbedingt nutzen sollten" (Schwarz/Schwarz 2001: 1). Interessant ist, dass durch das Einhalten der Vielzahl an Tipps, Verhaltens- und Denkregeln von AW ausgerechnet ‚Freiheit‘ erreicht werden kann. Eine ähnliche Paradoxie konstatiert Potterfield für das Konzept des Empowerments, das er mit den folgenden Worten bewertet: „Ideology distorts and helps to suppress human potential by constraining a person's ability for self-reflective, informed action. This constraint is masked as ‚freedom‘ in order to manipulate people to act in someone else's interests contrary to their own" (Potterfield 1999: 4).

Was für Kritiker Unfreiheit ist – „[d]ie Upline plappert vor und alle plappern nach. Wobei sogar Parolen, wie ‚Wenn deine Freunde das Geschäft nicht verstehen, such‘ dir neue Freunde‘ blindlings befolgt werden" (externer Kritiker) – ist für Mitglieder eine eigenverantwortliche Entscheidung. Während Kritiker betonen, dass gemeinsame Veranstaltungen, die sicherlich motivieren, auch Druck sein können (Scheibeler 2004; s. auch Sonnabend 1998), gelten AW-Veranstaltungen bei manchen loyalen Mitgliedern als Hilfestellung oder – emotionaler – als eine Art ‚Lebenselixier‘. So berichtet ein Paar, wie es auf einer privaten Reise nach Berlin gleich am ersten Abend das dortige Schulungszentrum aufsuchte: „Und das hat gut [getan], weil ich kann nicht eine Woche ohne Schulung sein!" (Platin 3).

Die normative Kontrolle der formal selbständigen Mitglieder wird mit Hilfe der geschilderten Überzeugungen und Mechanismen in die einzelnen Individuen verlagert (Burchell 1993; Rose 1990). Auf dieser Basis kann sich AW – wie TW und MKC – als Förderer, Motivator und als „benevolent ‚helper', not a profit-seeking ‚controller'" (Biggart 1989: 165) präsentieren. Geholfen wird dem Einzelnen, seine persönlichen Bedürfnisse, z. B. nach ‚Freiheit', zu verwirklichen. Formal sind diese ideologischen Vorstellungen in der rechtlichen Selbständigkeit der Mitglieder verankert: Es gibt keine offizielle Pflicht zur Veranstaltungsteilnahme sowie keinen Zwang zum Mindesteinkauf (Amway GmbH [Ed.] 2004b). Label wie der ‚independent business owner' und die deutsche Bezeichnung ‚Geschäftspartner' ergänzen das Selbstbild der Freiheit und Unabhängigkeit.

Wie individuell und einzigartig die mit AW verknüpfte Lebens- und Arbeitsweise ist, lässt sich hier wie bei jeder starken Unternehmenskultur hinterfragen (s. Kapitel 5.2.1). Kunda (1992) greift dazu auf ein Zitat aus „Der Mann ohne Eigenschaften" von Musil zurück: „Has one not noticed that experiences have made themselves independent of man? They have gone onto the stage, into books, into the reports of scientific institutions and expeditions (...) Who today can still say that his anger is really his own anger, with so many people butting in and knowing so much more about it than he does? (...) And all at once, in the midst of these reflections, Ulrich had to confess to himself, smiling, that for all of this he was, after all, a 'character', even without having one" (Kunda 1992: 160).

Mögliche Vorzüge der ‚völligen Freiheit' für den AW-Konzern

- In einem Analogieschluss wird Freiheit mit AW verknüpft im Sinne von ‚AW kann viel Geld bedeuten, viel Geld bedeutet Freiheit, also macht AW frei.' Der Dreifach-Diamant Dieter Pöhlmann bringt diesen Zusammenhang auf folgende Formel: „Ei, ei, ei, wer viel sponsert, der wird frei" (Motivationskassette „Mit meinem Traum in die Freiheit"). Motivation bringt Umsatz für den AW-Konzern und der Schwarz-Organisation entstehen so Einnahmen für Seminare, Bücher, Aufzeichnungen von Reden etc.
- ‚Freiheit' sowie finanzielle Unabhängigkeit sind verlockende Ziele an sich. Für diese lohnt sich persönlicher Einsatz. Solche Verheißungen laden zum Träumen ein: Eine Yacht im Mittelmeer, eine Villa in Spanien oder den gesamten

Tag mit den Kindern verbringen können. Diese Träume stellen eine klare Kos-
ten-Nutzen-Rechnung zurück bzw. diese wird laut Aussteigern nicht oder nur
sehr spät gezogen. Auch erfolglose Mitglieder bleiben so im Unternehmen
(Pratt 2000a: 56). In seinem Erfahrungsbericht schreibt Andrews, dass er im
Zuge der Offenlegung seiner Zweifel am AW-System von seinem ‚Sponsor' gefragt wurde: „Do you consider yourself average, John?" (Andrews 2001: 1).
Seine Reaktion darauf war, seinen Arbeitseinsatz zu intensivieren, denn wer
Überdurchschnittliches erreichen möchte, darf bei Problemen und Bedenken
nicht aufgeben (Biggart 1989: 164).

-   Indem die AW-Tätigkeit mit freiem Unternehmertum gleichgesetzt wird, wird
    die Verantwortung für Erfolg und Misserfolg allein dem Einzelnen zugeschrie-
    ben (Miller/Rose 1990; 1995; Rose 1990). Wenn der Einzelne für seinen Erfolg
    zuständig ist, ist die Organisation nicht für den Misserfolg der Vielen verant-
    wortlich.

-   Die Eigenverantwortlichkeit des Individuums dürfte auch für die Präsentation
    nach außen wichtig sein: Die formalen Regeln in den Geschäftsbedingungen –
    Selbständigkeit der Mitglieder, keine Mindestabnahme, keine Arbeitsverpflich-
    tungen etc. (Amway GmbH [Ed.] 2004b) – legitimieren AW auf der rechtlichen
    Ebene. Wie bei Juth-Gavasso ausgeführt, waren die schriftlich niedergelegten
    Geschäftsgrundlagen 1979 der Grund, warum die Federal Trade Commission
    AW nicht als illegales Schneeballsystem einstufte (Juth-Gavasso 1985: 170).
    Wer diese Regeln bzw. fehlenden Pflichten nicht zur Kenntnis nimmt und sich
    unter Druck setzten lässt, ist somit selbst schuld: „Es gibt natürlich vielerlei
    Gerüchte: von ‚Waren und Keller voll und man muss soviel abnehmen' usw.
    (...) Es mag *vielleicht* Leute geben, die das so verkaufen! Aber es ist illegal und
    unerlaubt (...) nur, trotzdem: *Die Leute können doch alle lesen* – und da steht ja
    ganz klar drin in den Anträgen, schon seit je, jeglicher Zeit, dass man zu keiner
    Abnahme von Produkten verpflichtet werden darf – usw. Also deshalb meine
    ich, *liegt es an den Leuten selbst*, wenn sie, wenn sie nicht lesen können" (Rubin 3,
    Hervorh. C. G.).

9.7.2   Risikoloses Ausprobieren

Selbstbild

Jeder darf einsteigen und da die Tätigkeit formal mit geringem Risiko verbunden ist, kann dies auch jeder tun. Es müssen keine Warenlager angelegt und der bisherige Beruf muss nicht aufgegeben werden. Der Einstieg ist nebenher möglich und so kann die Tätigkeit unverbindlich getestet werden: „Und vor allem, was natürlich auch das Tolle ist: Dass jeder nebenberuflich das noch beginnen kann! Ich muss ja nicht meinen Hauptjob aufgeben! (...) Und wenn ich arbeitslos bin, dann kann ich es doch so und so! Ne? Also ich (...) kann das zusätzlich beginnen, um zu testen: Ist es was oder ist es nichts?" (Rubin 2). Auf die Frage, wie der Arbeitsaufwand in den ersten beiden Jahren war, antwortet ein heutiger Rubin: „Zeit, ja, Zeit – sehr viel Zeit investiert! (...) Ja, aber ich war noch nie jemand, der liegen konnte – also ich war noch nie jemand, der [sich] hinlegen kann" (Rubin 1). Das maximale Risiko ist somit eine ‚Fehlinvestition' hinsichtlich des Zeitaufwandes.

Die Risikolosigkeit bewirkt, vor allem im Vergleich zur ‚normalen', i. d. R. kostenintensiven Selbständigkeit, dass AW formell, strukturell und ideell jedem offen steht: Wer arbeitslos ist, ist ohnehin auf der Suche nach einer Beschäftigung, wer schon selbständig ist, kann ein zweites Standbein gebrauchen, wer Kinder erzieht, benötigt Abwechslung und wer angestellt ist, kann nie wissen, was die Zukunft bringt: „Viele lügen sich an oder bilden sich ein: ‚Ja, ich habe ja meinen Job!' Aber wissen Sie, wie schnell jemand fliegen kann?! Ich habe das jetzt gerade erlebt (...) also niemand kann sich heute sicher sein" (Platin 4). AW dagegen besteht seit vielen Jahrzehnten und stellt eine Konstante in den aktuellen Zeiten der Unsicherheit dar, die sich jeder nebenher aufbauen kann und sollte.

Interne Grenzen und externe Kritik

Während laut Unternehmensideologie die Tätigkeit als völlig risikolos gilt und dies von keinem Interviewpartner angezweifelt wurde, halten Kritiker das Gegenteil für richtig: Obwohl formal keine großen Investitionen notwendig sind, müssen Mitglieder mit Erfolgswunsch sehr viel Einsatz leisten, um nach oben zu gelangen. Die sie treibenden Hoffnungen werden vom Unternehmen und loyalen Mitgliedern geschürt: „Ich habe Menschen erlebt, die bereits in jungen Jahren Geld zur Seite legten, Eigentumswohnungen kauften und in die Zukunft planten. Mit AW änderten sich deren Verhaltensweisen grundlegend. Die Eigentumswohnung wurde verkauft, um sich einen nagelneuen BMW zu kaufen, weil das besser fürs Geschäft ist" (E-hem. Rubin). Kritiker weisen darauf hin, dass aus einer Tätigkeit ohne große An-fangsinvestitionen dennoch erhebliche Kosten erwachsen können – vor allem wenn nur niedrige Einkünfte folgen (s. Kapitel 9.4). Hinzu kommt der zeitlich hohe Auf-wand, der im Vergleich zum geringen finanziellen Verdienst steht, wie mehrere Aussteiger ausdrücklich zu Protokoll gaben. Ebenso können sich zunächst klein erscheinende Ausgaben summieren: „[J]eden Monat kommen neue Produkte raus und dann hieß es immer: ,Du bist Führungskraft, du musst die neuen Produkte immer haben!' – Und so haben die ihren Umsatz gemacht, ganz klar, man muss das so sehen" (Ehem. 18%er).

Was heißt ,risikoloses Ausprobieren'?

,Risikolos' bedeutet bei AW zunächst, dass für den Start der Tätigkeit nur geringe Kosten anfallen und jeder nebenher beginnen kann. Das, was ,zugegebenermaßen' investiert werden muss, ist Zeit – die manche Mitglieder nicht einmal mit Arbeit gleichsetzen. Andere Aspekte, wie Investitionen in die Produktpalette (mit 450 Produkten aus der Eigenherstellung), die jeweiligen Neuerscheinungen an Waren, die Benzin- und Veranstaltungskosten etc. werden ,wegdefiniert' oder als ,Investiti-on in die eigene Selbständigkeit' ,gelabelt' (s. Analyse ,Freiheit'). Völlig außen vor bleiben die ,Sekundärkosten' wie ein neues Auto, um die eigene Downline oder potentielle Interessenten vom finanziellen Erfolg zu überzeugen, oder auch die angemessene ,Geschäftskleidung' (s. Koehn 2001: 159 f.). Insofern argumentieren Kritiker genau entgegengesetzt wie ,Amwayaner': Zentral sind die Folgekosten, nicht der günstige Einstieg: „Stating the start-up cost is a waste of time. We all know how cheap it is to join Amway. But if you analyze it carefully, you will notice that the ongoing cost is very high and can work out to several thousand dollars a year for an active couple."[132]

Als letzter Aspekt des ,Amwayanischen' Begriffsverständnisses von ,risikolos' fällt auf, dass ,emotionale' sowie ,soziale Kosten', überhaupt nicht thematisiert werden. Dazu lässt sich beispielsweise die in Kapitel 3.2.3 beschriebene Gefahr, dass soziale Beziehungen missbraucht werden können, zählen (Bloch 1996; Gray-

---

[132] Quelle: www.angelfire.com/nm2/hnheeg/, abgerufen am 30.1.2007.

son 1996; Lan 2002). Auch zu dieser Kategorie gehören die großen persönlichen Hoffnungen auf eine bessere Zukunft, die erst anwachsen und anschließend verloren gehen können (Koehn 2001) sowie der Verlust der sozialen Kontakte vor AW: „Ich habe viel zu lange gebraucht, um zu verstehen, was da eigentlich abläuft. Wir haben nicht nur Geld, sondern unser damals gut funktionierendes soziales Umfeld verloren" (Ehem. Rubin).

Was unterstützt das ‚risikolose Ausprobieren'?

Wie schon deutlich wurde, wird das spezifische AW-Verständnis durch die formalen Strukturen gestützt (Kärreman/Alvesson 2004): Geringe Einstiegsgebühren, keine Verpflichtungen zur Produktabnahme und die Möglichkeit, alles innerhalb der ersten 90 Tage zurückgeben zu können (Amway GmbH [Ed.] 2004e) belegen für Mitglieder einleuchtend, wie wenig riskant es ist, die Tätigkeit auszuprobieren: „Man kann also auch noch drei Monate sagen: ‚Ich habe es mir überlegt' – dann kriegt man sogar diese 40 Euro wieder: Also mmh! Das ist ja wirklich lächerlich!" (Smaragd 2). Dementsprechend ist ein wichtiger kultureller Mechanismus, die formalen Minimalanforderung AW in Reden, informellen Gesprächen, beim Anwerbegespräch etc. zu wiederholen und dabei die Voraussetzungen in verschiedenen Formulierungen als ‚gering', ‚problemlos' oder gar ‚lächerlich' abzutun und damit durch Sprache den Wahrnehmungshorizont der Mitglieder zu formen (s. bspw. Humphreys/Brown 2002; Brown/Humphreys 2006).

Als weiterer Mechanismus kommt die Abgrenzung nach außen hinzu (Alvesson/Willmott 2002: 629), in diesem Fall zur ‚normalen Selbständigkeit'. Im Vergleich zu den dort benötigten Summen, z. B. um ein Ladengeschäft zu eröffnen, sind die Einstiegskosten für AW gering: „Denn wenn man sich heute selbstständig macht: Was ist, dann rennt man in der Regel erst mal zu der Bank, damit man 50.000, 100.000 – oder je nach dem, was man eröffnen will – Darlehen kriegt, wenn man es überhaupt kriegt, das ist auch sehr schwierig geworden. Und wenn man es kriegt, dann habe ich natürlich erst Mal ein Berg Schulden hinter mir" (Rubin 2).

Weiteres ‚Storytelling' erfolgt durch Geschichten von Erfolgreichen (Boje 1991; Boje 1995; Kieser et al. 1998). So erzählte auf dem großen Seminar ein Ehepaar mit dem Status des Dreifach-Diamanten, dass es sich in jungen Jahren mit einem Motorradgeschäft selbständig machen wollte, aber keine Bank zu einem Kredit bereit war. Heute sind beide froh darüber – und wer den Angaben aus dem Buch „Mein Weg zum Kronenbotschafter" glaubt, der kann dies nachvollziehen:

Auf der Erfolgsebene des Dreifach-Diamanten wird dort beispielhaft von rund
56.000 Euro/Monat Provision ausgegangen (Schwarz/Schwarz 2001: 32; vgl. Kritikpunkte in Kapitel 9.4). Durch solche Summen – ob sie de facto erreicht werden
oder nicht – wird die Fantasie jedes Einzelnen angeregt und die Investitionen für
die AW-Tätigkeit erscheinen in diesem Zusammenhang minimal.

Dies gilt auch für den notwendigen zeitlichen Einsatz. Dieser wird nicht verneint, sondern durchaus als Voraussetzung für Erfolg gesehen. So beschreibt eine
Führungskraft, dass sie sich von AW Unabhängigkeit erhoffte, was jedoch ‚risikolo-
se Ausprobieren' nicht heißt – ich unterstreiche es wieder – dass man nichts tun
muss!" (Rubin 3). Allerdings lässt sich die Qualität der Zeit nicht mit einer ‚normalen Arbeit' vergleichen – wieder ein Abgrenzungsmechanismus nach außen: Denn,
wer die richtige Einstellung hat, macht AW schlicht gerne. ‚Geopfert' wird hier
nichts außer ‚nutzloser Fernsehzeit', und diese wird ersetzt durch aktive, ‚sinnvolle'
Zeit: „Es macht Spaß, es gibt nichts Schöneres, wie einen Kaffee zu trinken und mit
Leuten ein Geschäft durchzusprechen, die mal zu motivieren; das ist doch schön
(...), da sieht man Ergebnisse!" (18%er). So gilt der Arbeitsaufwand für AW als ein
‚Freizeitvergnügen' (= Label), so dass auch diese Investition im Rahmen der Unternehmenslogik entfällt. „„Hart arbeiten' – kann ich auch nicht sagen, das ist keine
harte Arbeit. Es ist eine sehr, sehr konsequente Arbeit – so würde ich das sagen.
Aber ich glaube nicht, dass sich jemand von den Diamanten jemals totgearbeitet
hätte – glaube ich nicht" (21%er).

Die bisherigen inhaltlichen Argumente wie die geringen Einstiegskosten oder
der ‚Freizeitcharakter' beziehen sich auf die Risikolosigkeit für den Einzelnen, der
der AW-Tätigkeit nachgeht. Als letzter Mechanismus soll hier der gesellschaftliche
Kontext (Alvesson/Willmott 2002: 631 f.) genannt werden, der ebenso zur Legitimation der AW-Tätigkeit herangezogen wird (s. auch Gabbay/Leenders 2003: 523).
Im vorliegenden Beispiel handelt es sich um den Gastredner Karl Pilsl, der sich als
Wirtschaftsjournalist präsentiert und in der Schwarz-Organisation als ‚Wirtschafts-
experte' gilt, so dass seine Bücher beispielsweise bei Veranstaltungen verkauft werden. In seiner Rede vor 7.000 Mitgliedern auf dem Kick-off in Hannover 2005,
beschreibt er den Wert des MLM mit folgenden Bildern: Gegenüber der ‚klassischen Selbständigkeit" „gibt es eine Alternative für den Arbeitsmarkt in Deutschland, von der viele noch nichts wissen! Und diese Alternative heißt: Arbeiten mit
fertigen Existenzen! (...) Arbeiten mit Franchisekonzepten, mit Franchiseprogram-
men, das heißt ja: ‚Fertig-Existenz'" (Pilsl Kick-off 2005, sinngemäße Wiedergabe).
Solche externe Legitimation wird von Mitgliedern mit Applaus begleitet, denn sie

bringen die Überzeugung von und über AW zum Ausdruck: „MLM ist die absolute Zukunft!" (Rubin 2).

Mögliche Vorzüge des ,risikolosen Ausprobierens' für den AW-Konzern

- AW präsentiert sich durch die genanten Mechanismen als einfache Form von Selbständigkeit. Der nebenberufliche Einstieg und die geringe Gebühr sind – immer im Vergleich zur ,normalen Selbständigkeit' – finanziell risikolos, und formal gesehen bestehen wie bei MKC und TW keine weiteren Verpflichtungen, so dass die Einstiegsbarrieren gering sind.
- Die Betonung der formalen Risikolosigkeit vernachlässigt die ebenso anfallenden ,Folgekosten' für Veranstaltungen, Fahrtkosten fürs Anwerben und ,Sekundärkosten' wie Geschäftskleidung, größeres Auto etc.
- Die Betonung des finanziellen Aspektes verdeckt gleichzeitig andere ,Kosten' auf emotionaler Ebene oder hinsichtlich sozialer Bindungen (s. Forschungsstand Kapitel 3.2.3; s. auch Erfahrungsbericht Scheibeler 2004; Sonnabend 1998).
- Die Nebenberuflichkeit bewirkt nicht unbedingt, dass die ursprünglichen sozialen Kontakte erhalten bleiben, wenn Mitglieder zu begeisterten ,Amwayanern' werden. Zumindest aber haben Berufstätige ein soziales Umfeld, das es ihnen ermöglicht, neue Mitglieder anzuwerben. Kollegen stellen somit ein Anwerbepotential dar – wie auch für MKC und TW, wobei es hierbei vor allem um ein Kundinnenpotential geht.
- Wer sozialversicherungspflichtig beschäftigt ist, ist nicht direkt darauf angewiesen, sofort erfolgreich zu sein. Wie bei MKC und TW sind finanziell abgesicherte Personen die besseren potentiellen Kandidaten, weil sie genug Rücklagen und ein größeres Kaufpotential haben. In diesem Sinne berichten ehemalige Mitglieder, dass sie die finanziellen Verluste des Geschäftes (bzw. den zu geringen Verdienst) zunächst schlicht ignoriert haben. Selbst das befragte Aussteigerpaar, das zuvor im Einzelhandel selbständig war, stellte erst nach mehreren Monaten eine ernsthafte Kosten-Nutzen-Rechnung auf (s. auch hier die Erfahrungsberichte von Andrews 2001; Scheibeler 2004; Sonnabend 1998).
- Die geringen Kosten des Einstiegs und die Möglichkeit, AW nebenberuflich zu betreiben, bewirken, dass das Geschäft nicht nur formal, sondern auch vom Selbstverständnis der Organisation her, jedermann offen steht: Alter (ab 18),

Geschlecht, Ausbildung, Familienstand, Beruf etc. sind irrelevant. Dies senkt, wie bei MKC und TW, die ‚Hemmschwelle‘, andere Menschen anzusprechen. So wurde auch die Autorin – trotz ihrer Selbstvorstellung in der Wochenschulung als Wissenschaftlerin – wie in den anderen Unternehmen oft nach ihrem Beitritt gefragt.

9.7.3 Anerkennung (für Leistung)

Selbstbild

Eine ebenfalls sehr oft geäußerte Überzeugung und festes Element des Selbstbildes ist, dass Menschen in diesem Unternehmen Anerkennung für ihre Leistungen erfahren können. So schildert ein Mitglied, was seines Erachtens AW von den meisten anderen Organisationen abhebt: „Wo kriegen die Leute heute noch Komplimente? Da müsste man vielleicht mal anknüpfen und auch draußen in der freien Wirtschaft, es gibt nämlich keine Anerkennung mehr, ganz wenig!“ (18%er). Auf den großen Seminaren dürfen Rubine, Smaragde, Diamanten und andere Erfolgreiche Reden vor 1.500 Menschen halten und werden mit umfangreichem Applaus belohnt. Aber auch, wer in der Vorwoche ‚gesponsert‘ hat – also schlicht erreicht hat, dass jemand anderes den Antrag unterschreibt –, wird im Wochentreffen auf die Bühne gerufen, darf seinen Namen, seinen eigenen Anwerber, seinen Diamanten (als Upline) und seine Ziele ins Mikro sprechen. ‚Anerkennung‘ ist gemäß Unternehmensideal ein gesellschaftlicher Wert an sich, der Menschen auf gute Weise zu individueller Höchstleistung motiviert und fördert.

Interne Grenzen und externe Kritik

Auch Kritiker stimmen durchaus zu, dass bei AW viel Anerkennung verteilt wird und eine außergewöhnliche Atmosphäre herrscht. Aus der Distanz von Ehemaligen wird dies teilweise als ‚Geklatsche‘ und ‚Gehopse‘ bezeichnet: In Mayrhofen ist „[man] nur am Klatschen, nur am Trampeln und das hat uns genervt ohne Ende!“ (Ehem. 18%er). Die auf den Seminaren vermittelte Faszination durch die Erfolgreichen kann dabei allerdings durchaus noch nachvollzogen werden: „Wenn die Leute da oben auf der Bühne stehen und erzählen von 8.000, von 9.000, von 10.000 Euro oder mehr – diese Faszination: ‚Ich will da auch hinkommen‘“ (Ehem. 18%er).

Andere kritisieren hier direkter die Art, wie Anerkennung gezollt und zelebriert wird, und charakterisieren dies als Personenkult: „Einmal kam zu einem Stuttgarter Seminar ein ganz hohes Tier, um einer Frau in seiner Sponsorlinie die 3%-Nadel an die Bluse zu heften. Man hätte meinen können, Jesus persönlich würde kommen. ‚Der macht im Jahr hunderttausend Mark, aber er ist sich nicht zu schade, für diese Ehrung extra zu einem neuen Mitglied seiner Linie zu kommen. So motiviert man neue Erfolgreiche in seiner Linie!‘“ (Ehem. 3%er).

Die Zustimmung, die auch kleine Leistungen finden, wird in diesem Zusammenhang auch als unehrliches Mittel bewertet, denn vor allem die 3%-Stufe erreichen die meisten schlicht, indem sie selbst Produkte für 262 Euro einkaufen (s. Übersicht Kapitel 9.3). Somit ist auch die Übertriebenheit von Lob ein Kritikpunkt, der auch schon bei MKC anklang. In einem Leserbrief führt eine Tochter zahlreiche sie störende Aspekte an, u. a. „als meine Mutter mal eine Produktvorstellung[133] vor 300 Leuten hielt (sie als kleine x%erin) (...) und alle sie in den Himmel lobten – obwohl ehrliche Kritik ihr wahrscheinlich mehr geholfen hätte“ (Leserbrief 21).

Was heißt ‚Anerkennung (für Leistung)‘?

Für die Analyse der ‚Anerkennung‘ ist wichtig, dass diese sowohl ein zentrales Element der organisationalen Identität von AW ist als auch selbst ein Mechanismus der Identitätsbildung (s. bspw. „hierarchical location“ in Alvesson/Willmott 2002: 631). Insofern verschwimmt die inhaltliche Bestimmung, was Anerkennung bei AW bedeutet und wie sie hergestellt wird, besonders stark.

‚Anerkennung‘ heißt bei AW die Auszeichnung für Leistung, genau genommen für die Umsatzleistung und das Anwerben neuer Mitglieder. Nicht explizit ausgezeichnet wird beispielsweise das Erscheinungsbild (bei MKC: ‚Miss Image‘) oder der Charakter (bei MKC: ‚Miss Go Give‘). Anerkennung heißt beklatscht und bewundert werden für Umsatzerfolge, und mit jedem Aufstieg auf der Erfolgsleiter etwas mehr zum Vorbild werden für andere – was für Kritiker zum Personenkult führen kann (s. auch Bromley 1998: 356).

---

[133] Produktvorstellungen sind in jeder Wochenschulung vorgesehen. Sie sollen drei bis fünf Minuten dauern und es sollen drei Produkte vorgestellt werden. Siehe Vorgaben bspw. unter www.schwarzdiamond-connection.de/neu/german/content/schulungszentren.html, abgerufen am 24.1.2007.

Was unterstützt die ‚Anerkennung (für Leistung)'?

Anerkennung ist ein von AW intensiv genutztes Mittel der Organisation, seine
Mitglieder zu Leistung anzuspornen, daher gibt es eine Fülle von fördernden, formalen Strukturen. Die wichtigste ist das vielstufige Provisionssystem selbst, das mit
seinen Labeln vom ‚3%er' bis hin zum ‚Kronenbotschafter' in Worten und Anstecknadeln sichtbar macht, wer wie wertvoll ist: „Classifying people in this way –
for example, as poor workers or good workers – is important in defining those who
are useful and excluding those who are not (Foucault, 1980)" (Sewell 1998: 405; s.
auch Czarniawska-Joerges/Joerges 1988). Ein besonderes Detail ist dabei, dass, wer
sich einmal auf einer Ebene ‚qualifiziert' hat, offiziell auf dieser Stufe bleibt. Das
heißt, obwohl in seiner Gruppe weniger umgesetzt wird, er weniger Provisionszahlungen erhält und vielleicht weder er selbst noch in seiner Downline angeworben
oder verkauft wird, weder Anstecknadel noch Rederechte offiziell aberkannt werden: „Der EDC Diamant [Name][134] hatte seit seiner Smaragd-Qualifikation über
viele Jahre hinweg nicht einmal mehr ein DD-Volumen [Platin-Ebene] erreicht
(hatte er mir selbst erzählt). Dennoch war er in München Schulungsleiter. Erst nach
der Maueröffnung baute das Paar wieder ein entsprechendes Volumen auf und
qualifizierte sich zum Diamanten" (Ehem. Rubin).
      Neben den mit den Hierarchiestufen verbundenen unterschiedlichen Provisio-
nen gibt es vom AW-Konzern aus zusätzliche Incentives. Hierzu gehören mehrtägi-
ge gemeinsame Auslandseisen, die gemäß Berichten von Mitgliedern so perfekt
organisiert sind, dass nichts zu wünschen übrig bleibt. Auf die Frage, was das Besondere an den Reisen sei, antwortet ein Mitglied: „Die Anerkennung, wo man
kriegt (...) Wirklich schon, wenn [man] im Flughafen in die Halle reingeht und da
steht der Geschäftsführer dort und begrüßt einen und sagt: ‚Mensch, schön, dass
Sie da sind, wir sind stolz auf Sie!' Wir sichern denen ihre Arbeitsplätze und das
lassen die uns ganz deutlich spüren: Wir werden von morgens bis abends verwöhnt,
das kann man sich nicht vorstellen!" (Platin 2). Vermutlich angesichts der vielen
Kritik an AW von außen war die Dankbarkeit der Inhouse-Mitarbeiter gegenüber
den selbständigen Mitgliedern eine wiederkehrende Aussage im Rahmen der teilnehmenden Beobachtung: Diese Menschen wissen, was der ‚Amwayaner' leistet.
Weitere formal verankerte Anerkennung von Seiten der Zentrale in Puchheim erfolgt beispielsweise im Rahmen der Monatszeitschrift ‚Amagram'. Hier werden die
Namen derjenigen veröffentlicht, die zum ersten Mal die 12%-Stufe oder höher

---

[134] Name zum Schutz des Interviewpartners anonymisiert.

erreicht haben. Ab der Platin-Stufe wird ein Bild mit abgedruckt, das mit jeder noch höheren Ebene größer wird, von einer Geschichte ergänzt wird usw. (s. zu Auszeichnungen als Anreize bspw. Frey/Neckermann 2006).

Auch vom Schwarz-System selbst gibt es eine Reihe Ehrungsformen, wie etwa die schon angedeuteten Möglichkeiten, auf der Bühne als Sprecher zu agieren. Ab Platin, der ersten offiziellen Führungsebene, sind Reden bei der wöchentlichen Schulung üblich, höhere Ebenen sind gefragte Sprecher außerhalb des eigenen Ortes und das Halbjahresseminar in Mayrhofen bietet mit seinen 1.500 Teilnehmern pro Durchgang (bei schätzungsweise elf Durchgängen pro Halbjahr[135]) ebenfalls eine Plattform, auf der sich Erfolgreiche in der Anerkennung der anderen sonnen können. Auf die Frage, was der größte persönliche Erfolg sei, antwortet ein Rubin: „Die Anerkennung, wenn man, wenn man die Chance kriegt, auf so einem großen Treffen auf die Bühne zu dürfen oder zu müssen (...) und wenn man dann merkt, dass es den Leuten etwas bringt, und dass man, dass man da ist. Dass, diese Anerkennung vor Tausenden [rund 1.500, C. G.] von Leuten gesprochen zu haben, von denen dann gesagt zu kriegen: ‚Ah, das war jetzt aber toll!' So das, das ist natürlich ein Bad in der Menge, und das macht Spaß!" (Rubin 1).

Ein wichtiger Mechanismus, um das System auch für Erfolgreiche attraktiv zu halten, scheint dabei zu sein, dass es immer neue Anreize gibt – wie bei TW und MKC. Kleine Auszeichnungen spornen zu größerer Leistung an. So werden beispielsweise die neuen 3%er zu Beginn der Wochenschulung geehrt (für die Einkaufs-‚Leistung' in Höhe von 262 Euro) und bekommen eine Anstecknadel. Wer ‚gesponsert' hat, also erreicht hat, dass jemand Neues den Antrag unterschreibt, darf in der darauffolgenden Woche auf der Bühne der Wochenschulung sagen, was die eigenen Ziele sind, wie die Upline lautet etc. Dies bietet einen kleinen ‚Vorgeschmack' auf die größeren und großartigen Bühnenauftritte, die bei höheren Leistungen locken. Die schon bei MKC beschriebene gute Stimmung bei rund 1.500 Teilnehmern führen auch bei AW auf den Großveranstaltungen dazu, dass es sich hier um Events, also außeralltägliche Erlebnisse handelt (Gebhardt et al. 2000; Willems 2000).

Wie schon bei MKC analysiert, werden Mitglieder durch kleine Preise, die ihnen auch schon als ‚einfache Berater' zuteilwerden, aktiv in das Anerkennungssys-

---

[135] Angaben zur Häufigkeit der Veranstaltung, also zur Anzahl der Wiederholungen pro Halbjahr, sind nicht erhältlich. Im Rahmen einer aufgezeichneten Seminarrede von Max Schwarz und seiner zweiten Ehefrau Mona May aus dem Jahre 2005 erwähnt Max Schwarz, dass sie sich aktuell (zu dieser Rede) auf dem elften Durchgang befinden. Aus dem Kontext lässt sich zusätzlich vermuten, dass dies der letzte Durchgang für das laufende Halbjahr ist (Schwarz & May 2005).

tem eingebunden, da Auszeichnungen die Loyalität der Ausgezeichneten stärken und zur Systembejahung beitragen können (s. hierzu Frey/Neckermann 2006: 275 f.). Im Gegensatz zu MKC werden Führungskräfte wesentlich stärker als Individuen herausgehoben: Wer eine der oberen Stufen erreicht, dem wird Charisma durch Leistung zugeschrieben (zur Institutionalisierung von Charisma s. bspw. Kärreman et al. 2006). So wird schon vor den großen Seminaren gerätselt, wer Sprecher sein wird, die ‚Lebensgeschichten' der potentiellen Führungskräfte werden erzählt etc. Ein weiterer Ausdruck der zentralen Bedeutung der Personen ist, dass, wie erwähnt, die Produkte keinerlei Raum auf den großen Seminaren der Schwarz-Organisation einnehmen. Stattdessen sind beispielsweise die Reden anschließend auf CD erhältlich und werden unter den Mitgliedern weitergegeben. Ohnehin lassen sich im Schulungszentrum eine Vielzahl an Schulungs-CDs und Kassetten von verschiedenen hohen Führungskräften erwerben (s. auch www.schwarz-diamond-connection.de), während von MKC Deutschland nach Beobachtungen der Autorin allein die „legacy" (Ash 1981) Mary Kay Ashs in Form von Büchern, Aufklebern, Bildern etc. erhältlich ist.

Trotz der Bewunderung der Erfolgreichen greift auch hier, was bei MKC deutlich wurde: Hohe Führungskräfte geben sich ‚menschlich' und ‚volksnah', denn wie dort soll auch bei AW die inhaltliche Überzeugung transportiert werden, dass ‚es jeder schaffen' kann (s. auch Bromley 1998: 355). Dementsprechend ist es auch möglich, nach der Wochenschulung, die mit der Hauptrede endet, nach vorne zur Bühne zu gehen, dem Sprecher seine Bewunderung auszusprechen, noch Fragen zu stellen oder einfach ein paar Worte auszutauschen. In diesen Situationen wird Lob erteilt, Leistung honoriert, Erfolg ist greifbar und Führungskräfte sind keine fernen, ‚abgehobenen' Stars, sondern Menschen ‚wie du und ich'.

Mögliche Vorzüge der ‚Anerkennung' für den AW-Konzern

-   Durch unternehmensöffentliche Auszeichnungen wird bei AW wie in andern Organisationen Erfolg greifbar (s. zu Auszeichnungen als Anreize bspw. Frey/Neckermann 2006). Je mehr Ehrungen erfolgen, desto mehr Belege gibt es im Unternehmen für das Funktionieren des Systems – angesichts der in Kapitel 9.4 präsentierten Zahlen zur geschätzten Provisionshöhe und -verteilung besonders wichtig für AW. Wer am System zweifelt, bekommt die Erfolgreichen ‚vorgeführt', was zur Stärkung der Ideologie durch „dissimulation" (Thompson 1984: 131) beiträgt: Schuld am Versagen ist nie das System, sondern immer nur der Einzelne (s. auch Analyse des Empowerment-Konzeptes von Potterfield 1999: 128).

- Die klaren Kriterien, anhand derer die Anerkennung erfolgt, fördern die Leistungsbereitschaft – und sicherlich auch, dass mal ‚zugekauft' wird, wenn noch etwas Umsatz fehlt: „Für jede Qualifikation wird jeder Cent mobil gemacht, Ware bestellt und versucht an den Mann zu bringen. Dabei ist der gesponserte Berater der beste Kunde. Hier zählt nicht der Preis sondern der Punktwert. Dies führt zu Käufen, die weit über dem Bedarf liegen" (Ehem. Rubin).

- AW tritt – wie MKC und TW – immer als ‚Lieferant' schöner Erlebnisse auf. Es wird nie getadelt, sondern es werden immer nur die Erfolgreichen gelobt. Damit wird die kontrollierende, beschränkende Seite des Konzerns, z. B. in Form der strikten Leistungsregeln für den Aufstieg, verdeckt (s. auch Callaghan/Thompson 2001: 28).

- Wie für andere Unternehmen gilt, dass wer ausgezeichnet wird, sich verpflichtet fühlt: „Ein Empfänger einer Auszeichnung verpflichtet sich zu einem bestimmten Ausmaß an Loyalität gegenüber dem Verleiher" (Frey/Neckermann 2006: 275).

- In der Anerkennungskultur AW werden nicht nur viele Auszeichnungen verteilt, sondern es wird auch vermittelt, dass diejenigen, die ‚es geschafft' haben, selbst Vorbilder sind für andere. Das ständige Vorführen von Erfolgreichen dient nicht nur der Auszeichnung, sondern fördert auch den eigenen ‚AW-Kosmos' innerhalb dessen sich Mitglieder bewegen: Die, die gelobt werden, sind diejenigen, an denen sich der Einzelne orientiert.

- Entscheidend für diese eigene Welt ist dabei der (Umsatz)Erfolg bei AW – nichts anderes zählt. Anerkennung ist somit abgekoppelt vom bisherigen sozialen Status oder sonstiger Leistung und allein an AW und sein Provisionssystem gebunden (auch wenn der sonstige soziale Status durchaus zum Erfolg beitragen kann, s. ‚soziale Gerechtigkeit' in Kapitel 9.7.6). Dies schützt vor Kritik von außen, denn wer von außen kommt, der kann laut Unternehmensideologie überhaupt nichts über das System wissen (s. zu Identität in nicht voll anerkannten Beschäftigungen Kreiner et al. 2006). In diesem Sinne wurde auch der Autorin geraten: „Sie wollen Doktorarbeit schreiben – ich würde sagen: Erst richtig Doktorarbeit schreiben kann ein Diamant, der das Ganze durchgekaut hat, alles andere ist ein bisschen (...), die richtige Aussage kann nur einer machen, der das Ganze durchgekaut hat und durchgemacht hat!" (Platin 1).

9.7.4   Persönliche Entwicklung

Selbstbild

Idealerweise bewirkt die Anerkennung durch die Organisation sowie durch die anderen Mitglieder eine persönliche Entwicklung hin zu mehr Selbstvertrauen und positive(re)m Denken und Fühlen. So berichtet ein Ehemann im Interview stolz: „Und die Persönlichkeitsentwicklung, alleine bei meiner Frau, gibt dem Geschäft einen Wert, den kann man mit Geld nicht bezahlen! (...) Es ist unglaublich, wie sie eine starke Persönlichkeit da geworden ist, das ist Wahnsinn!" (Platin 2). Der Grund für die Entwicklung durch AW ist die Notwendigkeit, neue Dinge zu tun, z. B. Fremde anzusprechen oder sich Ziele zu setzen, die bei Erreichen belohnt werden. Die so genannten „Aufbauhilfen" der Schwarz-Organisation (s. bspw. Schwarz/ Schwarz 2002) bieten hier eine Reihe Anleitungen zur Zielsetzung und Zeitgestaltung. Denn nur wer seine Träume kennt, kann erfolgreich werden. Denn „[w]er das Ziel nicht kennt, kann den Weg nicht finden!" (Schwarz/Schwarz 2002: 54).

Um Ziele zu erreichen, sind das so genannte ‚positive Denken' und die Fähigkeit, sich immer wieder neu zu motivieren, äußerst hilfreich. Mitglieder gehen sogar noch weiter: Wer negativ denkt, kann bei AW schlicht nicht erfolgreich werden. „Weil: Das sortiert [sich] aus oder es kommen zu viele Menschen und wollen vielleicht auch [erfolgreich sein] (...), aber das ist ihnen nicht bewusst, dass man sich ein bisschen ändern muss. Man muss das Negative hierfür wegschieben oder weglassen, weil das stört" (Platin 3).

Ebenfalls zur ‚persönlichen Entwicklung' gehört, Menschen nicht aufgrund von Äußerlichkeiten oder einem ersten Eindruck abzulehnen. Ein erfolgreiches Mitglied berichtet – stellvertretend für andere –, dass ihm heute keiner mehr gleichgültig ist, „weil jeder, der mir über den Weg läuft, könnte entweder mein Geschäftspartner sein für die Zukunft oder mein Kunde – eines von beiden!" (Rubin 4). Diese hohe Aufmerksamkeit den Mitmenschen gegenüber ist idealerweise gepaart mit der Fähigkeit, Personen, die ‚negativ denken', dem AW-Geschäft gegenüber nicht zugänglich sind oder dieses sogar schlecht machen, rigoros aus dem Weg zu gehen. Denn diese ‚ziehen einen runter', behindern im Erfolg, schüren unnötige Zweifel etc. Insofern berichteten fast alle Interviewpartner, dass sich ihr Freundeskreis erheblich verändert hat. „Ja, also wir haben heute andere Freunde, wie wir sie früher hatten. Und die Freunde sind einfach aus dem AW-Geschäft heraus, weil man da gleiche Interessen hat irgendwo. Natürlich haben wir auch noch irgendwo einen anderen Bekanntenkreis, aber (...), ja, das ist jetzt nicht das Umfeld, mit dem wir uns umgeben möchten" (Smaragd 1).

Interne Grenzen und externe Kritik

Da ‚persönliche Entwicklung' eine sehr breite Kategorie ist, wurden in den Interviews durchaus unterschiedliche Ausrichtungen und Schwerpunkte in den Erzählungen der loyalen Mitglieder deutlich: Redegewandtheit, ‚freieres' Denken und Handeln, mehr Selbstbewusstsein und die Fähigkeit, sich von falschen Freunden zu trennen. Direkte Grenzen des Ideals der persönlichen Entfaltung wurden unternehmensintern nicht thematisiert. Nur ein Platin erwähnte, dass manche der sehr hohen Führungskräfte etwas ‚abgehoben' erscheinen: „[A]lso ich bin ein realistischer Mensch, immer noch, ja?!" Auf die Nachfrage, ob manche Mitglieder das nicht mehr sind, folgte die Antwort: „Mmh (...), vielleicht manche machen den Eindruck von den ganz Großen, ja?! Wie die reden: ‚Nur positiv!'" (Platin 4).

Einig sind sich ‚Amwayaner' und Kritiker, dass eine ‚persönliche Entwicklung' durch die AW-Tätigkeit stattfindet – letztere bewerten diese allerdings meist negativ. „Wir haben einen gemeinsamen Freund, dessen Mutter seit acht Jahren im AW-Geschäft ist (sie ist zwar ‚drin', und ihr ganzes Haus ist ein AW-Haus geworden, aber verdienen tut sie wohl auch nix), und ich glaube, unser Freund leidet sehr darunter (...) Seine Eltern reden seit acht Jahren über nichts anderes als das Geschäft (...) Seine Nicht-AW-Verwandtschaft hat sich von der Familie abgesondert (...) AW nervt ihn einfach nur noch, und die Eltern leben für nichts anderes mehr als für dieses Geschäft. Das ist doch nicht mehr normal, oder (...)? Selbst ein Workaholic in einer Bank versucht sich doch wenigstens noch, um die Familie zu kümmern, und lebt nicht nur für die Bank!" (Leserbrief 4).

Die kritisierte ‚persönliche Entwicklung' umfasst hier die als penetrant empfundene Intensität, mit der über das Geschäft – und nur über dieses – gesprochen und geschwärmt wird, den fehlenden Verdienst, der die Motivation nicht einzuschränken scheint, die früheren Bekannten und Verwandten, die ‚vergrault' wurden, sowie eine suchtähnliche Abhängigkeit: „Die Masche ‚du kannst jederzeit aufhören, wenn du willst' zieht nicht – das gleiche kann man zu einem Alkoholiker auch sagen, er will aber nicht" (Ehem. Mitglied, Leserbrief Nr. 6). Ebenso besteht die Gefahr, dass Mitglieder sich selbst und anderen eine heile ‚AW-Welt' vorgaukeln. So bewertet eine ehemalige Führungskraft ihre damalige Veränderung äußerst kritisch: „Persönlich bin ich von mir sehr enttäuscht. Plötzlich log ich ganz bewusst, was unsere finanzielle Situation anging. Ich räumte anderen nicht mehr den Freiraum ein, etwas anders zu machen als ich" (Ehem. Rubin, s. auch die Überlegungen von Juth-Gavasso [1985] zu organisational verankertem Fehlverhalten). Damit gehört zur ‚persönlichen Entwicklung' nicht – ebenso wenig wie zur ‚Amwayanischen Freiheit' – das kritische Hinterfragen von Strukturen, Zusammenhängen, Führungskräften oder dem AW-System selbst.

Jedoch muss die Erinnerung von Ehemaligen nicht rein negativ sein, sondern kann ebenso zu einer ambivalenten Einschätzung führen: „Das AW-Geschäft ist wie Himmel und Hölle. Ich habe in dieser Zeit viel für mein Leben gewonnen, was mich glücklich stimmt und weswegen ich solange durchhielt. Finanziell habe ich nur verloren" (Ehem. Mitglied, Leserbrief 9).[136] Der Gewinn kann in beruflicher Erfahrung im Bereich Verkauf allgemein liegen, in der nach wie vor bestehenden Begeisterung für MLM oder auch im erlebten Gemeinschaftsgefühl. Die letzten beiden Aspekte führen zwei ehemalige AW-Mitglieder an, die heute in einem anderen MLM-Unternehmen erfolgreich tätig sind und vor im Einzelhandel selbständig waren: „Es ist schon eine Möglichkeit, es gibt etwas Anderes als das, was wir kannten – den Einzelhandel, dieser Kampf jeden Morgen bis jeden Abend und um Umsätze" (Ehem. 18%er).

Was heißt ‚persönliche Entwicklung'?

Ausgangspunkt für die ‚persönliche Entwicklung' ist die richtige Einstellung, die ‚positiv' sein soll. Dabei lassen sich in den Interviews, Reden und Texten von AW unterschiedliche Bedeutungsvarianten des positiven Denkens finden: die Selbstmotivation in alltäglichen Situationen der Unlust oder auch eine Art ‚Lebensphilosophie des andauernden Glücks', wie der folgende Interviewpartner beschreibt: „[I]ch lache zu 80% nur noch. Auch im Auto, wenn ich im Auto sitze, ich gucke immer, dass meine Mundwinkel nach oben sind, weil man hat keinen Grund traurig zu sein! Man hat alles selber in der Hand!" (18%er). Unabhängig von der genauen Bedeutung ist den verschiedenen Varianten gemein, dass der Einzelne sich als Gestalter seines Lebens sieht, sehen kann und sehen muss (Rimke 2000; Scheich 2001). Gemäß Unternehmensideologie liegt der Erfolg der Tätigkeit in den eigenen Händen

---

136 Siehe auch die Zusammenstellung von potentiellen positiven Auswirkungen der AW-Tätigkeit auf einer dezidierten Kritikseite, abgerufen über das Internetarchiv web.archive unter folgender Adresse: http://web.archive.org/web/20010802091026/www.awod.com/gallery/rwav/slarsen/amway_impr ovement.html, abgerufen am 30.1.2007.

und daraus folgt die Notwendigkeit, das zu tun, was dem Geschäftsaufbau dient: „Wenn man die erste Hürde [die erste Führungsebene] geschafft hat, dann weiß man: ‚Mensch, man selber *funktioniert* – jetzt liegt es ja nur noch an uns, die restlichen Schritte zu machen bis zur uneingeschränkten Freiheit‘“ (Platin 2, Hervorh. C. G.).

Die Gefühlsebene wird in diesem Zusammenhang als eine Art ‚Anhängsel‘ an die richtige (gedankliche) Einstellung betrachtet. Gemäß AW-Ideologie folgen die passenden Gefühle ‚automatisch‘ auf das richtige Denken. „Es wird unterstellt, der Wille könne mit der Seele herumfuhrwerken, wie er will“ (Scheich 2001: 87). Das Gleiche gilt für die Handlungsebene: Wer die richtige Einstellung hat, hat auch kein Problem damit, dieses und jenes zu tun, z. B. seinen Bekanntenkreis für Anwerbegespräche zu nutzen (s. Kapitel 3.2.3).

Was unterstützt die ‚persönliche Entwicklung‘?

Im Rahmen der offiziellen Richtlinien gibt es keine Vorgaben für das richtige Denken oder Fühlen – lediglich für das korrekte Handeln, z. B. im Anwerbeprozess (Amway GmbH [Ed.] 2004b; 2004e). Von der Seite der AW GmbH aus weisen die Richtlinien der „Qualitätssicherung für Business Support Material“ sogar explizit darauf hin, dass es bei AW weder um religiöse oder politische Themen noch um die persönliche Einstellung der Mitglieder gehen darf: „Persönliche Überlegungen zu folgenden Themen sind unangemessen (...) Auf der Bühne getroffene Aussagen zu Moral und Ethik und zu persönlichen Einstellungen sind nur dann zulässig, wenn sie sich direkt auf das Geschäft oder den Aufbau des Geschäftes beziehen“ (Amway GmbH [Ed.] 2004c: 3).

Dennoch sind besonders diese persönlichen Überzeugungen zentral für die Entwicklung des ‚Amwayanischen Selbst‘. Und so spricht auch der Geschäftsführer AW-Deutschlands, Mark Beiderwieden, auf dem Kick-off 2005 vor 7.000 Mitgliedern über das, was ‚wirklich zählt‘ im Leben: „Was für ein enormes, unausgeschöpftes Potential steckt in uns selbst? Tonnenweise Dauerbrennstoff, der nur wirklich auf einen Zünder wartet! Wie oft dachten wir: Oh, da wäre ich gerne dabei! Oder: Das hätte ich mal gerne getan! Oder: Da würde ich gerne mal mitmachen! Würde, hätte, wäre, könnte! Alles felsenfeste Begriffe in unserer Denkweise. Wie können wir alle, wir können alle mit 65 oder 75 Jahren auf unser Leben zurückblicken und sagen: Hätte, wäre, könnte, würde. Oder wäre es vielleicht besser, sagen zu können:

Ich habe getan, ich machte mit, ich war dabei, ich habe erreicht!" (Beiderwieden Kick-off 2005, sinngemäße Wiedergabe).

Formal gibt es zwar keine Pflicht zur Veränderung, aber kulturell ist die Persönlichkeitsentfaltung zentraler Bestandteil der organisationalen Identität – vor allem aufgrund der geringen Produktorientierung in der hier untersuchten Schwarz-Organisation.[137] Vielfältige Tipps, Empfehlungen und Hinweise zur (unternehmens)adäquaten Gesinnung geben somit einen „natural' way of doing things" vor (Alvesson/Willmott 2002: 631). Dies wird auch strukturell gefördert. So gehört beispielsweise die „persönliche Einstellung, Zielsetzung und Motivation" zu den zwölf Themen des Schulungszyklus der Schwarz-Organisation, wie auf der offiziellen Internetseite nachgelesen werden kann.[138] Ein weiterer struktureller Mechanismus ist die schon bei MKC analysierte gegenseitige Abhängigkeit von Upline und Downline. Sie gewährleistet strukturell das (finanzielle) Interesse der Upline an der Ausbildung der eigenen Mitglieder – eine ‚Ausbildung', die sich wie bei MKC auch auf den Charakter sowie grundlegende Wertvorstellungen erstreckt.

Das Lernen in und durch Amway wird – im Sinne der normativen Kontrolle – als wertvoll idealisiert und Anwerber berichten voller Stolz, wie sie ‚ihren' Leuten helfen, sich zu ‚entwickeln' und dadurch z. B. ‚zur Freiheit zu führen' etc. (= Label). Auf die Frage, was es für ihn bedeutet, andere Menschen zu ‚sponsern', antwortet dieser Rubin: „Ah, nicht nur, nicht nur ein Wachstum für mich, sondern auch geistiges Wachstum für denjenigen, der da gegenüber sitzt, ja! Wo ich so manchmal denke: ‚Ach Gott, wenn der wüsste, was dem seine Birne sich da noch ändert, das ist ja unglaublich!' Und da freue ich mich! [Lachen] (Frage: Was verändert sich da?) Ach, die Lebenseinstellung, die, dieses Glücksgefühl, dieses Wissen, dass du gebraucht wirst, dass du (...), dass es dir immer gut gehen wird, dass du Freunde hast – ja, das Rundrum halt einfach, einfach schön, einfach schön!" (Rubin 1).

Die Mechanismen zur Vermittlung solcher Idealbilder und Wertvorstellungen sind, wie in der bisherigen Analyse von MKC und AW gezeigt wurde, äußerst vielfältig: So verdeutlichen Geschichten von Erfolgreichen und Schriften der Schwarz-Organisation (Schwarz/Schwarz 1993a; 1993b; 2002) die unternehmensinternen Vorstellungen. Ergänzt werden diese durch den Mechanismus „defining a person by

---

[137] Wie oben schon erwähnt wurde im Rahmen der Erhebung deutlich, dass der Downline bzw. Organisation ‚Network 21' eine stärkere Produktorientierung zugesprochen wird. Ein Kontakt, der über ein Mitglied der Schwarz-Organisation hergestellt wurde, endete in einer eindeutigen Absage an die Interviewanfrage und der Weiterleitung an die Unternehmenszentrale.

[138] Quelle: www.schwarz-diamond-connection.de/neu/german/content/schulungszentren.html, abgerufen am 2.2.2007.

defining others" (Alvesson/Willmott 2002: 629): Indem beispielsweise manche Personengruppen als ‚ungeeignet' für eine Tätigkeit charakterisiert werden (s. bspw. Sewell 1998: 405), wird die eigene Identität gestärkt. In diesem Sinne finden bei AW immer wieder Vergleiche zwischen erfolgreichen Mitgliedern und erfolglosen ehemaligen Mitgliedern statt. So kennen die Sprecher auf Schulungen sowie die Interviewpartner zahlreiche Gründe, warum ‚manche' (!) Mitglieder nicht erfolgreich wurden – oder aktuelle Mitglieder nur vorankommen werden, wenn sie sich ändern. Manchmal wird der Misserfolg auch in der Lebenssituation verortet, wie z. B. bei Schicksalsschlägen, Scheidung, Krankheit oder in einem Umfeld, das sich zu stark gegen die Tätigkeit stellt. Im Unterschied zu MKC und TW wird jedoch die überwiegende Mehrzahl der Ursachen dem Individuum selbst zugeschrieben. So sind die bei AW genannten Gründe für fehlenden Erfolg beispielsweise ‚mangelnde Ausdauer', ‚Faulheit', der Wunsch, ‚schnelles Geld' zu machen oder die „Angst vor der Veränderung. Weil sie das spüren, dass sich da etwas verändert" (Rubin 1).

Das Individuum gilt hier einerseits als handlungsmächtiger Gestalter seines Lebens (Koch-Linde 1984; Rimke 2000), andererseits wird seine innere Einstellung vom Unternehmen beeinflusst – wie bei jeder Form normativer Kontrolle (Kapitel 5.2). So hat jedes Mitglied selbst die Aufgabe, sich zu entwickeln, wobei es durch die zahlreichen Vorgaben – bzw. ‚Empfehlungen' – bei AW vor allem um die Anpassung an das vermittelte Idealbild geht (Potterfield 1999: 127). Denn wer aus AW aussteigt, hat sich gemäß Unternehmensideologie selbst nicht genug weiterentwickelt. „[Interviewpartner 1] Weil die Systeme werden sich nicht ändern, dafür sind sie weltweit zu erfolgreich (...), sondern ich werde mich dem System anpassen (...) [Interviewpartner 2:] AW ändert sich nicht wegen dir! [Lachen]" (Smaragd 1). Dieses Argumentationsmuster ist auch dem positiven Denken als wichtiges Instrument zur persönlichen Entwicklung bei AW inhärent, wie Scheich als Kritiker dieser „Technologie des Selbst" (Foucault 1993) anmerkt: „Wenn dem Leser durch die Propheten des ‚positiven Denkens' suggeriert wird, er könne sich selbst einfach durch eine Änderung seiner Gedanken helfen, so wird dieser einerseits in die Irre geführt, andererseits aber auch für ein Scheitern des Versuchs selbst verantwortlich gemacht" (Scheich 2001: 14). Dementsprechend berichtet ein Aussteiger trotz nur dreimonatiger Mitgliedschaft Folgendes: „Obwohl ich recht schnell durchgeblickt habe, wie das bei AW so abläuft, kam ich mir nachher noch lange Zeit als Versager vor, als Loser, der die große Chance nicht gepackt hat" (Ehem. 3%er, s. auch Scheibeler 2004).

Gemäß Selbstbild erfordert eine große Chance auch großen Einsatz. Im Interview merkte ein einziges Mitglied ‚systemkritisch' an, wie unter „interne Grenzen und externe Kritik" zitiert, dass manche der ‚Oberen' in ihrer Orientierung am positiven Denken sehr weit bzw. eventuell zu weit gehen. Anschließend schränkte diese Führungskraft seine eigene Aussage selbstkritisch folgendermaßen ein: „Ja, ich bin auch im Grunde genommen ein positiver Mensch, aber, aber vielleicht deswegen bin ich noch nicht Kronenbotschafter, denn weil dieses ‚aber' noch da ist! Man müsste wirklich (...) alles verdrängen, alles, was uns zurückhält, und wirklich nur (...), nur was uns weiterbringt daran denken!" (Platin 4). Die hier mitklingende Radikalität wird unternehmensintern nicht als bedenklich gewertet, sondern als 100%ige Überzeugung, die ein ‚neues Leben' erfordert. Denn „[o]b du glaubst, dass du etwas kannst oder ob du glaubst, dass du etwas nicht kannst – du hast immer Recht" (Schwarz/Schwarz 2002: 4). Die Angebote der Schwarz-Organisation wie Wochenschulung, Großseminare und Ratgeber sind für loyale Mitglieder somit Hilfsmittel und Unterstützung, um die vom Unternehmen propagierten Ideale verwirklichen zu können (s. Analyse des „sensebreaking" und „sensemaking" in Kapitel 3.2.1, Pratt 2000b): „Und (...) ja, man lässt sich ja auf einem Seminar ja schon positiv berieseln. Und gut, *ich lasse mich selber positiv manipulieren*, um erfolgreich zu werden (...) Aber es liegt halt jedem in seiner Entscheidung" (18%er, Hervorh. C. G.).

Eine positive Grundeinstellung ist sicherlich für jede Verkaufstätigkeit förderlich. Bei AW ist sie zentral, denn ‚Amwayaner' in der Schwarz-Organisation verkaufen als Mitglieder eines ‚recruiting-based' MLM den Marketingplan mit seinen Hoffnungen auf (zusätzliche) Einkünfte bzw. auf (finanzielle) Freiheit. Auf der Handlungsebene gilt es somit als Erstes zu lernen, potentielle Interessenten ohne Scheu anzusprechen und potentielle Kritik zu ignorieren (zur Identität in umstrittenen Unternehmen s. Kreiner et al. 2006: 621). Um Sicherheit im Umgang mit Interessenten (und Kritikern) zu gewinnen, muss beispielsweise die Erklärung des Marketingplans und der Auftritt als Geschäftsmann eingeübt werden – wie bei jeder Verkaufstätigkeit. Die Tipps zum ‚Sponsorgespräch' im eigenen Zuhause reichen dementsprechend von der Sauberkeit der Wohnung bis hin zur passenden Kleidung und den adäquaten Gefühlen: „Achten Sie darauf, dass Ihre Wohnung ordentlich ist und natürlich auch Sie selbst. Sie sollen jetzt ein Geschäfts darstellen. Darum kleiden Sie sich entsprechend (...) Wichtig: Geben Sie sich angeregt und fröhlich, denn dieses Geschäft ist ein fröhliches Geschäft" (Schwarz/Schwarz 2002: 71).

Wie bei MKC besteht die Vorstellung, dass auch Emotionen erlernt werden können und die passenden Techniken werden ebenfalls vermittelt: „Also positiv denken, positiv handeln, positiv so machen ‚als ob' und dann wirst du auch so. – Also es gibt so Tricks wie z. B. morgens gleich die Laune verbesserst, in den Spiegel reinschauen und sich anlächeln, Schulter klopfen: ‚Ach du bist ja gut, du schaffst das!' – und das funktioniert!" (Platin 3). ‚Funktionieren' heißt, dass Wesenskern, Charakter etc. in direktem Zusammenhang mit finanziellem Erfolg in der Tätigkeit gesehen werden: Wer sich menschlich entwickelt, steigt auf und wer aufsteigt, wird vom einfachen 3%er zum 21%er – wird also ‚mehr', was in der höheren Zahl der Statusbezeichnung sowie in den dazugehörenden Labeln zum Ausdruck kommt. Denn wer ‚wächst' wird immer ‚edler', z. B. ein ‚Diamant': „Umsonst heißt das nicht so, ja?" (21%er).

So ist ein wichtiger Bestandteil der AW-Ideologie die untrennbare gedankliche Verknüpfung von Leistung mit menschlichen Qualitäten. Diese Überzeugung wird durch mannigfache Mechanismen sowie weitere Ansichten (z. B. ‚Jeder hat sein Leben völlig selbst in der Hand'), gestützt und reproduziert. Das ideologische Netzwerk führt so zu der von Kritikern empfundenen ‚Stromlinienförmigkeit' von ‚Amwayanern', da die ‚persönliche Entwicklung' die Anpassung an das AW-System und an seine Erfordernisse zum Ziel hat (s. auch Kritik an Lebenshilferatgebern bei Linse 1996; Rimke 2000; Tretzel 1993). Vergleichbar mit Potterfields Einschätzung des Empowerment-Diskurses (s. Kapitel 5.2.2) lässt sich hier festhalten: „Employees are free to change their internal mental processes – to change how they perceive reality – but not to change the external conditions that may be in large part causing their present difficulties" (Potterfield 1999: 127; s. auch „dissimulation" als ideologischer Mechanismus analysiert von Thompson 1984: 131).

Mögliche Vorzüge der ‚persönlichen Entwicklung' für den AW-Konzern

- Angehörige konstatieren durchaus negative Veränderungen bei neuen Mitgliedern,[139] während diese unternehmensintern als ‚persönliche Entwicklung' (womöglich bis hin zum Edelstein) gedeutet werden. Dies lässt sich als Gegengewicht gegen Kritik von außen interpretieren (Pratt 2000a; s. den Prozess der „encapsulation" bei Pratt 2000b).
- Die ‚persönliche Entwicklung' wird als wertvoll bezeichnet. Dies verschleiert zusätzlich, dass es sich um eine Anpassung an die Erfordernisse der Verkaufstätigkeit (Verkauf des Marketingplans und der damit verbundenen Hoffnungen) bei AW handelt.

---

[139] Siehe bspw. Leserbriefe auf der Seite von Uwe Sonnabend, www.dtp-sonnabend.de/BUCH.HTM, abgerufen am 22.6.2006.

- Der wechselseitige Kausalzusammenhang zwischen menschlichen Qualitäten und Geschäftserfolg unterstützt die Eigenverantwortung des Individuums. Auch hier gilt, dass Misserfolg gemäß dieser Logik nicht dem Unternehmen zugeschrieben werden kann. Wenn Mitglieder versagen, „kommen (...) Sachen wie: ‚Direktvertrieb ist schlecht, Direktvertrieb hat mich in die Pleite getrieben (...)' Und so Sachen, und das finde ich [falsch]! Weil das stimmt nicht, das sind immer die Leute! Das sind immer die Leute!" (18%er).

- Die Vorstellung, dass AW immer Recht hat, wird zusätzlich durch das positive Denken gestützt (Scheich 2001: 14), da sich dieses auch auf das Unternehmen erstreckt. So kritisiert ein Paar das Verhalten anderer Mitglieder, die sich über einen Produktfehler des Unternehmens ärgern mit folgenden Worten: Jeder „Mensch hat Makel und hat Fehler: Sehe ich den Fehler, oder sehe ich das Positive (...) Das sind ‚Amwayaner'; und da einfach Lösungen sieht, und nicht immer gleich ein Problem daraus macht" (Platin 2, s. auch Juth-Gavasso 1985: 174).

- Die Verknüpfung von menschlichen Qualitäten und Geschäftserfolg lassen auch für diejenigen, die dabeibleiben, die Ausstiege anderer Mitglieder leichter verkraften: Wer geht oder nicht anfängt, ist (menschlich) nicht gut genug für die Tätigkeit oder will sich selbst nicht ändern. Wer bleibt und weiterkämpft, kann sich hier als stärker, besser und konsequenter fühlen (s. Schilderung von Andrews 2001). Durch diese Argumentation wird nicht das AW-System hinterfragt, sondern Individuen kritisiert.

9.7.5   Wohlfühlfaktor in einer starken Gemeinschaft

Selbstbild

AW versteht sich als starke Gemeinschaft Gleichgesinnter. Dazu gehört beispielsweise ein freundlicher Umgang miteinander: Wer ins Schulungszentrum kommt, wird herzlich begrüßt, und wer mehrfach kommt, erhält Küsschen links und rechts auf die Wange. Zahlreiche Mitglieder erscheinen frühzeitig vor Veranstaltungsbeginn, um sich mit anderen auszutauschen, oder bleiben auch noch nach dem offiziellen Teil. Die gemeinsam geteilte Lebenseinstellung macht Unternehmungen unter Mitgliedern immer zu schönen Erlebnissen. So berichtet ein Paar von einem

Grillfest: „Und da gehen wir heute Mittag natürlich liebend gerne hin (...) Und da ist das wirklich lieber auf solche Grillfeste, wie Grillfeste, wo keiner etwas mit dem AW-Geschäft zu tun hat – da könntest du mich hinprügeln, gell? Gehen wir einfach nicht mehr gerne hin oder gehen auch gar nicht mehr, wir haben Ausreden ohne Ende! (...) total uninteressant. Die schwätzen (...) Smalltalk (...) Smalltalk oder Negativ[es](...)!" (Rubin 1).

Wie schon bei den Gründen für den Einstieg ersichtlich wurde, wird in der Schwarz-Organisation nicht der Verkauf von Produkten, sondern das Anwerben neuer Mitglieder und deren Motivation, das Gleiche zu tun, als Königsweg zum Erfolg gesehen. Jeder Einzelne ist wichtig und erhält Aufmerksamkeit: „[M]eine Geschäftspartnerin erzählte mir z. B., dass ihr unheimlich auffällt, dass hier überhaupt nie darüber [über Produkte] gesprochen wird (...) Es gibt Kurzinfos über die Produkte: Die haben einen tollen Qualitätsstandard und die Preise werden ganz kurz angerissen und dann ist fertig. Es geht hier immer um den Menschen, um Anerkennung, um Stärken" (21%er). Dass dahinter das Interesse am eigenen Geschäft steht, wird nicht als negativ bewertet, sondern als Vorteil des Systems, das durch das Mitverdienen am Angeworbenen auf Gegenseitigkeit angelegt ist. Dies verhindert gemäß Selbstwahrnehmung Konkurrenzgebaren untereinander, das aufgrund der Selbständigkeit aller Mitglieder eine zu erwartende Haltung ist: „[Interviewpartner 1] Und das ist das Phänomen in dem Geschäft: Dass man – und das ist das, was man begreifen muss –, dass man untereinander keine Konkurrenz darstellt, weil wir sitzen alle im gleichen Boot! Und der, der zu mir passt, der kommt eh zu mir: Das ist ein Resonanz-Gesetz, ja? [Interviewpartner 2:] Man kann rein theoretisch gar nicht, kaufmännisch gar nicht in Konkurrenz gehen, weil man würde dem sein Umfeld ja nicht kennen, sein Potential, seinen Namenskreis, seinen Personenkreis. (Frage: Aber Kreise überschneiden sich ja?!) [Interviewpartner 2:] Ja, aber dann wird es wieder die Sympathie-Frage sein. [Interviewpartner 1:] Es kann nicht jeder mit jedem!" (Smaragd 1). Ohne Konkurrenz(gefühle) ziehen so gemäß Selbstbild alle Mitglieder an einem Strang, denn alle sind ‚Amwayaner'.

Interne Grenzen und externe Kritik

Gemäß Selbstbild herrscht bei AW Menschlichkeit und Freundlichkeit. Doch ehemalige Mitglieder kritisieren, dass die vorher als eng und wichtig gehaltenen Freundschaften mit dem Ende ihrer AW-Tätigkeit abrupt beendet waren (Scheibeler 2004; Sonnabend 1998). Hier lässt sich auch die Aussage eines bestehenden Mitgliedes einordnen, das bezüglich der Frage, ob sich ihr Freundeskreis geändert habe, antwortet: „[W]ir pflegen den Kontakt [zu Nicht-Mitgliedern]. Ich habe gelernt, ihnen nicht böse zu sein, weil ich es auch kapiert habe, dass sie weiterhin gerne zu mir kommen – die wollen nur das Geschäft nicht betreiben! Es gibt Berater, die dann eben Schluss machen mit denen, und deswegen, glaube ich, ist auch unter anderem ein Grund, dass viele Menschen da sagen: ‚Ihr seid eine Sekte!'" (Platin 4).

Ehemalige und Kritiker des Unternehmens verweisen darauf, dass es sich bei der großen Nettigkeit zu Beginn der Tätigkeit um ein so genanntes „love-bombing" handelt – ein Begriff aus der Sektenforschung (Lamprecht 2000). In einem Ratgeberbuch der Schwarz-Organisation lässt sich folgende Empfehlung finden: „Erinnern Sie sich immer daran, dass der oder die Neue die wichtigste Person in Ihrer Organisation ist, und Ihre Zuwendung braucht, um zu wachsen" (Rampelotto 1999a: 206). Ein früheres AW-Mitglied mit Erfahrung in einer christlichen Sekte schildert ebenfalls dieses Vorgehen: „Gleich zu Beginn wird man mit Liebe d. h. mit Zuwendung von ‚Amwayanern' konfrontiert. Man hat den Eindruck, dass sich Menschen wirklich für einen persönlich interessieren (...) Es dient nur dazu, dich an die Gruppe zu binden. Daher wird man auch ganz schnell fallen gelassen, wenn man sie verlässt. Das ist eine bewusste Täuschung" (Ehem. o. Erfolgsstufe).

Was für ‚Amwayaner' besondere Herzlichkeit darstellt, ist für Kritiker eine ‚Masche' zur Menschengewinnung (s. Kapitel 3.2.3): Die Mitglieder sind finanziell voneinander abhängig und Neue werden freundlich und zuvorkommend behandelt, weil sich der Anwerber Superprovisionszahlungen auf deren Einkauf und Arbeitsleistung erhofft. Dieses finanzielle Interesse wird laut Kritikern unter den Deckmantel der Freundlichkeit und Gemeinschaft versteckt und sowohl Emotionen allgemein als auch das Bedürfnis nach Zugehörigkeit werden im Sinne des Unternehmens benutzt. So berichtet ein Aussteigerpaar von der inneren Zerrissenheit früherer ‚Kollegen', die nur ihrer Upline zuliebe dabei bleiben, obwohl die lang erhofften Umsätze und Einnahmen keineswegs vorhanden sind: „Wir würden ja gerne, aber das können wir nicht machen, wir können nicht vom [Name] weg!' (...) Ja, diese enge Verbundenheit zu dieser Person; weil der [Name] ist auch mit jedem per Du, der setzt [sich] zu jedem hin – wir haben ihn erlebt, wir haben schöne Abende erlebt, da erzählt er Witze, spielt Gitarre (...), wir singen, das ist schön! Also das haben wir so in der Form ja auch nicht mehr erlebt, das gab es nur bei AW" (Aussteiger, früher 18%, s. auch Sonnabend 1998).

Was heißt ‚Wohlfühlfaktor in einer starken Gemeinschaft'?

Zum ‚Wohlfühlfaktor' bei AW gehört die oben beschriebene persönliche Atmosphäre, die gemeinsamen Freizeitaktivitäten unter ‚Freunden' und die gleiche Lebenseinstellung, die ‚positive' Gespräche erlaubt. Denn wie sowohl loyale Mitglieder als auch Kritiker des Unternehmens bestätigen, sind Freundschaften über die AW-Grenze hinweg schwierig. Unangepasste und ‚Andersdenkende' haben es dementsprechend schwer, denn unter ‚Gemeinschaft' werden hier auch Einigkeit und gleiche Überzeugungen verstanden. Wer sich nicht daran hält, wird selbst heftig als ‚Nestbeschmutzer' kritisiert. Ein ehemaliges Mitglied berichtet, wie es, schon zur Führungskraft aufgestiegen, Zweifel äußerte und wie seine damalige Upline reagierte: „Die Reaktionen waren jedes Mal erschreckend. ‚Ich hätte das Geschäft nicht verstanden', ‚ich kann meinen Antrag zurückgeben', ‚so werden wir nie etwas erreichen'". Und er gibt zu: „Wir selbst waren nach unten hin auch nicht anders. Es war schlichtweg verpönt irgend etwas zu kritisieren oder zu meckern" (Ehem. Rubin).

Was unterstützt den ‚Wohlfühlfaktor in einer starken Gemeinschaft'?

Auch bei AW gilt, dass das Provisionssystem eine gegenseitige Abhängigkeit der Mitglieder untereinander bewirkt, die aber nicht als solche thematisiert wird (s. auch Lan 2002: 167). „Weil die, die in unserer Struktur jetzt Erfolg haben – die Bonusstufe 21% erreicht haben –, ich glaube, die haben wir lebenslänglich. [Lachen] Ja, die haben (...), die haben lebenslänglich!" (Smaragd 1). Hinzu kommt, dass gegenseitige Unterstützung, z. B. bei der ‚Ausbildung' der Mitglieder, jeder Führungskraft die Arbeit erleichtert. Diese Gegenseitigkeit wird als Freundschaft und als Ausdruck einer großmütigen Organisationsstruktur und -kultur präsentiert – durchaus vergleichbar mit der Selbsteinschätzung des Adoptivsystems bei MKC: „[U]nheimlich, also einzigartig irgendwie das Schwarz-System: Dass wir alle miteinander erfolgreich werden, denn wenn ein anderer Platin oder Diamant für uns spricht, und ich selber spreche mal für andere Organisationen, dann ist das schon, dass das einfach kein Konkurrenzdenken auch produziert, also dass das runter gehalten wird" (21%er).

Die genannten strukturellen Aspekte unterstützen die Zusammenarbeit. Bromley hält dementsprechend fest: „Adherents do not form gemeinschaft associations on the traditional axes of ecology, ethnicity, or kinship but rather form gesellschaft limited scope networks based on mutual economic interests." (Bromley 1998: 361) Das unternehmensintern darüber hinausgehende Gemeinschaftsgefühl wird beispielsweise durch gemeinsame Erlebnisse und Events gefördert (Gebhardt 2000). So wurde auf dem besuchten Seminar in Mayrhofen ein Video mit Musikuntermalung von der letzten Incentive-Reise mit glücklichen, lachenden und miteinander feiernden ‚Amwayanern' gezeigt. Wie bei MKC und TW wird hier die Gefühlsebene angesprochen und bei entsprechend vielen Teilnehmern entsteht eine beeindruckende Gruppendynamik, durch die sich Mitglieder gegenseitig in ihrem Weltbild bestätigen können (Lan 2002: 177). Auch gemeinsames Lachen fördert die Zugehörigkeit und macht sinnlich erfahrbar, dass ein Sich-Wohlfühlen bei AW möglich ist. Auf dem eben genannten Seminar begann und endete jede Veranstaltungseinheit mit einem Witz, der gleichzeitig die richtige – also positive – Lebenseinstellung vermittelte. So wurde z. B. erzählt: „Was ist der Unterschied zwischen einem positiv denkenden und einem negativ denkenden Menschen? – Ein Mann geht durch den Park in seinem neuen Anzug. Ein Vogel scheißt ihm auf den Anzug. Der Negative schimpft und flucht. Der Positive sagt: ‚Gut, dass Kühe nicht fliegen können!'" (Sinngemäße Wiedergabe, Master of Ceremony). Neben dem schon erwähnten Klatschen, das die Zuhörer aktiv einbindet, wird so ein Wir-Gefühl erzeugt – wie bei Unternehmensfeiern üblich. Und ähnlich wie bei der Kerzenzeremonie auf dem MKC-Seminar, reichten sich zum Abschluss des besuchten AW-Seminars alle Mitglieder im Stehen die Hände und lauschten andächtig einem AW-Lied.

Auf der sprachlichen Ebene wurden schon eine Vielzahl Aspekte wie Geschichten, Metaphern, Mythen angeführt (zur Bedeutung von Kommunikation in Organisationen s. Kieser et al. 1998). Ergänzend soll die Einordnung jedes Mitglieds in die Organisation als gemeinschaftsfördernder Mechanismus erläutert werden. Sobald ein Mitglied auf der Bühne steht – und sei es nur, weil es in der Vorwoche jemanden angeworben hat –, nennt es nicht nur seinen eigenen Namen, sondern auch, von wem es rekrutiert wurde, zu welchem Platin diese Linie gehört, und wie der Diamant in der Upline lautet. So erfolgt immer eine persönliche Verortung im eigenen ‚AW-Stammbaum'. Dies erinnert an die von Biggart analysierten „metaphorischen Familien" in den USA (Biggart 1989: 85-88; s. auch Bromley 1998: 357; Lan 2002: 175-178), wobei in der vorliegenden Erhebung bei AW keine Familien-Bezeichnungen wie ‚Schwester-Linie' oder ‚Mutter-Direktorin' (wie bei MKC) verwendet wurden. Doch auch ohne solche Begrifflichkeiten aus dem familiären Umfeld kann das Ideal der Gemeinschaft sprachlich betont werden, wie ein ehemaliges Mitglied über einen Diamanten berichtet: Dieser redet „immer nur [von ‚uns'] (...): ‚Wir sind, wir sind, wir sind (...)' – AW ist alles! Ich habe mal mitgeschrieben in Mayrhofen: ‚Wir sind begeistert, natürlich und froh' und was da noch war – in der

Nachmittagsveranstaltung 53 Mal! (...) Und so werden die Leute – wirklich, genau wie [in] eine[r] Sekte, so werden die auch im Kopf bearbeitet und kommen da nicht mehr von raus, absolut! (Frage: Weil das so oft wiederholt wird?!) Absolut – in jeder Veranstaltung, in jeder! Es gibt keine Veranstaltung, wo das nicht so ist" (Ehem. 18%oer).

Diese Intensität der Überzeugung – auch wenn sie in den von Kunda (1992) und Wittel (1997) analysierten Nicht-DV ähnlich zu sein scheint – ist von ‚außen' nicht leicht nachvollziehbar. Dementsprechend grenzen sich die Mitglieder selbst stark von Nicht-Mitgliedern ab, was sich als zentraler identitätsfördernder Mechanismus begreifen lässt (Alvesson/Willmott 2002: 629). Denn aufgrund der schon mehrfach genannten Kritik an AW, werden ‚Amwayaner' auch direkt mit Fragen, Zweifeln und auch Beschuldigungen konfrontiert. Wenn diese nicht zum Austritt führt, fördert sie vermutlich einen umso stärkeren Zusammenhalt: „Am Anfang hat das sehr gestört, und nicht jeder hält den Druck aus! Du wirst belächelt (...) [es werden] blöde Bemerkungen" gemacht (Platin 3). Insofern ist der Wechsel des Freundeskreises von loyalen Mitgliedern sicher nicht nur dem dortigen ‚negativen Denken' geschuldet, sondern auch der Notwendigkeit, innerlich nicht zerrissen zu werden (s. zu Identität in problematischen Unternehmen Kreiner et al. 2006). Dieses gemeinsam geteilte Schicksal des Belächelt-Werdens, nutzt indirekt auch der Geschäftsführer Deutschlands, wenn er in seiner Rede auf dem Kick-off zur Entwicklung AW berichtet: „Fakt: Partnerfirmen für unseren Internetzugang Amivo waren am Anfang sehr, sehr schwer zu finden. Aber mittlerweile (klopft aufs Pult) klopfen sie bei uns an der Tür, um dabei zu sein!" (Beiderwieden Kick-off 2005, sinngemäße Wiedergabe).

Abschließend soll auf einen letzten zentralen Mechanismus eingegangen werden, der schon anklang, aber nicht als solcher bezeichnet wurde: der interne Umgang mit Kritik. Wie oben angeführt, wird diese laut Kritikern z. B. durch Abwiegeln gezielt gering gehalten (s. bspw. Scheibeler 2004; Sonnabend 1998). Zweifel und Kritik sind intern unerwünscht und während es bei TW einigen Mitgliedern ein großes Anliegen war, der Autorin der vorliegenden Studie auch die Kehrseiten des Unternehmens zu schildern, war es bei AW wichtig, die Autorin vor kritischen Anmerkungen zu ‚schützen'. Dementsprechend war es beispielsweise einem loyalen Mitglied äußerst unangenehm, dass die Autorin die Zweifel eines Neulings zum Preis-Leistungs-Verhältnis der Produkte mithörte – wortreich wurde anschließend das Unwissen neuer Mitglieder erläutert. Aber auch Nachfragen über AW außerhalb des Unternehmens sind unerwünscht. So werden Mitglieder, die Nicht-Mitgliedern glauben oder diese um Rat fragen, auch mal lächerlich gemacht: „Die fragen den

Friseur, wie Leberwurst gemacht wird" (Rubin, Wochenschulung). Stattdessen ist es zentral, die eigene Upline zu konsultieren und als Wissensquelle zu betrachten (s. besonders Scheibeler 2004). Dadurch schließt sich der Kreis der starken AW-Gemeinschaft: AW hat Ideale und Werte und Antworten auf alle relevanten Fragen – schlicht alles, was ein Mensch benötigt, wie der einleitend schon zitierte Dreifach-Diamant auf der Großveranstaltung in Mayrhofen formulierte: „Wir alle, wir alle brauchen nur eines: das AW-Geschäft" (Sinngemäße Wiedergabe; s. auch Bromley 1995, 1998).

Mögliche Vorzüge des ‚Wohlfühlfaktors in einer starken Gemeinschaft' für den AW-Konzern

- AW kann als Paradebeispiel für eine starke Organisationskultur verstanden werden, so dass sich eine Vielzahl an vorteilhaften Aspekten für das Unternehmen denken lassen, allen voran die normative Kontrolle der Mitglieder (s. Kapitel 5.2.1).
- Da AW kritisiert wird (s. bspw. Quellen Kapitel 9.4.1), könnte die Abgrenzung gegenüber früheren Freunden, der Verwandtschaft etc. eine aufgrund der externen Kritik notwendige Folge der Tätigkeit sein; die sozialen Bedürfnisse der Mitglieder richten sich dementsprechend auf die anderen Organisationsmitglieder und fördern den besonders hohen Loyalitätsgrad der ‚Amwayaner' (s. „encapsulation" bei Pratt 2000a; s. auch Bromley 1995, 1998; Pratt 2000b; Wittel 1997: 128 f.).
- Die Verdienstmöglichkeiten bei AW hängen allein an der Umsatzleistung, nicht am Arbeitseinsatz. Trotz der klaren Erfolgsideologie bleiben auch Mitglieder mit wenig Verdienst dabei, weil sie ihren Austritt ihrer Upline nicht ‚antun' können. Die Gemeinschaft bietet somit emotionale Befriedigung, auch wenn die finanzielle ausbleibt (Bromley 1998: 358; Pratt 2000a).
- Formal betrachtet stehen parallele Downlines bei AW in Konkurrenz zueinander (während innerhalb einer Downline die Oberen an ihren Mitgliedern mitverdienen). Wie bei MKC kann die Betonung der Gemeinschaft als Gegengewicht zu potentiellem Konkurrenzgebaren verstanden werden. Definitionen wie ‚Amwayaner' können das Gruppengefühl stärken und Interessensunterschiede der Mitglieder verdecken (s. auch Studie von Wittel 1997: 128 f.).

- Der Aufbau einer möglichst großen Gemeinschaft der Gleichgesinnten überzeugt Zweifler schon durch die Größe allein, wie ein Mitglied von seinem ersten Halbjahresseminar berichtet. Dieses hatte bei dem Interviewpartner den Ausschlag gegeben, wesentlich mehr Zeit zu investieren. Auf die Frage, warum diese Veranstaltung so entscheidend war, lautete die Antwort: „Mmh, die Überzeugung einfach! Ich habe Menschen kennen gelernt – und diese Masse! Ich habe gesagt: ‚Das gibt es nicht!' Ich habe gedacht, nur die paar Leute machen das, die immer zur Schulung kommen, ja. ‚Also soviel Bescheuerte kann es ja nicht geben' – habe ich mir gesagt" (Platin 4).

9.7.6   Soziale Gerechtigkeit

Selbstbild

‚Amwayaner' sehen sich nicht nur als nette Gemeinschaft, sondern das Unternehmen stellt gemäß Selbstbild ein sozial gerechtes System dar. Dieses basiert darauf, dass AW allen Menschen die Möglichkeit bietet, selbständig zu sein. Gemäß Selbstverständnis geht damit die Chance einher, (viel) Geld verdienen zu können. Während in ‚normalen Unternehmen' keineswegs jeder eine Stelle bekommt und Zugangsbarrieren wie Bildungsabschlüsse oder Auswahlverfahren bestehen, gibt es bei AW keine Grenzen. Denn das „AW Geschäft gibt jedem von uns, völlig egal welchen Beruf, ob alt ob jung, schlau oder nicht, Männlein oder Weiblein – all das spielt keine Rolle! – die Chance selbstständig zu werden, dass wir uns unabhängig machen können, von den Schikanen, die sich andere ständig neu für uns ausdenken" (Rubin, Mayrhofen, sinngemäße Wiedergabe). Als besonders verlockend wird die AW-Tätigkeit für Russlanddeutsche bewertet, deren Ausbildungsabschlüsse nicht anerkannt werden oder denen deutsche Sprachkenntnisse fehlen. Zudem „gibt [es] Leute, die auch keine Sozial[hilfe] bekommen (...) Der muss auf dem Hals von seinem Ehepartner oder Partnerin leben" (Platin 3). Hier steht das Unternehmen AW in einer ungerechten Gesellschaft für soziale Gerechtigkeit wie eine Führungskraft erläutert: „Ich finde es das Demokratischste überhaupt oder das Sozialste: Ich kenne nichts Sozialeres, als Menschen eine Möglichkeit zu geben, ihr Leben selber zu gestalten, was du im normalen Beruf nicht hast!" (Rubin 4).

Interne Grenzen und externe Kritik

Innerhalb von AW wurden an der Gerechtigkeit des Systems keine Zweifel genannt, wobei der Neid auf manche, die es leichter hatten als andere, manchmal hinter vorgehaltener Hand in informellen Gesprächen deutlich wurde. Solche interne Bedenken werden jedoch nicht als Ausdruck eventueller Fehler des Systems, sondern vielmehr als charakterliche Schwäche der Zweifler gewertet. Externe Kritiker bezeichnen dagegen das gesamte System als ungerecht und prangern die falschen Hoffnungen an, die hier geschürt werden – wie schon unter der Verheißung der ‚Freiheit' beschrieben und analysiert wurde (Andrews 2001; Dean 1996; Scheibeler 2004). Zentraler Aspekt ist die geringe Erfolgswahrscheinlichkeit, zu der angesichts geringer offizieller Daten in Kapitel 9.4 Einschätzungen gegeben wurden. Kritisiert wird, dass die alleinige Tatsache der Beitrittsmöglichkeit noch keine Gerechtigkeit darstellt. So schildert ein ehemaliges Mitglied die Ungleichheiten, die sie bei Erfolgreichen sieht: „1. Viele waren zu Anfang der Gründung des Unternehmens in Deutschland dabei. Da sind logischerweise die Erfolgschancen viel höher als 30 Jahre danach. 2. Viele sind im Vorwege schon selbständig gewesen und hatten daher einen Kundenkreis und berufliche Erfahrungen. 3. Viele haben eine qualifizierte Berufsausbildung. 4. Viele hatten finanzielle Rücklagen zum Investieren. 5. Die Nachfrage ist eine andere aufgrund der Zeit, des Ortes und der Bedürfnisse der Menschen" (Ehem. o. Erfolgsstufe). Ergänzen lässt sich hier der umstrittene Ruf AW und die Tatsache, dass inzwischen eine Vielzahl MLM-Unternehmen auf der Suche nach Mitgliedern sind, so dass Interessenten zwischen vielen Tätigkeiten im Network-Marketing auswählen können und es schwerer sein dürfte, Neue zu rekrutieren.

Zu diesen Aspekten kommen entscheidende individuelle Charaktermerkmale hinzu. Auf diese verweist ein weiterer Aussteiger, der mehrere Kronenbotschafter persönlich kennen gelernt hat: „Das waren aber alles keine Menschen vom Typ Nachbar oder Arbeitskollege. Bei der Fam. [Name][140] war es für mich gar keine Frage. Beide waren ausgewachsene und ausgebuffte Geschäftsleute. Das war eine andere Ebene. Bei [Name] war es dessen Frau [Name] (...) Bei der Fam. [Name] war [Name] der Traumsponsor. Rhetorisch, freundlich und witzig. Ein Sonnyboy zum Gernhaben und zum Vertrauen. Allerdings mit einer unwahrscheinlich geschäftstüchtigen und kompetenten Ausstrahlung" (Ehem. Rubin).

---

[140] Namen anonymisiert zum Schutz des Interviewpartners.

Ein noch schärferer Kritikpunkt ist der folgende: „AW ist eine knallharte Ge-
schäftsform. Alle Errungenschaften des vergangenen Jahrhunderts werden außer
Kraft gesetzt. Es gibt keine Sozialversicherung, Schwache fallen durch das Raster
und werden nicht aufgefangen. Nur die Starken können Geld verdienen. Alle anderen haben nichts" (Ehem. Rubin). Nach dieser Sichtweise entsteht durch AW gesellschaftlicher Schaden, weil der Konzern für seine selbständigen Mitglieder keinerlei Sozialabgaben zahlt. Da die meisten Teilnehmer mehr Kosten als Einnahmen
haben, finanzieren sie ihre AW-Tätigkeit – und damit das Unternehmen – auf der
Basis ihres Einkommens aus anderen Berufen oder durch den Sozialstaat. Wenn
dies als Hobby geschieht, ist es laut Kritikern gesellschaftlich gesehen finanziell
irrelevant. In dem Moment, in dem Geschäftsausgaben steuerlich abgesetzt werden,
zahlen andere bspw. für die steuerlich absetzbare Veranstaltungsteilnahme von
‚Amwayanern' mit. In diesem Zusammenhang verweisen Kritiker auf das schon in
Kapitel 9.4.1 angeführte Urteil des Finanzgerichtes Nürnberg. Dieses hatte zu entscheiden, ob und inwieweit die AW-Tätigkeit eines Mitgliederpaares steuerlich als
Liebhaberei zu beurteilen ist. Letztendlich wurden die Abschreibungsmöglichkeiten
auf Verluste in Höhe von rund 57.010,86 Euro (111.786 DM) über einen Zeitraum
von 14 Jahren begrenzt.[141] Zu diesem Beispiel passt auch die von dem eben zitier-
ten Aussteiger gestellte Frage: „Warum soll der Staat durch Verlustabschreibungen
von AW-Beratern zig Millionen Steuerausfälle hinnehmen?" (Ehem. Rubin).

Was heißt ‚soziale Gerechtigkeit'?

‚Soziale Gerechtigkeit' bedeutet bei AW ausschließlich die Gleichheit der Beitrittsmöglichkeit und die formale Gleichbehandlung bei den Kriterien für den Aufstieg.
Die Gleichsetzung der ‚Beitrittsgleichheit' mit ‚sozialer Gerechtigkeit' ist die Grundlage des spezifischen ‚Amwayanischen Gerechtigkeitsbildes' und somit der inhaltliche Kern dieses Aspektes der AW-Ideologie. Dabei werden andere Formen der
Ungleichheit, die völlig unberührt vom formalen Beitritt stehen, ignoriert (zu verschiedenen Gerechtigkeitsbegriffen s. Meulemann 2004). Hierzu gehört beispielsweise die ‚Ergebnisungleichheit' des Provisionssystems, denn hohe Ebenen können
an einer unendlich langen Kette untergeordneter Mitglieder mitverdienen. Zweitens
die Ungleichheit zwischen Aufwand und Einnahmen, da allein das (Umsatz)Ergebnis zählt. Und drittens, und dies wurde schon im Rahmen der Kritik

---

[141] Das Gerichtsurteil findet sich unter www.zingel.de/amway.htm141, abgerufen am 12.12.2006.

genannt, werden individuelle Voraussetzungen nicht thematisiert. Entgegen dem oben geschilderten Selbstbild ist bei AW wie in anderen Unternehmen soziales, kulturelles und ökonomisches Kapital (Bourdieu 1983) von Vorteil.[142]

So wurde im Rahmen der eigenen Erhebung der Nutzen der verschiedenen Kapitalformen durchaus ersichtlich. Dem untersuchten Schulungszentrum gehörten zwei Ärzte an, die über ihre Ehepartner eine Führungsebene bei AW erreicht haben. Während diese im Untersuchungszeitraum weiterhin ihre Praxis betrieben, waren ihre Partner ‚hauptberuflich' für AW tätig. Ärzten selbst ist es aufgrund ihres Berufsrechtes untersagt, einen gewerblichen Verkauf von Nahrungsergänzungsmitteln in ihrer Praxis zu betreiben (Ärzte Zeitung 2006; Koch 2006; Verbraucherzentrale Saarland 2006) – nicht jedoch ihren Ehepartnern. Es lässt sich vermuten, dass der soziale Status eines Arztes auch dem Partner beim Anwerben weiterer Mitglieder sowie dem Verkauf von (Gesundheits)Produkten helfen kann.

Was unterstützt die ‚soziale Gerechtigkeit'?

Bei der Verheißung ‚soziale Gerechtigkeit' fällt bei der Betrachtung der formalen Strukturen erneut auf, dass diese unterschiedlich interpretiert werden können: Für den Beitritt und den Aufstieg sind alle Mitglieder gleich, wobei die hohen Provisionen an der Spitze der Uplines ein Beleg der systematischen Ungleichheit im System sind (zur Wechselwirkung formale Strukturen und kulturelle Aspekte s. Kärreman/Alvesson 2004). Wesentlicher Mechanismus zur Unterstützung des internen Versprechen der ‚sozialen Gerechtigkeit' ist somit zunächst die oben ausgeführte Definition des sehr spezifischen Gerechtigkeitsverständnisses. Dazu gehört, dass auf die Form der Gleichheit des Systems (Beitritt und Aufstieg) kontinuierlich verwiesen wird, während die Ungleichheit der Verteilung nie unter dem Aspekt der ‚Gerechtigkeit' thematisiert wird. Dies geschieht wie bei anderen ideologischen Inhalten in Form der schon analysierten kulturellen Mechanismen der Identitätsbildung, also durch Geschichten, die Abgrenzung nach außen und Vorbilder, wie beispielsweise den FH-Professor Michael Zacharias (s. Kapitel 2.3), der bescheinigt: „Network-Marketing ist ein sehr soziales und gerechtes System" (Zacharias 2005: 63; für die Legitimation von außen in den USA s. Bromley 1995: 153).

---

[142] Für eine vergleichende Analyse der Erfolgschancen bei Amway, beim Roulettespiel und im klassischen Direktvertrieb s. „Which does the greater harm?" unter www.mlm-thetruth.com/ AveMLMvsNPSvsVegasvsDirSales6-6.pdf, abgerufen am 29.1.2007.

Inhaltlich wird die Identifikation der Zuhörer mit den Erfolgreichen dadurch gefördert, dass Sprecher sehr unterschiedliche soziale Hintergründe haben. Ein erfolgreiches Mitglied beschreibt diesen Mechanismus selbst im Interview: Das „ist auch gut gelöst: Verschiedene Sprecher, verschiedene Qualifikationen, Altersstufen, berufliche –, also es ist, sage ich mal, mit 90%iger Wahrscheinlichkeit für jeden ein Sprecher dabei. Nicht jeder, aber einer. So, für uns waren auch Sprecher dabei, wo wir gesagt haben: ‚Wenn dieser Mensch das kann, dann mache ich das auch!‘" (Smaragd 1). Da ehemals praktizierende Ärzte ebenso wie LKW-Fahrer zu den Erfolgreichen bei AW gehören, wird die soziale Gerechtigkeit in Form von Chancengleichheit für die Zuhörer und Zuschauer ‚greifbar‘, wobei die oben genannten veränderten Rahmenbedingungen seit der Einführung von AW auf dem deutschen Markt sowie individuelle Charakteristika nicht berücksichtigt werden.

Ebenfalls als gerecht betont wird die Möglichkeit, den eigenen Anwerber finanziell zu überholen – womit sich AW von zahlreichen anderen Unternehmen abhebt (s. Alvesson/Willmott: 629; Wittel 1997: 128 f.). Dies dient als weiterer Beleg, also auch als inhaltlicher Mechanismus, für die Leistungsgerechtigkeit bei AW. Gemäß AW-Ideologie zählt innerhalb von AW allein der Einsatz und die richtige Einstellung des Einzelnen (s. ‚persönliche Entwicklung‘). In diesem Sinne bezieht sich ein Interviewpartner im folgenden Zitat auf seine Upline, die vor allem Verwandtschaft rekrutiert hat, während ihm dies nicht möglich ist: „Und da entscheidet es sich halt, beim Einen geht es schneller, beim Anderen langsamer. Aber im Endeffekt liegt es wieder an der Entscheidung" (18%er). So wird jegliche Verantwortung – ‚ohne Ansehen der Person‘ und ‚ohne Ansehen des Systems‘ – in das einzelne Mitglied verlagert (s. „dissimulation" als ideologischer Mechanismus von Thompson 1984: 131).

Weitere Legitimation für die ‚Amwayanische soziale Gerechtigkeit‘ finden Mitglieder im gesamtgesellschaftlichen Kontext (Alvesson/Willmott 2002: 631 f.). Denn im Vergleich zum Einzelhandel, in dem einzelne Besitzer von Großunternehmen und Zwischenhändler verdienen, ist AW gemäß Selbstbild ein System, das allen die Partizipation am ‚Wertschöpfungs-Kuchen‘ gestattet (s. auch Bromley 1995: 144). Dieses inhaltliche Argument dient dazu, intern das Bewusstsein für die Gerechtigkeit des Systems zu stärken. Nach außen hin wird diese Sichtweise weitergegeben, indem so auch der Marketingplan erklärt wird: Das Geld, das Mitglieder verdienen, ist die Großhandelsspanne zwischen Einkaufs- und Verkaufspreis. Statt dieses an Zwischenhändler zu geben oder für Marketing aufzuwenden, fließt es bei AW in die Hände jedes einzelnen Mitglieds.

Die Chance durch AW, bei ‚sich selbst einkaufen' zu können (Schwarz/
Schwarz 2002: 62), wird dementsprechend innerhalb des Unternehmens als ‚soziale
Umverteilung' bezeichnet (= Label). Dies wird von Nicht-AW-Mitgliedern laut
Selbstbild oft nicht verstanden, denn die „bezahlen ihr Geld im Einzelhandel und
bezahlen im Zwischenhandel usw. alles fein säuberlich mit, wo wirklich teilweise
nur Bereicherer sitzen, die sich selbst bereichern, die nichts anderes tun (...) Und das
macht mich eigentlich, mich persönlich macht das traurig, dass die Leute nicht
erkennen, dass einfach Schmarotzer, die irgendwo zwischen [Hersteller und Kunde]
sitzen, Kohle verdienen!" (Rubin 1). Die großen Hersteller sowie Handelsketten
werden somit kritisiert und der AW-Konzern im Kontrast dazu als gerecht stilisiert
– eine erneute identitätsstiftende Abgrenzung nach außen. Als gerecht gilt, dass die
Ware direkt vom Hersteller bezogen wird und keine Vermittler (also kein Großhan-
del) mitverdienen. Die Lieferung erfolgt bei AW in der Tat durch den Hersteller.
Allerdings bestehen besonders bei AW eine Vielzahl von Ebenen zwischen dem
‚einfachen' Mitglied bis hin zu den Eigentümern des Konzerns (also die gesamte
Upline inklusive Max Schwarz in der Schwarz-Organisation). Diese Ebenen werden
ignoriert und die Provisionszahlungen an diese werden beim Vergleich mit dem
üblichen System von Hersteller/Großhandel/Einzelhandel somit außer Acht gelassen – ein Vorgang, der als ‚Ignoranz-Mechanismus' bezeichnet werden kann.

Mögliche Vorzüge der ‚sozialen Gerechtigkeit' für den AW-Konzern

-    Soziale Gerechtigkeit ist ein hohes Gut. ‚Amwayaner' sind der Überzeugung,
     dass sie in einem gerechten System arbeiten. Dies kann als Ausgleich gegen die
     Kritik von außen dienen: „Only by developing a deep commitment and true
     belief in the 'morality' of direct selling are they able to relieve themselves from
     the feeling of being phoney, alien, and insincere" (Lan 2002: 175).
-    AW prangert bestehende Ungleichheiten an und stellt sich selbst als deren
     Lösung dar (Bromley 1995, 1998). So werden Sozialneid und Frust im Sinne
     des Unternehmens genutzt (Neckel 1999). Dies lenkt von der Ungleichheit des
     AW-Systems ab und lässt die finanziellen Interessen des Konzerns hinter das
     hohe Gut der sozialen Gerechtigkeit zurücktreten. Denn AW weist immerhin
     zwei (!) formale Gleichheitsaspekte auf: beim Beitritt und Aufstieg – Gesichts-
     punkte, die in anderen Unternehmen fehlen können.

- Je weniger individuelle (soziale) Unterschiede in der offiziellen Argumentation berücksichtigt werden, desto mehr gilt auch hier, dass jeder anfangen kann, so dass jedem die Tätigkeit angeboten werden darf, kann und sollte.
- Die Vernachlässigung der individuellen und sozialen Unterschiede, die zum Erfolg beitragen können, stärkt wiederum die Eigenverantwortung der einzelnen Mitglieder: Deren Einstellung und Willen zählt. Je eigenverantwortlicher die Mitglieder sind, desto weniger gilt das Unternehmen als verantwortlich für Misserfolg (Potterfield 1999: 127; s. „dissimulation" als ideologischer Mechanismus von Thompson 1984: 131).

9.7.7 *Amway – ein anerkanntes und ehrenhaftes System*

Selbstbild

Die Ausrichtung auf AW bedeutet ein erfüllteres Leben, (eine größere) persönliche Freiheit, das Wohl der eigenen Familie sowie der Gesellschaft. Das dazu notwendige Denken, Handeln und Fühlen stellen weder eine Einschränkung noch eine Vereinnahmung durch das Unternehmen dar. Stattdessen ist AW ein geeignetes Mittel und ein gutes System, um individuelle Ziele und Werte zu verwirklichen. „Das AW-Geschäft ist für mich eine (...), die beste Lebensversicherung!" (Platin 4).

Diese Überzeugung bezieht sich nicht nur auf einzelne Mitglieder. Zum AW-Selbstbild gehört, dass dem Unternehmen eine gesellschaftliche Vorreiterrolle gebührt, da es in vielerlei Hinsicht ein Modell für eine bessere Welt darstellt. „Ja, ich habe das mal in einer Rede gehört, und da ist mir ganz warm ums Herz geworden. Das klingt jetzt zwar (...) vielleicht befremdend für den einen oder anderen, aber: Dass die Welt mal in Ehrfurcht vor diesem AW-Geschäft steht – das ist auch ein Motor in mir!" (21%er). Der Wert des Unternehmens liegt laut interner Überzeugung in der positiven, aktiven Grundeinstellung der Mitglieder, den Arbeitschancen, die in Deutschland ansonsten schlecht sind, der oben geschilderten sozialen Gerechtigkeit und vielen weiteren Aspekten, die bisher öffentlich ungenügend gewürdigt werden.

Die Überzeugung, dass AW ein wertvoller Bestandteil der Gesellschaft ist, wird auch von den Gründern vertreten. So verweist der Mitbegründer van Andel gleich einleitend in seiner Autobiographie auf den hohen Wert seines Unternehmens: „I also hope you come away from this book with a sense of how the market economy and morality fit together. The free-enterprise system and traditional morals are not at odds with one another – they're perfectly compatible, regardless of what some critics say" (Van Andel 1998: xix).

Interne Grenzen und externe Kritik

Zweifel an AW werden von loyalen Mitgliedern nicht geäußert – höchstenfalls an einzelnen Personen, die den hohen Ansprüchen des Unternehmens nicht gerecht werden. Kritiker haben dagegen zahlreiche Aspekte auf ihrer ‚Mängelliste', die auf den letzten Seiten schon deutlich wurden. Die Werke von ‚Aussteigern' zeigen diese Einschätzung mit Titeln wie „Merchants of Deception" (Scheibeler 2004) oder „Der geliehene Traum. In der Seifenblase zum Kronenbotschafter" (Sonnabend 1998).

Die Kritik an AW ist vielschichtig und einige diffuse Aspekte kommen in der Bezeichnung „Sekte" zum Ausdruck.[143] Dieser Begriff ist unscharf und umstritten in seiner Verwendung (zur Klärung s. Lamprecht 2000). Unabhängig von diesem Ausdruck lassen sich die Bedenken gegenüber AW inhaltlich in vier Hauptbereiche gliedern:[144]

-   Erstens beziehen Kritiker sich auf die als vereinnahmend bewertete Kultur des Unternehmens, die bewirkt, dass der Ausstieg „juristisch relativ problemlos, menschlich aber ausgesprochen schwierig" ist (Lamprecht 2003; s. Kapitel 3.2).
-   Zweitens wird teilweise die Legalität von MLM angezweifelt, und zwar unabhängig von der Frage, ob die formalen Richtlinien korrekt sein mögen (s. hierfür auch Juth-Gavasso 1985), oder der Tatsache, dass AW seit Jahrzehnten auf dem Markt besteht. Hauptkritikpunkt ist, dass der Produktverkauf nahezu irre-

---

[143] Siehe bspw. „Amway The Untold Story" unter http://amway.robinlionheart.com/ oder auch Lamprecht (oder auch: Lamprecht 2003; Strub 1999).
[144] Ein weiterer kritisierter Aspekt, der aufgrund der hier vorliegenden Fragestellung zur organisationalen Identität ausgeklammert wurde, sind Zweifel von Kritikern zu Produktaussagen (Interviews mit Ehemaligen). So wird beispielsweise die (beworbene) Umweltverträglichkeit sowie das Preis-Leistungs-Verhältnis angezweifelt (auch externer Kritiker). Weitergehende Kritik bezieht sich auf die zu weitgehenden Behauptungen wie z. B. diese, dass die Vitaminprodukte von AW Krebs heilen könnten (Cahn 2006). Solche Aussagen sind offiziell aufgrund des Arzneimittelgesetzes und (folglich) auch nach internen Richtlinien unzulässig (Amway GmbH (Ed.) 2004aAbschnitt 4.4: 8).

levant ist und es sich somit laut Kritikern um ein illegales Pyramidensystem handelt (Unterschiede zwischen legal und illegal s. Kapitel 2.1).[145]

- Drittens thematisieren Kritiker die Auswirkungen des Unternehmens und der AW-Tätigkeit. Dazu gehören zum einen die Folgen für den zwischenmenschlichen Bereich, z. B. die Unterordnung von menschlichen Kontakten unter den Primat der ‚Sponsorbarkeit' (Interviews mit ehemaligen Mitgliedern; s. Kritik in Kapitel 3.2.3);[146] zum anderen lässt sich hier die ‚Quersubventionierung' der AW-Tätigkeit (und damit des Konzerns) nennen, wenn Mitglieder vor allem steuerlich absetzbares Minus produzieren (s. www.zingel.de/amway.htm und Interview mit ehem. Rubin).

- Viertens wird der Umgang des Konzerns mit Kritik beanstandet. So wird von Kritikern für die USA angeführt, dass AW-kritische Internetseiten ihre Domain wechseln müssen oder sogar aus dem Netz genommen werden: „Amway's usual method of dealing with critics is to embroil them in expensive legal actions until they take down their site (...) Another method Amway uses to keep people quiet is to prevent Internet Service Providers from hosting anti-Amway information"[147] (s. auch Scheibeler 2004).

Die vorliegende Arbeit kann hier keine schiedsrichterliche Entscheidung zwischen diesen vielschichtigen und auch sehr weit auseinanderklaffenden Aspekten treffen. Die folgenden Ausführungen stellen eine Analyse des Selbstverständnisses dar und wie dieses organisational produziert wird. Die empirische Basis hierfür wurde in Kapitel 9.5 ausführlich erläutert.

Was heißt ein ‚anerkanntes und ehrenhaftes System'?

Unter der Qualität des ‚Anerkanntseins' innerhalb von AW wurde im Rahmen der Erhebung beispielsweise die Konformität mit gesetzlichen Regelungen verstanden. Nicht zum Selbstbild des ‚anerkannten und ehrenhaften Systems' gehörte im Schulungszentrum dagegen die aktive Auseinandersetzung mit *sämtlichen* formalen Ge-

---

[145] Als Quellen s. bspw. www.angelfire.com/nm2/hnheeg/, www.mlm-thetruth.com/tax_study.htm, www.mlm-thetruth.com/, www.falseprofits.com/Bookletintro.html, jeweils abgerufen am 1.5.2007.

[146] Der rechtliche Aspekt hierzu ist die systematische Ausnutzung privater Beziehungen, § 4 Nr. 1 UWG, s. Kurzübersicht der IHK (2007).

[147] Quellen: www.angelfire.com/nm2/hnheeg/, abgerufen am 30.1.2007 oder www.amway. robinlionheart.com/, abgerufen am 5.2.2007.

schäftsbedingungen des Unternehmens (Amway GmbH [Ed.] 2004b; 2004c; 2004e). Wie schon mehrfach deutlich wurde, werden Begriffe wie ‚Freiheit', ‚soziale Gerechtigkeit' etc. mit einer bestimmten Bedeutung versehen, die zumindest teilweise ihre Legitimation im formalen Provisionssystem finden. Andere Elemente werden dagegen – dies ist der Eindruck, der während der Erhebung entstanden ist – unternehmensintern kaum diskutiert. Unter Mitgliedern wurden die fehlende Mindestabnahme und das Rücktrittsrecht besprochen. Nicht beobachtet werden konnten dagegen Gespräche zu der oben genannten Rahmenrichtlinie gegen weltanschauliche Inhalte oder Aussagen, die Bezug zur persönlichen Einstellung nehmen (Amway GmbH [Ed.] 2004c: 3). Angesichts des Forschungsstandes in Kapitel drei und der hier vorliegenden Analyse, stellen weltanschauliche Inhalte jedoch den Kern der Fortbildungen und Schulungen sowie des Selbstverständnisses von AW dar.

Was unterstützt das ‚anerkannte und ehrenhafte System'?

Auf der formalen Ebene zeigt sich AW als Unternehmen mit vielen Regeln, die nicht nur rechtlichen Vorgaben entsprechen, sondern darüber hinausgehen. Dazu gehört beispielsweise die Festlegung, dass der ‚Sponsor' dem Interessenten „die durchschnittlichen Gewinne, Einkommen und Verkaufsumsätze und Prozentzahlen vorzulegen [hat], wie sie von Zeit zu Zeit von Amway veröffentlicht werden" (Amway GmbH [Ed.] 2004b: 15). Dies ist eine geeignete Festlegung, um der oft geäußerten Kritik, dass durch die AW-Tätigkeit nichts verdient werden kann (s. ‚Freiheit'), zu begegnen. Während der sechsmonatigen teilnehmenden Beobachtung (s. genaue Beschreibung in Kapitel 9.5) konnte keine Auseinandersetzung mit dieser Richtlinie oder den darin genannten offiziellen Zahlen festgestellt werden. Ein direkt dazu befragtes (inzwischen ‚passives') Mitglied, das in seiner vierjährigen aktiven Mitgliedschaft rund 25 Personen rekrutiert hat, antwortete auf die (schriftlich erfolgte und beantwortete) Frage nach diesen Zahlen: „Nun zu Ihrer Frage: die Richtlinien fürs Sponsern sind mir ehrlich gesagt nicht bekannt, auch nicht, dass man Zahlen vorlegen muss!!" (Ehem. 15%er). Auf Nachfragen der Autorin, dass sie diese Unkenntnis verwunderlich findet, folgte die Antwort: „Ich muss ehrlich gestehen, ich habe mich NIE [!] damit befasst!! Mir sind auch keine internen Zahlen bekannt."

Eine weitere wichtige Regel besteht zum Endkundengeschäft. Sie besagt Folgendes: „Boni, die nur auf Bestellungen zur Lagerhaltung basieren, führen zum Missbrauch des Sales- und Marketingplanes. Aus diesem Grunde soll der Geschäftspartner mindestens 70% der bestellten Produkte nach Zustellung binnen eines Monats an Endkunden verkauft haben" (Amway GmbH [Ed.] 2004b: Abschnitt 4.18: 9 f.). Diese so genannte ‚70%-Regel' tauchte im Rahmen der vorliegenden Studie zwar auf, allerdings nur von Seiten der Kritiker. Diese bezweifelten deren Realitätsgehalt, da sie keinerlei Überprüfung dieser Regel von Seiten des Unternehmens feststellen können (Ehem. Rubin; Scheibeler 2004; s. zur wissenschaftlichen Auseinandersetzung damit auch Koehn 2001). Im Rahmen der vorliegenden Studie wurde im Schulungszentrum, in inoffiziellen Gesprächen und in Interviews vermittelt, dass das Ziel der Tätigkeit das ‚Sponsern' ist. Nur falls dies nicht erfolgreich ist, sollen ‚wenigstens' Produkte zum Kauf angeboten werden. Dies zeigt sich beispielsweise im Zitat eines Schulungsbuches, das im Rahmen der Wochenschulung gekauft werden konnte und dessen Mitherausgeber Max Schwarz persönlich ist. Es rät dem Anwerber seinem neuen Mitglied Folgendes für die Gespräche mit Interessenten beizubringen: „Sie raten ihm [dem neuen Mitglied] jedenfalls davon ab, wenigstens anfänglich von den Produkten zu reden, sondern immer zuerst die Tätigkeit anzubieten: Um nur Kunde zu werden, ist immer noch Zeit genug" (Rampelotto 1999a: 131; s. auch Schwarz/Schwarz 1993a; 1993b; 2001).

Ein ähnlicher Wortlaut findet sich in dem Buch „Der Erfolgsweg" (Schwarz/ Schwarz 2002: 64 und 70), in dem unter der Rubrik zur Umsatzpflege drei Gruppen an ‚Kunden' unterschieden werden: Eigenverbrauch, neugesponserte Geschäftspartner und (externe) Kunden. Zum Eigenverbrauch wird Folgendes erklärt: „Sie selbst sollten Ihr bester Kunde sein. Es ist Ihr Umsatz, der damit gefördert wird, und Sie verdienen Geld dabei" (Schwarz/Schwarz 2002: 62). Neben der Unternehmenslogik, dass durch den Kauf (!) von Produkten Geld verdient werden kann, ist für den vorliegenden Aspekt des Endkundengeschäftes die Aussage relevant, dass jeder selbst sein bester Kunde sein soll. Das Gleiche wird für die Gesponserten empfohlen: „Es reicht nicht nur, einen neuen Geschäftspartner zu sponsern. Sie wissen ja, der Verdienst kommt aus dem Umsatz. Also achten Sie auf Folgendes: Was für Sie mit dem Eigenbedarf gilt, dasselbe gilt auch für Ihren Geschäftspartner" (Schwarz/Schwarz 2002: 63). Begründet wird diese Empfehlung mit zwei Aspekten: Erstens werden durch den Eigengebrauch der Ware Produktkenntnisse gewonnen: „Somit erwirbt jeder Geschäftspartner automatisch gründliche Warenkenntnisse allein dadurch, dass er eben ab sofort nur noch Produkte aus dem eigenen Sortiment verwendet" (Schwarz/Schwarz 2002: 62). Wer also z. B. Reinigungsmittel einsetzt oder auch Nahrungsergänzungsmittel einnimmt, wird laut Unternehmenslogik zum Experten für diese Produkte (s. hierzu kritisch Kapitel 3.2.3, insbesondere Grayson 1996: 337). Zweitens bewirkt der Eigenbedarf laut

„Der Erfolgsweg", dass Mitglieder zu Vorbildern werden: Denn nur wer viele Produkte kennt, kann sie auch seinen zukünftigen Geschäftspartnern und Endkunden
vorstellen (Schwarz/Schwarz 2002: 63). Wer selbst nur wenige Produkte ver-
braucht, braucht sich nicht wundern, wenn die eigenen Geschäftspartner noch
weniger Produkte kennen, da sich diese in ihrem Geschäftsgebaren an ihrer Upline
orientieren (Schwarz/Schwarz 2002: 63).

Unter dem Gesichtspunkt der normativen Kontrolle bedeutet dies, dass mit
Hilfe der genannten Argumente und durch den Mechanismus der ‚Empfehlung'
(Alvesson/Willmott 2002: 629) das Sponsern als zentrale Tätigkeit betont wird (s.
auch Schwarz/Schwarz 2002: 64) und der Kauf von Produkten vor allem dem Eigenbedarf des jeweiligen Mitglieds dient. Unterstützt wird der Eigenverbrauch zusätzlich dadurch, dass „der kaufmännisch denkende Geschäftspartner" im „so um-
fangreich[en]" Sortiment des Unternehmens AW „für fast jeden Verwendungs-
zweck das passende Produkt findet und es bestellen kann" (Schwarz/Schwarz 2002:
62).

Ein weiterer Unterschied zwischen dem Selbstbild von AW und Kritikern besteht hinsichtlich des Umgangs mit dem Unternehmensnamen ‚Amway'. Während
die Geschäftsrichtlinien vorsehen, dass der Name ‚Amway' beim Anwerben umgehend genannt werden muss (Amway GmbH [Ed.] 2004b s. Abschnitt 8: 15 f.),
lauteten die im Beobachtungszeitraum vermittelten Tipps zum ‚Sponsern' anders:
So wurde beispielsweise empfohlen, am Telefon den Namen der *eigenen* ‚Organisation' anzugeben. Was damit gemeint ist, zeigen die folgenden Beispiele, die, bis auf
die fiktiven Personennamen, den Visitenkarten der hier befragten Mitglieder entsprechen: „Weber International", „Hutz GbR Marketing und Unternehmensauf-
bau", „Roland GmbH Vertrieb & Service" oder „Elfriede und Hans Maier, Firma
für Vertrieb und Marketing" (s. auch Bromley 1995: 152). Dieser Widerspruch zu
den eigenen AW-Regeln war der einzige Aspekt, der im Rahmen der Erhebung in
indirekter Form – in positive Worte verpackt – an den eigenen ‚Mit-Mitgliedern'
kritisiert wurde. Eine Führungskraft merkte auf dem Seminar an: „Wieso stehen wir
nicht gerade? – Wir müssen stolz sein! Wir müssen richtig stolz sein!" (Smaragd
Mayrhofen, sinngemäße Wiedergabe).

Als zentraler inhaltliche Mechanismen zur Förderung des Selbstbildes, ein ‚anerkanntes und ehrenhaftes System' zu sein, lässt sich im Rahmen der Studie festhalten, dass bestimmte, öffentlich durchaus umstrittene Aspekte intern nicht thematisiert, also vernachlässigt wurden. „As Eagleton (...) notes, ideology may be used in
legitimization through, e. g., promoting respective beliefs and values, by naturalizing
and universalizing such beliefs as being self-evident and inevitable, by denigrating

challenging ideas, by excluding rivals of thought, and by obscuring social reality in ways convenient to itself" (Oksanen-Ylikoski 2006: 165). Obwohl AW formal umfangreiche Regeln aufweist (Amway GmbH [Ed.] 2004b; 2004c; 2004e; 2004f), konnte im Rahmen der vorliegenden Erhebung nur die Auseinandersetzung mit bestimmten Regeln beobachtet werden.

Auffällig war in diesem Zusammenhang auch der Umgang mit (tatsächlichem und potentiellem) Fehlverhalten. So war ungebetene Telefonwerbung im Privatbereich (s. UWG § 7) eine von Rednern frei genannte Form der Kaltakquise, und die Verwendung geschützter Daten erregte keine negative Reaktionen. So erzählte eine Führungskraft auf der Wochenschulung, dass sie zur Akquise neuer Mitglieder die alten Klassenbücher ihres Vaters, einem ehemaligen Lehrer, nutzte. Mit Hilfe dieser Namen konnte sie die aktuellen Adressen der alten Schüler ausfindig machen, um diese unter Bezug auf deren Schulzeit anzurufen. Dies könnte als unerbetene Telefonwerbung im Privatbereich gewertet werden, wurde aber im Kontext der Schulung als (erfolgreiches) Beispiel für ‚Sponsorpotential‘ genannt – und somit als Ratschlag für die Anwesenden. Trotz der ansonsten im Rahmen der Erhebung durchaus nach außen hin propagierten Selbstüberzeugung, sich absolut korrekt und sogar ethisch zu verhalten, wurde diese Darstellung vor 100-150 Personen weder in informellen Gesprächen thematisiert, geschweige denn öffentlich (z. B. durch den Schulungsleiter auf der Bühne des Schulungszentrums) richtiggestellt. Das entsprechende Mitglied erhielt stattdessen den üblichen Applaus und die Anerkennungsbekundungen der Anwesenden.

Neben diesen ‚Ignoranz-Mechanismen‘ wird innerhalb des Unternehmens das ehrenhafte Selbstbild durch Sozialsponsoring gefördert – im Übrigen wie bei anderen Unternehmen, darunter auch TW und MKC. So verkündete der Geschäftsführer auf dem Kick-off 2005: „Die Firma hat schon zahlreiche Auszeichnungen für Einzelinitiativen überall auf dieser Welt erhalten für Jugendarbeit bis hin zu Forschungsprojekten für Krebs, Herzkrankheiten, ganz abgesehen von unseren Initiativen für UNICEF hier in Europa. Das alles ist wirklich der Beweis dafür, dass wir unserer Verantwortung gerecht werden. Und dass wir damit ein ganz wichtigen Grund haben, hier auch stolz zu sein" (Beiderwieden Kick-off 2005, sinngemäße Wiedergabe).

Wie bei den anderen Kernüberzeugungen von AW treten auch hier die internen Führungskräfte als charismatische Vorbilder auf und tragen mit Geschichten, Metaphern sowie Vergleichen zum Selbstbild des Unternehmens bei. Als weiterer Mechanismus lässt sich aber auch die explizite Unterstützung von außen bezeichnen. Diese gibt es auf jedem Kick-off in Form von Gastsprechern, deren aufge-

zeichnete Reden ebenfalls intern weitergegeben werden. Bei der Analyse des ‚risiko-
losen Ausprobierens' wurde schon Karl Pilsl zitiert. Er offeriert Mitgliedern das
Gefühl, gesellschaftliche Vorreiter für eine bessere Zukunft zu sein. Denn „der
Megatrend (Klatschen) des 21. Jahrhunderts heißt: Der sich multiplizierende Men-
schenspezialist" (Pilsl Kick-off 2005, sinngemäße Wiedergabe). Auch Michael Zacharias wird laut Interviewpartnern innerhalb AW als Experte geschätzt. Seine Rede
auf einem Seminar von AW (s. Tabelle 9) und seine Online-Befragung[148] wurden
gegenüber der Autorin mehrfach als wissenschaftlicher Beleg für die Seriosität des
Vertriebssystems angeführt und zudem als Vorbild für die vorliegende Studie nahe-
gelegt.

Im Vergleich zu MKC spielen die Gründer bei AW in Deutschland eine relativ
untergeordnete Rolle – was bei der hohen Bedeutung aller Führungskräfte nicht
verwundert. Denn während bei MKC die Gründerin die zentrale Figur im Unternehmen darstellt und als charismatisches Vorbild und Ratgeberin für jede Lebenslage erscheint, wird bei AW auf die Vielzahl unterschiedlicher Menschen mit ihren
verschiedenen Vorbildungen, nationalen Abstammungen etc. gesetzt. Dennoch
wird auch bei AW von langjährigen Führungskräften durchaus auf Rich DeVos und
Jay van Andel direkt Bezug genommen. Dies scheint vor allem zuzutreffen, wenn es
um die ‚generellen Werte' von AW geht, denn die Gründer werden als Verkörperung hoher Ideale gesehen. Ihnen werden auch die vier offiziellen Unternehmens-
werte „Freiheit, Familie, Hoffnung und Anerkennung"[149] zugeschrieben. Hinzu
kommt, dass die Gründer als Vertreter christlicher Werte gelten, woraus – im Sinne
eines ideologischen Argumentationsnetzwerkes – geschlussfolgert wird, dass das
gesamte Unternehmen auf einer besonders guten ethischen Grundlage steht: „(Interviewpartner 1): die zwei Firmengründer (...) haben einfach diese menschlichen
Werte insgesamt, ja. (Interviewpartner 2): Die sind sehr gläubige Menschen, also (...)
ich meine, dass die jetzt nicht nur etwas machen wegen dem Geld, sondern dass
denen der Mensch viel bedeutet" (Smaragd 1).

Der Wert des Unternehmens AW wird intern, aber auch im identitätsstiftenden Vergleich zu anderen DV betont: „Und ich bin der Meinung, also ich bin so für
mich zu dem Punkt gekommen, dass das AW-Geschäft in der Schwarz-

---

[148] Die Befragung ist Kernstück eines Buches (Zacharias 2005) und einer vorläufigen Auswertung
(Zacharias 2004). An der Online-Befragung konnte jeder teilnehmen, der wollte: www.fh-
worms.de/ebm-hm/professoren/zach/Fragebogen.htm#, abgerufen am 1.5.2007. Als wissenschaftliches Qualitätskriterium attestiert Zacharias seiner Studie „Neutralität" bei der Auswertung
(Zacharias 2005: 74).

[149] Quelle: www.amway.com/en/BusOpp/founders-fundamentals-10103.aspx, abgerufen am 1.3.2007.

Organisation sich von allem unterscheidet, was mir jemals noch bekannt geworden ist" (21%er). Der umstrittene Ruf von AW beruht gemäß Selbstbild teilweise auf (längst behobenen) Anfangsfehlern und vereinzelten ,schwarzen Schafen'. Darüber hinaus ist Kritik an AW vor allem der Unwissenheit der Gesellschaft und der ungerechtfertigten Übertragung des Fehlverhaltens anderer Unternehmen auf AW geschuldet. In diesem Sinne erklärt der Gründer Jay van Andel die Unternehmensgeschichte, die entscheidend davon geprägt ist, dass in den 60er und 70er Jahren illegale Pyramidensysteme aufkamen (für eine alternative Sichtweise s. Juth-Gavasso 1985). „These sorts of scams have done Amway a lot of damage because Amway is often confused with pyramid schemes. We suffered from guilt by association" (Van Andel 1998: 70). Dass derartige Einschätzungen auch heute bestehen, lässt sich an den Ausführungen der AW-Internetseite unter „Was bedeutet Direktvertrieb" zu legalem versus illegalem Vorgehen entnehmen.[150] Hier wird detailliert erklärt, warum rechtliche Bedenken nicht auf AW zutreffen und dieses Unternehmen höchsten internationalen Standards hinsichtlich seiner Geschäftsgrundlagen entspricht. Denn AW ist gemäß Selbstbild ein ehrenhaftes, aber bisher noch von vielen verkanntes Unternehmen: „In fünf Jahren sieht alles ganz anders aus! Wird selbst, MLM ist die absolute Zukunft! Früher wird es noch nicht richtig erkannt. Aber auf jeden Fall immer mehr" (Rubin 2).

Mögliche Vorzüge des ,anerkannten und ehrenhaften Systems' für den AW-Konzern

- Dadurch, dass auf bestimmte formale Richtlinien Bezug genommen wird, die vom Unternehmen eingehalten werden (z. B. Rückgaberecht), wird das Selbstverständnis untermauert, in einem regelkonformen Unternehmen zu arbeiten. Dies erfolgt unabhängig von der im Rahmen dieser Studie erfolgten Beobachtung, dass bestimmte Festlegungen – wie sicher auch bei anderen Unternehmen – für den Arbeitsalltag keine Bewandtnis zu haben scheinen bzw. sogar weitgehend unbekannt sind.

- Die während der mehrmonatigen Untersuchung auf den Schulungen nicht vorhandene Auseinandersetzung mit Regelverstößen suggerierte, dass alle Mitglieder gemäß der AW-Richtlinien handeln. Gleichzeitig kann auf Schulungen

---

[150] Siehe beispielsweise folgende Seite unter www.amway.de/default.asp?lan=de&zone=Direct _Selling&num=3, abgerufen am 9.2.2007.

beworbenes fragliches Verhalten, wie z. B. die Verwendung von Klassenbü-
chern, das Sponsorpotential der Mitglieder erhöhen (s. zu organisational verankertem Fehlverhalten Juth-Gavasso 1985; Koehn 2001).

- Der interne Verweis auf einzelne ‚schwarze Schafe', auf (behobene) Anfangs-
fehler, auf MLM-Unternehmen mit schlechten Geschäftspraktiken und auf
unwissende Verbraucher erklärt die Existenz der Kritik an AW im Sinne des
Konzerns (s. zu Identität in nicht voll anerkannten Beschäftigungen Kreiner et
al. 2006). Kritik an AW besteht aufgrund einer Art Vorverurteilung, „guilt by
association" (Van Andel 1998: 70), also letztendlich dadurch, dass AW in seinem wahren Kern von vielen Menschen verkannt wird. Diese ‚Märtyrerhaltung'
hilft das Selbstbild trotz – berechtigter oder unberechtigter Weise hervorge-
brachter – Kritik aufrecht zu erhalten.

9.8 Amway – eine Zusammenfassung

Schon in der Einleitung wurde deutlich, dass MLM ein Phänomen ist, das sowohl
extreme Kritik als auch hohe Begeisterung hervorruft. AW verkörpert diese Umstrittenheit und stellt zudem mit seinen 85.000 Mitgliedern in Deutschland einen der
größten DV dar. Ziel des AW-Kapitels war es, zunächst Grundlagen zu diesem
MLM-Unternehmen zu erläutern. Darauf aufbauend wurde die spezifische Ideologie von AW vorgestellt und analysiert. Empirische Grundlage hierfür waren teilnehmende Beobachtung, Dokumentenanalyse und Interviews mit (aufstrebenden)
Führungskräften von der Schwarz-Organisation. Als Kontrast wurden Aussteiger
befragt und Veröffentlichungen von Kritikern herangezogen. Diese beiden Extreme
– begeisterte Führungskräfte und (kritisch eingestellte) ehemalige Mitglieder mit
unterschiedlicher Verweildauer und Erfolgsebene – zeigen die besondere Identität
und Ideologie von AW.

Nach Meinung der Autorin handelt es sich bei AW um ein ‚Multitalent'
normativer Kontrolle: Eine Organisation mit starker Kultur, mit hohen Werten und
zahlreichen Widersprüchlichkeiten. Sie propagiert ‚völlige Freiheit', weist jedoch
zahllose Mechanismen der Identitäts- und Verhaltenssteuerung, also der Kontrolle
innerer Überzeugungen auf. Sie versteht sich als ‚sozial gerecht' und basiert gleichzeitig auf einem Provisionssystem, das zu starker Ungleichverteilung führt (s. Kapitel 9.4). Sie sieht sich als Chance zur ‚persönlichen Entwicklung' und fordert in den
Augen von Kritikern die völlige Anpassung an das eigene System hinsichtlich Denkens, Fühlens und Handelns. „Thus, 'the culture' is a gloss for an extensive defini-

tion of membership in the corporate community that includes rules for behaviour, thought, and feeling, all adding up to what appears to be a well-defined and widely shared 'member role'" (Kunda 1992: 7). Zu dieser Rolle kann bei AW 100%ige Loyalität gehören – bis hin zur Aufgabe des alten Lebens für ein neues Leben (Pratt 2000b; s. auch die Analyse von Cahn 2006 zum MLM namens Omnilife) in ,völliger Freiheit'.

Doch wie kann ein Unternehmen solche Widersprüche hervorrufen und dennoch seine Mitglieder davon überzeugen, dass immer nur ein Teil, der ,gute' Aspekt, zutrifft? Eine Antwort darauf bieten wie bei MKC *die spezifischen Werte und Überzeugungen, die zu einem dichten ideologischen Argumentationsnetzwerk verknüpft sind:*

- Ein Menschenbild: ,Jeder ist für sein Schicksal selbst verantwortlich', ,Es kommt nur auf den eigenen Willen an', ,Denken und Fühlen lassen sich durch Selbsthilfetechniken optimieren', ,Jeder Mensch ist wichtig, da er ein neuer Kunde oder noch besser ein neues Mitglied werden könnte' etc.
- Ein Gesellschaftsbild: ,Unsere Gesellschaft ist ungerecht: Leistung zählt nicht und ,die Kleinen' haben keine Chance', ,unsere Gesellschaft ist kühl: Menschen sind nichts wert und es gibt kaum Anerkennung', ,AW wird in seinen hohen Qualitäten (bisher) verkannt' etc.
- Ein Unternehmensbild (organisationale Identität): ,Durch AW lässt sich völlige Freiheit erlangen', ,das System ist sozial gerecht', ,hier wird Leistung anerkannt' etc.

Dieses Argumentationsnetzwerk bildet eine eigene Unternehmensideologie, die dem Unternehmen dient (s. Funktion von Ideologien in Organisationen in Kapitel 5.2.2). Dies geschieht auch, indem die verschiedenen Überzeugungen, die zugleich die Kernelemente der OI (s. Kapitel 5.2.3) verkörpern, im ,Amwayanischen' Sinne definiert werden: ,Freiheit' heißt selbständig sein, selbständig sein heißt viel Geld verdienen etc. Teilweise werden diese Definitionen mit Strukturen, wie der rechtlichen Selbständigkeit oder der formalen Gleichbehandlung beim Einstieg, untermauert. Dieses Zusammenspiel ,bürokratischer Kontrolle' in Form des Provisionssystems und ideologischer Inhalte bildet ein besonders dichtes Netz an Idealen und Strukturen – eine wenig untersuchte Wechselwirkung zwischen verschiedenen Kontrollformen (s. Kapitel 5.1, bspw. Kärreman 2001, 2004).

Ein weiteres zentrales Mittel zur Kontrolle bei AW ist der hohe Abstraktionsgrad der propagierten Ideale. Die Annahme der Autorin hierzu lautet, dass je höher und allgemeiner die vermittelten Werte sind – ‚soziale Gerechtigkeit' ist abstrakter als der ‚Spaßfaktor' bei TW –, sie sich desto leichter formen lassen. So kann das Ideal der Gerechtigkeit mit unterschiedlichen Bedeutungen verknüpft werden, die sich durchaus widersprechen können (s. bspw. Meulemann 2004). Da solche abstrakten Begriffe konkretisiert werden müssen, um greifbar zu sein, ‚übersetzt' das Unternehmen diese Ideale mit seinen eigenen Worten. In diesem Sinne wird aus ‚sozialer Gerechtigkeit', die Möglichkeit für jeden Erwachsenen, AW beitreten zu können bzw. sogar zu dürfen. Indem das Unternehmen höhere Werte mit unternehmenskonformem Inhalt füllt, verbinden Mitglieder die Ideale mit der Organisation – eine Art Kontrolle durch Ideologie, die über die in Kapitel 5.2.2 vorgestellten Möglichkeiten hinaus geht.

Wie bei MKC wird aber nicht nur durch Inhalte gesteuert, sondern es tragen auch *zahlreiche identitätsformende, kulturelle Kontrollmechanismen* (s. Kapitel 5.2.3) zur Vermittlung der Kernüberzeugungen bei – wie in anderen Unternehmen. Die ideologischen Überzeugungen und das dazugehörende Selbstverständnis werden wie bei MKC durch Label, Vorbilder, Werte, Belohnungen, Symbole, Metaphern, Geschichten etc. geformt. Die zentralen Inhalte werden mit Hilfe von Musik und Videos im Rahmen von außeralltäglichen Ereignissen (Events) sowohl sprachlich als auch in Bildform vermittelt und durch das eigene Erleben und Mitmachen emotional verankert. Analog zur vielschichtigen Kritik an AW greift dabei stärker als bei MKC die Abgrenzung nach außen (Alvesson/Willmott 2002: 629), denn AW versteht und präsentiert sich als Gegenkonzept zu ungerechten Unternehmen, zu ausbeuterischen Hierarchien und zu einer kalten, negativ denkenden Gesellschaft.

Das dichte Netz aus unternehmenskonformen Begriffsdefinitionen sowie identitätsstiftenden Mechanismen formt das Denken, Handeln und Fühlen loyaler Mitglieder – auch wenn bei ‚weichen' Faktoren nicht von einem direkten, linearen Zusammenhang zwischen Ursache und Wirkung ausgegangen werden kann (Brown/Humphreys 2006; Fleming/Sewell 2002; Jermier et al. 1991). Auch die hohe Austrittsrate (zu der Zahlen in Deutschland fehlen) stellt nicht die kulturelle Steuerung der Mitglieder in Frage. Im Gegenteil lässt sich sogar vermuten, dass der Weggang derjenigen, die nicht ‚passen' und sich nicht einpassen, die interne Identität stärkt und die Vielschichtigkeit von Stimmen senkt (s. Narrative Approach in Kapitel 5.2.3) und so gleichzeitig „groupthink" (Janis 1972) fördert.

Angesichts der wertgeladenen Kultur von AW bei gleichzeitig geringen durchschnittlichen Provisionen, angesichts der zahlreichen Menschen, die in den letzten Jahren schon irgendwann einmal Mitglied bei AW gewesen sein müssen, wirkt das Ausmaß, in dem öffentlich über MLM-Unternehmen diskutiert wird, gering. Allerdings gibt es von den jeweiligen Unternehmen umfangreiche Informationen im Internet und Ratgeber stellen Tipps für Erfolg im MLM vor (Berry 1997; Dewandre/Mahieu 1995; Poe 2001). Hinzu kommen die schon in Kapitel zwei genannten Kritiker und Kritikpunkte (Kapitel 2.3) sowie organisationsunabhängige Chat-Foren, in denen sich Befürworter sowie Zweifler zu Sinn und Unsinn des MLM äußern.[151]

Die Umstrittenheit von AW spiegelt sich auch in der hier vorgenommenen Analyse wieder, wobei deutlich wurde, dass AW und seine Führungskräfte eine Vielzahl an Möglichkeiten haben und nutzen, um Mitglieder davon zu überzeugen, dass die organisationalen Ziele exakt den individuellen Bedürfnissen entsprechen. Damit schließt sich die Autorin der vorliegenden Studie an Biggart an, die festhält: „Although not as stable or controllable as an employed labor force, independent contractors have the great advantage of being cheap. Moreover, entrepreneur/distributors think of themselves as owners, not workers (…) Ideologically, structurally, and legally this is a work force that cannot organize its interests in opposition to management" (Biggart 1989: 122). Dadurch befördert AW bei *loyalen* Mitgliedern die Hoffnung auf eine ‚völlige persönliche Freiheit'.

Alles in allem dürfte es wenig Unternehmen geben, auf die Willmotts „corporate culturalism" (Willmott 1993, s. Kapitel 5.2.1) besser zutrifft. Wichtig ist hierbei, dass „[t]he objection to corporate culture philosophy has not been that 'strong' cultures alienate individuals from their 'real', essentially free, selves. Rather, the complaint (…) is that corporate culturism contrives to eliminate the conditions – pluralism and the associated conflict of values – for facilitating the social process of emotional and intellectual struggle for self-determination" (Willmott 1993: 540). Eine solche Pluralität konnte von der Autorin im Rahmen der vorliegenden Erhebung nicht festgestellt werden. Vielmehr präsentierten überzeugte Mitglieder das System als perfekt und die Individuen als defizitär. Erfüllung erlangt der Einzelne, wenn er dem von der Schwarz-Organisation vorgeschriebenen Weg folgt. In „Mein Weg zum Kronenbotschafter" wird dem Leser auf Seite zwei in großen, fett gedruckten Lettern[152] diese Aussage unübersehbar verdeutlicht: „Gemeinsam starten = Erfolgsgarantie" (Schwarz/Schwarz 2001: 2). Und auf der folgenden Seite wird ausgeführt: „[J]eder willige und tüchtige Mensch kann in diesem Geschäft Erfolg haben. Der Grund dafür ist, dass er seine Arbeit innerhalb eines 100%-ig funktio-

---

[151] Siehe bspw. www.krambox.de/item/674 oder www.gomopa.net/Finanzforum/MLM-Firmen-A-Z/MLM-Firmen-A-Z.html, abgerufen am 20.3.2007.

[152] Es handelt sich um Schriftgrad 27 bzw. 49 (Times New Roman), Fettdruck.

nierenden Systems ausführt" (Schwarz/Schwarz 2001: 2). Dieses Erfolgsversprechen fordert eine 100%ige ‚freie' und ‚willige' Anpassung der eigenen Individualität
an die umfassenden AW-Regeln. Auf die umfangreiche ‚Selbsteinordnung' folgt
gemäß Amways Selbstbild paradoxer Weise ‚völlige Freiheit' oder sogar ‚totale Freiheit' – eine gelegentlich genannte Formulierung in ‚Orwell'scher Neusprech-
Qualität' (Orwell 2000).

Nachdem die letzten drei Kapitel anhand von TW als klassischem Direktvertrieb, MKC als ‚product-based' MLM und AW als ‚recruiting-based' MLM aufgezeigt haben, wie diese Organisationen ihre jeweilige Identität produzieren und damit
ihre Mitglieder kulturell sowie durch formale Vorgaben steuern, wird im abschließenden Kapitel ein direkter Vergleich zwischen den Unternehmen gezogen und auf
Gemeinsamkeiten und Unterschiede zu ‚bürokratischen Organisationen' eingegangen.

10 Direktvertriebe im Überblick

Die obigen Schilderungen und Analysen von MKC und AW bestätigen den eingangs genannten Befund: MLM ist ein ‚way of life' statt bloße Berufstätigkeit: Diese Organisationen sind ‚Multitalente', die gemäß Selbstbild sowohl materielle Wünsche als auch höchste spirituelle Werte erfüllen können. Sie umfassen alle Lebensbereiche, von der Familie, dem Beruf bis hin zu weltanschaulichen Themen, und sie versprechen sowohl freie Entfaltung als auch die Sicherheit einer großen Gemeinschaft (s. auch Bromley 1995, 1998). Die besondere Kultur dieser Unternehmen mit ihren ideologischen Überzeugungen, die das jeweilige spezifische organisationale Selbstbild prägen, (über)kompensiert die fehlenden formalen Elemente wie Weisungsbefugnis oder feste Arbeitszeiten, in denen bestimmte Leistungsvorgaben erfüllt werden müssen. Statt eines festen Arbeitsplatzes, wird die eigene Wohnung zum Ort, an dem Gespräche mit Interessenten stattfinden und Gesichtspflegeschulungen durchgeführt werden. Anstelle fester Arbeitszeiten bieten die Organisationen die Möglichkeit, jederzeit an der eigenen Entwicklung sowie der eigenen Karriere zu arbeiten. Und in Ermangelung von direkten Befehlen werden von Mitgliedern, die qua Leistung einen hohen Status erreicht haben und mit (institutionalisiertem) Charisma (Weber 1980: 142-148, s. auch Kärreman et al. 2006) ausgestattet sind, ‚Empfehlungen' und ‚Ratschläge' gegeben, wie das ideale Mitglied zu sein, zu denken, zu handeln und zu fühlen hat. So verschwimmen die Grenzen zwischen Individuum und Organisation in räumlicher, zeitlicher und ideeller Hinsicht und aus rechtlich selbständigen Mitgliedern werden Organisationsmenschen, bei denen persönliche und organisationale Identität eins zu sein scheinen.

In diesem abschließenden Kapitel werden die oben dargestellten Ergebnisse auf drei Ebenen zusammengefasst: Erstens werden die verschiedenen DV untereinander, aber auch mit ‚bürokratischen Unternehmen' anhand der drei Leitfragen der Arbeit verglichen (10.1). Dabei zeigt sich, dass die Kontrolle in den verschiedenen Organisationen nicht so unterschiedlich ist, wie das Fehlen bestimmter ‚bürokratischer Elemente' im DV zunächst vermuten lässt. Stattdessen wird vielmehr deutlich, dass auch die DV durch Strukturen steuern und dass die hohen Werte eng mit diesen verzahnt sind. Wie diese Verknüpfung formaler und kultureller Kontrolle funktioniert, wird im Vergleich der drei untersuchten DV herausgearbeitet (10.2). Die hohen Werte als inhaltlicher Kern der ‚Multitalente' MKC und AW werden abschließend in 10.3 thematisiert.

10.1 Kontrolle in Organisationen: Direktvertriebe im Vergleich mit ‚bürokratischen Unternehmen'

In den Schilderungen und Analysen TW, MKC und AW wurden fehlende formale Hierarchien bei gleichzeitig existierenden Statushierarchien deutlich. Es wurden innere Überzeugungen loyaler Mitglieder sowie ‚äußere' Provisionsstrukturen sichtbar. Neben den von den Unternehmen propagierten Idealen wurde auch interne und externe Kritik aufgezeigt. Diese verschiedenen Blickwinkel wurden bei MKC (Kapitel acht) und AW (Kapitel neun) anhand der drei zentralen Fragestellungen der Arbeit strukturiert (s. Kapitel 5.3): Was kennzeichnet die OI und die Ideologie der Unternehmen (bzw. deren Grenzen)? Wie werden diese Überzeugungen produziert? Und wozu dienen diese den Organisationen? Im vorliegenden Kapitel werden die drei Direktvertriebsunternehmen TW, MKC und AW anhand der Antworten zu diesen drei Fragen miteinander verglichen. Denn während im bisherigen Forschungsstand (s. Kapitel 3, einzige Ausnahme Pratt/Rosa 2003) entweder einzelne Unternehmen untersucht oder verschiedene DV als gleichartig behandelt wurden (s. bspw. Biggart 1989; Walsh 1999), zeigt die vorliegende Studie erhebliche Unterschiede zwischen TW, MKC und AW auf. Neben dem Vergleich der DV wird bei jeder Dimension hinterfragt, ob und inwiefern sich dieser Organisationstyp von Nicht-DV unterscheidet.

Wozu dienen die jeweiligen Überzeugungen? – Eine Zusammenfassung im Organisationsvergleich

Die in den Organisationen propagierten Werte haben unterschiedliche Ausrichtungen. Dennoch – und dies entspricht dem hier verwendeten Ideologiebegriff (s. Kapitel 5.2.2) – dienen die Ideale der Legitimation der Machtverhältnisse in den Unternehmen. Ziel der Arbeit war es, die verschiedenen Überzeugungen und deren jeweils mögliche Vorzüge herauszuarbeiten. Dies geschah in Kapitel acht und neun für MKC und AW in systematischer Art und Weise. Ohne dass TW in gleichem

Maße analysiert wurde, sind hier vergleichbare Vorteile zu erwarten. So entspricht die von Unternehmensseite aus oft wiederholte Ansicht, dass ‚Tuppern Spaß macht', nicht nur dem Empfinden vieler Beraterinnen, sondern fördert auch die Attraktivität der Tätigkeit, verringert das Hinterfragen der (dennoch vielfach kritisierten) Provisionshöhe und motiviert die Frauen.

Werte steuern und kontrollieren des Handeln der Mitglieder in den untersuchten DV. Dies geschieht auch in Nicht-DV, so dass die hier untersuchten Unternehmen sich in dieser Hinsicht nicht prinzipiell, sondern nur graduell von anderen Organisationen unterscheiden (s. Erhebungen von Czarniawska-Joerges 1988; Potterfield 1999; Wittel 1997). Die jeweiligen Besonderheiten von TW, MKC und AW – und auch der Unterschied zu ‚normalen Unternehmen' – liegen hier somit nicht in der Funktion der Ideologie, sondern in den jeweils vermittelten Inhalten: Bei TW fördert das Selbstbild des Markenherstellers die Motivation und bei AW beispielsweise die Vorstellung, in einem sozial gerechten Unternehmen zu arbeiten. Diese Unterschiede sind inhaltlicher Natur und auf diese wird im nächsten Abschnitt eingegangen.

Was wird jeweils vermittelt? – Eine Zusammenfassung im Organisationsvergleich

Bei dieser Frage treten die zentralen Unterschiede zwischen den Konzernen zu Tage: TW ist ein ‚Nebenjob mit Spaßfaktor', MKC bietet ‚einen Weg zum besseren Leben' und AW präsentiert sich als ‚Garant für Freiheit'. Damit haben die Unternehmen jeweils ihre eigene inhaltliche Ausrichtung, messen der Tätigkeit mehr oder weniger weitreichende Bedeutung bei und bewerten ihre Mitglieder sowie sich selbst auf durchaus unterschiedliche Art und Weise. Tabelle 10 bietet hierzu einen Überblick.

Ohne jeden einzelnen Aspekt der Tabelle 10 auszuführen, liegt der größte Unterschied zwischen TW, MKC und AW in der Reichweite der jeweiligen Werte und Überzeugungen. Die verschiedenen unternehmensspezifischen Ausprägungen lassen sich folgendermaßen skizzieren:

- *Tupperware verkörpert einen Nebenerwerb mit Spaßfaktor:* Bei TW steht das Qualitätsprodukt im Mittelpunkt. Dessen Verkauf wird (Haus)Frauen als abwechslungsreiche Tätigkeit nahegebracht, die aufgrund der ‚Party'-Form Freude bereitet und nicht den Eindruck harter Arbeit vermittelt. Das ideale Mitglied ist

Tabelle 10: Propagierte Werte und zentrale Überzeugungen bei TW, MKC und
AW im Vergleich

	TW	MKC	AW
Zentrale Überzeugungen	Qualitätsprodukt	Eine Gemeinschaft ohne Konkurrenz Eine Chance für Frauen Ein Unternehmen voller Anerkennung Ein Wirtschaftsunternehmen mit ‚Berufsglaube' Das Wirtschaftsunternehmen als ‚Lebensschule'	Völlige Freiheit Risikoloses Ausprobieren Anerkennung (für Leistung) Persönliche Entwicklung Wohlfühlfaktor in einer starken Gemeinschaft Soziale Gerechtigkeit AW – ein anerkanntes und ehrenhaftes System
Reichweite der Unternehmensideologie	Begrenzt ‚Nebenjob mit Spaßfaktor'	Beeinflusst das gesamte Leben ‚Ein Weg zum besseren Leben'	Ist das gesamte Leben ‚Garant für Freiheit'
Bild vom idealen Mitglied	Kompetent, freundlich Typus: moderne (Haus)Frau	Offen, freundlich, großes Herz, lernbereit, feminines Auftreten Typus: Dame mit Herz, Mut, Stolz	Positiv denkend und redend, nie kritisierend, ehrgeizig und gesellig zugleich Typus: ‚Kämpfer' und ‚Menschenfreund' in einem
Wert der Tätigkeit	Zuverdienst für Mütter/Hausfrauen	Für sich und andere Gutes tun und dafür (materiell und immateriell) belohnt werden	Reich werden durch Gutes tun, aufgrund materieller Freiheit alles tun und lassen können, was man möchte
Gesellschaftsbild	Seltenes Thema (wenn, dann vorwiegend schlechte Jobchancen für Mütter)	Latent stets vorhandenes, aber unregelmäßig geäußertes Thema Kapitalismus oft herzlos, Männerwelt kalt, Benachteiligung von Frauen	Fortwährendes, explizit diskutiertes Thema Gesellschaft kalt, kaum Anerkennung Gesellschaft ungerecht, nur wenige haben eine Chance Der Einzelne zählt nichts
Rolle des Unternehmens in der Gesellschaft	Bekannter Markenhersteller	Ein besonderes Wirtschaftsunternehmen, das Frauen Chancen bietet und einen sanften Kapitalismus verkörpert	AW ist die (bisher noch verkannte) Lösung für gesellschaftliche und individuelle Probleme

freundlich sowie kompetent. Weder bestehen an die Mitglieder hohe charakterliche Anforderungen, noch sieht sich das Unternehmen als Ausdruck eines al-
ternativen Kapitalismus.

- *Mary Kay Cosmetics präsentiert sich als ,ein Weg zum besseren Leben':* Die Produkte
sind das Mittel jedes Mitglieds, um sich und anderen Gutes tun zu können. Die
ideale MKC-Beraterin verkörpert diese grundsätzliche Überzeugung. Dabei besteht eine große Spannbreite höherer Ideale, zu der auch der nicht-berufliche
Bereich der Familie und ein ,Berufsglaube' gehören. Dieser Wertepluralismus
spiegelt sich auch in der Vielfalt unterschiedlicher, individueller Ausrichtungen
und Präferenzen innerhalb der Organisation wider.

- *Amway sieht sich als ,Garant für Freiheit':* Innerhalb der exemplarisch untersuchten
Schwarz-Organisation gibt es ein klares Hauptziel, und zwar die ,völlige Freiheit', die auf hohen Einnahmen aufbaut. Andere Aspekte sind diesem Wert untergeordnet. Das ideale Mitglied sieht sich einer Vielzahl von Empfehlungen
gegenüber, die es einhalten sollte, um zu diesem Ziel zu gelangen. AW steht in
scharfer Abgrenzung zur Außenwelt, der ungerechten Gesellschaft und den
negativ denkenden Nicht-Mitgliedern. Dabei wird das Unternehmen als Lösung für eine Vielzahl individueller Probleme (zu wenig Geld, Perspektivlosig-
keit) und gesellschaftlicher Themen wie hohe Arbeitslosigkeit etc. bewertet.

Diese Zusammenfassung zeigt, dass MKC und AW hohe Ideale verkünden und
einen weitreichenden Anspruch auf das Leben ihrer Mitglieder erheben. Dementsprechend verdienen sie durchaus die Charakterisierung von Biggart als „charismatic capitalism" (Biggart 1989): Sie verknüpfen höhere Werte mit der konkreten
Tätigkeit als Mitglied (s. auch Forschungsstand Kapitel 3). Für TW trifft dies dagegen nicht zu – wobei eine solche Interpretation für die Zeit der 50er Jahre des letzten Jahrhunderts in den USA unter der Vizepräsidentin Brownie Wise sicherlich
passend wäre (s. Kapitel 7.6 und Clark 1999).

Aufgrund dieser erheblichen inhaltlichen Unterschiede in den vermittelten
Überzeugungen wird die pauschale Gegenübersetzung des DV zu ,bürokratischen
Unternehmen' fraglich. Damit widerspricht die vorliegende Arbeit sowohl Biggarts
(1989: 131) Typisierung als auch der in der Analyse kontinuierlich deutlich gewor-
denen Selbstabgrenzung der DV gegenüber anderen Organisationen (s. bspw. Zacharias 2005): Nicht-DV können weitreichendere Ideale als TW propagieren, z. B.
die von Kunda (1992) und Wittel (1997) untersuchten Computerkonzerne. Und

obwohl vermutlich nur wenige Unternehmen eine vergleichbare ‚Wertintensität' wie
MKC oder AW aufweisen, hängt diese nicht zwingend an der Struktur des DV.
Dementsprechend lässt sich als Zwischenfazit festhalten, dass sich die DV
hinsichtlich des ‚Wozu?' untereinander nicht unterscheiden und nach Meinung der
Autorin auch nicht von anderen Wirtschaftsunternehmen abheben. Bezüglich des
‚Was?' lassen sich dagegen erhebliche Differenzen zwischen TW, MKC und AW
finden. Im Vergleich mit anderen Organisationstypen hängt die Ausrichtung auf
eine starke Kultur und hohe Werte jedoch nicht am Organisationsaufbau. Noch
komplexer wird das Bild von Besonderheiten und Gemeinsamkeiten, wenn im
folgenden Abschnitt als dritte Dimension die Frage hinzukommt, ‚wie' die jeweiligen Unternehmen die von ihnen propagierten Überzeugungen herstellen.

Wie werden die Überzeugungen vermittelt? – Eine Zusammenfassung im
Organisationsvergleich

Bei der Frage der Vermittlung und Verankerung inhaltlicher Überzeugungen in der
organisationalen Identität, also im Selbstbild des Unternehmens sowie dem Bild, das
Individuen als Organisationsmitglieder von sich haben, wurden zwei Ebenen unterschieden: erstens die Steuerung durch ‚bürokratische Aspekte' (s. Kapitel 5.1) und
zweitens normativ-kulturelle Kontrolle (s. Kapitel 5.2).
Hinsichtlich ihrer *formalen Strukturen* lassen sich zunächst *erhebliche Unterschiede
zwischen den DV und ‚normalen Unternehmen'* festhalten: fehlende Weisungsbefugnis,
keine offiziellen vertraglichen Verpflichtungen, keine Stellenbeschreibungen, keine
festen Arbeitszeiten etc. Dadurch reduzieren sich die Möglichkeiten ‚bürokratischer
Kontrolle'. Allerdings sind die genannten Aspekte nicht die einzigen, die (idealtypische) Bürokratien laut Weber (1980) charakterisieren (s. Kapitel 5.1): auch schriftlich festgelegte Regeln, wie die Provisionssysteme, und Unter- und Überordnungen,
wie diejenigen, die durch das Anwerben neuer Mitglieder in die eigene ‚Organisation' entstehen, sind Strukturen, die das Handeln steuern können. *Das bedeutet, dass die
DV zwar in mancher zentraler Hinsicht ‚bürokratische Elemente' vermissen lassen, in anderen
Punkten allerdings ebenso formale, steuernde Grundlagen haben.* Im Vergleich der drei untersuchten DV untereinander lässt sich festhalten, dass AW die meisten formalen
Regeln und Festlegungen aufweist (s. Kapitel 9.2) und vor allem im Vergleich zu
TW erheblich mehr Provisionsebenen kennt (s. für TW Kapitel 7.3 und für AW
Kapitel 9.3). Im Gegenzug bietet TW eine Vielzahl parallel stattfindender Wettbe-
werbsprogramme an, die wesentlich umfangreicher sind als die bei AW beobachte-

ten. Somit scheint es zwischen den untersuchten DV vor allem graduelle Unterschiede in der Häufigkeit und Dichte einzelner ‚bürokratischer Kontrollmechanismen' zu geben.

Zur normativ-kulturellen Kontrolle zählen die vielen Mechanismen, die sich in allen drei Unternehmen finden lassen – auch wenn sich die Analyse vor allem auf MKC und AW bezieht. Dazu gehören Geschichten (Boje 1995), Metaphern (Czarniawska-Joerges/Joerges 1988), Statushierarchien (Alvesson/Willmott 2002), Symbole (Gagliardi 1990), Kleidung (Pratt/Rafaeli 1997), Events (Gebhardt et al. 2000) als außeralltägliche Ereignisse mit Reden von Vorbildern, Musik, Filmen und Bildern von Erfolgsbeispielen etc. Die genannten Mechanismen lassen sich im Diskurs zur normativen Kontrolle verorten und gehören zur Kontrolle durch Organisationskultur (Kapitel 5.2.1), durch Ideologie (Kapitel 5.2.2) und durch Identität (Kapitel 5.2.3). Sie tragen allesamt dazu bei, die verschiedenen Werte im Denken, Handeln und Fühlen der Mitglieder zu verankern. Der Unterschied zwischen den Unternehmen liegt ‚nur' im Ausmaß des jeweiligen Einsatzes: AW nutzt eine größere Spannbreite als TW. Ansonsten sind die eingesetzten Kontrollmechanismen in allen drei DV die gleichen.

Zudem sind es Mechanismen, die ebenso von anderen Organisationstypen genutzt werden – zu denen sich auch die Konzepte in Kapitel fünf herausgebildet haben. So gibt es in jedem Unternehmen Label, um Mitglieder zu kategorisieren und in der Hierarchie der Organisation zu verorten. Der Hauptunterschied zu den DV liegt dementsprechend beispielsweise nicht im Einsatz von Labeln, sondern vielmehr in deren inhaltlicher Ausprägung: Was in vielen Unternehmen als ‚mittlere Führungskraft' bezeichnet wird, trägt im Falle AW die Bezeichnung ‚Rubin'. Allerdings sind solche Begrifflichkeiten auch in anderen Organisationen möglich, so dass auch hier der Organisationstypus des DV noch keine spezifische Form der Mitgliedersteuerung bedingt.

Unter Berücksichtigung dieser beiden Aspekte – ‚bürokratische Kontrolle' und kulturell-normative Mechanismen – heben sich die DV vor allem in ihrer inhaltlichen Ausrichtung und der Intensität der jeweiligen Nutzung der Kontrollmechanismen von ‚bürokratisch(er)en Unternehmen' ab. Kurz zusammengefasst gibt es i. d. R. weniger formale Strukturen und dafür ‚mehr Kultur'. Letztere beinhaltet teilweise (!) hohe Werte. Durch fehlende formale Verpflichtungen gleichen somit manche DV sozialen Bewegungen (Biggart 1989: 9) und weisen eine starke Organisationskultur auf, wie Kunda sie in seiner Analyse des Nicht-DV „Tech" herausarbeitet (s. Kapitel 5.2.1): „For Dave, as for many managers, cultural matters are an explicit concern (...) His strategy is clear. 'Power plays don't work. *You can't make 'em do anything.* They have to want to. So you have to work through the culture" (Kunda 1992, Hervorh. i. O.: 4 f.).

Die Unterschiede zwischen den DV und anderen Organisationen sind somit nicht so grundsätzlich wie der wissenschaftliche Forschungsstand (vor allem Biggart 1989) und die Selbstbilder von MKC und von AW suggerieren. Dennoch befriedigt eine solche graduelle Unterscheidung – Intensität formaler und normativer Kontrolle – nicht, wenn es um den Vergleich der hier analysierten DV untereinander geht: TW ist ein produktorientiertes Unternehmen, MKC weist Parallelen zum „corporate culturism" (Willmott 1993) auf und AW lässt sich als Paradebeispiel für eine Organisationskultur verstehen, die auf jeden Bereich des Lebens loyaler Mitglieder Einfluss ausübt – und in diesem Tun von ‚Amwayanern' noch als ‚Garant für Freiheit' empfunden wird. Um diese Unterschiede, letztendlich die Wesensmerkmale starker sowie weniger ausgeprägter Organisationskulturen, zu verstehen, ist kein Vergleich zu ‚Bürokratien' notwendig. Stattdessen liegt der Schlüssel zur Erklärung in dem engen Zusammenspiel der propagierten Inhalte (‚Was?') und der Organisationsstrukturen (‚Wie'?). Dieses wird im nächsten Abschnitt anhand des Vergleichs der drei DV untereinander ausgeführt.

10.2 Die Verzahnung von struktureller und normativer Kontrolle: Direktvertriebe im Vergleich

Beim Vergleich der verschiedenen DV haben sich die größten Unterschiede in der Frage, *was* die Organisationen jeweils als zentralen Wert vermitteln, gezeigt: ein Qualitätsprodukt bei TW, ‚Gemeinschaft', ‚Anerkennung', ‚Berufsglauben' bei MKC oder ‚völlige Freiheit' bei AW. Biggarts (1989) Charakterisierung von DSO als charismatisch ist in diesem Zusammenhang durchaus hilfreich – auch wenn die generelle Anwendung auf den DV aufgrund der vorliegenden Ergebnisse zu TW hier nicht zutreffend erscheint. Was MKC und AW im Sinne Biggarts kennzeichnet, ist, dass die Tätigkeit mit einer höheren Mission und Vision verknüpft wird. So können Mitglieder ihr Tun als Ausdruck von Idealen – und nicht nur als reine Aufgabenerfüllung – betrachten (Biggart 1989: 131). Während ‚Bürokratien' für Biggart auf *formalen Regeln* beruhen und diese bestimmtes Handeln, Befehle etc. legitimieren, geben DSO *inhaltliche Ziele* des Handelns vor, beispielsweise ‚Gutes tun' bei MKC. Dementsprechend sehen sich die *Mitglieder als Gefolgsleute*, die zum ‚gemeinsamen' Ziel streben und die Tätigkeit gilt als eigene Lebensart statt profanen Gelderwerbs.

Die Charakterisierung als ‚way of life' von Biggart (1989) trifft auf MKC und AW insofern zu, als diese Unternehmen ihren Mitgliedern vermitteln, dass im Kern der Tätigkeit hohe Werte stehen. Angesichts der geringen Durchschnittsumsätze lässt sich vermuten, dass sowohl bei MKC als auch bei AW in der Tat *für die Individuen, also die Mitglieder* oft immaterielle Anreize – wie die Anerkennung oder auch die Hoffnung auf ‚materielle Freiheit' – ausschlaggebend für den Einstieg bzw. das Dabeibleiben sind. Eine genaue Aussage hierzu ist auf Basis der vorliegenden Erhebung nicht möglich. *Auf der Ebene der Organisation* wurde dagegen anhand vieler Beispiele belegt, wie diese Werte von den Unternehmen produziert werden und welche Vorzüge sie für diese haben können. Außerdem wurde aufgezeigt, dass die Vermittlung der Ideale mit Hilfe kultureller Mechanismen sowie formaler Strukturen erfolgt. Während Kultur und Struktur nicht nur bei Biggart (1989) als entgegengesetzte Formen der Einflussnahme behandelt werden (s. diese Kritik bspw. bei Kärreman/Alvesson 2004; Alvesson/Kärreman 2004), zeigt die Analyse MKC und AW, dass diese eng miteinander verknüpft sein können: Im DV gibt es zwar keine Hierarchie im Sinne einer klaren Über- und Unterordnung, aber jedes neue Mitglied wird einem anderen zugeordnet (s. Kapitel 2.1). Die Statushierarchie, die teilweise mit vielen kulturellen Symbolen versehen und weithin sichtbar ist, beruht auf nichts anderem als einem klaren Regelsystem. Und erst der Aufstieg innerhalb des formalen Provisionssystems ermöglicht es den Erfolgreichen, ihre persönlichen Sichtweisen auf den entsprechenden Veranstaltungen zu verkünden und so normative Kontrolle auszuüben.

In den jeweiligen Analysen zu TW, MKC und AW und der obigen Übersicht (Tabelle 10) wurden erhebliche Unterschiede in der inhaltlichen Ausrichtung deutlich. Das vorliegende Kapitel zeigt zusammenfassend auf, wie sich die jeweiligen Besonderheiten auch in der Struktur der Organisationen widerspiegeln. Als erstes soll in diesem Zusammenhang nochmals die im Laufe der obigen Analysen eingeführte Unterscheidung zwischen ‚klassischem Direktvertrieb', ‚product-based' MLM und ‚recruiting-based' MLM näher betrachtet werden. Diese gibt an, welchen Schwerpunkt die verschiedenen Unternehmen setzen (Produktorientierung oder Anwerben) und wie sie aufgebaut sind, also mit wenigen Statusebenen wie bei TW oder mit langen Ketten von Mitgliedern wie bei den MLM-Unternehmen AW und MKC. Tabelle 11 skizziert, wie die Produkt- bzw. die ‚Personenorientierung' – wie das Gegenstück zur Produktorientierung hier genannt werden soll – nicht nur kulturell, sondern auch strukturell verankert ist.

Die erste Zeile „Raum für die Produkte" verdeutlicht, dass bei TW in der Wochenschulung sowie den großen Veranstaltungen die Produkte zur Geltung kommen, z. B. indem dazu Wissen und Anwendungsmöglichkeiten weitervermittelt werden. Bei AW, zumindest in der hier untersuchten Schwarz-Organisation,[153] ist dies in wesentlich eingeschränkterem Maße der Fall, denn vorgesehen ist eine 3- bis 5-minütige Produktvorstellung,[154] während auf den großen Seminaren der Schwarz-Organisation die Produkte keine Rolle spielen.[155] Auch im Rahmen der eigenen Erhebung wurden die Unterschiede deutlich: Bei TW war es für die Beraterinnen selbstverständlich, dass auch die Autorin ‚Tupper-Ware' regelmäßig nutzt und mit den Produkten vertraut ist. Bei MKC wurde die Autorin schon beim ersten Besuch der Wochenschulung gefragt, was ihr ‚Lieblingsprodukt' von MKC sei. Auch hier wurde das Kennen der Produkte vorausgesetzt und die gleiche Frage wurde im Verlauf der Erhebung von verschiedenen Personen wiederholt. Bei AW wurde die Verfasserin dagegen nicht ein einziges Mal auf die Produkte angesprochen. Thematisiert wurde nur – wie bei allen Unternehmen – die Frage nach dem Beitritt der Autorin zur Organisation.

Analog zu dem ungleichen Gewicht der Produkte zeigt Tabelle 11 die unterschiedlichen ‚Räume' für die Personenorientierung in der Wochenschulung, den großen Seminaren und in Form der ‚Schulungsmaterialien' auf: Alle drei Unternehmen bieten Erfolgreichen eine Plattform, um anerkannt und für die eigene Leistung ausgezeichnet zu werden. Während das Recht, auf der Bühne geehrt zu werden, beim 2-tägigen ‚Rendezvous der Regionen' von TW für Beraterinnen nicht mit Rederechten verbunden war,[156] gab es kurze Ansprachen einzelner Erfolgreicher bei MKC sowie Redebeiträge der vier Nationalen Verkaufsdirektorinnen beim Jahresseminar. Bei AW bildeten acht Reden von erfolgreichen Führungskräften des Außendienstes den Mittelpunkt des Halbjahresseminars. Diese Reden werden bei AW komplett aufgezeichnet und unter den Mitgliedern weitergereicht. Im Unterschied dazu erstellen die Unternehmen MKC und TW einen Videozusammenschnitt, d. h.

---

[153] Innerhalb der teilnehmenden Beobachtung und in inoffiziellen Gesprächen wurde der Downline ‚Network 21' eine stärkere Produktorientierung zugesprochen.

[154] Quelle: www.schwarz-diamond-connection.de/neu/german/content/schulungszentren.html, abgerufen am 1.3.2007.

[155] Dass die Produkte auf den Seminaren der Schwarz-Organisation keine Rolle spielen, liegt sicherlich auch daran, dass diese nichts mit der Herstellung und dem Vertrieb der Produkte zu tun hat. Diese Zweiteilung – ein Lieferant namens Amway GmbH und eine Motivationsorganisation namens Schwarz-Diamond-Connection – belegt die Loslösung der Motivation vom Vertrieb der Produkte (siehe auch Juth-Gavasso 1985).

[156] Da hierzu keine eigene teilnehmende Beobachtung vorliegt, beruhen die Angaben auf den Interviews und Videoausschnitten aus dem Jahresseminar ‚Rendezvous der Regionen'.

Tabelle 11: Verankerung der Produkt- vs. der Personenorientierung bei TW, MKC und AW im Vergleich

	TW: Nebenerwerb mit Spaßfaktor	MKC: ein Weg zum besseren Leben	AW: Garant für Freiheit
Raum für Produkte	Wochenschulung: Produktvorstellung und -verwendung wichtig Jahresseminar: Vorstellung der Produktneuheiten	Wochenschulung: keine Vorgabe von Seiten der Organisation aus; Zeigen neuer Produkte Jahresseminar: Vorstellung der Produktneuheiten	Wochenschulung: 3- bis 5-minütige Produktvorstellung; gelegentlich Hauptrede zu Nahrungsergänzungsmitteln Halbjahresseminare: Produkte irrelevant
Raum für Erfolg-reiche I	Wochenschulung: Ehrung Erfolgreicher Erfolgreiche stellen Angebote des Monats vor, berichten von Incentive-Reise etc.	Wochenschulung: Ehrung Erfolgreicher Die Beraterin, die den höchsten Vorwochenverkauf hat, erzählt, wie sie das erreicht hat (keine vorbereitete Rede o. Ä.)	Wochenschulung: Ehrung Erfolgreicher Produktvorstellung durch aufsteigendes Mitglied Hauptrede von Führungskraft (meist Platin aufwärts) mit persönlichen Überzeugungen u. weltanschaulichen Aspekten
Raum für Erfolg-reiche II	Jahresseminar ,Rendezvous der Regionen': Keine Reden durch einzelne Erfolgreiche	Jahresseminar: Kurze Statements der Erfolgreichsten der verschiedenen Auszeichnungsgruppen Reden der 4 Nationalen Verkaufsdirektorinnen Gastsprecherin Reden mit persönlichen Überzeugungen u. weltanschaulichen Aspekten	Halbjahresseminar: Kurze Statements neuer/aufsteigender Führungskräfte 8 Reden von erfolgreichen Beraterpaaren; diese sind Kernstück der Veranstaltung Reden mit persönlichen Überzeugungen u. weltanschaulichen Aspekten
Raum für Erfolg-reiche III	Material zum Seminar: Zentrale gibt Video heraus, nur für BZH erhältlich Schulungsmaterialien: ohne real existierende Führungskräfte des Außendienstes	Material zum Seminar: Zentrale gibt Video des Seminars heraus, erhältlich Schulungsmaterialien: weitere Videos enthalten bspw. Interviews mit Erfolgreichen. Zentrale Person ist immer die Gründerin	Material zum Seminar: Jede einzelne Seminarrede jedes Seminardurchgangs wird aufgezeichnet, verkauft, aber auch so unter Mitgliedern weitergereicht Schulungsmaterialien: Zusätzliche CDs von verschiedenen Erfolgreichen der Schwarz-Organisation erhältlich

es wird ausgewählt, was weitergegeben wird. Zudem wird diese Zusammenstellung bei TW an die Bezirkshändlerin gegeben, aber nicht an die Beraterinnen verkauft.

Auf den Seminaren von MKC und AW bestanden ebenso feine Unterschiede hinsichtlich der Möglichkeit, sich zu präsentieren: So stellten sich bei AW die Redner selbst mit ihrer Lebensgeschichte vor und dar,[157] während bei MKC die vier Nationalen Verkaufsdirektorinnen einleitend von den Unternehmen präsentiert wurden. In den Wochenschulungen von TW waren die Beiträge Erfolgreicher nie mit weltanschaulichen Inhalten verknüpft, während bei MKC die persönliche Sichtweise der Direktorin zum Tragen kam. Dies geschah allerdings indirekt – also nicht in Form einer Rede oder Ansprache –, während bei AW die Hauptrede, die den größten Teil des Abends einnimmt, der Vermittlung des ‚Am-Way' diente. Selbst bei scheinbar an Fakten orientierten Schulungsthemen wie dem ‚Sponsorplan' wurde vermittelt, wie das Mitglied die Wünsche des Interessenten wecken kann, welche Träume (Geld, Auto, Reisen etc.) es gibt, warum es sich lohnt, diesen zu folgen und wie die eigene schlechte Laune durch Techniken des positiven Denkens vertrieben werden kann etc. (s. Kapitel 3.2.1).

Charakteristisch für den in Kapitel 5.2.1 vorgestellten „corporate culturism" (Willmott 1993) ist das (scheinbare) Ineinanderfallen individueller und organisationaler Interessen. Dadurch findet nicht nur Kontrolle von außen statt, sondern eine Form von verinnerlichter Selbstkontrolle: Wer die Unternehmensziele als seine eigenen ansieht, wer die Vision der Gründer als Ausdruck seiner innersten Wünsche betrachtet, folgt gerne und selbstdiszipliniert (und sich selbst disziplinierend) den Zielen der Organisation (Miller/Rose 1990; Rose 2000; Willmott 1992; Willmott 1993). Die folgende Tabelle 12 vergleicht anhand mehrerer Merkmale, wie die enge Verknüpfung von Mitgliedern untereinander (also gegenseitige Abhängigkeit) durch die verschiedenen Organisationen in unterschiedlichem Ausmaß gefördert wird.

In allen drei Unternehmen hat der Anwerber einen Nutzen aus der Akquise einer neuen Person. Bei TW umfasst dies ein Geschenk, sobald die neue Beraterin einen bestimmten Umsatz erreicht hat. Weitere finanzielle Ansprüche bestehen für die Anwerberin nicht. ‚Einfache' Mitglieder haben somit kein weitergehendes finanzielles Interesse an der ‚Entwicklung' anderer Beraterinnen. Dies unterstützt die Produktorientierung bei TW, denn Erfolg ist für viele der ‚einfachen' Mitglieder an ihren eigenen Produktverkauf geknüpft. Nur die Gruppenberaterin und die Bezirkshändlerin sind für ihren eigenen Erfolg davon abhängig, dass auch andere

---

[157] Auch bei AW wurden die Redner kurz vom Moderator vorgestellt. Dies nahm aber im Vergleich zur Länge der Rede nur wenig Raum ein.

Mitglieder Leistung erbringen. Bei AW besteht dagegen das Ideal, dass jeder anwirbt und für die entsprechende Person zuständig ist. In der analysierten Schwarz-Organisation wird der Produktverkauf an Endkunden kulturell gering gehalten (Rampelotto 1999a: 131) und Produkte werden vor allem im Sinne des Eigenbedarfs gekauft. Damit hängt der Aufstieg eines Mitglieds am Erfolg seiner Downline,

Tabelle 12: Strukturelle Aspekte zur Förderung der gegenseitigen Abhängigkeit der Mitglieder bei TW, MKC und AW im Vergleich

	TW: Nebenerwerb mit Spaßfaktor	MKC: ein Weg zum besseren Leben	AW: Garant für Freiheit
Finanzielles Interesse des Anwerbers	Anwerberin erhält ‚Anwerbegeschenk'	Anwerberin erhält ab der 3. aktiven Anwerbung Superprovision und immaterielle Ehre (bspw. Anstecknadel und Beifall)	Anwerber erhält ab der 1. Anwerbung Superprovision und immaterielle Ehre (Kurzer ‚Bühnenauftritt' für Anwerber)
Dauer der Provisionszuordnung	Bezirkshändlerin verdient an allen Mitgliedern der BZH Gruppenberaterin verdient an ihrer Gruppe, aber nicht an ‚ausgegliederten' Gruppen	Nationale Verkaufsdirektorin verdient an allen Mitgliedern ihrer Area Direktorin verdient an allen Mitgliedern ihrer Gruppe und an Gruppen, die direkt daraus entstanden sind	Anwerber verdient bei eigenem Mindestumsatz an gesamter Downline mit Große Organisationen (wie die Schwarz-Organisation) bilden eine Kette
‚Ausbildung' der Mitglieder	Anwerberin hält erste ‚Party'; Gruppenberaterin bietet monatliche Treffen; Wochenschulung in der BZH	Anwerberin führt ein; Hauptführungsperson ist die Direktorin, die die Wochenschulung hält	Führungskraft ist jeder ‚Sponsor'; Upline hilft mit; Wochenschulung mit verschiedenen Sprechern
Formale Auszeichnungen	Anerkennung für Leistung	Anerkennung für Leistung Anerkennung für Charakter, Auftreten und Sein: ‚Miss Go Give', ‚Miss Image' ‚Cinderella gifts'	Anerkennung für Leistung Anerkennung für Sein: ‚Diamant', ‚Kronenbotschafter' etc.

also an anderen Personen. Die enge Gemeinschaft, die bei AW beworben wird, ist somit auch eine enge Zweckgemeinschaft, denn wer erfolgreich sein möchte, muss als Führungskraft agieren und sich so kontinuierlich mit den Gedanken, Handeln und Tun ‚seiner' Leute beschäftigen. Umgekehrt ist der ‚Neuling' bei AW stark auf den Anwerber als ‚Ausbilder' angewiesen, während hierfür bei TW vorwiegend die Bezirkshändlerin zuständig ist, die neben den Wochenschulungen zwei Einstiegstrainings anbietet.

Wie unterschiedlich die Ausrichtungen der Unternehmen sind, zeigt sich auch in den Wettbewerbspreisen: Bei TW wird Leistung ausgezeichnet. Auch die für hohe Umsatzleistungen gewählten Bezeichnungen wie ‚Conny' oder ‚Gold-Conny' mit dem Symbol einer roten bzw. gelben Rose sind nicht in gleichem Maße symbolisch aufgeladen wie die Label, die bei MKC und AW zum Zuge kommen: Bei AW werden Mitglieder geschliffen wie ‚Diamanten' und bei MKC wird sogar direkt der Charakter durch den Ehrentitel der ‚Miss Go Give' belohnt.

Diese kurze Zusammenfassung anhand der Tabellen 11 und 12 verdeutlicht, dass die kulturell und strukturell unterschiedlichen Ausrichtungen in engem Wechselverhältnis zueinander stehen: Der große Raum, den die Unternehmen MKC und AW im Leben ihrer loyalen Mitglieder einnehmen, begründet sich nicht nur in den hohen Werten, die die Organisationen vermitteln (wollen). Auch die formalen Strukturen fördern das (scheinbare) Ineinanderfallen von organisationalen und individuellen Zielen. Dieses Zusammenwirken formaler und normativer Kontrolle war für Klassiker der Organisation selbstverständlich (Bendix 1960; Edwards 1979). In der aktuellen Diskussion wird es vernachlässigt (Alvesson/Kärreman 2004; Ferner 2000; Kärreman/Alvesson 2004), da hier von einem Gegensatz zwischen ‚weichen' und ‚harten' Formen der Kontrolle ausgegangen wird (wie bei du Gay 1994; du Gay et al. 1996) – eine Argumentation, die auch von den ‚Gurus der Unternehmenskultur' propagiert wird (Ouchi/Jaeger 1978; Peters/Waterman 1982).

Unabhängig vom wissenschaftlichen Diskurs ermöglicht der Vergleich der DV untereinander auch Rückschlüsse zu den in Kapitel 2.3 genannten Kritikpunkten an dieser Organisationsform: Der umstrittene Ruf des MLM, vor allem des ‚recruiting-based' MLM, stammt nicht allein von einzelnen ‚schwarzen Schafen', sondern beruht ebenso darauf, dass das Produkt im Gegensatz zum klassischen Direktvertrieb eine geringe Rolle spielt. Kritik am ‚recruiting-based' MLM ist vielschichtig (s. Kapitel 2.1), wobei ein extremer Vorwurf ist, dass diese Unternehmen wie Sekten agieren (Lamprecht 2003; Lan 2002). Dieser Vergleich soll hier nicht gezogen werden, da der Sektenbegriff wissenschaftlich unscharf ist. Dennoch lässt sich zusammenfassend verdeutlichen, welche Aspekte im DV eine vereinnahmende Organisationskultur im Sinne des „corporate culturism" (Willmott 1993, s. Kapitel 5.2.1) fördern:

- Je enger die *(finanziellen) Abhängigkeitsverhältnisse*, desto größer ist die Gefahr der persönlichen Vereinnahmung. So vermittelten die Organisationsmitglieder den

Eindruck, dass wer bei AW erfolgreich sein will, stärker auf andere angewiesen ist als bei TW oder bei MKC.

- Je höher die *propagierten Ideale*, desto weitreichender sind die Auswirkungen auf das (Privat)Leben: TW erhebt mit seiner Produktorientierung wesentlich geringere Ansprüche auf das Leben und die Lebensgestaltung seiner Mitglieder als AW oder MKC. Bei MKC hat sich in diesem Zusammenhang eine Wertepluralität gezeigt: ‚Berufsglaube' ist möglich, Familie wichtig, Karriere gut etc. – ‚Erfolg' definiert sich hier auf verschiedene Art und Weise, so dass trotz der hohen Reichweite der propagierten Ideale die Organisationskultur eine gewisse Offenheit zulässt. Bei AW entstand dagegen der Eindruck, dass alle Werte der (materiellen) ‚Freiheit' untergeordnet sind.

- Je *umfangreicher die ungeschriebenen Regeln*, desto geringer ist der individuelle Gestaltungsspielraum: Die Dichte der Vorschläge und Hinweise geht bei AW über MKC und vor allem über TW hinaus. Innerhalb der Schwarz-Organisation werden die ‚Empfehlungen' an eine Erfolgsgarantie (Schwarz/Schwarz 2001: 2) geknüpft. Dies erinnert an ein Heilsversprechen im Sinne von ‚wer alle Vorgaben erfüllt, wird reich belohnt werden'.

- Je mehr *Erfolgreiche als Vorbilder für jegliche Lebenslage* auf ein Podest gehoben werden, desto geringer ist die Produktorientierung: In den drei DV wird Erfolgreichen ein unterschiedlich großer Raum zur Selbstpräsentation und zur Vermittlung der eigenen Weltanschauung vermittelt. Je größer dieser ist – und bei der hier untersuchten Schwarz-Organisation ist er am größten, desto unbedeutender ist das Produkt. In den Mittelpunkt rücken Wertvorstellungen, persönliche Überzeugungen und die Frage der richtigen Lebensgestaltung. Gleichzeitig besteht so auch die Gefahr des Personenkults: Erfolgreiche werden zum umjubelten Mittelpunkt von Veranstaltungen (s. auch Bromley 1998: 356).

- Je stärker *die Abgrenzung von Nicht-Mitgliedern*, desto stärker der Eindruck der Abkapselung von der Außenwelt: Einige MKC-Beraterinnen berichteten, dass sie sich durch die Tätigkeit persönlich so entwickelten, dass damit ein Wechsel des Freundeskreises einher ging. Bei AW scheint ein Aufstieg ohne einen solchen Wechsel schwer zu sein (s. Interviewaussagen oben). Strukturell wird die Abgrenzung nach außen bei AW erleichtert, indem dort i. d. R. (Ehe)Paare gemeinsam tätig sind – dies wird als Anwerbestrategie propagiert (Schwarz/Schwarz 1993b). Bei MKC und TW sind dagegen vorwiegend Frauen tätig. Dadurch steht einer potentiellen Vereinnahmung durch das Unternehmen oft ein (Ehe)Partner entgegen; für AW sieht Pratt dagegen eine „encapsulation" (Pratt 2000a).

Im Vergleich der hier untersuchten Unternehmen stellt AW nicht nur eine besondere Lebensform, sondern eine eigene Welt mit ihren eigenen Überzeugungen dar. Dies zeigte sich auch darin, dass intern geäußerte Kritik oder Zweifel im Vergleich zu MKC und vor allem zu TW gering waren. In der vorliegenden Studie wurden hierzu mehrere Erklärungen gegeben: Innerhalb des Unternehmens wird Kritik beispielsweise verringert, indem viele Mitglieder austreten, so dass tendenziell diejenigen zurückbleiben, die überzeugt(er) sind – ein Mechanismus, der zunächst bei allen DV wirkt; die gegenseitigen (finanziellen) Abhängigkeiten bewirken, dass Kritik dem eigenen ‚Geschäft' schadet; wer intern Zweifel äußert, wird selbst in Frage gestellt; das positive Denken sanktioniert Zweifel und die starke Abgrenzung nach außen ‚schweißt' die Mitglieder intern zusammen. Ehemalige Mitglieder berichten über das eigene Schamgefühl nach der Tätigkeit, das es ihnen erschwert, über die eigene AW-Zeit zu reden (Interview mit ehem. Rubin, Scheibeler 2004); das Gefühl, selbst versagt zu haben (ehem. 3%er), verhindert öffentliche Kritik und rechtlich dürften unerfüllte Hoffnungen schwer einklagbar sein, zumal die Mitglieder formal selbständig sind (ehem. Rubin).

Statt von Kritik oder Zweifeln berichteten (aufstrebende) Führungskräfte AW von ihren Hoffnungen und Träumen, von ihren Wünschen und ihrer Weltanschauung – Aspekte, die für sie untrennbar mit ‚ihrem' Unternehmen verbunden sind. Diese enge Verknüpfung persönlicher Hoffnungen mit einem Wirtschaftsunternehmen als Mittel zur Traumerfüllung ist eine Besonderheit, die MKC und AW charakterisiert. Auf diesen Aspekt wird abschließend eingegangen.

10.3 Kontrolle durch hohe Werte: MLM als Weg zur individuellen Erfüllung?

Die hier analysierten MLM-Unternehmen MKC und AW haben sich als ‚Multitalente' gezeigt: Sie sind wirtschaftlich erfolgreiche Unternehmen, sie offerieren zahlreichen Mitgliedern die Hoffnung auf Gelderwerb und darüber hinaus die Erwartung, eigene Vorstellungen und Wünsche in und durch die Organisationen befriedigen zu können. Grundlage für diese vielfältigen Angebote der Unternehmen sind die abstrakten Ziele, die über ‚übliche' organisationale Werte hinausweisen: ‚Freiheit' ist beispielsweise ein höherer Wert als die in vielen Organisationen erwünschte Flexibilität, und eine ‚Gemeinschaft ohne Konkurrenz' trägt weiter als etwa die gern gesehene Teamarbeit. Diese hohen Versprechen berühren Mitglieder im tiefsten Inneren und verknüpfen menschliche Bedürfnisse mit der jeweiligen Tätigkeit wie dem Produkteinkauf und -verkauf sowie dem Anwerben weiterer Mitglieder. Die Unternehmen präsentieren sich hier als *Mittel*, um individuelle Wünsche zu befriedigen, als geeigneten Weg zur Erfüllung höherer Werte. Die Organisationen treten damit scheinbar hinter die hohen Ideale zurück – und werden so in ihrer Funktion als kontrollierende Unternehmen mit ihren eigenen wirtschaftlichen Interessen ein Stück weit unsichtbar. Sichtbar sind in dieser Konstellation vor allem die Individuen, die formal ,frei' sind, d. h. selbständig, und die hohen gesellschaftlichen Werte, die völlig unabhängig von den Unternehmen erstrebenswert sind. Die Organisationen sind in dieser Selbstdarstellung nur die Mittler. Sie präsentieren sich als „Geschenk" (Ash 1981: 7) oder als Möglichkeit für ein bessere individuelle (!) Zukunft (Rampelotto 1999b: 59). Dabei – und dies zeigt die obige Analyse auf – sind die Unternehmen keineswegs nur Vermittler gesellschaftlicher Ideale und Mittel individueller Bedürfnisbefriedigung, sondern sie sind auch deren Produzenten und können ebenso deren Nutznießer sein (s. auch Bromley 1995: 145).

Doch hohe Werte dienen nicht nur den Unternehmen. Sie scheinen ebenso den Mitgliedern Motivation und Sinn zu geben (Bromley 1995, 1998). Dies gilt auch für Deutschland, obwohl die in den USA wichtigen Ideale wie der Glaube an Gott oder der Wert des freien Unternehmertums (Biggart 1989) in Deutschland zunächst unpassend erscheinen. Jedoch werden solche Überzeugungen in abgewandelter Form vermittelt: Religiosität kommt bei MKC nicht in gemeinsamen Gebeten zum Ausdruck, sondern in (universal)religiösen Wertvorstellungen wie der ,Goldenen Regel'. Eine berufliche Selbständigkeit ist in Deutschland zwar nicht mit hohem sozialen Status gleichzusetzen, aber ihr Wert wird bei AW angesichts hoher Arbeitslosigkeit kontinuierlich betont und mit dem Wunschbild der persönlichen Freiheit verknüpft. So bietet die Abstraktheit der propagierten Wertvorstellungen den US-amerikanischen Unternehmen die Möglichkeit, kulturelle Unterschiede zu überwinden und ihre Prinzipien an lokale Bedürfnisse anzupassen – analog zu der Selbstanpassung loyaler Mitglieder, die ,ihr' Unternehmen als Chance, Weg, Mittel oder ,Geschenk' für ihre *eigene* Entwicklung empfinden.

Die mit den Unternehmen verbundenen Hoffnungen auf eine bessere Welt, ein besseres Leben und ein ,neues Selbst' (Bromley 1995, 1998; Pratt 2000b) sind bei manchen loyalen Mitgliedern außergewöhnlich groß. Der dazu erforderliche Einsatz – zeitlich, finanziell, emotional und geistig – wird durch die hohen Ziele beflügelt. So gab ein Interviewpartner von AW auf die Frage, ob die fehlende Trennung von Privat- und Berufsleben nicht auch teilweise anstrengend sei, folgende

Antwort: „Nein, ich finde es als Bereicherung: Weil Arbeit ist keine Arbeit mehr. Ich stelle mir das so vor: Das ist einfach eine Riesengruppe von Menschen, die sich gut verstehen, und das Geld kommt einfach passiv auf das Konto; wir brauchen uns bloß noch Gedanken machen (...), was wir Sinnvolles mit unserer Zeit verbringen!" (21%er). In dieser Sichtweise gilt das Unternehmen AW als eine Art Paradiesgarten für jeden – angesichts der Einnahmenverteilung in Kapitel 9.4 eine Fehleinschätzung der Möglichkeiten, die der Konzern bietet und bieten kann. Das Zitat wirkt dementsprechend naiv, und dennoch könnte es für manche Menschen besonders die Größe der Verheißung sein, die ihnen Hoffnung und Antrieb gibt.

Die Ausführung zu diesem Zitat bleibt bewusst ambivalent: Einerseits wirken große Hoffnungen befremdlich, andererseits ist es wohl vor allem dieser visionäre und charismatische Charakter, der MLM-Unternehmen kennzeichnet und manchen Menschen reizvoll scheint – wenn auch finanziell für die meisten unattraktiv. In vergleichbarem Sinne erklärt Scheich die für ihn unverständlichen Erfolge der Gurus des positiven Denkens: „Gerade weil die angestrebten Ziele nichts mit unserer rauen, als leidvoll erfahrenen Wirklichkeit zu tun haben, üben sie eine so große Faszination aus" (Scheich 2001: 16).

Wenn die großen Träume realisierbar erscheinen – z. B. weil Führungskräfte auf der Bühne von ihrem ‚neuen Leben' sprechen –, kann dies Mitglieder zu höherer Leistung anspornen. Bei diesem Argument ist es wichtig, dass Wünsche tatsächlich erfüllbar sind, zumindest in geringem Maße. Eagleton (1993) gibt einen Hinweis, der von der Verwirklichung der Träume wegführt: „Eine herrschende Ideologie muss sich, um wirklich erfolgreich zu sein, (...) auf genuine Bedürfnisse, Nöte und Wünsche einlassen" (Eagleton 1993: 57). Der ‚Erfolg' der Ideologie hängt somit nicht (allein) an deren Erfüllbarkeit, sondern an den *Bedürfnissen und Nöten der Individuen, also an den ‚Rezipienten' der Ideologie*. Das bedeutet für die Erklärung der Faszination des MLM, dass diese Unternehmen nicht nur ein (teilweise umstrittener) Teil der Gesellschaft sind, sondern selbst ein Produkt dieser: Während unserer Gesellschaft aufgrund der Individualisierung immer mehr soziale Kälte zugeschrieben wird (Beck 1986; Keupp 1994), versprechen diese Wirtschaftsunternehmen Nischen, in denen Mitglieder Zugehörigkeit erfahren können. Angesichts der Differenzierung der Lebensbereiche (Simmel 1923) versprechen MLM-Unternehmen ein ‚ganzheitliches' Leben, das Beruf, Familie und Weltanschauung verbindet (Bromley 1995, 1998). Und während Massenentlassungen bei hohen Abfindungen für Manager für sozialen Frust sorgen, erscheint die Chancengleichheit beim Eintritt und die Gleichbehandlung beim Aufstieg als verlockende Form sozialer Gerechtigkeit. Insofern sind MLM-Unternehmen Spiegelbild und ‚Antwort' auf unsere moderne

„Multi-Optionsgesellschaft" (Gross 1994). Sie bieten in einer säkularisierten Welt (Berger 1980) Sicherheit und Orientierung durch ein in sich schlüssiges Weltbild, das durch zahlreiche Vorbilder in Veranstaltungen verkündet und durch diese greifbar erscheint (Bromley 1995, 1998).

Je nach Höhe und Reichweite der Versprechen kann es sich hierbei um eine Scheinlösung gesellschaftlicher Widersprüche handeln, also um eine „imaginär[e] Lösung realer Konflikte" (Eagleton 1993: 12; s. auch Ackers/Preston 1997: 694-698). Dies trifft nach Meinung der Autorin beispielsweise zu, wenn wie in AW Selbständigkeit zu einem ‚Nachahmgeschäft' wird, das Individualität mindern und Gleichförmigkeit produzieren kann (s. auch Willmott 1993: 527); wenn Familie und Beruf vereinbar sein sollen, aber hohe zeitliche Investitionen und häufige Verpflichtungen dies dauerhaft konterkarieren (s. Kritik von Scheibeler 2004 an AW); wenn Wirtschaftstätigkeit und Ethik als kompatibel beworben werden, obwohl organisationaler Druck korrektes Handeln unterbindet (s. Kritik von Juth-Gavasso 1985 an AW); wenn hohe Einnahmen für jedermann propagiert werden (s. Modellrechnungen bei Schwarz/Schwarz 2001: 2), obwohl das Provisionssystem selbst zeigt, dass die hohen Einkünfte Einzelner darauf basieren, dass sie zahlreiche nachfolgende Mitglieder in ihrer eigenen ‚Organisation' aufweisen müssen (s. Einschätzungen in Kapitel 9.4).

Je höher die verkündeten Werte in den Organisationen, desto stärker rühren sie manche Menschen im tiefsten Inneren an. Je größer die Versprechen, desto größer die Hoffnung auf ein besseres Leben. Doch – und dies zeigt die vorliegende Studie durch das Nachzeichnen der zahlreichen Kontrollmechanismen sowie durch die Analyse der ideologischen Argumentationsnetze – je abstrakter die propagierten Ideale sind, desto stärker lassen sie sich auch im Sinne der Wirtschaftsunternehmen formen. Und je größer die geweckten Hoffnungen, desto fraglicher, für welchen Anteil an Mitgliedern all diese Wünsche gleichzeitig erfüllt werden können.

Anhang

Anhand der für „einfache" Berater empfohlenen „Standardveranstaltungen" der Schwarz-Organisation wird hier geschätzt, welche Schulungskosten pro Jahr und pro Mitglied anfallen können. Dabei wird von geringen Entfernungen bzw. reduzierten Kosten durch Fahrgemeinschaften und gemeinsam gecharterten Bussen zu den Großveranstaltungen ausgegangen. Dies konnte so im Rahmen der Erhebung beobachtet werden und stellt gleichzeitig einen Ansatz dar, der die Kosten eher zu gering als zu hoch veranschlagt.

Tabelle 13: Geschätzte Fortbildungskosten in Amway pro Jahr

Veranstaltung	Kosten	Anzahl/Jahr	Kosten
Wochenschulung	2,50 €	52 (gerechnet: 46)	115 €
Fahrtkosten	30 km (hin und zurück); 30 Cent/km	52 (gerechnet: 46)	414 €
Halbjahresseminar Mayrhofen (inkl. Vollpension, ohne Getränke)	180 €	2	360 €
Fahrtkosten zum Halbjahresseminar	Anfahrt im gecharterten Bus	2	70 €
Kick-off	20 €	2	40 €
Fahrtkosten Kick-off	Anfahrt im gecharterten Bus	2	60 €
Kosten Gesamt			1059 €

Die Grundannahme der Schätzung ist, dass ein Mitglied tatsächlich (weitgehend) an den empfohlenen Veranstaltungen teilnimmt. Nicht enthalten sind in diesen Kosten Ausgaben für CDs, Bücher, Redemitschnitte, Videoaufzeichnungen des Jahresseminars etc. Die geschätzten Ausgaben berücksichtigen nicht die sonstigen Kosten der Geschäftstätigkeit wie beispielsweise Fahrten zu Anwerbegespräche etc.

Literaturverzeichnis

Ackers, P., Preston, D. 1997. Born Again? The Ethics and Efficacy of the Conversion Experience in Contemporary Management Development. Journal of Management Studies, 34 (5): 677-701.

Ainsworth, S., Cox, J. W. 2003. Families Divided: Culture and Control in Small Family Business. Organization Studies, 24 (9): 1463-1485.

Albert, S., Whetten, D. A. 1985. Organizational Identity. Research in Organizational Behavior, 7: 263-295.

Alvesson, M. 1995. Management of Knowledge-Intensive Companies. Berlin: Walter de Gruyter Verlag.

Alvesson, M. 2001. Knowledge work: Ambiguity, image and identity. Human Relations, 54 (7): 863-886.

Alvesson, M., Kärreman, D. 2004. Interfaces of control. Technocratic and socio-ideological control in a global management consultancy. Accounting, Organizations and Society, 29: 423-444.

Alvesson, M., Willmott, H. 2002. Identity Regulation as Organizational Control: Producing the Appropriate Individual. Journal of Management Studies, 39 (5): 619-644.

Amway Corporation (Ed.) 1998. Produktinformationshandbuch. Amway – Qualität von Weltruf. Ada: Amway Corporation.

Amway Corporation (Ed.) 1999. Amway. Europakatalolg-Kollektion 1999/2000. Amway Europe Ltd.

Amway GmbH (Ed.) 2004a. Amagram. Interne Monatszeitung Amway GmbH Deutschland. Puchheim: Amway GmbH.

Amway GmbH (Ed.) 2004b. Amway Geschäftsbedingungen und Null Toleranz-Richtlinie. Amway GmbH.

Amway GmbH (Ed.) 2004c. Europäische Rahmenrichtlinie zur Qualitätssicherung für Business Support Material (BSM). Amway GmbH.

Amway GmbH (Ed.) 2004d. Europakatalog Kollektion 2004/2005. Amway GmbH.

Amway GmbH (Ed.) 2004e. Geschäftspartnerantrag und Erstanforderung. Amway GmbH.

Amway GmbH (Ed.) 2004f. Geschäftspartnerhandbuch Amway. Puchheim: Amway GmbH.

Andrews, J. 2001. Ain't It Great? A Look Inside Amway. Bloomington: 1st Books Library.

Anonymous 1998. Direktvertrieb Tuppers Erben. Handelsjournal, 6: 42.

Ärzte Zeitung 2006. Produktverkauf in Praxen soll überprüft werden. Available: http://www.aerztezeitung.de/docs/2006/10/20/188a0404.asp?cat=/geldundrecht/recht (March 20, 2006).

Ash, M. K. 1981. Mary Kay. The Success Story of America's Most Dynamic Businesswoman. New York: Barnes & Noble Books.

Ash, M. K. 1985. Mary Kay. On People Management. New York: Warner Books.

Ash, M. K. 1995. You Can Have It All. Lifetime Wisdom from America's Foremost Woman Entrepreneur. Rocklin: Prima Publishing.

Ashar, H., Lane-Maher, M. 2004. Success and Spirituality. Journal of Management Inquiry, 13 (3): 249-260.

Ashforth, B. E., Mael, F. 2001. Social Identity Theory and the Organization. Academy of Management Review, 14 (1): 20-39.

Barnowe, J. T., McNabb, D. E. 1992. Consumer Responses to Direct Selling: Love, Hate ... Buy? Journal of Marketing Channels, 2: 25-40.

Bartlett, R. C. 1994. The Direct Option. Texas A & M University Press.

Beck, U. 1986. Risikogesellschaft. Auf dem Weg in eine andere Moderne. Frankfurt a.M.: Suhrkamp.

Beck, U., Beck-Gernsheim, E. 1994. Individualisierung in modernen Gesellschaften – Perspektiven und Kontroversen einer subjektorientierten Soziologie. In U. Beck, E. Beck-Gernsheim (Eds.), Riskante Freiheiten. Individualisierung in modernen Gesellschaften. Frankfurt a.M.: Suhrkamp, 10-39.

Bell, E., Scott, T. 2003. The Elevation of Work: Pastoral Power and the New Age Work Ethic. Organization, 10 (2): 329-349.

Bellebaum, A., Niederschlag, H. 1999. Was du nicht willst, daß man Dir tu' ... Konstanz: Universitätsverlag Konstanz.

Bendix, R. 1960. Herrschaft und Industriearbeit. Frankfurt a.M.: Europäische Verlagsanstalt.

Bergami, M., Bagozzi, R. P. 2000. Self-categorization, Affective Commitment and Group Self-esteem as Distinct Aspects of Social Identity in the Organization. British Journal of Social Psychology, 39: 555-577.

Berger, P. 1980. Der Zwang zur Häresie. Frankfurt a.M.: S. Fischer.

Berger, U. 1993. Organisationskultur und der Mythos der kulturellen Integration. In W. Müller-Jentsch (Ed.), Profitable Ethik – effiziente Kultur. Neue Sinnstiftungen durch das Management? München: Rainer Hampp Verlag, 11-38.

Bergmann, J. 2006. Lange Rede, großes Geld. Brandeins, 4: 68-70.

Berry, R. 1997. Direct Selling: From door to door network marketing. Oxford: Butterworth-Heinemann.

Bhattacharya, P., Elsbach, K. D. 2002. Us Versus Them: The Roles of Organizational Identification and Disidentification in Social Marketing Initiatives. Journal of Public Policy & Marketing, 21 (1): 26-36.

Bhattacharya, P., Mehta, K. K. 2000. Socialization in network marketing organizations: is it cult behavior? Journal of Socio-Economics, 29 (4): 361-374.

Biggart, N. W. 1983. Rationality, Meaning, and Self-Management: Success Manuals, 1950-1980. Social Problems, 30 (3): 298-311.

Biggart, N. W. 1989. Charismatic Capitalism. Direct Selling Organizations in America. Chicago: The University of Chicago Press.

Blaschka, M. 1998. Tupperware als Lebensform. Die Schüssel, die Party, die Beraterin. Eine empirische Studie. Tübingen: Tübinger Vereinigung für Volkskunde.

Bloch, B. 1996. Multilevel marketing: what's the catch? Journal of Consumer Marketing, 13 (4): 18-24.

Boje, D. M. 1991. The Storytelling Organization: A Study of Story Performance in an Office-Supply Firm. Administrative Science Quarterly, 36: 106-126.

Boje, D. M. 1995. Stories of the Storytelling Organization: A Postmodern Analysis of Disney as "Tamara-Land". Academy of Management Journal, 38 (4): 997-1035.

Bone, J. 2006a. 'The longest day': 'flexible' contracts, performance-related pay and risk shifting in the UK direct selling sector. Work, Employment and Society, 20 (1): 109-127.

Bone, J. 2006b. The Hard Sell. An Ethnographic Study of the Direct Selling Industry. Hampshire: Ashgate.

Bonoma, T. 1991. This Snake Rises in Bad Times. Marketing News, 25 (4): 16.

Bourdieu, P. 1983. Ökonomisches Kapital – Kulturelles Kapital – Soziales Kapital. In P. Bourdieu (Ed.), Die verborgenen Mechanismen der Macht. Hamburg: VSA-Verlag, 49-80.

Brodie, S., Albaum, G., Chen, D.-F. R., Garcia, L., Kennedy, R., Msweli-Mbanga, P., Oksanen-Ylikoski, E., Wotruba, T. 2004. Public Perceptions of Direct Selling: An International Perspective. University of Westminster Press.

Brodie, S., Stanworth, J. 1998. Independent Contractors in Direct Selling: Self-Employed but Missing from Official Records. International Small Business Journal, 16 (3): 95-101.

Brodie, S., Stanworth, J., Wotruba, T. 2002. Comparisons of Salespeople in Multilevel vs. Single Level Direct Selling Organizations. Journal of Personal Selling & Sales Management, 12 (2): 67-75.

Bromley, D. G. 1995. Quasi-religious corporations. A new integration of religion and capitalism? In R. H. Roberts (Ed.), Religion and the transformation of capitalism. Comparative approaches. London: Routledge, 135-160.

Bromley, D. G. 1998. Transformative Movements and Quasi-Religious Corporations. The Case of Amway. In N. J. Demerath, P. D. Hall, T. Schmitt & R. H. Williams (Eds.), Sacred Companies. Organizational Aspects of Religion and Religious Aspects of Organizations. New York: Oxford University Press, 349-363.

Brown, A. D. 2001. Organization Studies and Identity. Towards a Research Agenda. Human Relations, 54 (1): 113-121.

Brown, A. D. 2006. A Narrative Approach to Collective Identities. Journal of Management Studies, 43 (4): 731-753.

Brown, A. D., Humphreys, M. 2006. Organizational Identity and Place: A Discursive Exploration of Hegemony and Resistance. Journal of Management Studies, 43 (2): 231-257.

Brown, D. D. 1994. Discursive Moments of Identification. Social Theory, 14: 269-292.

Bryman, A., Bell, E. 2003. Business research methods. Oxford: Oxford University Press.

Bundesverband Direktvertrieb (Ed.) 2002a. Jahresbericht 2000/2001. Berlin: Bundesverband Direktvertrieb Deutschland e.V.

Bundesverband Direktvertrieb (Ed.) 2002b. Verhaltensstandards des Direktvertriebs. Berlin: Bundesverband Direktvertrieb Deutschland e.V.

Burchell, G. 1993. Liberal government and techniques of the self. Economy and Society, 22 (3): 267-282.

Butterfield, S. 1985. Amway. The Cult of Free Enterprise. Boston: South End Press.

Cahn, P. S. 2006. Building down and dreaming up: Finding faith in a Mexican multilevel marketer. American Ethnologist, 33 (1): 126-142.

Callaghan, G., Thompson, P. 2001. Edwards Revisited: Technical Control and Call Centres. Economic and Industrial Democracy, 22 (1): 13-37.

Casey, C. 1999. "Come, Join Our Family": Discipline and Integration in Corporate Organizational Culture. Human Relations, 52 (2): 155-178.

Christensen, L. T. 1995. Buffering Organizational Identity in the Marketing Culture. Organization Studies, 16 (4): 651-672.

Clarke, A. J. 1999. Tupperware. The Promise of Plastic in 1950s America. Washington: Smithsonian Institution Press.

Conn, C. P. 1977. The Possible Dream. A candid look at Amway. New York: Berkley Books.

Coughlan, A. T., Grayson, K. 1998. Network marketing organizations: Compensation plans, retail network growth, and profitability. International Journal of Research in Marketing, 15: 401-426.

Courpasson, D., Dany, F. 2003. Indifference or Obedience? Business Firms as Democratic Hybrids. Organization Studies, 24 (8): 1231-1260.

Croft, R., Woodruffe, H. 1996. Network Marketing: The Ultimate in International Distribution. Journal of Marketing Management, 12: 201-214.

Czarniawska-Joerges, B. 1988. Ideological Control in Nonideological Organizations. New York: Praeger.

Czarniawska-Joerges, B., Joerges, B. 1988. How to control things with words. Organizational talk and control. Management Communication Quarterly, 2 (2): 170-193.

Deal, T. E., Kennedy, A. A. 1982. Corporate cultures: the rites and rituals of corporate life. Reading, Mass.: Addison-Wesley.

Dean, A. 1996. Consumed by Success. Reaching the top and finding God wasn't there ... Mukilteo: WinePress Publishing.

Denzin, N. K., Lincoln, Y. S. 2005. The Discipline and Practice of Qualitative Research. In N. K. Denzin, Y. S. Lincoln (Eds.), The Sage handbook of qualitative research. Thousand Oaks: Sage, 1-32.

Deutschmann, C. 1985. Der Weg zum Normalarbeitstag. Die Entwicklung der Arbeitszeiten in der deutschen Industrie bis 1918. Frankfurt a.M.: Campus.

Deutschmann, C. 1987. Der „Betriebsclan". Der japanische Orgnaisationstypus als Herausforderung an die soziologische Modernisierungstheorie. Soziale Welt, 38 (2): 133-147.

Deutschmann, C. Ed. 2002. Die gesellschaftliche Macht des Geldes. Wiesbaden: Westdeutscher Verlag.

DeVos, R. 1994. Compassionate Capitalism: People Helping People Help Themselves. La Vergne: Ingram Plume Books.

DeVos, R. 1998. Foreword. In J. Van Andel (Ed.), An Enterprising Life. An Autobiography. New York: HarperCollins, xi-xiii.

DeVos, R. 2000. Hope From My Heart. Ten Lessons for Life. Nashville: Thomas Nelson.

Dewandre, P., Mahieu, C. 1995. The Future of Multi-Level-Marketing in Europe – The reasons of MLM success. Bruxelles: Les Editions du Saint-Bernard.

Driesen, O. 2002. In der Heimchen-Falle. Brandeins, 6: 21-25.

du Gay, P. 1994. Making Up Managers: Bureaucracy, Enterprise and the Liberal Art of Separation. British Journal of Sociology, 45 (4): 655-674.

du Gay, P. 2004. Against 'Enterprise' (but not against 'enterprise', for that would make no sense). Organization, 11 (1): 37-57.

du Gay, P., Salaman, G., Rees, B. 1996. The Conduct of Management and the Management of Conduct: Contemporary Managerial Discourse and the Constitution of the 'Competent' Manager. Journal of Management Studies, 33 (3): 263-282.

Dutton, J. E., Dukerich, J. M. 1991. Keeping an eye on the mirror: The role of image and identity in organizational adaption. Academy of Management Journal, 34 (3): 517-554.

Eagleton, T. 1993. Ideologie. Eine Einführung. Stuttgart: J.B. Metzler.

Edwards, R. 1979. Contested Terrain: The Transformation of the Workplace in the Twentieth Century. New York: Basic Books.

Elsbach, K. D., Kramer, R. M. 1996. Members' Responses to Organizational Identity Threats. Encountering and Countering the Business Week Rankings. Administrative Science Quarterly, 41: 442-476.

Elsberg, S. 2002. Das Geheimnis der Taschenlady. Den Menschen der ganzen Welt gewidmet – in Vergangenheit, Gegenwart und Zukunft! Silz: DMC Productions.

Engelhardt, W. H., Jaeger, A. 1998. Der Direktvertrieb von konsumtiven Leistungen. Bochum: Forschungsprojekt im Auftrag des Arbeitskreises „Gut beraten – zu Hause gekauft" e.V.

Engelhardt, W. H., Rieger, S., Kleinaltenkamp, M. 1984. Der Direktvertrieb im Konsumgüterbereich: eine absatzwirtschaftliche Analyse. Stuttgart: W. Kohlhammer.

Engelhardt, W. H., Witte, P. 1990. Direktvertrieb im Konsumgüter- und Dienstleistungsbereich: Abgrenzung und Umfang. Stuttgart: J.B. Metzlersche Verlagsbuchhandlung und Carl Ernst Poeschel Verlag.

Etzioni, A. 1965. Orgnizational Control Structure. In J. G. March (Ed.), Handbook of Organizations. Chicago: McNally Cop., 650-677.

Felstead, A. 1991. The social organization of the franchise: a case of "controlled self-employment". Work, Employment and Society, 5 (1): 37-57.

Ferner, A. 2000. The underprinnings of 'bureaucratic' control systems: HRM in European multinationals. Journal of Management Studies, 37 (4): 521-539.

Fleming, P., Spicer, A. 2004. 'You can checkout anytime, but you can never leave': Spatial boundaries in a high commitment organization. Human Relations, 57 (1): 75-94.

Fleming, P., Spicer, A. 2005. How Objects Believe for Us: Applications in Organizational Analysis. Culture and Organization, 11 (3): 181-193.

Fleming, P., Sewell, G. 2002. Looking for the Good Soldier, Sveijk: Alternative Modalities of Resistance in the Contemporary Workplace. Sociology, 36 (4): 857-873.

Flick, U. 2002. Qualitative Sozialforschung. Eine Einführung. Reinbeck: Rowohlt.

Foucault, M. 1993. Technologien des Selbst. Übersetzt und herausgegeben von M. Luther. Frankfurt a.M.: Fischer.

Freiwald, I. 2005. Muttis tuppern sich nach vorne. Die Tageszeitung, 7822: 4.

Frenzen, J. K., Davis, H. L. 1990. Purchasing Behavior in Embedded Markets. Journal of Consumer Research, 17: 1-12.

Frey, B. S., Neckermann, S. 2006. Auszeichnungen: Ein vernachlässigter Anreiz. Perspektiven Der Wirtschaftspolitik, 7 (2): 271-284.

Gabbay, S. M., Leenders, R. Th. A. J. 2003. Creating Trust through Narrative Strategy. Rationality and Society, 15 (4): 509-539.

Gagliardi, P. Ed. 1990. Symbols and Artifacts: Views of the Corporate Landscape. Berlin: Walter de Gruyter.

Gebhardt, W. 2000. Feste, Feiern und Events. Zur Soziologie des Außergewöhnlichen. In W. Gebhardt, R. Hitzler, M. Pfadenhauer (Eds.), Events. Soziologie des Außergewöhnlichen. Opladen: Leske + Budrich, 17-31.

Gebhardt, W., Hitzler, R., Pfadenhauer, M. In Gebhardt, W., Hitzler, R., Pfadenhauer, M. 2000. Events. Soziologie des Außergewöhnlichen. Opladen: Leske + Budrich.

Geertz, C. 1973. Thick Description: Toward an Interpretive Theory of Culture. The Interpretation of Cultures: Selected Essays. New York: Basic Books, 3-30.

Gibb Dyer, W. Jr. 2001. Network Marketing: An Effective Business Model for Family-Owned Businesses? Family Business Review, 14 (2): 97-104.

Gioia, D. A., Schultz, M., Corley, K. G. 2000. Organizational Identity, Image, and Adaptive Instability. Academy of Management Review, 25 (1): 63-81.

Girtler, R. 2001. Methoden der Feldforschung. Wien, Köln, Weimar: Böhlau Verlag.

Glaser, B. G., Strauss, A. L. 1967. The discovery of grounded theory: Strategies for qualitative research. Chicago: Aldine de Gruyter.

Golden-Biddle, K., Rao, H. 1997. Breaches in the Boardroom: Organizational Identity and Conflicts of Commitment in a Nonprofit Organization. Organization Science, 8 (6): 593-611.

Grayson, K. 1996. Examining the Embedded Markets of Network Marketing Organizations. In D. Iacobucci (Ed.), Networks in Marketing. Thousand Oaks, CA: Sage, 325-341.

Gross, P. 1994. Die Multioptionsgesellschaft. Frankfurt a.M.: Suhrkamp.

Harquail, C. V., King, A. W. 2002. Embodied Cognition and Organizational Identity.

Hatch, M. J., Schultz, M. 2000. Scaling the Tower of Babel. Relational Differences between Identity, Image, and Culture in Organizations. In M. Schultz, M. J. Hatch, M. H. Larsen (Eds.), The Expressive Organisation. Linking Identity, Reputation, and the Corporate Brand. Oxford: Oxford University Press, 11-35.

Herbig, P., Yelkur, R. 1997. A Review of the Multilevel Marketing Phenomenon. Journal of Marketing Channels, 6 (1): 17-33.

Hochschild, A. R. 2003. The Managed Heart. Berkeley: University of California Press.

Holtbrügge, D. 2001. Postmoderne Organisationstheorie und Organisationsgestaltung. Wiesbaden: Deutscher Universitätsverlag.

Hoting, C. 2004. SD Carmen Hoting, seit 13 Jahren erfolgreiche Direktorin der Cometen-Unit, lernte mit Mary Kay: Aus Steinen im Weg etwas Schönes zu bauen. Applaus, Interne Monatszeitschrift Mary Kay Cosmetics Deutschland, Niederlande, Schweiz, Oktober: 13.

Humphreys, M., Brown, A. D. 2002. Narratives of Organizational Identity and Identification. A Case Study of Hegemony and Resistance. Organization Studies, 23 (3): 421-447.

IHK Region Stuttgart 2007. Zulässigkeit von Laienwerbung und verwandten Vertriebsformen. Available: www.stuttgart.ihk24.de/produktmarken/recht_und_fair_play/Wettbewerbsrecht/Laienwerbung.jsp (May 1, 2007).

Jermier, J. M., Slocum, J. W., Fry, L. W., Gaines, J. 1991. Organizational Subcultres in a Soft Bureaucracy: Resistance Behind the Myth and Facade of an Official Culture. Organization Science, 2 (2): 170-194.

Juth-Gavasso, C. L. 1985. Organizational Deviance in the Direct Selling Industry: A Case Study of the Amway Corporation. Ann Arbor: University Microfilms International.

Kamoche, K. 2000. Developing Managers: The Functional, the Symbolic, the Sacred and the Profane. Organization Studies, 21 (4): 747-774.

Kärreman, D., Alvesson, M. 2001. Making Newsmakers: Conversational Identity at Work. Organization Studies, 22 (1): 59-89.

Kärreman, D., Alvesson, M. 2004. Cages in Tandem: Management Control, Social Identity, and Identification in a Knowledge-Intensive Firm. Organization, 11 (1): 149-175.

Kärreman, D., Alvesson, M., Wenglén, R. 2006. The charismatization of routines: Management of meaning and standardization in an educational organization. Scandinavian Journal of Management, 22: 330-351.

Kerr, J., Slocum, J. W. 2005. Managing corporate culture through reward systems. Reprinted from 1987. Academy of Management Executive, 19 (4): 130-138.

Keupp, H. 1994. Ambivalenzen postmoderner Identität. In U. Beck, E. Beck-Gernsheim (Eds.), Riskante Freiheiten. Individualisierung in modernen Gesellschaften. Frankfurt a.M.: Suhrkamp, 336-350.

Kieser, A. 1998. Max Webers Analyse der Bürokratie. In A. Kieser (Ed.), Organisationstheorien. Stuttgart: Kohlhammer, 39-64.

Kieser, A. 1999. Organisationstheorien. Stuttgart: Kohlhammer.

Kieser, A., Hegele, C., Klimmer, M. 1998. Kommunikation im organisatorischen Wandel. Stuttgart: Schäffer-Poeschel.

Kieser, A., Walgenbach, P. 2003. Organisation. Stuttgart: Schäffer-Poeschel.

Knoblauch, H. 2000. Das strategische Ritual der kollektiven Einsamkeit. Zur Begrifflichkeit und Theorie des Events. In W. Gebhardt, R. Hitzler, M. Pfadenhauer (Eds.), Events. Soziologie des Außergewöhnlichen. Opladen: Leske + Budrich, 33-50.

Koch, B. F. 2006. Ist der Verkauf von „Gesundheitsprodukten" zulässig? Westfälisches Ärzteblatt, 12.

Koch-Linde, B. 1984. Amerikansiche Tagträume. Success und Self-Help LIteratur der USA. Frankfurt a.M.: Campus.

Koehn, D. 2001. Ethical Issues Concerned with Multi-Level Marketing Schemes. Journal of Business Ethics, 29 (1/2): 153-160.

Kohlbacher, F. 2006. The Use of Qualitative Content Analysis in Case Study Research. Forum Qualitative Sozialforschung, 7 (1): Artikel 21.

Köhler, F. 1988. Tupperware: Hausfrauen verkaufen an Hausfrauen. Marketing Journal, 1: 30-33.

Köhler, F., Birkhofer, B. 1999. Tupperware – Erfolg durch ein authentisches Vertriebssystem, einzigartige Produkte und innovative Kommunikation. In T. Tomczak, C. Belz, M. Schögel, B. Birkhofer (Eds.), Alternative Vertriebswege: Factory Outlet Center, Convenience Stores, Direct Distribution, Multi Level Marketing, Electronic Commerce, Smart Shopping. St. Gallen: Thexis, 204-221.

Kotler, P., Armstrong, G. Ed. 1988. Fallstudie 19. Tupperware. Marketing: Eine Einführung. Aus dem Amerikanischen übersetzt von Peter Linnert. Wien: Service, Fachverlag an der Wirtschaftsuniversität, 786-789.

Kreiner, G. E., Ashforth, B. E., Sluss, D. M. 2006. Identity Dynamics in Occupational Dirty Work: Integrating Social Identity and System Justification Perspectives. Organization Science, 17 (5): 619-636.

Kunda, G. 1992. Culture. Control and Commitment in a High-Tech Corporation. Philadelphia: Temple University Press.

Kuntze, R. J. In Arizona State University. 2001. The Dark Side of Mulitlevel Marketing: Appeals to the Symbolically Incomplete. Ann Arbor: Bell & Howell Information and Learning Company.

Kustin, R. A., Jones, R. A. 1995. Research note: a study of direct selling perceptions in Australia. International Marketing Review, 12 (6): 60-67.

Lamnek, S. 1989. Qualitative Sozialforschung. Band 2 Methoden und Techniken. München: Psychologie Verlags Union.

Lamprecht, H. 2000. Was ist eine „Sekte"? Confessio, 12, available: www.confessio.de/ gemeinschaften/grundlagen/sektenbegriff.htm (November 22, 2006).

Lamprecht, H. 2003. Der Gott des Erfolges fordert Opfer. Network Marketing und seine Folgen. Confessio, 6, available: www.confessio.de/f/036/Conf036-2.html (May 26, 2004).

Lan, P.-C. 2002. Networking Capitalism: Network Construction and Control Effects In Direct Selling. The Sociological Quarterly, 43 (2): 165-184.

Linse, U. 1996. Geisterseher und Wunderwirker. Heilssuche im Industriezeitalter. Frankfurt a.M.: Fischer.

Martin, J. 2002. Organizational Culture: Mapping the Terrain. Thousand Oaks: Sage.

Mary Kay Cosmetics GmbH (Ed.). 2004a. Applaus. Interne Monatszeitschrift Mary Kay Cosmetics Deutschland, Niederlande, Schweiz.

Mary Kay Cosmetics GmbH (Ed.) 2004b. Applaus. Interne Monatszeitschrift Mary Kay Cosmetics Deutschland, Niederlande, Schweiz.

Mary Kay Cosmetics GmbH (Ed.) 2004c. Auf die Plätze, fertig, verkaufen! Bestellvorschläge für neue Schönheits-Consultants. Puchheim: Mary Kay Cosmetics GmbH.

Mary Kay Cosmetics GmbH (Ed.) 2004d. Karriere Plan – Deutschland – Teil 1. Mary Kay Cosmetics GmbH.

Mary Kay Cosmetics GmbH (Ed.) 2004e. Mary Kay Cosmetics. Puchheim.

Mary Kay Cosmetics GmbH (Ed.) 2004f. Mary-Kay-Schönheits-Consultant Vereinbarung für Deutschland. Mary Kay Cosmetics GmbH.

Mary Kay Cosmetics GmbH (Ed.) 2004g. Pressemappe Wirtschaft. Available: www.marykayintouch.de/Germany/Upload/Images/Pressemappe-Wirtschaft.pdf (March 19, 2004): Mary Kay Cosmetics GmbH.

Mary Kay Cosmetics GmbH (Ed.). 2005. Applaus. Interne Monatszeitschrift Mary Kay Cosmetics Deutschland, Niederlande, Schweiz.

Mary Kay Cosmetics GmbH (Ed.) 2006. Pressemappe Wirtschaft. Available: www.marykay.de/unternehmen/default.aspx (October 16, 2006): Mary Kay Cosmetics GmbH.

Mason, J. L. 1965. The Low Prestige of Personal Selling. Journal of Marketing, 29: 7-10.

McNally, M. 2004. SD Maureen McNally, Direktorin der ‚Queens', stellt die Mary-Kay-Area vor. Applaus, Interne Monatszeitschrift Mary Kay Cosmetics Deutschland, Niederlande, Schweiz, Juli/August: 8.

Meier-Tesch, H. 1974. Direktvertrieb. Marketing Enzyklopädie: Das Marketingwissen unserer Zeit in drei Bänden Band 1. München: verlag moderne industrie, 391-401.

Meinefeld, W. 1995. Realität und Konstruktion. Erkenntnistheoretische Grundlagen der empirischen Sozialforschung. Opladen: Leske + Budrich.

Meulemann, H. 2004. Sozialstruktur, soziale Ungleichheit und die Bewertung der ungleichen Verteilung von Ressourcen. In P. A. Berger, V. H. Schmidt (Eds.), Welche Gleichheit, welche Ungleichheit? Grundlagen der Ungleichheitsforschung. Wiesbaden: VS Verlag, 115-135.

Miller, P., Rose, N. 1990. Governing Economic Life. Economy and Society, 19 (1): 1-31.

Miller, P., Rose, N. 1995. Production, Identity, and Democracy. Theory and Society, 24 (3): 427-467.

Miller, W. L., Crabtree, B. F. 1992. Primary Care Research: A Multimethod Typology and Qualitative Road Map. In B. F. Crabtree, W. L. Miller (Eds.), Doing qualitative research. Newbury Park: Sage, 3-28.

Mitroff, I. I., Denton, E. A. 1999. A Study of Spirituality in the Workplace. Sloan Management Review, Summer: 83-92.

Neckel, S. 1999. Blanker Neid, blinde Wut? Sozialstruktur und kollektive Gefühle. Leviathan, 27 (2): 145-165.

Neuburger-Brosch, M. 1996. Die soziale Konstruktion des „neuen Managers". Tübingen: Sofort-Druck.

Oksanen-Ylikoski, E. 2006. Businesswomen, Dabblers, Revivalists, or Conmen? Representation of Selling and Salespeople within Academic, Network Marketing Practitioner and Media Discourses. Helsinki: Helsinki School of Economics.

Orwell, G. 2000. Nineteen Eighty-Four. London: Penguin Books.

Ouchi, W. G. 1980. Markets, Bureaucracies, and Clans. Administrative Science Quarterly, 25: 129-141.

Ouchi, W. G. 1981. Theory Z: how American business can meet the Japanese challenge. Reading, Mass.: Addison-Wesley.

Ouchi, W. G., Jaeger, A. M. 1978. Type Z Organization: Stability in the Midst of Mobility. Academy of Management Review, 3 (2): 305-314.

Paul, U. 1993. Chance Strukturvertrieb. Von der Basis an die Spitze – ein Wegweiser für erfolgreiche Verkäufer. Zürich: Oesch.

Peters, K. 2001. Die neue Autonomie in der Arbeit. In W. Glißmann, K. Peters (Eds.), Mehr Druck durch mehr Freiheit. Die neue Autonomie in der Arbeit und ihre paradoxen Folgen. Hamburg: VSA-Verlag, 19-40.

Peters, T. J., Waterman, R. H. 1982. In Search of Excellence. New York: Harper & Row.

Poe, R. 2001. WAVE 4. Network Marketing im 21sten Jahrhundert. MLM-Service.

Postmes, T., Tanis, M., de Wit B. 2001. Communication and Commitment in Organizations. A Social Identity Approach. Group Processes and Intergroup Relations, 4 (3): 227-246.

Potterfield, T. A. 1999. The Business of Employee Empowerment. Democracy and Ideology in the Workplace. Westport: Quorum Books.

Pratt, M. G. 2000a. Building an Ideological Fortress: The Role of Spirituality, Encapsulation and Sensemaking. Studies in Cultures, Organizations and Societies, 6: 35-69.

Pratt, M. G. 2000b. The Good, the Bad, and the Ambivalent: Managing Identification among Amway Distributors. Administrative Science Quarterly, 45 (3): 456-493.

Pratt, M. G., Rafaeli, A. 1997. Organizational Dress as a Symbol of Multilayered Social Identities. Academy of Management Journal, 40 (4): 862-898.

Pratt, M. G., Rosa, J. A. 2003. Transforming work-family conflict into commitment in network marketing organizations. Academy of Management Journal, 46 (4): 395-418.

Prognos AG 2005. Direktvertrieb in Deutschland – Marktanalyse und Konsumentenbefragung (Kurzfassung). Basel. Available: www.bundesverband-direktvertrieb.de (March 19, 2006).

Purser, R. E., Cabana, S. 1998. The End of Management and the Rise of the Self Managing Organization. New York: Free Press.

Rafaeli, A., Vilnai-Yavetz, I. 2004. Emotion as a Connection of Physical Artifacts and Organizations. Organization Science, 15 (6): 671-686.

Rampelotto, L. 1999a. Die zehn Themen des Schwarz-Systems. In L. Rampelotto, M. Schwarz (Eds.), Das Schwarz-System. Schwarz Books, 69-208.

Rampelotto, L. 1999b. Einführung in das Schwarz-System. In L. Rampelotto, M. Schwarz (Eds.), Das Schwarz-System. Schwarz Books, 49-68.

Ran, B., Duimering, P. R. 2002. Language Mechanisms in the Dynamic Construction and Categorization of Organizational Identity. Paper presented at 2002 Academy of Management Meeting, Denver, CO.

Rappold, I. 2006. Schmetterlings-Kurier. Interne Monatszeitung der Schmetterling Unit Mary Kay Cosmetics.

Ravasi, D., Schultz, M. 2006. Responding to Orgnizational Identity Threats: Exploring the Role of Organizational Culture. Academy of Management, 49 (3): 433-458.

Reidel, M. 1998. Tuppertanten geben guten Rat. Homeshopping macht Spaß: Im Direktvertrieb versuchen Unternehmen, ihre Produkte an die Frau zu bringen. Horizont – Zeitung für Marketing, Werbung und Medien, 27: 64.

Rimke, H. M. 2000. Governing Citizens Through Self-Help Literature. Cultural Studies, 14 (1): 61-78.

Roha, R. R., Blum, A. 1991. The Ups and Downs of 'Downlines'. Kiplinger's Personal Finance Magazine, 45 (11): 63-70.

Rose, N. 1990. Governing the Soul: The Shaping of the Private Self. London: Routledge.

Rose, N. 2000. Government and Control. The British Journal of Criminology, 40 (2): 321-339.

Rubin, H. J., Rubin, I. S. 1995. Qualitative Interviewing: The Art of Hearing Data. Thousand Oaks: Sage.

Scheibeler, E. N. 2004. Merchants of Deception. An Insider's Look at the Worldwide, Systematic Conspiracy of Lies that is Amway/Quixtar and Their Motivational Organization. Available: www.merchantsofdeception.com (July 12, 2005): Eric N. Scheibeler.

Scheich, G. 2001. Positives Denken macht krank. Vom Schwindel mit gefährlichen Erfolgsversprechen. Frankfurt a.M.: Eichborn.

Schein, E. 1984. Coming to a New Awareness of Organizational Culture. Sloan Management Review, 25 (2): 3-16.

Schein, E. 1985. Organizational Culture and Leadership. San Francisco: Jossey-Bass Publications.

Schienstock, G. 1993. Kontrolle auf dem Prüfstand. In W. Müller-Jentsch (Ed.), Profitable Ethik – effiziente Kultur. Neue Sinnstiftungen durch das Management? München: Hampp, 229-251.

Schmalen, H., Nels, M. 1991. Im Direktvertrieb an den Verbraucher. Verkauf & Marketing Kommunikation, 19 (10): 78-85.

Schnedlitz, P. In Schnedlitz, P., Cerha, C., Kotzab, H. 1997. Direkt- und Strukturvertrieb. Eine kritische Bestandsaufnahme. Wien: Eigenverlag Institut für Absatzwirtschaft/Warenhandel.

Schwarz, M., May, M. 2005. Wir starten durch. Aufzeichnung einer Seminarrede von Mona May und Max Schwarz. Langenmosen: Marianne und Max Schwarz GmbH & Co. Vertriebsförderungs KG.

Schwarz, M., Schwarz, M. E. 1993a. Information, Wissenswertes und Tips zum Geschäftsaufbau. Aufbauhilfe 3. Marianne und Max Schwarz.

Schwarz, M., Schwarz, M. E. 1993b. Tips zur Terminabsprache. Aufbauhilfe 4. Marianne und Max Schwarz.

Schwarz, M., Schwarz, M. E. 2001. Mein Weg zum Kronenbotschafter. Langenmosen: Marianne und Max Schwarz GmbH & Co. Vertriebsförderungs KG.

Schwarz, M., Schwarz, M. E. 2002. Der Erfolgsweg. Langenmosen: Marianne und Max Schwarz GmbH & Co. Vertriebsförderungs KG.

Schwarz, M., Schwarz, M. E. 2005. Die Säulen des Erfolges. Arbeits- und Weiterbildungsseminar Frühjahr 2005. Schwarz, Marianne und Max GmbH & Co. Vertriebsförderungs KG.

Seliger, M. 1976. Ideology and Politics. London: George Allen & Unwin Ltd.

Sewell, G. 1998. The Discipline of Teams: The Control of Team-based Industrial Work through Electronic and Peer Surveillance. Administrative Science Quarterly, 43 (2): 397-428.

Sewell, G. 1999. Dissolving the Conceptual Barriers to Teamwork: Reflections on the Objections of Institutional Economic and Social Psychology. Department of Management, Working Paper in Human Resource Management, Employee Relations and Organisation Studies, No. 6.

Simmel, G. 1923. Soziologie. Untersuchungen über die Formen der Vergesellschaftung. München: Duncker & Humblot.

Sinclair, A. 1992. The Tyranny of a Team Ideology. Organization Studies, 13 (4): 611-626.

Sonnabend, U. 1998. Der geliehene Traum. In der Seifenblase zum Kronenbotschafter. München: ZeitGeist Forum.

Sparks, J. R., Schenk, J. A. 2001. Explaining the Effects of Transformational Leadership: An Investigation of Higher-Order Motives in Multilevel Marketing Organizations. Journal of Organizational Behavior, 22: 849-869.

Stake, R. 2005. Qualitative Case Studies. In N. K. Denzin, Y. S. Lincoln (Eds.), The Sage handbook of qualitative research. Thousand Oaks: Sage, 443-466.

Strub, J.-D. 1999. Marketingkulte – commercial cults. Available: www.relinfo.ch/anway/commercialtxt.html (May 17, 2004).

Therborn, G. 1980. The ideology of power and the power of ideology. London: Verso.

Thompson, J. B. 1984. Studies in the Theory of Ideology. Berkeley: University of California Press.

Tietz, B. 1993. Der Direktvertrieb an Konsumenten: Konzepte und Systeme. Stuttgart: Schäffer-Poeschel.

Tompkins, P. K., Cheney, G. 1985. Communication and Unobtrusive Control in Contemporary Organizations. In R. D. McPhee, P. K. Tompkins (Eds.), Organizational Communication: Traditional Themes and New Directions. Beverly Hills: Sage, 179-210.

Trabert, H. P. 2005. Im Wohnzimmer Geld verdienen. Frankfurter Allgemeine Sonntagszeitung, 1: 41.

Tretzel, A. 1993. Wege zum 'rechten' Leben. Selbst- und Weltdeutungen in Lebenshilferatgebern. Pfaffenweiler: Centaurus-Verlagsgesellschaft.

Tupperware Corporation (Ed.) 2004. 2003 Corporate Annual Report Tupperware. Available: http://www.shareholder.com/visitors/dynamicdoc/document.cfm?documentid=608&companyid =TUP (November 11, 2006): Tupperware Corporation.

Tupperware Corporation (Ed.) 2005. 2004 Corporate Annual Report Tupperware. Available: http://www.shareholder.com/visitors/dynamicdoc/document.cfm?documentid=893&companyid =TUP (November 11, 2006): Tupperware Corporation.

Tupperware Deutschland GmbH (Ed.) 2004. Tupperware-Gruppenberaterin Vereinbarung. Vereinbarungen und Richtlinien für eine gemeinsame Zusammenarbeit. Frankfurt: Tupperware Deutschland GmbH.

Tupperware Deutschland GmbH (Ed.) 2005. Tupperware-Beraterin Vereinbarung. Vereinbarungen und Richtlinien für eine gemeinsame Zusammenarbeit. Frankfurt: Tupperware Deutschland GmbH.

Tupperware Deutschland GmbH (Ed.) 2006. Tupperware Deutschland sieht Potenzial für 10.000 weitere Beraterinnen. Available: http://www.presseportal.de/print.htx?nr=898739 (November 11, 2006): Tupperware Deutschland GmbH.

Van Andel, J. 1998. An Enterprising Life. An Autobiography. New York: HarperCollins.

van den Broek, D. 2004. 'We have the values': customers, control and corporate ideology in call centre operations. New Technology, Work and Employment, 19 (1): 2.

Vander Nat, P. J., Keep, W. W. 2002. Marketing Fraud: An Approach for Differentiating Multilevel Marketing from Pyramid Schemes. Journal of Public Policy & Marketing, 21 (1): 139-151.

Verbraucherzentrale Saarland 2006. Pressemitteilung. Available: http://www.vz-saar.de/ UNIQ117442051222293/link237762A.html (March 20, 2007).

von der Becke, R. 1999. Das Job-Wunder: Millionen freier Stellen im Direktvertrieb. München: Econ.

Walsh, J. 1999. Multi-Level Marketing Skirts Legal Lines. Consumers' Research Magazine, 82 (6): 12-13.

Weber, M. 1919. Politik als Beruf. Available: http://www.uni-potsdam.de/u/paed/Flitner/ Flitner/Weber/index.htm: Potsdamer Internet Ausgabe (PIA), 396-450.

Weber, M. 1922. Die „Objektivität" sozialwissenschaftlicher und sozialpolitischer Erkenntnisse. Gesammelte Aufsätze zur Wissenschaftslehre. Tübingen: J. C. B. Mohr (Paul Siebeck), 146-214.

Weber, M. 1980. Wirtschaft und Gesellschaft. Grundriss der verstehenden Soziologie. Tübingen: Mohr.

Weber, M. 1988. Die protestantischen Sekten und der Geist des Kapitalismus. Gesammelte Aufsätze zur Religionssoziologie I. Tübingen: J.C.B. Mohr, 207-236.

Wehling, M. 1994a. Strukturvertrieb: Kurzfristige Modeerscheinung oder Vertriebsorganisationsform der Zukunft? (Teil I). Zeitschrift Für Organisation, 3: 203-209.

Wehling, M. 1994b. Strukturvertrieb: Kurzfristige Modeerscheinung oder Vertriebsorganisationsform der Zukunft? (Teil II). Zeitschrift Für Organisation, (4): 255-260.

Wehling, M. 1999. Anreizsysteme im Multi-Level-Marketing. Stuttgart: Schäffer-Poeschel.

Weierter, S. J. M. 2001. The Organization of Charisma: Promoting, Creating, and Idealizing Self. Organization Studies, 22 (1): 91-115.

Weik, E. 1998. Zeit, Wandel und Transformation. Elemente einer postmodernen Theorie der Transformation. München, Mering: Rainer Hampp Verlag.

Weiss, R. M., Miller, L. E. 1987. The Concept of Ideology in Organizational Analysis: The Sociology of Knowledge or the Social Psychology of Beliefs? Academy of Management Review, 12 (1): 104-116.

Whetten, D. A. 2006. Albert and Whetten Revisited Strengthening the Concept of Organizational Identity. Journal of Management Inquiry, 15 (3): 219-234.

Wiendieck, G. 2006. Kurzübersicht der Ergebnisse der Studie „Arbeitsbedingungen im Direktvertrieb". Available: http://www.fernuni-hagen.de/AOPSYCH/Direktvertrieb.pdf (February 6, 2007): Fernuniversität Hagen.

Willems, H. 2000. Events: Kultur – Identität – Marketing. In W. Gebhardt, R. Hitzler, M. Pfadenhauer (Eds.), Events. Soziologie des Außergewöhnlichen. Opladen: Leske + Budrich, 51-73.

Willmott, H. 1992. Postmodernism and Excellence: The De-differentiation of Economy and Culture. Journal of Organizational Change, 5 (1): 58-68.

Willmott, H. 1993. Strength is Ignorance; Slavery is Freedom: Managing Culture in Modern Organizations. Journal of Management Studies, 30 (4): 515-552.

Wittel, A. 1997. Belegschaftskultur im Schatten der Firmenideologie. Eine ethnographische Fallstudie. Berlin: edition sigma.

Wotruba, T. R., Brodie, S., Stanworth, J. 2005. Differences in Turnover Predictors between Multilevel and Single Level Direct Selling Organizations. International Review of Retail, Distribution and Consumer Research, 15 (1): 91-110.

Wotruba, T. R., Pribova, M. 1996. Direct selling in an emerging market economy: a comparison of Czech/Slovak and US market characteristics and buying experiences. The International Review of Retail, Distribution and Consumer Research, 6 (4): 415-435.

Wotruba, T. R., Tyagi, P. K. 1992. Motivation to Become a Direct Salesperson and its Relationship with Work Outcomes. Journal of Marketing Channels, 2 (2): 41-56.

Yin, R. K. 2003. Case Study Research. Design and Methods. Thousand Oaks: Sage.

Zacharias, M. M. 2004. Kurzfassung der Studie Network-Marketing in Deutschland 2004. Worms: Fachhochschule Worms.

Zacharias, M. M. 2005. Network-Marketing: Beruf und Berufung. Karrierechancen im Zukunftsmarkt Direktvertrieb. Offenbach: Edition Erfolg Verlag.

Zimmermann, T. 2005a. Ade Doris Day. Lebensmittel Zeitung, 21: 33.